国家科学技术学术著作出版基金资助出版

清华大学学术专著

Corona Discharge and Its Environmental Effects
of Transmission Line

输电线路电晕放电与环境效应

张 波 何金良 著
Zhang Bo He Jinliang

清华大学出版社
北京

内 容 简 介

电晕及其电磁环境问题是特高压输电关键技术问题之一,是特高压输电线路环境友好与控制成本的制约要素。根据作者多年来的科学研究积累并参考国内外相关的研究成果,本书全面系统地介绍了输电线路电晕放电特性和电磁环境预测技术,包括电晕放电的机理与影响因素、输电线路电晕导致的电磁环境效应现象、相应的标准限值以及测试和仿真方法、基于数值仿真的输电线路电磁环境效应预测技术等;此外,在阐明电晕放电起始条件、边界条件和内在影响因素的基础上,还讨论了交、直流输电线路离子流场的三维计算和时域计算技术、电晕放电产生的无线电干扰以及可听噪声的计算与测试方法,论述了复杂天气条件下输电线路电晕放电的特性和分析方法。

本书可供高校和科研院所电气工程专业的师生阅读,也可作为该工程领域技术人员的参考读物。

图书在版编目(CIP)数据

输电线路电晕放电与环境效应/张波,何金良著. —北京:清华大学出版社,2020.11
(清华大学学术专著)
ISBN 978-7-302-56717-2

Ⅰ.①输… Ⅱ.①张… ②何… Ⅲ.①输电线路－电晕放电 Ⅳ.①TM726

中国版本图书馆 CIP 数据核字(2020)第 210727 号

责任编辑:黎 强
封面设计:傅瑞学
责任校对:刘玉霞
责任印制:沈 露

出版发行:清华大学出版社
      网 址:http://www.tup.com.cn, http://www.wqbook.com
      地 址:北京清华大学学研大厦 A 座   邮 编:100084
      社 总 机:010-62770175   邮 购:010-62786544
      投稿与读者服务:010-62776969, c-service@tup.tsinghua.edu.cn
      质量反馈:010-62772015, zhiliang@tup.tsinghua.edu.cn
印 装 者:三河市龙大印装有限公司
经 销:全国新华书店
开 本:155mm×235mm 印 张:32.25 字 数:544 千字
版 次:2020 年 12 月第 1 版 印 次:2020 年 12 月第 1 次印刷
定 价:160.00 元

产品编号:086922-01

作者简介

　　张波　男，1976年出生于山西大同。清华大学电机工程与应用电子技术系教授、高电压与绝缘技术研究所副所长，美国电气电子工程师学会高级会员，英国工程技术学会会士(IET Fellow)。现为能源行业水电电气设计标准化委员会副主任委员，中国电力企业联合会电网电磁环境与噪声控制标准化委员会委员，能源行业电力接地技术标准化技术委员会委员；亚太雷电防护会议(国际组织)秘书长，CIGRE　WG　C4.50工作组召集人，IEEE P2869工作组副主席。

　　2004年获华北电力大学博士学位，2005年在清华大学博士后流动站出站后留校任教，2013—2014年为美国加州理工学院访问学者。2007年获全国百篇优秀博士论文提名，2013年获得国家优秀青年科学基金。

　　长期从事电力系统电磁环境和电磁兼容、过电压和接地技术研究。主持国家自然科学基金课题5项。研究成果获国家科技进步二等奖1项、省部级科技进步一等奖3项以及二、三等奖十余项，获得IEEE技术成就奖和雷电防护国际会议科学委员会奖。

作者简介

何金良 男，1966年出生于湖南长沙。清华大学电机工程与应用电子技术系教授、高电压与绝缘技术研究所所长，清华大学学术委员会委员，美国电气电子工程师学会会士(IEEE Fellow)、英国工程技术学会会士(IET Fellow)、国际高功率电磁会士(HPEM Fellow)。现为全国雷电防护标准化技术委员会主任委员，北京市电机工程学会高压专委会主任委员，中国电机工程学会输电线路专委会副主任委员及高电压专委会副主任委员；IEEE磁学会会士提名委员会委员，IEEE电力与能源学会会士评选委员会委员，国际雷电防护会议（国际组织）科学委员会委员，亚太雷电防护会议(国际组织)主席。担任 *High Voltage*、*CSEE JPES* 和《高电压技术》副主编。

1994年获清华大学博士学位后留校任教。1997-1998年为韩国电气研究院访问科学家，2014-2015年为美国斯坦福大学客座教授。2004年获得国家杰出青年科学基金，2010年受聘为教育部长江学者奖励计划特聘教授。先后担任国家重点基础研究发展计划（"973"计划)项目首席科学家、国家重点研发计划项目负责人、国家自然科学基金创新研究群体项目学术带头人。

长期从事先进电能传输技术、雷电防护及电介质材料等领域的研究。获得国家技术发明二等奖1项、国家科技进步二等奖2项、省部级科技进步奖17项，以及IEEE Herman Halperin输配电奖、IEEE技术成就奖、日本Hoshino奖、Rudolf Heinrich Golde奖、CIGRE杰出会员奖、IEEE电力与能源学会杰出讲座学者等国际奖项及荣誉。

序

　　特高压输电电压等级高,导线表面电场强度大,线路在运行中易发生电晕放电,并由此引发电磁环境问题。为实现环境友好目标,我国在研发特高压输电技术的过程中十分重视输电线路电晕放电及其电磁环境问题,本人牵头开展的国家"973"项目"交直流特高压输电系统电磁与绝缘特性的基础问题研究"中专门设立了"交直流特高压输电线路放电机理及其电磁环境特性"课题,张波教授和何金良教授作为核心骨干成员全程参与了课题研究,他们秉持研究基础科学与服务国家需求并重的原则,在理论机理、仿真方法到工程应用等方面开展了系统深入的研究,取得了丰硕成果,满足了特高压工程建设的重大技术需求,相关课题结题时被评为优秀。

　　目前,国内外深入介绍电晕放电及其环境效应的著述甚少,《输电线路电晕放电与环境效应》一书的撰写和出版弥足珍贵。该书在总结前人研究工作的基础上,汇集了张波教授、何金良教授近年来的潜心研究成果,以及国内外同行的最新研究进展。全书分为 9 章,系统地介绍了输电线路电晕放电及其环境效应的基本理论、相关限值、测试技术和计算预测方法,包括输电线路电晕放电的电磁环境效应、限值和影响因素,输电线路电晕特性及环境效应的测试设备和原理,电晕放电起始条件、边界条件和空气中离子的迁移特性,直流输电线路离子流场的稳态计算,输电线路离子流场的时域计算,输电线路电晕放电与无线电干扰和可听噪声的关系,交流输电线路无线电干扰和可听噪声特性的预测方法,直流输电线路无线电干扰和可听噪声的预测方法,交、直流输电线路雨天电晕放电机理及其电磁环境特性。

　　本书还针对电晕放电及其环境效应研究的难点问题进行了分析和讨论。一是针对电晕放电离子流场计算,根据直流稳态和时域动态两种场景,给出了二维情况下直流线路、交直流并行或同塔线路,三维情况下直流线路交叉跨越、邻近建筑等实际情况下的离子流场数值计算方法;二是针对雨天交流和直流输电线路电晕放电及其环境效应差异,介绍了雨滴在接近、附着、脱离导线时,交流和直流电晕在放电形貌、放电电流和声波脉冲方面的时频变化特征及环境效应变化过程,完整解释了雨天交、直流电晕放电的本质区别。

　　《输电线路电晕放电与环境效应》一书是近年来有关特高压输电技术的基础研究和最新发展的重要著作,既有深入的理论分析,又有具体的工程实例,对研究电晕放电理论、电磁环境防护技术和超特高压输电线路设计具有重要参考价值,可作为本领域科技人员、高校师生和工程设计人员的重要参考资料。

2020 年 10 月于北京

Preface

The electromagnetic environment has always been a key issue that constrains the design of high voltage power transmission projects. As the voltage of the transmission system continues to rise, corona discharge becomes even more important and both its environmental effects such as its ion flow field, radio electromagnetic interference and audible noise and economic effects related to corona losses become more important than before.

Corona discharge and its environmental effect have been studied for a hundred years. Since the 1960s, with the rapid development of ultra-high voltage (UHV) transmission technology, a considerable number of research projects related to corona effects of transmission lines have been carried out. In the United States many projects were focused on the study of corona and its effects associated with $1000 \sim 1500 \mathrm{kV}$ AC UHV transmission lines. In addition, the Bonneville Power Administration (BPA) and the Electric Power Research Institute (EPRI) conducted detailed experimental studies on the electromagnetic environment of $\pm 600 \mathrm{kV}$ DC transmission lines. Another major player in North American UHV corona effects research was the Institut de recherche d'Hydro-Québec (IREQ) in Canada. In addition, the former Soviet Union, Japan, France, Germany, Italy, South Africa, South Korea, etc. have all carried out significant corona related research work. The work mentioned above produced a number of different models for corona related phenomena; some mostly theoretical and some mostly empirical. However all of the models relied to at least some extent on experimental measurements. I was honored to participate in the research during the latter half of this period, which lasted through the early 1990s.

The primary reasonwhy the models described above were developed was to eliminate (or at least reduce) the need for expensive experiments historically used to provide reliable predictions of corona generated environmental effects. Yet, the mechanisms of and basic parameters related to corona discharge phenomena are still not completely clear. One example is the effect of rain on (especially HVDC) corona discharge and its environmental effects. Another is the many assumptions that have to be used to calculate the electric field with corona discharge associated with HVDC transmission. Given these issues, more research to both improve the understanding of corona discharge process and increase the reliability of models based on this understanding is welcome.

Fortunately, newresearch opportunities emerged in China at the beginning of this century. Plans were developed in China for new UHV AC and DC transmission lines to strengthen its electrical grid and funds made available for research to support this effort. Profs. Zhang and He were fortunate to be able to participate in this research. Through continuous academic exchanges, we have gradually become familiar with each other and I have been (and continue to be) very impressed with their work.

Profs. Zhang and He have made outstanding contributions to the field of corona discharge research and the environmental effects of UHV AC and UHV DC transmission lines. For example, the mechanism of AC and DC corona discharge in rain and its environmental effects that have eluded researchers for a long time have been well studied by them. I am convinced that this work may help us solve a problem that has resisted solution for close to 50 years. An understanding of the average mobility of ions in air was significantly improved based on a series of their experiments. One result is the first a quantified relation between the average mobility of ions in air and both the pressure and humidity. Profs. Zhang and He have also developed a set of numerical methods to solve for the ion flow field in many relevant cases. The approach is based on the upwind difference algorithm and integral method for ion flow field simulation. Further, they developed a time-dependent upwind difference algorithm for simulating the dynamic characteristics of the hybrid electric field under parallel AC and DC lines. Finally, they developed a 3D method to calculate the ion flow field based on the method of characteristics, with which the ion flow field when two DC transmission lines cross each other, or a building is nearby can be calculated. They have published more than 40 papers on this topic in IEEE/IET journals and their results adopted for evaluating the environment of many UHV power transmission projects.

While I know Prof. Zhang and He's work from their English publications and technical discussions, I am pleased that they have elected tocomprehensively summarize their work in a book. Given their valuable achievements, I am fully convinced that this book will play an important role in promoting additional research into corona discharge and its environmental effects on transmission lines and am happy to recommend it. My only hope is that it will be also published in English and hence be made available to a wider international audience.

Robert Olsen, Ph. D. , Life fellow, IEEE
Professor, Washington State University
Chair of IEEE Power Engineering Society Corona Effects Working Group
Honorary Life Membership, IEEE EMC Society

前　言

随着对大容量、远距离输电需求的不断增长,我国超、特高压交、直流输电技术迅速发展,为我国经济持续稳定增长提供了有力的保障。然而,特高压输电工程电压等级高,电晕放电难以控制。电晕放电不仅会造成电能损失、电蚀和老化等问题,还会产生离子流、噪声、电磁干扰等环境问题。随着公众环境保护意识的增强,由电晕决定的输电线路电磁环境问题受到国内外的普遍关注,成为超、特高压输电线路环境友好与控制成本的制约要素。

电磁环境是各国输变电系统建设严格控制的指标,过去其参数预测大量依赖经验公式。由于各国的经验公式仅仅从电磁环境的外特性测试获得,不能反映电磁环境与电晕放电的内在关联性,无法体现电磁环境的本质特征,导致这些经验公式适用范围有限,远远不能满足特高压输电技术要求。

随着高压放电试验和观测技术的不断进步,以及数值计算技术的不断发展,最近 10 多年来,针对输电线路电晕放电特性及其电磁环境效应的研究取得了突破性进展,这些研究揭示了复杂天气条件下电晕放电的机理,完善了电晕放电模型,提出了电晕放电产生的非线性离子流场、无线电干扰和可听噪声的数值计算技术,突破了输电电磁环境预测长期依赖经验公式和试验的瓶颈。这些成果已经广泛应用于特高压输电工程,实现了其与周边环境的和谐发展。相关研究也推动了高电压测试技术、多物理场耦合计算技术的发展。

本书就是在上述背景下,结合自己的研究工作撰写的。全书包括 9 章,涉及电晕放电及其电磁环境效应的各个方面,内容包括电晕放电的电磁环境效应和限值、输电线路电磁环境的测试技术、电晕放电基础理论、直流和交直流混合输电线路离子流场的计算、交直流输电线路无线电干扰和可听噪声的计算技术,以及湿度和降雨等对输电线路电晕放电特性参数的影响等。

本书也可看做清华大学电机工程与应用电子技术系多年来关于输电线

路电晕放电和电磁环境研究工作的总结。已毕业的博士生唐剑、李伟、郑跃盛、尹晗、李振、田丰、徐鹏飞，已毕业的硕士生杨彬、季一鸣、王文倬、莫江华，以及在读博士生肖凤女、已出站博士后李敏、徐永生等的研究工作均为本书的完成做出了贡献。同时，本书的编写还得到了曾嵘教授、余占清副教授的大力支持。全书由张波和何金良统一规划和主持编写。作者希望尽可能反映输电线路电晕放电和电磁环境研究的发展，但难免挂一漏万，希望读者多提宝贵建议和批评。另外我们在编写过程中参考了大量的国内外相关论文及书籍，已列入每章的参考文献中，作者对他们表示诚挚的谢意，但参考文献也难免有疏漏，敬请谅解。

在本书的编写过程中国家电网公司陈维江院士、华北电力大学崔翔教授、中国电力科学研究院陆家榆教授级高工等提出了很多宝贵意见。本书涉及的相关研究工作得到了国家自然科学基金委员会、国家电网有限公司、中国南方电网有限责任公司、各电力设计院等单位的大力支持。另外还有很多业界同仁为本书的编写提供了资料及意见，在此一并致以诚挚的谢意。

作　者

2020 年 6 月于清华园

目　录

第1章 绪 论

1.1 高压架空输电线路与电晕放电

由于在能源传输、转换、使用等方面具有其他能源所无法比拟的综合优势,电能在不断推进的能源革命中得到了最广泛的应用。由于全球对能源需求的不断增长以及能源分布的不平衡,推动了高电压、远距离、大容量输电技术的不断进步。进入 21 世纪,我国超、特高压交、直流输电技术迅速发展,为我国经济高速增长提供了有力的保障[1-2]。2005 年,我国第一条750kV 超高压交流示范工程在西北电网投入运行;2009 年,我国第一条1000kV 特高压交流试验示范工程——晋东南—南阳—荆门工程投入商业运行;2010 年,世界首条±800kV 特高压直流输电工程——云南—广东工程建成投运。之后,一大批特高压交、直流输电工程相继投入运行,2018 年10 月,世界首条±1100kV 特高压直流输电工程——昌吉—古泉工程实现了全线通电,刷新了世界电网技术的新高度,开启了特高压输电技术发展的新纪元。

然而,高电压下输电线路表面电场难以控制,当其超过一定临界值后,线路周围的空气被电离而导致电晕放电。电晕放电是气体间隙在极不均匀电场作用下产生的局部放电现象[3]。例如,在电极表面有尖端时,尖端附近电场很强且超过了气体的击穿场强,从而在电极表面附近产生局部放电,但并不发生整个间隙的击穿。此时,在电极电晕放电点处可以观察到淡淡的蓝光,如图 1-1 所示[4],并能听见咝咝的响声,这就是电晕放电,它属于一种自持放电形式。

图 1-1　导线上的电晕放电[4]

电晕放电会产生臭氧及氮化物,并产生大量的带电粒子,从而在电晕电极周围形成空间电荷,是产生低温等离子体的重要方式。电晕放电有很多工业应用,例如利用电晕放电原理而制成的静电除尘器、静电喷漆机、静电复印机、臭氧发生器、空间推进器、范德格拉夫静电发生器等。然而,当高压输电线路存在电晕放电时,会造成电晕损失、电蚀和老化等问题,影响输变电设备的经济、安全和稳定运行,增加设备的维护成本。同时,电晕放电还会在线路周边产生离子流、噪声、电磁干扰等问题。随着公众环境保护意识的增强,由线路的电晕决定的诸如无线电干扰和可听噪声等环境影响问题越来越受到公众的关注[5-6]。

造成输电线路导线表面缺陷进而导致电晕放电的原因多种多样,例如新安装导线表面的毛刺、长期运行导线的老化以及昆虫、灰尘、雨雪等的附着等,因此输电线路的电晕放电难以完全避免。由于特高压输电工程电压等级高,电晕放电带来的各种效应越来越难以控制,电晕及其电磁环境问题成为特高压输电线路环境友好与控制成本的制约要素,是特高压输电技术发展必须解决的关键难题之一[5-8]。

1.2　输电线路电晕放电的电磁环境效应和限值

输电线路的电磁环境包括线路周围的电场、磁场、无线电干扰(包括电视干扰)和可听噪声等[9-11],此外直流输电线路还包括由空间电荷引起的离子流密度,从而覆盖了从直流到上百兆赫兹的频率范围。线路周围的电场、磁场分别是由导线带电压和导电流形成的。无论交流输电线路还是直流输电线路,工作频率下周围磁场受电晕放电影响很小,并且直流线路电流在地面附近产生的直流磁场水平与地磁场相当。因此线路周围的磁场不在本书的讨论范围内。

1.2.1　交流输电线路地面电场

交流输电线路产生的空间电场会通过静电感应作用于周围的人和物,其是否会对人产生有危害的生态影响至今未有定论,但是当感应电压过高时,人体会出现暂态电击。为了防止人在线路走廊内接触车辆或其他物体时遭到伤害,需要限制交流输电线路地面电场。然而,考虑到影响暂态电击的因素很多,如物体对地电容、对地绝缘情况、气候条件等,国际上至今也没有一个地面附近电场强度的统一标准。我国标准规定,输电线路跨越非长期住人的建筑物或邻近民房时,房屋所在位置离地面 1.5m 处的未畸变电

场不得超过 $4\mathrm{kV/m}$ [9-10]。

　　交流线路导线存在电晕时,由于导线上电压的极性在做周期性的变化,上半个周期由于电晕产生的同极性带电粒子被排斥到距导线一定位置后,在下半个周期又几乎全部被拉了回来,故电晕所产生的离子绝大部分被限制在导线附近或被中和而失掉,远离导线的空间不存在大量游动的带电粒子[12]。因此,一般认为交流输电线路电晕放电对地面电场的影响不大,从而在分析地面电场时通常不考虑电晕放电的影响。

1.2.2　直流输电线路离子流场

　　合成场强和离子流是高压直流输电特有的现象,是与交流输电线路电磁环境问题的重要差别之一。

　　当直流输电线路导线表面电场强度大于电晕起始电场强度时,靠近导线表面的空气发生电离,电离产生的空间电荷将在电场力的作用下沿电力线方向运动(如果还有风等其他力的作用,则空间电荷的运动方向是这些力的共同作用方向),如图 1-2 所示。以双极直流线路为例,导线发生电晕后,整个空间大致可分为三个区域:①正极导线与地面之间充满正离子的区域;②负极导线与地面之间充满负离子的区域;③正、负极导线之间同时存在正、负离子的区域。这些空间离子造成了直流输电线路所特有的一些效应。空间电荷本身产生电场,它大大加强了原本仅由导线电荷产生的地面电场,但抑制了导线表面电场;同时,空间电荷在电场作用下运动,形成离子

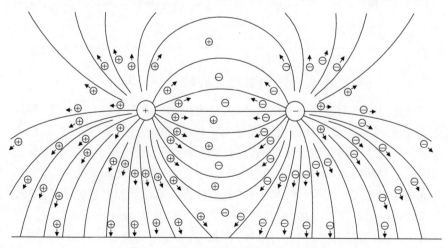

图 1-2　双极直流输电线路的离子流场

电流。离子分布由导线表面电荷产生的空间电场和空间离子自身产生的电场共同决定,其关系是非线性的[13]。

通常把导线没有发生电晕(或不计及电晕及其产生的空间离子)时,只由导线电压和线路的位置和几何尺寸决定的导线周围的静电场称为"标称电场";当导线发生电晕时,空间电场是由标称电场和空间电荷产生的电场共同构成的,称为"合成电场";空间电荷在合成电场作用下移动,形成的空间离子电流称为"离子流";由此形成的电场和离子流总称为"离子流场"或"空间电荷场"[13]。由于在高压直流输电线路附近实际存在的电场是合成场,直接测试无法分辨出标称电场,所以通常采用合成场强作为直流输电工程的电场指标。同时,采用离子流密度表征空间电荷的流动性。

当线路周围存在空间电荷时,不但有静电感应作用于人体,而且空间电荷会在人体和其他物体表面积累。当人体接触接地导体时,人体累积电荷在向接地导体泄放的过程中可能会发生暂态电击;而当人体接触电荷大量聚集的物体(比如雨伞金属柄、车辆)时,电荷在向人体转移的过程中也会发生暂态电击,如图 1-3 所示。我国经过多年调研和实测,规定晴天时直流线路下地面合成电场强度和离子流密度不应超过表 1-1 的限值,且 80% 测量值不超过 15kV/m[11]。当直流架空输电线路邻近民房时,民房所在地面的未畸变合成电场强度不超过 15kV/m[11]。

表 1-1 地面合成电场强度和离子流密度限值

区域	合成电场强度/(kV/m)	离子流密度/(nA/m²)
居民区	25	80
一般非居民区	30	100

1.2.3 交、直流输电线路相互接近时的离子流场

当直流线路附近存在交流线路时,直流线路表面不仅有直流电场,还有交流电场,导致直流导线的电晕放电发生周期性的变化;同理,交流线路表面不仅有交流电场还有直流电场,导致交流线路正、负半周电晕放电差异更加明显。与此同时,电晕产生的空间电荷不但受到直流电场的作用,也受到交流电场的作用。因此,此时的空间电场包含了直流线路产生的直流电场、交流线路产生的交流电场,以及在这两个电场作用下的空间电荷形成的空间电场三者的混合,称为"混合电场"。此时,无论是直流电场还是交流电场均为复杂的非线性电场[14]。

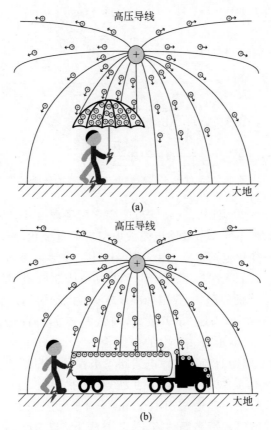

图 1-3　离子流场中人体可能受到的电击

（a）人被雨伞电击；（b）人触摸车辆受到电击

1.2.4　无线电干扰

输电线路的无线电干扰本质上是由于电晕放电脉冲电流沿导线的传播而产生的。如图 1-4 所示，导线表面的电晕放电向导线内注入随机脉冲形式的电晕电流，这种含有很高频率分量的电晕电流脉冲沿导线传播，从而对外产生高频电磁干扰。由于高压架空线路的导线沿线电晕放电点很多，从概率角度可能均匀地分布在导线上，考虑其合成效应，在导线中形成了由大量重复率很高的电流脉冲叠加而成的"稳态"电流，所以架空线路周围就形成了脉冲重复率很高的"稳态"电磁干扰场。电晕放电产生的电磁干扰具有白色频谱特性，其频率基本上在 30MHz 以内，主要对无线电信号产生干

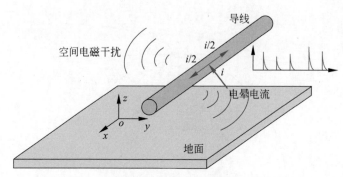

图 1-4　无线电干扰激发电流沿导线的传播

扰[14]。由于电晕放电会因天气和季节的变化而强弱变化,晴天和雨天、早中晚以及春夏秋冬不同季节线路电晕放电都有明显变化,所以输电线路的无线电干扰水平变化范围很宽。由于这一原因,通常采用具有统计意义的值来表示输电线路的无线电干扰水平,如平均值或 50％概率值。

　　针对无线电干扰的影响,我国标准规定,对于交流线路,距输电线路边相导线投影外 20m 处,离地 2m 高度处,频率 0.5MHz 时的无线电干扰(海拔不超过 500m)应小于表 1-2 中的限制值[9-10]。对于直流线路,在海拔1000m 及以下地区,距直流架空输电线路正极性导线对地投影外 20m 处,80％时间、80％置信度、0.5MHz 频率的无线电干扰不应超过 58dB(μV/m)。海拔高度 2000m 以上不超过 61dB(μV/m)。对于海拔超过 1000m 的线路,其无线电干扰限值要进行高海拔修正,其方法为:以 1000m 为基准,海拔高度每增加 300m,无线电干扰限值增加约 1dB[11]。

表 1-2　交流输电线路无线电干扰限值(海拔不超过 1000m)[9-10]

标称电压/kV	110	220～330	500	750	1000
限值/dB(μV/m)	46	53	55	58	58

1.2.5　可听噪声

　　电晕放电会引起空气振动,产生"嗞嗞"的可听噪声。电晕产生噪声的过程是从电能转换到空气介质动能的过程,其过程非常复杂,涉及电晕放电过程中大气的电离、带电粒子在电场力作用下的运动、带电粒子与中性分子之间的能量与动量的相互传递以及随之产生的空气介质中的流体力学问题。人能听到的声音频率范围内(20Hz～20kHz)的噪声称为可听噪声。

这种噪声可能使线路附近的居民和工作人员感到烦躁不安,甚至难以忍受。与电场、磁场、无线电干扰等的无声、无形、无影不同,可听噪声是一种人们听觉直接感受到的现象,所以更容易成为投诉的焦点。

针对可听噪声的影响,我国标准规定,对于交流线路,距输电线路边相导线对地投影外 20m 处,湿导线条件下的可听噪声限值(海拔不超过 500m)为 55dB(A)。对于人烟稀少的高海拔地区,其噪声限值应进行高海拔修正,可适当放宽限值[9-10]。对于直流线路,在海拔 1000m 及以下地区,距直流架空输电线路正极性导线对地投影外 20m 处,由电晕产生的可听噪声 50% 值不应超过 45dB(A);在海拔 1000m 以上且线路经过人烟稀少地区时,由电晕产生的可听噪声应控制在 50dB(A)以下[11]。当线路邻近民房时,民房所在地由线路电晕产生的可听噪声控制值按表 1-3 执行[15]。

表 1-3　城市五类区域环境噪声标准值(dB(A))[15]

类别	昼间	夜间
0	50	40
1	55	45
2	60	50
3	65	55
4	70	55

1.3　输电线路电磁环境效应的影响因素

导线表面电场强度和电晕起始条件决定了输电线路电晕的发生。因此所有影响导线表面电场强度和电晕放电起始条件的因素都是输电线路电磁环境效应的影响因素。除此之外,电磁环境效应还受到人体主观感受的影响。

导线表面的电场强度由线路的电压、导线的半径、空间位置、相序(交流)、极导线排列(多回直流)、分裂导线结构等决定。通常,电压越高、相(极)间距越小、对地高度越小、导线越细、分裂数越少,则导线表面的电场强度越高,越容易发生电晕放电。导线的分裂间距与表面场强呈 U 形曲线关系,分裂间距很小或者很大都会使得导线表面的电场强度变大。以上最佳的参数选择可以依照严格的电磁场计算确定。值得注意的是,分裂导线的子导线半径、分裂数和分裂间距的增加相当于分裂导线的等效半径增加了,其使得导线表面的电场强度降低、电晕放电减弱,因此如果存在空间电荷,则空间电荷减少、地面合成电场减小。但是,当分裂导线中心高度不变时,由于分裂导线对地距离有所减小,地面标称电场强度会稍有增加。

电晕放电起始条件受电压形式、海拔高度、大气条件、导线表面光滑程度等因素影响。

1) 电压形式的影响

直流正电压和负电压、不同频率的交流电压以及冲击暂态下的导线电晕放电电压均有差异。对于正常运行的输电线路,正、负电晕的放电特征差异明显,正电晕放电脉冲幅值远高于负电晕,且很不规则。因此直流输电线路的正极电晕、交流输电线路导线电压正半周时的电晕放电是无线电干扰和可听噪声的主要来源[13]。

2) 海拔高度、大气条件的影响

海拔高度与气压密切相关,而气压是空气电离起始的关键因素[16]。与此同时,风、雨、雪、雾、温度、湿度等大气条件也会影响空气离子的电离、吸附、迁移等参数,从而影响电晕放电起始电压。电晕放电的发展形态,如脉冲序列的幅值、间隔、分散程度等也与以上因素密切相关。大气条件对交直流线路电磁环境影响的最大特点是,对于交流线路,坏天气条件下的无线电干扰和可听噪声水平高于好天气(无雨、无雪、无风、无雾、无霾);而对于直流线路,坏天气条件下的无线电干扰和可听噪声水平低于好天气。因此,对于交流输电线路,更关注坏天气下的无线电干扰和可听噪声;而对于直流输电线路,更关注好天气下的无线电干扰和可听噪声[13]。

3) 导线表面光滑程度的影响

导线表面的不光滑造成其局部场强升高,电晕放电的概率增加。除雨、雪、雾在导线表面附着导致导线表面不光滑外,脏污、毛刺以及从空气中吸附的微粒也会影响导线表面状况。此外,由于直流电场作用下昆虫等生物会有某种趋向性,直流导线表面会落有昆虫,这些昆虫也是导致导线表面不光滑进而发生电晕放电的原因之一。由于昆虫的种类和数量等随着季节、地域而变化,这也是造成不同季节、不同地区、不同极性输电线路的电晕放电特性有差异的原因之一。

此外,与以上客观条件相对应,电磁环境效应还受到人体主观感受的影响[17]。例如,人体实验的主观评价结果认为,对于直流输电线路,允许的无线电干扰的信噪比为 20～21dB,即广播信号必须比直流电晕干扰高出 20～21dB,收听效果才能较为满意。而对于交流输电线路,较为满意的收听信噪比为 24dB。由此可见,感觉上直流输电线路因电晕对无线电广播的干扰要比交流线路的小[2]。对于可听噪声,研究结果表明,在相同的噪声水平下直流与交流线路可听噪声产生的烦恼程度也存在差别。在 50dB 以内,直流和交流线路可听噪声产生的烦恼程度是相同的,但高于此噪声水平,直流线路的噪声更令人烦恼[2]。

由于以上因素的影响,电晕放电特性及其电磁环境效应问题非常复杂,图 1-5 总结了各种客观因素的影响。

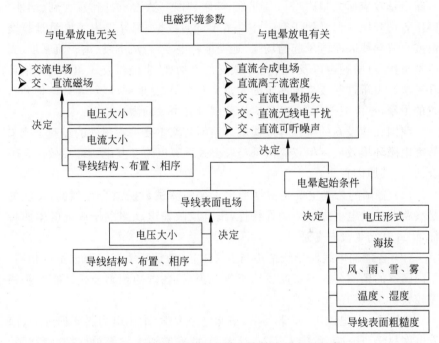

图 1-5　影响电晕放电及其环境效应的客观因素

1.4　输电线路电磁环境效应研究的现状

针对输电线路电磁环境效应问题,百年来国内外开展了长期研究。20世纪初,Townsend 提出了电子碰撞增殖理论[18],随后出现了流注理论。但这两种理论都只给出了定性的放电物理模式,无法有效指导预测实际工程情况。因此,之后输电线路电晕放电中的电场、电晕损耗计算均基于一定假设条件进行。这些方法均不能有效考虑影响电晕的各种因素,难以全面满足实际需要。从 20 世纪 60 年代开始至今,伴随着超、特高压输电技术的迅速发展,国内外陆续开展了大量输电线路电晕效应的研究工作。1967 年至 1971 年,美国重点研究了 1000～1500kV 级交流特高压输电线路的电晕及其效应问题[19-22]。美国邦纳维尔电力局(BPA)和美国电力科学研究院(EPRI)于 1971 至 1975 年对 ±600kV 直流输电线路的电磁环境进行了详细的试验研究[23]。加拿大魁北克水电研究院(IREQ)从 70 年代开始对特高压输电线路电晕效应问题开展研究,发表了 ±600kV 至 ±1200kV 直流线路电晕效应研究报告[24-25]。此外,苏联、日本、法国、德国、意大利、南非、韩国等均开展了积极的研究工作。基于试验数据,国外提出了大量计算交流或直流导线表面电晕起始场强、地面标称电场、合成电场、离子流密度、无线电干扰、可听噪声以及线路电晕损耗的半物理、半经验公式和部分数值计算方法。由于这些成果所基于的测量工况有限,受地理环境、导线结构和布置的限制,难以覆盖所有情况,应用范围具有很大局限性。

我国在建设新的电压等级输电线路的初期主要采用国外的经验公式来研究电磁环境效应。但仅靠国外经验公式计算电晕及其电磁环境效应是不合适的,其原因在于:

(1)各国的公式主要是根据特定工况的测试数据拟合得到的,反映的是线路电晕放电电磁环境的外特性,没有反映输电线路电晕放电的本质特征,因此其结果没有普适性。

(2)各国输电线路导线结构与生产工艺、地理环境气候等也不尽相同,不同国家的预测公式不可能适用于所有国家,各国的预测公式计算结果相差较大。

进入 21 世纪以来,清华大学、华北电力大学、中国电力科学研究院、南方电网科学研究院、重庆大学、武汉大学、西安交通大学等单位结合我国实际,对输电线路的电晕放电机理及其电磁环境特性开展了大量研究工作。目前,我国已经建成了交、直流特高压电晕笼、不同海拔高度的交、直流特高压试验场和试验线段,以及多条 1000kV 交流、±800kV 直流特高压输电线路,这些为研究交、直流特高压线路的电晕机理和电磁环境特性提供了重要条件。加之国内外在放电理论和数值计算方面的飞速发展,10 多年来我国在电晕放电特性和机理、物理模型及电磁环境特性的基础研究方面取得了很多突破性进展,有力支撑了我国特高压输电技术的发展。本书将结合作者的科研实践,从理论建模、分析测试和仿真计算等多方面对电晕放电理论及其环境效应进行深入介绍。

参考文献

[1]　刘振亚. 特高压电网[M]. 北京：中国经济出版社，2005.

[2]　刘振亚. 特高压直流输电线路[M]. 北京：中国电力出版社，2009.

[3]　梁曦东，邱爱慈，孙才新，雷清泉，陆宠惠. 中国电气工程大典　第一卷：现代电气工程基础[M]. 北京：中国电力出版社，2009.

[4]　徐鹏飞. 降雨对交直流电晕放电特性影响的基础研究[D]. 北京：清华大学，2018.

[5]　刘振亚. 特高压直流输电工程电磁环境[M]. 北京：中国电力出版社，2009.

[6]　饶宏，李锐海，曾嵘，刘磊. 高海拔特高压直流输电工程电磁环境[M]. 北京：中国电力出版社，2015.

[7]　舒印彪，张文亮. 特高压输电若干关键技术研究[J]. 中国电机工程学报，2007，27(31)：1-6.

[8]　舒印彪，胡毅. 交流特高压输电线路关键技术的研究及应用[J]. 中国电机工程学报，2007，27(36)：1-7.

[9]　中华人民共和国标准. GB 50545—2010，110～750kV 架空输电线路设计规范[S]. 2010.

[10]　中华人民共和国标准. GB 50665—2011，1000kV 架空输电线路设计规范[S]. 2011.

[11]　中华人民共和国标准. GB 50790—2013，±800kV 直流架空输电线路设计规范[S]. 2013.

[12]　Bo Zhang，Wei Li，et al. Analysis of ion flow field of UHV/EHV AC transmission lines[J]. IEEE Trans. Dielectrics and Electrical Insulation，2013，20(2)：496-504.

[13]　M P. Sarma. Corona Performance of High-Voltage Transmission Lines[M]. New York：Research Studies Press LTD，2000.

[14]　Bo Zhang，Wei Li，et al. Study on the field effects under reduced-scale DC/AC hybrid transmission lines[J]. IET Generation Transmission & Distribution，2013，7(7)：717-723.

[15]　中华人民共和国标准. GB 3096—1993，城市区域环境噪声标准[S]. 1993.

[16]　F. W. Peek. Dielectric Phenomena in High-Voltage Engineering[M]. New York：McGraw-Hill，1929.

[17]　CIGRE report 473，JWG B4/C3/B2. 50，Electric Field and Ion Current Environment of HVDC Overhead Transmission Lines[R]. 2012.

[18]　J. S. Townsend. Electricity in Gases[M]. Oxford：Oxford University Press，1915.

[19]　Anderson J G，Zaffanella L E. Project UHV test line research on the corona performance of a bundle conductor at 1000kV[J]. IEEE Trans. Power App. Syst. 1972，90 (2)：223-232.

[20] G. W. Juette, L. E. Zaffanella. Radio noise, audible noise, and corona loss of EHV and UHV transmission lines under rain: prediction based on cage tests[J]. IEEE Trans. Power App. Syst. , 1970, 89(6): 1168-1178.

[21] M. G. Comber, L. E. Zaffanella. The use of single-phase overhead test lines and test cages to evaluate the corona effects of EHV and UHV transmission lines[J]. IEEE Trans. Power App. Syst. , 1974, 93(1): 81-90.

[22] Juette G W and Zaffanella L E. Radio noise currents and audible noise on short sections of UHV bundles conductors[J]. IEEE Trans. Power App. Syst. , 1970, 89(5): 902-913.

[23] H. L. Hill, A. S. Capon, O. Ratz, et al. Transmission Line Reference Book HVDC to ±600kV[M]. Palo Alto, California, USA: Electric Power Research Institute, 1976.

[24] P. S. Maruvada. Bipolar HVDC Transmission System Study Between ±600kV and ±1200kV: Corona Studies, Phase I [M]. Palo Alto, California, USA: Electric Power Research Institute, 1979.

[25] P. S. Maruvada. Bipolar HVDC Transmission System Study Between ±600kV and ±1200kV: Corona Studies, Phase II [M]. Palo Alto, California, USA: Electric Power Research Institute, 1982.

第 2 章　输电线路电晕特性及环境效应的测试

由于影响输电线路电晕效应的因素众多,完全基于理论进行定量分析非常困难,因此在研究电晕问题时常常依赖于试验。由于后续章节需要大量用到各种测试方法及其测试结果,为此本书首先介绍研究输电线路电晕特性及其环境效应的测试仪器和场地。目前,与电晕相关的试验手段主要有:实际运行的输电线路、试验线段、电晕笼。在新的电压等级输电技术发展的初期,由于没有实际运行的输电线路,通常需要利用试验线段和电晕笼来模拟实际线路的电晕情况。同时,试验线段和电晕笼实验具有周期短、成本低的特点。因此,本章着重介绍试验线段和电晕笼测量。对于实际运行线路,其电磁环境参数的测试方法与试验线段的基本一致。

2.1　电晕放电环境效应的测试

第 1 章介绍的各电磁环境参数,其测量均有相应的装置和方法。此外,研究电晕放电特性还需要观测电晕放电电流等参数。因此,开展电晕放电及其环境效应研究所用到的测试装置和仪器较多,本节将逐一介绍。

2.1.1　电晕放电的观测装置

传统的电晕放电检测依赖人工目视,观测结果受人的主观影响比较大。之后开始采用超声电晕探测器及紫外成像技术。超声波探测器通过电晕放电产生的超声波定位电晕放电点[1]。紫外成像技术通过接收电晕放电产生的紫外线,经处理后成像并与可见光图像叠加,达到确定电晕放电的位置和强度的目的[2]。

电晕放电的紫外光谱大部分波长在 $200\sim400\mathrm{nm}$,虽然太阳光中也含有紫外线,但由于地球臭氧层的吸收作用,实际上辐射到地面上的太阳紫外线波长大都在 $300\mathrm{nm}$ 以上,因此紫外检测技术就是通过探测 $300\mathrm{nm}$ 以内的紫外线,来判断电晕放电的位置和强度。基于紫外成像技术开发的紫外成像仪目前已经被大量用于线路巡检,它能够观测到电晕放电的大概区域,如图 2-1 所示。但由于噪点的影响,放电区域呈团状,因此并不是电晕放电真实的光学形貌。

图 2-1 紫外成像仪拍摄到的线路电晕放电的图像

黑暗环境下利用紫外滤镜和长曝光时间相机,可以捕捉到电晕放电的清晰图像,如第 1 章图 1-1 所示。这种方法可以观测到电晕放电具体位置和形貌,但是要求背景光线比较暗的场合,因此常用于实验室中的电晕放电观测[3]。

2.1.2 电晕电流测量系统

电晕电流是表征电晕放电特性的最直接参数,因此观测导线电流是研究导线电晕放电特征的重要手段。

2.1.2.1 电晕电流脉冲的时域测试系统

导线电流不仅反映导线电晕的起始和发展程度,显示电晕放电的损失,电晕电流的脉冲特性还能够反映电晕放电的无线电干扰效应,因此导线电晕电流测量最好是宽频带时域测量,可以使用如图 2-2 所示的高压端测量系统[4-6]。图 2-3 为某高频电晕电流高压端测量系统的实物图。

电流测量系统安装在高压电源和导线之间,导线上的全部电晕放电电流通过测量系统流回电源。电晕电流脉冲的频率范围宽、上升沿陡峭,因此对信号采集元件的频率特性要求较高,可以采用采样电阻和罗氏线圈两种方式采集电流信号。采样电阻采用无感电阻,其参数应考虑频率响应、正、负极性电晕电流的幅值范围,以及采集卡测量范围。通常正、负极性电晕电流的幅值范围在几到几十毫安,采样电阻至少在 0~30MHz 范围内的阻抗

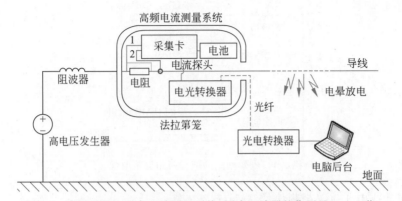

图 2-2　宽频电晕电流高压端测量系统(图中阻波器的作用见 2.2.2 节)

图 2-3　高频电晕电流高压端测量系统

特性应较好。同时,数据采集卡采样频率至少为 100MHz。

采集卡获取采样电阻和罗氏线圈测得信号后,电光转换器将电信号转换为光信号,光纤将光信号传递到低压侧,实现测量的电气隔离。在测量系统的低压侧,光电转换器将光信号重新转换为电信号,以便记录测量数据。为了保护测量系统本身不产生放电,高压侧部件均安装在法拉第笼中,并使用电池独立供电。

由于整个测量系统上的电压降相对于高压直流电源的电压而言可以忽略,因此测量系统对导线放电的影响很小。

2.1.2.2　电晕电流脉冲的频域测试系统

电晕电流通过耦合电路从高压导线被引到低压端进行测量,由于耦合电路通常为选频网络,因此这种测量方法为频域测量,其基本原理如图 2-4 所示[7]。低频下的高压选频网络成本较高,这种测量方法通常用于

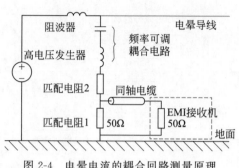

图 2-4　电晕电流的耦合回路测量原理

测量无线电干扰等高频信号(详见 7.2.2 节)。

当高压耦合电路发生串联谐振时,可以将导线电晕电流的相应频率分量耦合至低压侧,匹配电阻 1 与 EMI 接收机输入阻抗匹配(通常为 50Ω),匹配电阻 2 联合匹配电阻 1 与导线自身的波阻抗匹配,由此 EMI 接收机就可测到电晕电流的某一频率分量。调节耦合电路的电感和电容值可以实现对电晕电流的频率特性测试。

2.1.3　可听噪声测试

可听噪声测试通常采用声级计,它通过传声器接受噪声,并将声音变换为电压信号进行测试,可以检测全部的声压级。然而,由于人对噪声的感觉与频率关系密切,因此这种全部频率范围的测量结果与人的感受可能会存在较大差异。由此,在声级计中对于所测到的声压,一般要通过一个模拟人耳听觉的频率计权网络后再显示出来[8]。常用的计权网络分为 A、B、C 三种,分别测出的声级即为 A 声级、B 声级、C 声级。目前使用最普遍的频率计权网络是 A 计权网络,相应的 A 声级能较好地反映人对噪声的主观感觉,是用作噪声评价的主要指标[9],用它测量的声压级通常以 dB(A)表示。利用 A 计权网络测量导线电晕可听噪声时,其频率响应可使 100Hz、200Hz等工频倍频交流纯音对 dB(A)读数的影响忽略不计,因此利用 A 计权网络测得的可听噪声值只能表示导线电晕等无规噪声的特征。

声级计还设置了不通过计权直接标示噪声声压级的所谓"平坦"响应网络。当需要对噪声进行更细致的分析时,一般使用倍频程带通滤波器及"平坦"响应网络对声音做频谱测定。一个倍频程定义为频带上下频率之比为2 的带宽。为了更好地确定噪声的成分,还使用具有 1/3 或 1/10 倍频程滤波器的窄频带分析仪,此时频带上下频率之比则分别为 $2^{1/3}$ 和 $2^{1/10}$。当带宽增加时,对无规噪声测得的声压级与带宽的平方根成正比;对工频倍频的交流纯音,其测量与带宽无关。

2.1.4　无线电干扰测试

　　电晕放电产生的无线电干扰有两种测试方法。一种是用对数周期天线或者环形天线(直流下常用环形天线,避免其他天线在空间电荷累积下的尖端放电)直接测量空间电磁信号,然后传输给无线电干扰接收机(又叫无线电噪声仪)进行测量[10]。另一种是通过图 2-4 所示的耦合回路和无线电接收机测量电晕电流脉冲的无线电频段分量,然后以此为无线电干扰源,利用电磁场理论计算空间任意位置的无线电干扰水平[7]。

　　无线电干扰接收机类似于收音机,是一台有选频功能的无线电频率电压表,其通频带和中心频率可调谐在任一频率上。无线电干扰接收机的信号处理过程如图 2-5 所示,主要由高质量无线电噪声接收装置、检波装置、加权网络和输出表计等部分组成。无线电噪声接收部分是一个全频段常数增益的可调带通滤波器;检波装置为一个整流电路,可滤去接收到的调制射频信号高频分量,得到单边包络线送入加权网络,由加权网络来确定显示的表计读数究竟是包络线的峰值,还是包络线的平均值,或是某些中间准峰值。

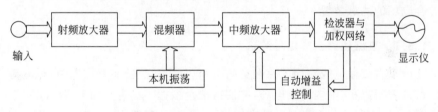

图 2-5　无线电干扰接收机信号处理过程

　　对于输电线路的无线电干扰测试,其骚扰对通信和广播的影响最终是由人的主观听觉效果来判断。人对电磁噪声的响应特性是[8]:①人的听觉器官可感觉持续时间为 0.5~1ms 的脉冲,而持续时间小于 0.5ms 的孤立脉冲对人的听觉不产生效果;②脉冲终止后,听觉器官对脉冲效应完全消失需要 160~200ms;③人的听觉器官对脉冲强度的响应随重复频率的升高而增强。平均值检波和峰值检波都不足以描述脉冲的幅度、宽度和频度对听觉造成的影响,而准峰值检波比较符合人耳对声音的反应规律,因此输电线路无线电干扰测试一般采用准峰值检波。

　　目前,国际上无线电噪声仪的型号很多,表 2-1 为国际无线电干扰特别委员会(CISPR)对测量仪器主要特性的规定[11]。在美国和加拿大,一般使用美国国家标准协会(ANSI)的标准仪器[12]。在测量 30MHz 以下的无线电干扰时,ANSI 仪器的准峰值检波器的充电时间常数为 1ms,放电时间常数为 600ms;当测量 30MHz 以上的无线电干扰时,ANSI 仪器和 CISPR 仪器的时间常数是相同的。

表 2-1　CISPR 无线电干扰仪的主要特性[11,12]

使用频率/MHz	0.15~30	30~1000
6dB 时的宽度/kHz	9	120
准峰值电压表的充电时间常数/ms	1	1
准峰值电压表的放电时间常数/ms	160	550
临界阻尼指示仪表的机械时间常数/ms	160	100

2.1.5　地面电场测试

交流输电线路空间电场测试很成熟,主要是基于电容耦合、光电测试以及 MEMS 等原理的测试技术[13-15],由于已经有很多商业测试设备,这里不再赘述。下面着重介绍存在空间电荷时的直流输电线路合成电场和交直流混合电场的测试装置。

2.1.5.1　直流线路合成电场测试

由于直流输电线路周围存在空间电荷,如果传感器布置在空中,则电荷会在其表面累积,削弱被测电场,并使得测量数据不稳定。如果将传感器接地,则大量空间电荷会通过传感器向地中泄放,传感器吸引过来的电荷大幅增加了被测电场,也造成测量不准。同时,如果使用光电传感器,则即使没有空间电荷,直流场下由于光电传感材料的极化等效应,也会导致测量数值不稳定。针对以上问题,有文献提出通过将传感器滚动起来使其极板周期性的交换位置,能够避免空间电荷和极化的影响,从而可以测量空间的合成电场[16]。基于这一原理加州理工学院开发了光电测量装置,使用它对直流线路下人体周围的合成电场分布进行了测量[17]。但几十年来这种测量装置仅停留在原型阶段,直到现在仍没有商业测试装置面世。目前成熟的直流电场测试装置都是采用周期变化的电极结构将直流电场变换成交变量进行测量。对于有空间电荷的合成电场,还需要将测量装置布置在地面并接地,才能有效测量地面的合成电场[16]。常见的地面合成电场测试装置有旋

转伏特计(又称场磨)和振动伏特计,都是通过极板的周期变化将直流信号
转变为交流信号来测量。

　1) 旋转伏特计

　旋转伏特计是测量地面直流电场的常见仪器。这种电场仪一方面需要
能准确测量直流合成电场,另一方面又能把截获的离子电流泄放入地[16]。
该电场探头由每隔一定角度开有若干扇形孔(不一定是标准的扇形)的两个
金属圆盘组成,两圆盘同轴安置,两者之间隔开一定距离并相互绝缘,上面
圆盘(动片)随轴转动并直接接地,下面圆盘(定片)固定不动并通过一个电
阻接地。图 2-6 给出了旋转伏特计测量原理。当动片转动时,直流电场通
过动片上的扇形孔,时而作用在定片上,时而又被屏蔽,从而在定片与地之
间产生一个交变电信号。该信号与被测直流电场成正比,通过测量电阻上
的交变电流可以获得直流电场的大小。

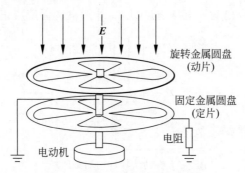

图 2-6　旋转伏特计的测量原理

　假设圆片上共有 n 个扇形孔,每个扇形孔面积为 A_0,动片转动的角速
度为 ω,则定片暴露于直流电场的总面积 A 随时间的变化为:

$$A(t) = nA_0(1 - \cos n\omega t) \tag{2-1}$$

若被测直流电场的大小为 E,空气的介电系数为 ε_0,则定片上感应的电荷
$Q(t)$ 为:

$$Q(t) = \varepsilon_0 E A(t) \tag{2-2}$$

由此可以求得由直流电场感应的电流为:

$$i_e(t) = \frac{\mathrm{d}Q(t)}{\mathrm{d}t} = \varepsilon_0 E n^2 A_0 \omega \sin n\omega t \tag{2-3}$$

该电流与直流电场成正比,通过测量 $i_e(t)$ 可以获得合成电场 E。

　还需要指出的是,受电场作用而移动的空间离子,也通过动片上的扇形

孔进入定片,若离子流密度大小为 J,则进入到定片的离子电流为:

$$i_j(t) = J \cdot A(t) = nA_0 \cdot J(1 - \cos n\omega t) \qquad (2\text{-}4)$$

由式(2-3)和(2-4)可见,进入定片的电流 $i(t)$ 由离子电流 $i_j(t)$ 和感应电流 $i_e(t)$ 两个分量组成,这两个电流的相角正好差 $90°$。理论上,如能准确区分并测量 $i_e(t)$ 和 $i_j(t)$ 两个分量,利用旋转伏特计可同时测量合成电场 E 和离子流密度 J,但由于旋转伏特计的 A 值小,致使 $i_j(t)$ 很小,无法由此准确求得 J 值。由于 $i_j(t) \ll i_e(t)$,即 $i(t) \approx i_e(t)$,故可以由测量电流直接确定合成电场 E 的值。

2) 振动伏特计

振动伏特计与旋转伏特计原理相似但结构不同[16]。图 2-7 给出了这种电场测量装置的原理。其开孔的上极板静止不动,下极板在机械装置带动下上下振动,外部合成电场穿过上极板在下极板上感应出交变的电荷,从而在极板之间感应出交变电压,该电压与外加电场强度成正比。

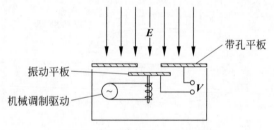

图 2-7　振动伏特计的测量原理

2.1.5.2　交直流混合电场测试

当交流和直流线路近距离并行、相互跨越或者同塔时,线路周围的电场既有直流离子流场,又有交流电场,并且两种电场相互耦合,形成了混合电场。该电场虽然复杂,但仍然可以利用旋转伏特计进行测量[18]。

当交直流场叠加时,考虑动片转动的初相位,定片暴露于混合场下的面积为:

$$A(t) = nA_0(1 - \cos(n\omega_1 t + \alpha)) \qquad (2\text{-}5)$$

式中,ω_1 为动片转动的角速度,α 为转动的初相位。若直流场强为 E_1,交流场强幅值为 E_2、角频率为 ω_2、初相位为 β,则交直流混合电场为:

$$E = E_1 + E_2\cos(\omega_2 t + \beta) \qquad (2\text{-}6)$$

此时定片上感应电荷为:

$$Q(t) = \varepsilon_0 n A_0 \Big\{ E_1 + E_2 \cos(\omega_2 t + \beta) - E_1 \cos(n\omega_1 t + \alpha) -$$

$$\frac{E_2}{2} \cos\big[(n\omega_1 + \omega_2) t + \alpha + \beta\big] - \frac{E_2}{2} \cos\big[(n\omega_1 - \omega_2) t + \alpha - \beta\big] \Big\}$$

$$(2\text{-}7)$$

则混合电场感应的电流为：

$$i_e(t) = \frac{\mathrm{d}Q(t)}{\mathrm{d}t} = \varepsilon_0 n A_0 \Big\{ -\omega_2 E_2 \sin(\omega_2 t + \beta) + n\omega_1 E_1 \sin(n\omega_1 t + \alpha) +$$

$$\frac{(n\omega_1 + \omega_2) E_2}{2} \sin\big[(n\omega_1 + \omega_2) t + \alpha + \beta\big] +$$

$$\frac{(n\omega_1 - \omega_2) E_2}{2} \sin\big[(n\omega_1 - \omega_2) t + \alpha - \beta\big] \Big\} \qquad (2\text{-}8)$$

与此同时，离子电流仍然为式（2-4），与 $i_e(t)$ 相比可以忽略，故测得的电流仍然可以视为 $i_e(t)$。由式（2-8）可以看到，通过分析旋转伏特计输出信号的频谱，可以获得直流和交流电场。

假设交流直流线路电压等级相近，则地面直流电场和交流电场峰值也相近，故上式中各项数值相差不大，直流电场和交流电场容易分辨而不会产生较大误差。

以图 2-8 所示的旋转伏特计为例，其转动频率为 90Hz，开孔数 18，即特征频率 $n\omega_1 = 1620$Hz。使用其测量交、直流并行导线下方地面混合电场强度，得到如图 2-9（a）所示的时域波形，其对应频谱如图 2-9（b）所示。在频谱中可以看到几个明显的尖峰，其频率分别为 $f(A) = 50$Hz、$f(B) =$

图 2-8　旋转伏特计

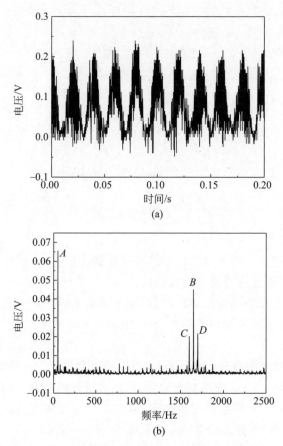

图 2-9　旋转伏特计测量混合电场时输出的信号

(a) 时域信号波形；(b) 典型频谱

$1620\mathrm{Hz}$、$f(C)=1570\mathrm{Hz}$、$f(D)=1670\mathrm{Hz}$。这 4 个峰值分别与式(2-8)中的 4 项相对应，其中 A 为交流基频，B 为旋转伏特计特征频率，C 和 D 为 A 和 B 的差频。由以上特征频率下的信号幅值，通过式(2-8)就可以获得直流和交流电场。

2.1.5.3　电场探头的校准

为了保证测试的准确性，电场探头在测试前必须校准。没有空间电荷时，可以用平行板电极之间的交流或直流平行平面电场对探头进行校准，得到交流电场和直流电场的校准系数。有研究表明，在大多数直流输电线路的地面离子流场下,也就是离子流密度小于 $100nA/m^2$ 且合成电场大于 $10kV/m$ 时,采用没有空间电荷的电场来校准探头所造成的误差是可以接受的[16]。

此时,设施加在极板之间的电压为 V,平行板间距为 d,则平行板电极应满足如下要求:

(1)产生足够大的电场均匀区域,以便将探头所处位置的场强的不确定性降低到可接受的水平。文献[19]的研究表明,在距极板边沿的距离大于 d 的地方,电场与 V/d 的偏差不超过 1%,此范围内的空间电场受平行板边沿的影响可以忽略,可以视为电场均匀区域。

(2)电场均匀区域内的电场不会受到附近物体或校准者的干扰。通常,平行板电极应当与周边物体和人保持 $2d$ 以上的距离[16]。

(3)电场探头不会显著畸变平行板产生的电场。可以在平行板上开孔,孔的大小刚好能够放入电场探头,然后将电场探头的表面与底板齐平放置。如果电场均匀区域足够大,也可以将电场探头直接置于极板上,此时 d 应为电场探头高度的 5 倍以上[16]。

产生适合校准的离子流场比较复杂。Misakian 提出了平行平板离子流发生器[20],被 IEEE 推荐为产生直流离子流场并校准离子流场中场强仪的装置[16],具体见 2.1.7 节。

2.1.6 地面离子流密度测试

2.1.6.1 直流离子流密度测试

离子流密度可通过测量面积已知的金属平板(接收板)所截获的电流来获得。该电流可用高精度电流表(静电计)测量,也可将接收板与地之间通过一个采样电阻连接,然后测量该电阻上的电压来确定流过的电流。为了减少微弱电流测量带来的误差,接收板的面积应足够大,使其截获的离子电流值能处在所用测量仪表的量程范围以内。为了避免接收板边缘对电场畸变造成的测量误差,其四周一般有一圈具有一定宽度的金属接地环(屏蔽环),如图 2-10 所示[16]。美国电力科学研究院(EPRI)曾做过屏蔽环对测量误差的影响,试验表明如果没有屏蔽环,即使接收板的面积很大,误差都在 12.5% 以上。EPRI 还做过屏蔽环的宽度、接收板离地高度和面积对测量误差影响的试验。结果表明,屏蔽环的宽度对接收板离地高度的比值越大、接收板离地面越近,测量误差越小。

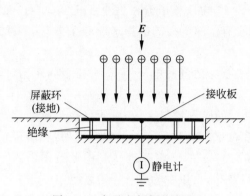

图 2-10 离子流密度测量原理

整个接收板区域的平均电流密度可由下式得到：

$$J = \frac{I}{A} \tag{2-9}$$

其中，I 为测量得到的电流，A 为接收板的面积。

基于以上原理制成的测试装置称为离子流板或者 Wilson 板，其典型结构如图 2-11 所示。接收板为一方形金属板，被绝缘材料与地面分隔，并通过采样电阻接地，空间电荷移动至接收板后经过金属板、采样电阻、地面的路径形成电流，通过测量采样电阻上的电压可以得到此电流。

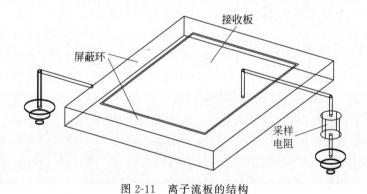

图 2-11 离子流板的结构

2.1.6.2 交直流混合离子流密度测试

在交直流混合场作用下，离子流板与极导线、地面及采样装置的耦合关系如图 2-12 所示，其中 C_{sp} 为离子流板与极导线之间的电容，C_{sg} 为离子流

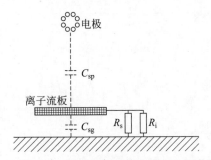

图 2-12　离子流密度测量装置与线路容性耦合示意图

板与地面之间的电容；R_s 为采样电阻，R_i 为采样装置的内阻。可以看到，离子流板测量得到的电流信号可能同时包含多种成分：直流离子电流、交流离子电流、交流感应电流。与旋转伏特计类似，可以用示波器记录信号，通过傅立叶分解得到其频谱，通过频谱分析得到离子流密度的各频率和幅值[21]。

图 2-13(a)为某交直流混合场中地面离子流的测试信号时域波形，其对应频谱如图 2-13(b)所示。离子流的直流分量由时域波形求平均得到。离子流的交流成分由频谱分析得到。测量信号中总的交流成分由交流场的感应电流和交流离子电流两部分组成，后者是与离子流相关的待测量，而交流场感应电流需要滤除。由于交流离子电流只在交流与直流同极性的半个周期内有值，另半个周期内为零（离子流板只会接收电荷不能发射电荷，因此其对离子流交流部分的作用与二极管整流类似），因此离子流信号的频谱中会出现基频的偶次谐波，而这个偶次谐波与交流离子电流相关。由此，通过测量信号频谱中偶次谐波，可以获得交流离子电流。

例如，在图 2-13(b)中可以看到几个明显的尖峰，其中 $f(A)=50\text{Hz}$ 为工频基频，$f(B)=2f(A)=100\text{Hz}$ 为偶次谐波，$f(C)=3f(A)$、$f(D)=5f(A)$、$f(E)=7f(A)$、$f(F)=9f(A)$ 等均为奇次谐波。交流感应电流只对频谱曲线中 A、C、D、E、F 等奇次谐波峰值有贡献，偶次谐波峰值 B 只与交流离子电流有关。由此，可根据已知的基波（这里为 50Hz）的半个周期内二次谐波分量幅值与基波幅值比例，用测量信号频谱中的二次谐波幅值除以该比例，得到基波交流离子电流幅值，再乘以校准数据，得到基波交流离子流密度。

2.1.7　平行平板离子流发生器及其应用

平行平板离子流发生器可以产生一个分布可知的离子流场环境，不仅

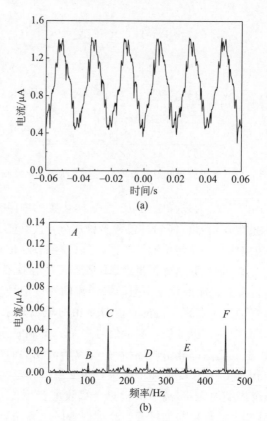

图 2-13　离子流板实测交直流混合场离子流密度的波形
(a) 时域波形；(b) 典型频谱

可以用于校准离子流场中的电场传感器,还可以用于测量大气离子迁移率,它由美国国家标准局的 Misakian 于 20 世纪 80 年代提出[20]。

2.1.7.1　平行平板离子流发生器的基本结构

图 2-14 为清华大学高压实验室按照 Misakian 原理搭建的离子流发生器,由五层圆形平板组成,板间距可调。由上到下,各层板的功能如下:

(1) 第一层平板是金属屏蔽盘,它和其下的控制盘共同控制电晕放电强度并改善电场分布。其边缘设计有均压环,防止自身放电。

(2) 第二层平板是电晕线盘,其外围是一个金属圆框,圆框内平行排列着电晕线(金属细线),为了使电晕放电足够强且产生的离子流分布尽量均匀,电晕线的间距不能过密也不能过疏。

图 2-14　清华大学平行平板离子流发生器

（3）第三层平板是控制盘，也是一个金属网盘。它与屏蔽盘电气导通，保持等电位。它与电晕线之间的电压差控制着电晕线的电晕强度。为了保证电晕线的放电效率，屏蔽盘和控制盘距电晕线盘的距离相等，且控制盘也是第一层过滤盘，使穿过其网孔向下迁移的空间离子分布更加均匀。

（4）第四层和第五层平板构成了所需的沿平面方向均匀分布的离子流场。其中，上极板（第四层）是一个十分细密的金属网盘，也是第二层过滤网，用于进一步使穿过网格的空间离子分布均匀。下极板（第五层）是普通金属盘，其上可以布置测量离子流密度的装置，也为布置电场探头预留了圆孔。

前三层平板组成了平行平板离子流发生器的离子流产生部分，负责产生足够的正离子或负离子提供给下层的离子流场区。第四和第五两层构成了平行平板电极结构，是离子流场分布的可知区域。由于离子流产生区和离子流场的可知区在空间上相对独立，因此平行平板离子流发生器的设计结构保证了电晕放电中的复杂物理、化学反应及高场强不会对可知区的离子流场产生直接影响。

2.1.7.2　平行平板离子流发生器的工作原理和电场探头的校准

平行平板离子流发生器的使用原理如图 2-15 所示。在电晕线盘与控制盘、控制盘与上极板、上极板与下极板之间分别施加电压，分别称为电晕电压 V_C、控制电压 V_A、极板电压 V_T。电晕电压 V_C 使得电晕线盘发生电晕放电，产生空间离子；控制电压 V_A 用于控制穿过控制盘网孔的离子数量并促使空间离子均匀地向可知区迁移；极板电压 V_T 用于在可知区形成离子流场。图 2-15 中电流计 A_1、A_2 和 A_3 可测量经过电晕线盘、控制盘、上极

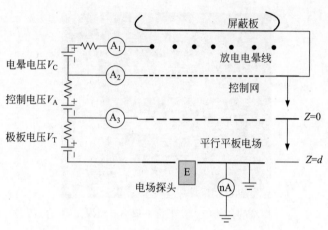

图 2-15　平行平板离子流发生器电路拓扑图

板的电流。d 是平行平板间距。电场探头可选用旋转伏特计,纳安表用于测量离子流密度。

　　当平行平板电极结构的间距远小于其半径时,其内的离子流场可以视为横向均匀分布。图 2-16 为清华大学的平行平板离子流发生器(直径 1m)在平行平板电极结构的间距为 20cm 时,下极板测量得到的归一化离子流密度分布,可见在中心半径小于 0.3m 的区域内离子流密度偏差值不超过 5%。此时,由于平行平板电极结构中间区域水平分量很小,当已知 V_T 和底层的离子流密度时,可以用一维公式来获得平板电极结构内部的离子流场分布。

　　可知区离子流场的数学模型如下。由于该区域充满电荷,描述电荷对空间电场作用的泊松方程为:

$$\frac{\mathrm{d}E}{\mathrm{d}z} = \rho/\varepsilon \tag{2-10}$$

式中,E 为电场强度,ε 为介电常数,ρ 为离子密度。

　　在电场作用下,空间电荷漂移形成空间电流:

$$J = \rho k E \tag{2-11}$$

式中,J 为离子流密度,k 为离子迁移率。

　　直流电晕达到稳态之后,其产生的离子流场可以认为保持恒定,由于平行平板电极结构中间区域没有水平分量,按电流连续性方程有:

$$\frac{\mathrm{d}J}{\mathrm{d}z} = 0 \tag{2-12}$$

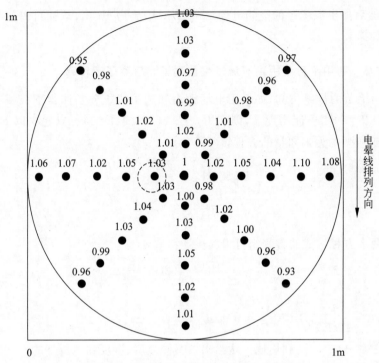

图 2-16　下极板离子流密度的归一化分布

也就是 J 在竖直方向上是一个常数。综合以上各式,得到:

$$\frac{dE}{dz} = \frac{J}{kE\varepsilon} \tag{2-13}$$

解微分方程(2-13)得平行平板电极结构内的电场分布为:

$$E(z) = \left(E_0^2 + \frac{2Jz}{k\varepsilon}\right)^{1/2} \tag{2-14}$$

以下极板电位为零电位,则平行平板电极结构内的电位分布为:

$$V(z) = V_T - \frac{k\varepsilon_0}{3J}\left[\left(E_0^2 + \frac{2Jz}{k\varepsilon}\right)^{3/2} - E_0^3\right] \tag{2-15}$$

其中,V_T 是极板电场上下极板之间的电位差,$E_0 = E(0)$,即平行平板电极结构内靠近上极板处的电场强度。当 $z = d$ 时,$V(z) = 0$,可以得到:

$$\frac{3JV_T}{k\varepsilon} = \left(E_0^2 + \frac{2Jd}{k\varepsilon}\right)^{\frac{3}{2}} - E_0^3 \tag{2-16}$$

由于离子流密度可由位于下极板的离子流探头测得,V_T 可测,k 已知,因此由式(2-16)可以获得平行平板电极结构内靠近上极板处的电场强度

E_0。然后离子流场区的空间电场均可以由式(2-14)算出,从而可以用于校准电场探头。

2.1.7.3 利用平行平板离子流发生器测量大气离子迁移率

由上节的推导可知,如果用电场探头和离子流板分别测得下极板表面的电场 E_d 和离子流密度 J,则利用式(2-14)和式(2-15)可以建立以 E_0 和离子迁移率 k 为未知量的方程组[22]:

$$E_d = \sqrt{E_0^2 + \frac{2Jd}{ke}} \tag{2-17}$$

$$V_T = \frac{k\varepsilon}{3J}\left[E_d^3 - E_0^3\right] \tag{2-18}$$

解这两个方程构成的方程组可得离子迁移率 k:

$$k = A \cdot \frac{\sqrt{B^2 - 192Cd^3} - B}{C} \tag{2-19}$$

式中,$A = \dfrac{J}{12\varepsilon E_d^2}$,$B = 9\left(\dfrac{V_T}{E_d}\right)^2 - 12d^2$,$C = d - \dfrac{V_T}{E_d}$。

在本书 3.5 节,利用该方法给出了不同温度、湿度和气压下的大气即空气离子迁移率取值公式。

2.1.8 直流线路离子流场的空间电位测试

虽然空间电荷使得直流输电线路的空间电场难以测量,但其电位分布却可以通过悬空导线电位补偿法进行测量,从而间接获得离子流场的空间电场分布[23]。

如图 2-17 所示,在离子流场中,如果空间中有一接地的裸导体,则导体将收集空间电荷,然后这些电荷形成的电流将从导体流到地面。如果导体的电势与其所在位置的原始空间电势(没有该导体时的电势)一致,则该导体不会改变周围的电场分布,并且无法再收集空间电荷。只有迁移路径经过该导体的空间电荷才会粘在导体上。如果导体足够细,则这部分空间电荷将非常少。如果悬浮导体通过可调节的直流电压发生器接地,则由导体收集的空间电荷产生的电流将流过发生器,并随发生器的输出电压而变化。当发生器的输出电压较小时,该电流较大;随着发生器输出电压的增加,电流减小。当发生器的输出电压等于导体所在位置的原始空间电势时,电流接近零。当输出电压继续增加时,空间电荷被推离导体,电流保持为零,直

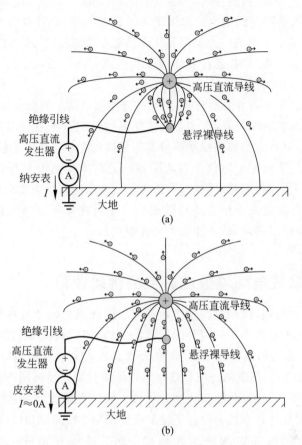

图 2-17　直流线路离子流场空间电位测试的悬空导线电位补偿法
(a) 直流电压发生器输出电压较小；(b) 直流电压发生器输出电压等于被测空间电位

到电压高到悬浮导体发生电晕放电为止。因此,通过调节发生器的输出并测量流过该发生器的电流,可以获得直流线路离子流场的空间电位,该电位等于电流接近零时发生器的输出电压。

文献[23]通过缩尺模型实验证明了以上方法是可行的,但应注意以下问题:

(1) 使用本方法的前提是等电位线的方向是已知的,且悬浮导线应与等电位线保持一致。由于直流输电线路电场分布基本可以视为二维分布,沿线路的方向电位基本是不变的,因此悬浮导线与导线方向一致就可以用于测试。由于绝缘子串和人体周围的等电位线方向难以确定,因此该方法不能用于这些人和物周围的电位测量。

（2）该方法可测的最小值取决于离子流的强度、悬浮导体的长度以及皮安表可测的最小电流。当悬浮导体靠近电晕放电线路时,其长度可缩短;测量靠近地面的电位时,悬浮导体应加长。该方法不适用于没有空间电荷或离子流很小的情况。

（3）由于电压调节需要时间,因此该方法无法用于测量动态电场。

（4）考虑到绝缘问题,连接到悬浮导体的可调电压发生器本身需要耐受一定电压,并且应当能够承受测量点非常接近电晕导线时的较大电流。

（5）为了防止由于电位差过大引起的悬浮导体与电晕导线之间的放电,当悬浮导体靠近电晕导线时,直流电压发生器的起始电压应适当提高。

（6）该方法适用于试验线段的测试。如果在实际线路下进行现场测试,需要设备可以移动,但不能在大风天使用。

2.2　电晕放电环境效应研究的试验线段

由于试验线段可以有效、经济地模拟实际线路的电晕放电特性及其环境效应,因此大量应用于国内外输电线路的电磁环境特性研究中。美国电科院(EPRI)高压输电研究中心、加拿大魁北克水电研究所、日本中央电力研究院(CRIEPI)、俄罗斯圣彼得堡直流高压研究院以及韩国电力科学研究院等均建立了各自的超、特高压试验线段。我国在建设特高压输电线路的初期,也分别在北京和昆明建立了特高压直流输电线路试验线段,在武汉建立了特高压交流输电线路试验线段。此后陆续在西藏下察隅(海拔1700m)、雪卡(海拔3400m)和羊八井(海拔4300m)等地建立了不同海拔高度的试验线段,用于研究海拔对电晕放电和电磁环境的影响。

2.2.1　实验室缩尺线段模型

在高压线路电晕放电特性及其电磁环境效应研究中缩尺模型是常用的实验手段。缩尺模型就是按照一定几何比例建立真实输电线路的模型,同时相应改变施加电压,使模型电晕起始电场与真实线路有相似的特性。缩尺模型可以在实际线路建立前对电晕特性进行预研,由于建立在室内,减小了自然环境因素的影响,测量方便。

EPRI在1990年用缩尺模型对电晕饱和度进行了研究[24]。俄亥俄州立大学用缩尺模型对交直流并行输电线路电晕特性进行了系列研究,并对缩尺模型的设计做了较详细的介绍[25]。西安交通大学和青海电力试验研究院利用缩尺模型对输电线路离子流场进行过研究[26,27]。浙江大学在 1992 年对直流输电线路离子流场缩尺模型进行了理论分析与论证[28]。清华大学利用图 2-18 所示的缩尺线段详细研究了交直流并行、交叉等情况下的地面离子流场特性[18]。

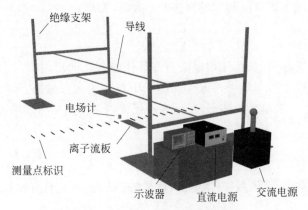

图 2-18　典型的直流线路缩尺模型

研究表明,假设缩尺模型几何、电压比例因子为 K_L、K_V,实际线路(下标 1)参数与缩尺模型(下标 2)参数关系如下[28]:

几何尺寸:

$$x_1 = K_L x_2 \tag{2-20}$$

电势:

$$\phi_1(x_1) = K_V \phi_2(x_2) \tag{2-21}$$

电场:

$$E_1(x_1) = \frac{K_V}{K_L} E_2(x_2) \tag{2-22}$$

电荷密度:

$$\rho_1(x_1) = \frac{K_V}{K_L^2} \rho_2(x_2) \tag{2-23}$$

电流密度:

$$j(x_1) = \frac{K_V^2}{K_L^3} j(x_2) \tag{2-24}$$

电晕电流:

$$I(x_1) = \frac{K_V^2}{K_L^2} I(x_2) \tag{2-25}$$

在边界处,地面电位为 0 自动满足,导线处电位边界条件为 $V_{L1}=K_V V_{L2}$,起晕场强要满足:

$$\frac{E_{on1-}}{E_{on2-}}=\frac{E_{on1+}}{E_{on2+}}=\frac{K_V}{K_L} \tag{2-26}$$

一般情况下正负极起晕场强相差不大,故要求:

$$\frac{E_{on1}}{E_{on2}}=\frac{K_V}{K_L} \tag{2-27}$$

在设计实际模型时,先根据实验室条件确定几何比例 K_L,分别计算真实线路和缩尺模型起晕场强 E_{on1}、E_{on2}。下标 1 为实际线路,下标 2 为缩尺模型线路,"一"表示负极线路,"十"表示正极线路。则应采用的电压为:

$$V_{L2}=\frac{V_{L1}}{K_L \times \dfrac{E_{on1}}{E_{on2}}} \tag{2-28}$$

如果实验室电压源条件有限,也可以首先假设 K_L、K_V,计算模型起晕场强:

$$E_{on2}=\frac{E_{on1}}{K_V/K_L} \tag{2-29}$$

根据式(2-29)可推算应选择的导线半径。例如某实验室已具备±50kV 直流电源,以此为限制条件设计缩尺模型参数。假设模拟±800kV 特高压直流线路、离地高度 18m,而缩尺模型电源 50kV、高度 0.6m,则 $K_V=16$、$K_L=30$。特高压直流线路典型参数为:使用 6 分裂 LGJ-630 导线,分裂间距 40cm,其等效半径 r_{eq} 约为 18cm(等效半径计算详见 8.3.1.1 小节)。使用 Peek 公式计算起晕场强(详见 3.1 节),导线粗糙系数取 0.8,则 E_{on1} 约为 26kV/cm。由式(2-29)可计算出 E_{on2} 应为 48kV/cm,相对应的导线半径为 0.8mm,对应起晕电压为 29kV。

事实上,以上理论推导都是基于未放电之前的静电场建立的,由于放电的非线性特性,当线路起晕后,缩尺模型线段电晕放电及其电磁环境特性是不可能等效到实际输电线路的,因此最有效的试验线段是户外真型试验线段。另外,由于缩尺线段太短,无线电干扰接收天线等尺寸与其相当,因此缩尺线段无法用于研究无线电干扰特性,通常主要用于研究电晕放电及离子流场的基本规律。

2.2.2　户外真型试验线段组成

通常,试验线段包含三挡,相应杆塔布置为耐张—直线—直线—耐张的形式。其中第一挡和第三挡主要起减少端部效应、均匀第二挡也就是测试挡电场的作用,视情况会比较短甚至省略。第二挡是测试挡,其挡距内的导线沿线电场与实际情况最接近。试验线段的电压、导线型号、相(极)间距离、导线最小对地高度、分裂数和间距等一般都可以调节,以满足不同线路工况下的电磁环境参数测试要求。图 2-19 为位于特高压工程技术(昆明)国家工程实验室的直流双极试验线段示意图,交流试验线段与此类似。

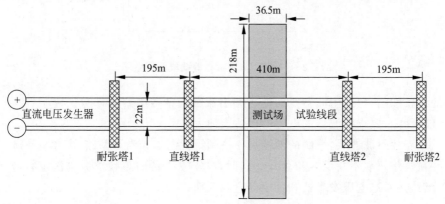

图 2-19　特高压工程技术(昆明)国家工程实验室直流双极试验线段[29]

　　试验线段的电压发生器应当无明显电晕放电,最大输出电流应大于线路能施加的最高电压下电晕放电总电流。为防止电压发生器及其引线、金具等上的电晕放电对试验线段电晕放电测试造成影响,应在电压发生器和线路之间安装阻波器,以隔离线路以外的高频电磁干扰。对于阻波器的性能,CISPR 标准要求在无线电干扰测试频段内(150kHz～30MHz),阻波器可提供 35dB 的衰减[11],可按式(2-30)估算衰减值:

$$k = \frac{Z_c}{Z_c + j2\pi fL} \tag{2-30}$$

其中,波阻抗衰减 $20\lg k$,f 为信号频率,L 为阻波器电感,Z_c 为导线自然波阻抗。例如,对于分裂间距 450mm 的 $6\times630mm^2$ 导线,当对地最小高度为 18m、弧垂为 13.5m 时,导线波阻抗 360Ω,取频带下限 150kHz 进行核算,则阻波器的电感值应不小于 21.5mH。

　　图 2-20 为安装阻波器后试验线段等值电路图,其中,U_w 为外部干扰对应的高频电压源,R_s 为电压发生器等值电阻,C_s 为电压发生器和分压器等值电容,R_t 为阻波器电阻,L_t 为阻波器电感,C_t 为阻波器本身和安装引入的杂散电容,Z_c 为线路自然波阻抗。C_t 与阻波器电感并联,会降低阻波器

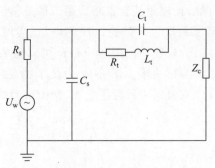

图 2-20　安装阻波器后试验线段等值电路

的衰减性能,包括阻波器匝间电容和引流板间杂散电容两部分。为了补偿衰减性能,要求阻波器的电感值可适当加大。

　　安装阻波器后,线路的两端对于高频干扰电流相当于开路,高频电流脉冲在线路两端不断反射和衰减。同时,电压发生器的高频纹波电流也将被反射,并通过电压发生器和分压器电容入地。

2.2.3　试验场测试设备布置

　　试验场地位于测试挡的中央,各电晕特性物理量的测试设备均布置于该试验场地上,测量设备之间相隔一定距离。此外,线路电源端还可以加入电晕电流测量装置,通过光纤或者无线向地面传输采集的电晕电流数据,该数据除可直接用于分析电晕放电特性和无线电干扰外,还可以得到电晕损耗。表 2-2 列出了涉及的可测物理量。

表 2-2　试验线段测量设备清单

设备名称	测试物理量
分压器	导线电压
离子流板	地面离子流密度(直流)
场强仪	直流合成电场/交流电场
电晕电流测量装置	电晕电流
无线电干扰接收机	无线电干扰
可听噪声测量仪	可听噪声
气象站	气象条件

　　考虑到现场测试的工作量很大,在上述设备的基础上,可以构建如

图 2-21 所示的电晕特性和电磁环境参数自动化测量系统,实现所有设备的数据流和控制信号统一协调,完成多物理量多测点同步测量。该系统包括三个层次:测量仪器、通信系统和服务器。工作方式为:测量设备根据服务器指令,实现对特定参数的测量;测量数据由通信设备送往服务器;服务器完成数据的储存和实时图形化显示;同时,可利用服务器程序对所有测量仪器的参数进行实时远程设定。

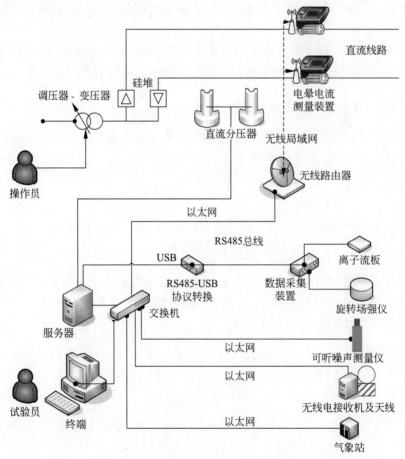

图 2-21　自动化测量系统的结构(以双极直流电路为例)

　　由于天气及其他环境参数随着时间大范围地变化,测量中需同步监测气象参数,包括温度、气压、风速、风向、相对湿度以及降雨量等。试验应该覆盖一年中可能遇到的绝大多数天气情况。

2.2.4 户外真型试验线段与输电线路的等效关系

对于无线电干扰,由于试验线段与实际输电线路的端部连接情况不同,电晕无线电干扰电流在试验线段端部会产生反射,而实际输电线路由于长度长,这种反射很小,导致两者的无线电干扰电流传播特性不同。因此,通过试验线段测量得到的无线电干扰不能直接应用于预测实际输电线路无线电干扰,需根据试验线段的端部条件,对导线上无线电干扰电流的传播进行分析,进而等效至长线路[8]。

分析试验线段上的无线电干扰电流和实际输电线路的无线电干扰电流的区别和联系需要使用无线电干扰激发函数的概念,详见本书第 6 章。

2.2.4.1 无线电干扰电流传播模型

图 2-22 为长度为 l 的短线段两端端接任意阻抗 Z_A 和 Z_B 的无线电干扰电流传播模型。根据传输线理论,电晕放电电流 J_x 在 x 点处注入导体后,传播至 y 点处的电流 I_y 和电压 U_y 为:

$$U_y = Z_c \cdot H_y \cdot \frac{C}{2\pi\varepsilon_0} \cdot \Gamma \tag{2-31}$$

$$I_y = G_y \cdot \frac{C}{2\pi\varepsilon_0} \cdot \Gamma \tag{2-32}$$

其中,C 为单位长导线对地电容;ε_0 为真空介电常数;Z_c 为线路的特征阻抗;Γ 是无线电干扰激发函数,其值只取决于电晕的自身放电特性,与导线地面几何参数无关;

$$G_y = \sqrt{\int_0^y |g(x,y)|^2 dx + \int_y^l |g'(x,y)|^2 dx} \tag{2-33}$$

$$H_y = \sqrt{\int_0^y |h(x,y)|^2 dx + \int_y^l |h'(x,y)|^2 dx} \tag{2-34}$$

式中,$g(x,y)$、$g'(x,y)$、$h(x,y)$ 和 $h'(x,y)$ 分别是描述放电电流 J_x 与传

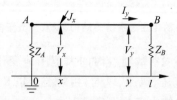

图 2-22 导线端接任意阻抗的无线电干扰电流传播模型

播电流 I_y、电压 U_y 之间的传输函数：当 $0 \leqslant x < y$ 时，

$$g(x,y) = \frac{Z_{xA} \cdot Z_{xB}}{Z_{xA} + Z_{xB}} \cdot \frac{1}{Z_{yB}\cosh\gamma(y-x) + Z_c\sinh\gamma(y-x)} \quad (2\text{-}35)$$

$$h(x,y) = g(x,y)\frac{Z_{yB}}{Z_c} \quad (2\text{-}36)$$

当 $y < x \leqslant l$ 时，

$$g'(x,y) = -\frac{Z_{xA} \cdot Z_{xB}}{Z_{xA} + Z_{xB}} \cdot \frac{1}{Z_{yA}\cosh\gamma(y-x) + Z_c\sinh\gamma(y-x)}$$

$$(2\text{-}37)$$

$$h'(x,y) = g'(x,y)\frac{Z_{yB}}{Z_c} \quad (2\text{-}38)$$

其中，$\gamma = \alpha + \mathrm{j}\beta$ 为传播系数，α 为衰减系数，β 为相位系数；Z_{xA}、Z_{xB}、Z_{yA} 和 Z_{yB} 分别为从 x、y 点向 A、B 端看去的输入阻抗，其值取决于三个因素：试验线段的波阻抗 Z_c、试验线段末端连接阻抗 Z、该点到试验线段末端的距离 l，表达式如下：

$$Z_{\mathrm{in}} = Z_c \cdot \frac{\sinh\gamma l + \dfrac{Z}{Z_c}\cosh\gamma l}{\dfrac{Z}{Z_c}\sinh\gamma l + \cosh\gamma l} \quad (2\text{-}39)$$

2.2.4.2　试验线段端部连接对无线电干扰电流的影响

在试验线段上进行无线电干扰测试时，可考虑三种端部连接方式，如图 2-23 所示。

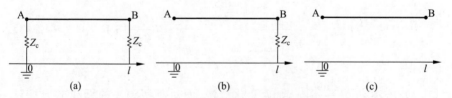

图 2-23　试验线段的不同端部连接

(a) 两端阻抗匹配；(b) 单端匹配、另一端开路；(c) 两端开路

因为与线路波阻抗相匹配的端部连接阻抗通常采用无局放的高电压标准耦合电容器实现，其电容值一般在 1~2nF，必要时可以串联小电感对容抗进行补偿，测量匹配电阻串接在电容的低压端和地之间，见 2.1.2.1 节。

由于此类高压电容器的造价昂贵,因此在进行试验线段无线电干扰测试时,通常采用两端开路的方式,基本不采用(a)或(b)。

　　试验线段无线电干扰测量一般利用天线和接收机在挡距正中央进行无线电干扰磁场测量,即图 2-22 端接任意阻抗的无线电干扰电流传播模型中的 $l/2$ 处,其磁感应强度 $H_{l/2}$ 正比于对应试验线段的无线电干扰电流 $I_{l/2}$,即

$$H_{\frac{l}{2}} = \frac{I_{\frac{l}{2}}}{2\pi} \cdot \frac{2h}{h^2 + D_{\frac{l}{2}}^2} \tag{2-40}$$

其中,h 是试验线段高度,$D_{l/2}$ 是测量点到试验线段的水平距离。

　　在双端开路的前提下有:

$$Z_A = Z_B = \infty$$
$$Z_{XA} = Z_c \coth\gamma X$$
$$Z_{XB} = Z_c \coth\gamma(l - X)$$
$$Z_{yB} = Z_c \coth(\gamma l/2)$$

利用式(2-31)~(2-39)可得:

$$I_{\frac{l}{2}} = \frac{\sqrt{l}}{2} \cdot \frac{\left[\dfrac{\sinh\alpha l}{\alpha l} + \dfrac{\sin\beta l}{\beta l}\right]^{\frac{1}{2}}}{\left[\cosh\alpha l + \cos\beta l\right]^{\frac{1}{2}}} \cdot \frac{C}{2\pi\varepsilon_0} \cdot \Gamma \tag{2-41}$$

对于短试验线段,$\alpha l \ll 1$,因此,$\dfrac{\sinh\alpha l}{\alpha l} \approx 1$,$\cosh\alpha l \approx 1 + \dfrac{(\alpha l)^2}{2}$,式(2-41)可以简化为:

$$I_{\frac{l}{2}} = \frac{\sqrt{l}}{2} \cdot \frac{\left[1 + \dfrac{\sin\beta l}{\beta l}\right]^{\frac{1}{2}}}{\left[1 + \dfrac{(\alpha l)^2}{2} + \cos\beta l\right]^{\frac{1}{2}}} \cdot \frac{C}{2\pi\varepsilon_0} \cdot \Gamma \tag{2-42}$$

式中,分子项 $\left[1 + \dfrac{\sin\beta l}{\beta l}\right]^{\frac{1}{2}}$ 随 βl 变化缓慢,而对于所关注的无线电干扰频段,该项近似等于 1。

　　下面重点分析式(2-42)中的分母项对 $I_{l/2}$ 的影响。定义试验线段自然频率 f_0 为:

$$f_0 = \frac{v}{l} \tag{2-43}$$

其中,v 是导线上电磁波传播速度,近似等于光速,l 是试验线段的长度。

βl 表示为:

$$\beta l = \frac{2\pi f}{v} \cdot l = 2\pi \cdot \frac{f}{f_0} \tag{2-44}$$

当 $f = (2n-1) \cdot \dfrac{f_0}{2}, n = 1, 2, \cdots$ 时,$I_{l/2}$ 取得最大值:

$$I_{\frac{l}{2}\max} = \frac{1}{\alpha \sqrt{2l}} \cdot \frac{C}{2\pi\varepsilon_0} \cdot \Gamma \tag{2-45}$$

当 $f = n \cdot f_0, n = 1, 2, \cdots$ 时,$I_{l/2}$ 取得最小值:

$$I_{\frac{l}{2}\min} = \frac{\sqrt{l}}{2\sqrt{2}} \cdot \frac{C}{2\pi\varepsilon_0} \cdot \Gamma \tag{2-46}$$

对于长的实际运行线路,可由式(2-41)得到:

$$I_{l\to\infty} = \frac{1}{2\sqrt{\alpha}} \cdot \frac{C}{2\pi\varepsilon_0} \cdot \Gamma \tag{2-47}$$

通过比较式(2-45)、(2-46)和(2-47)可得两端开路时的电晕无线电干扰电流的最大值和最小值与长线路情况下的电流值存在如下关系:

$$I_{l\to\infty} = \sqrt{I_{\frac{l}{2}\max} \cdot I_{\frac{l}{2}\min}} \tag{2-48}$$

可见,在两端开路的情况下,短线段上的无线电干扰电流与实际长线路上的无线电干扰电流有等效关系,通过式(2-48)等效关系可将试验线段上测量结果推导至真实运行长输电线路。因此试验线段与电源之间需加装阻波器,用以实现在无线电干扰频率下的试验线段电源侧等效电路的开路。另外,安装阻波器还可用于阻隔电源侧的高频电流对导线电晕无线电干扰电流测试准确性的影响。

2.2.5　我国的特高压交流试验线段

武汉交流特高压试验基地中,1000kV 特高压交流单回和同塔双回试验线段设计长度近 1km,均由 2 基耐张塔和 2 基直线塔组成"耐张—直线—直线—耐张"三个挡距,挡距分布分别为 333m、344m、64m 和 226m、398m、294m。其杆塔结构形式采用我国特高压输电交流示范工程中使用的典型塔型,如图 2-24 所示。杆塔横担上等间隔地设置了多个导线悬挂点,为导线相间距离的调整提供条件。相间距离调整范围可达 4m,能满足不同相间距离下的电磁环境参数测量试验的要求。

特高压单回试验线段采用 8×LGJ 500/35 分裂导线,同塔双回试验线

图 2-24　1000kV 特高压交流试验线段杆塔(单位：mm)
(a) 特高压单回试验线段杆塔；(b) 特高压同塔双回试验线段杆塔

段采用 8×LGJ 630/45 分裂导线,分裂间距均为 400mm。单回和同塔双回试验线段并行架设,试验线段中心相距 100m,可同时或分别进行电晕电磁环境方面的试验。利用特高压试验线段,不仅可开展特高压输变电工程对电磁环境影响的试验研究和特高压输电线路电晕效应试验研究,也为进行特高压线路带电作业方式研究和线路运行检修的培训提供了平台。另外,特高压交流试验线段上安装了污秽、雷击、应力等传感器。

2.2.6　我国的特高压直流试验线段

我国现有两条特高压直流试验线段,分别位于昆明和北京。

昆明特高压直流试验线段位于海拔高度 2100m 的特高压工程技术(昆明)国家工程实验室内。单回路试验线段杆塔布置为"耐张—直线—直线—耐张"方式,共四级杆塔,挡距分布分别为 195m、410m、195m,线路总长度为 800m,如图 2-25 所示;额定电压等级 ±800kV。为满足不同结构参数输电线路的电磁特性研究需要,试验线段具有足够的调节极间距离和导线对地距离的功能。试验线段考虑了在直线塔导线横担上增加相应的挂点,既可挂 I 串,也可挂 V 串。I 串除正常悬挂点外另增加多个挂点位置以实现极间距离 16～36m 可调,间隔 2m 变化。通过调整绝缘子串金具长度,实现导线最低对地距离 14～24m 可调,间隔 2m 变化。此外,导线可变六、八、十分裂,且分裂间距满足 350mm、400mm、450mm、500mm、550mm 可调。

图 2-25　特高压工程技术(昆明)国家工程实验室直流双极试验线段

　　北京特高压直流试验线段位于特高压工程技术(北京)国家工程实验室内,也为"耐张—直线—直线—耐张"方式,各段长度与昆明特高压直流试验线段相同。其最大特色是采用龙门架替代杆塔,龙门架内两个横担采用电机调节高度,如图 2-26 所示,从而灵活调节导线高度和极间距,并且可以开展多回直流线路、交流和直流并行线路的电磁环境特性研究。

图 2-26　特高压工程技术(北京)国家工程实验室直流双极试验线段

2.3　电晕放电环境效应研究的电晕笼

　　在电晕笼试验系统中,利用较小的电压就可以重现实际超、特高压输电导线的电晕放电状态,可以方便、经济、有效地开展不同分裂形式导线的可听噪声和无线电干扰等电晕效应试验。与试验线段相比,电晕笼具有以下优点[30-31]:

（1）投资费用小，经济有效；

（2）试验条件可控，笼内装备的人工淋雨系统可方便模拟不同雨量的雨天条件；

（3）被测导线结构调整方便，可更换不同结构和尺寸的导线进行测量；

（4）可以设计成可拆卸系统，方便运输，用于研究导线在不同海拔、不同地区环境的电晕效应；

（5）电晕效应各项试验测试方便、试验周期短。

因此，在研究输电线路电晕效应问题时，电晕笼是不可或缺的试验装置。在 20 世纪 60—90 年代，很多国家在超、特高压输电技术研究初期，建设了用于电晕效应试验研究工作的电晕笼[32-37]，如美国特高压试验基地、日本 CRIEPI Shiobara 试验站、韩国电力科学研究院、加拿大 IREQ 高压实验室、日本 Shimousa 高压实验室、南非约翰内斯堡试验站、意大利 Suvereto 地区试验站等，如图 2-27 所示。2007 年，中国分别在武汉和北京建成了特高压交流电晕笼和特高压直流电晕笼。

2.3.1　电晕笼原理与基本结构

无论导线是否分裂，电晕的产生主要取决于导线表面及其附近空间（考虑电晕的发展）的电场分布。电晕笼就是一个可以在有限尺寸下模拟实际导线周围电场分布的装置。早期的实验室用的电晕笼主要用来产生电晕放电，尺寸很小，只能进行单导线电晕放电实验，如图 2-28 所示[38]。通过测量给定直流电压下电晕笼壁吸收的电荷来观测电极的电晕起始电压。

对于实际超、特高压输电线路，由于导线为多分裂，相应的电晕笼尺寸非常大。为了精确地用电晕笼中单相（极）线路模拟输电线路的每一相（极），需要重现分裂导线最大电场的分布。虽然用单相（极）线路完全重现这种电场分布是不可能的，但在导线附近，电场分布的不对称性很小，使用平均最大电场强度对准确度影响不大。平均最大电场强度是指分裂导线中各根子导线的最大电场强度的平均值。

图 2-29(a)为 1000kV 输电线路三相导线排列示意图，水平排列导线采用 $8 \times 36.2\text{mm}^2$ 分裂导线、对地平均高度为 30m、相间距离为 23.8m。图 2-29(b)比较了实际三相输电线路和电晕笼导线周围的最大电场强度的典型分布。最大电场强度相对值的基准为该相分裂导线的平均最大电场强度。可以看出，在实际三相输电线路情况下，边相和中相导线周围的最大电场强度在平均最大电场强度的±3%范围内变化，其分布的不对称性很

美国特高压试验基地特高压电晕笼
（宽7.6m×高7.6m×长15.2m）

美国特高压试验基地超高压电晕笼
（宽5.34m×高5.34m×长61m）

加拿大IREQ高压实验室的电晕笼
（宽5.5m×高5.5m×长67m）

韩国电力科学研究院的电晕笼
（宽6m×高6m×长20m）

日本CRIEPI Shiobara试验站的电晕笼
（宽8m×高8m×长24m）

日本Shimousa 高压实验室的电晕笼
（宽8m×高8m×长24m）

南非约翰内斯堡试验站的电晕笼
（直径7m×长40m，海拔0m）

意大利Suvereto地区试验站电晕笼
（直径7m×长40m，海拔约1600m）

图 2-27　部分国外电晕笼实物图及相关参数

小；而在电晕笼情况下，导线在电晕笼中心，结构更为对称，导线周围电场更加趋于一致，各个分导线最大电场强度之间的差别更小，不到±0.5%。因此，借助于平均最大电场强度，利用电晕笼中的单组导线可以比较准确地模拟三相线路分裂导线的电晕效应。

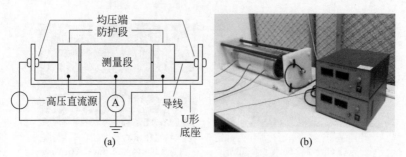

图 2-28　电晕发生和测量装置

（a）实验室电晕笼的结构；（b）实验室的电晕笼

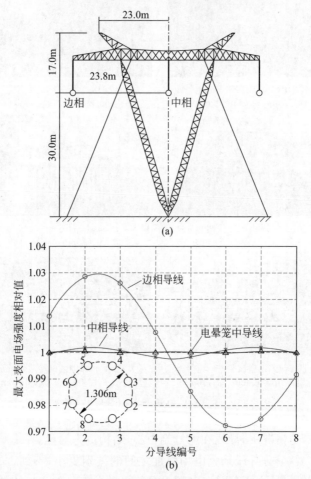

图 2-29　1000kV 输电线路三相导线和电晕笼中 8 分裂导线的最大电场强度

（a）输电线路结构；（b）电场分布相对值比较

电晕笼的基本结构如图 2-30 所示,一般为双层笼体结构,外层为屏蔽笼,直接接地,内层为电晕测量笼,屏蔽笼与测量笼之间利用绝缘子支撑。屏蔽笼和测量笼均采用金属网格结构。为了解决端部电场不均匀的问题,电晕笼一般分为三段,中间段为测量段,处于该段内的导线沿线表面电场分布比较均匀,用于电晕损失、无线电干扰等电晕效应的测量;测量段的两边各有一段笼体与其绝缘,此部分用于克服由于端部效应而引起的导线表面电场畸变,称为防护段。

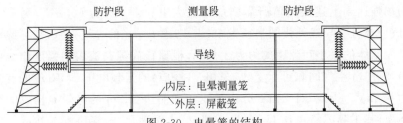

图 2-30　电晕笼的结构

对于交流电晕笼,由于设计时已考虑了充分的空间裕度以保证电晕产生的电荷只聚集在导线周围,不会到达电晕笼壁,因此只要保证电晕笼内导线的表面电场与试验线段导线的表面电场一致就可以保证两种场景下导线周围空间的电场分布也一致,从而电晕放电情况也一致。由此,利用交流电晕笼可以很方便地通过计算来获得电晕笼导线所需施加的电压,从而使用较小的电压就可以模拟较高电压下实际线路的电晕放电情况。然而对于直流,由于电晕而造成空间存在大量电荷,即使电晕笼内导线的表面电场与试验线段导线的表面电场一致,电晕笼内导线周围的电荷和电场分布与实际线路也难以保持相同,导致电晕笼与实际运行的输电线路之间的等价条件和相互折算关系比较复杂,将在下节讨论。

2.3.2　电晕笼设计

为了使得电晕笼内分裂导线各子导线表面电场分布较一致,电晕笼截面一般采用方形和圆形等对称结构,在这些截面形状下,导线表面电场分布的不对称性都很小,都能较好地模拟实际线路表面电场分布,满足电晕笼测试要求。

2.3.2.1　截面尺寸设计

电晕笼横截面尺寸选取时应满足如下原则[8]:

1）击穿原则

电晕笼试验中导线上所需施加的最大电压 U_m 和电晕笼的击穿电压 U_b 之间要有一定的裕度，从而保证导线在电晕笼内所加电压既能模拟实际线路表面场强，又不会发生击穿。一般要求 $U_b/U_m \geqslant 1.5$。例如，为得到电晕可听噪声和无线电干扰随导线表面电场强度的变化曲线，导线平均最大表面电场强度一般在 $10\sim25\mathrm{kV/cm}$（如果是工频，则为有效值）范围内变化。此时，对于 $8\times36.2\mathrm{mm}^2$ 分裂导线，当电晕笼截面边长为 8m 时，导线表面场强达到上述最大值所需施加的最大电压 U_m 约为 600kV。另一方面，假设 8 分裂导线外接圆半径为 65cm，考虑 60cm 的导线弧垂，则导线对电晕笼笼体的最小间隙距离约为 2.75m，根据长间隙交流闪络强度曲线可查出，2.75m 空气间隙可承受约 1350kV（峰值）的工频电压[39]，对应的有效值为 955kV。因此，对于由 8 分裂导线和截面边长 8m 的电晕笼构成的空气间隙，其工频闪络电压 U_b 约为 955kV，从而满足"击穿原则"，并有一定裕度。

2）离子运动原则

在交流电压下，当导线表面发生电晕放电时，产生的离子在交变电场的作用下在导线周围做往返运动，这些离子不应运动到电晕笼的笼壁，并且有足够裕度，从而使得电晕笼内导线周围的电场分布与实际线路一致。由于风对离子运动影响较大，很小的风就足以使离子分布发生变化，为此一般要求电晕笼的截面边长至少达到分裂导线外接圆半径和离子运动最远距离之和的 4 倍以上。对于直流电晕笼，由于离子可以运动到整个空间，因此"离子运动原则"不再有效。

导线在交流电压作用下发生电晕放电时，离子的运动距离可以在如下假设条件下进行估算：

（1）忽略由于热运动和离子扩散运动造成的离子位移；

（2）不考虑风对离子运动的影响；

（3）不考虑空间运动离子对空间电场方向的改变。

当忽略热运动和离子扩散运动位移时，离子的运动速度满足下式[37]：

$$v = kE \tag{2-49}$$

式中，v 为离子运动速度，E 为离子所在位置的电场强度，k 为离子迁移率。

下面以电晕笼中的 8 分裂导线为例，对导线附近的电场进行计算。如图 2-31 所示，8 分裂导线在电晕笼的中心处，子导线半径为 r，分裂导线外

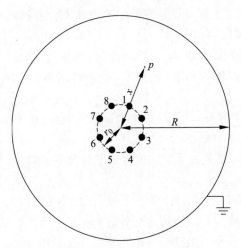

图 2-31　离子运动距离的计算

接圆半径为 r_0，电晕笼半径为 R，分裂导线上施加电压 U，假设各子导线上单位长所带电荷量均为 q，p 为圆心与子导线 1 的中心连线上的某场点。则场点 p 的电场 E_p 为：

$$E_p = \frac{q}{2\pi\varepsilon_0}\left(\frac{1}{x - r_0} + \frac{2x - \sqrt{2}\,r_0}{x^2 + r_0^2 - \sqrt{2}\,r_0 x} + \frac{2x}{x^2 + r_0^2} + \frac{2x + \sqrt{2}\,r_0}{x^2 + r_0^2 + \sqrt{2}\,r_0 x} + \frac{1}{x + r_0}\right)$$

$$(2\text{-}50)$$

式中，ε_0 为真空介电常数，x 为场点与中心的距离。

导线与电晕笼之间电压可表示为：

$$U = \int_{r+r_0}^{R} E_p \, \mathrm{d}x \approx \frac{q}{2\pi\varepsilon_0}\left[\ln\frac{R - r_0}{r} + \ln\frac{R^2 + r_0^2 - \sqrt{2}\,r_0 R}{(2 - \sqrt{2})r_0^2} + \ln\frac{R^2 + r_0^2}{2r_0^2} + \right.$$

$$\left. \ln\frac{R^2 + r_0^2 + \sqrt{2}\,r_0 R}{(2 + \sqrt{2})r_0^2} + \ln\frac{r_0 + R}{2r_0}\right]$$

$$(2\text{-}51)$$

假设导线表面起晕场强为 E_0，推导可得导线的起晕电压 U_0 为：

$$U_0 = \frac{E_0}{\dfrac{1}{r} + \dfrac{3.5}{r_0}}\left[\ln\frac{R - r_0}{r} + \ln\frac{R^2 + r_0^2 - \sqrt{2}\,r_0 R}{(2 - \sqrt{2})r_0^2} + \ln\frac{R^2 + r_0^2}{2r_0^2} + \right.$$

$$\left. \ln\frac{R^2 + r_0^2 + \sqrt{2}\,r_0 R}{(2 + \sqrt{2})r_0^2} + \ln\frac{r_0 + R}{2r_0}\right]$$

$$(2\text{-}52)$$

离子运动距离的计算步骤如下：

（1）利用式(2-52)计算出导线的起晕电压 U_0，通过与导线上施加电压比较得出导线起晕的时刻 t_0；

（2）从 t_0 时刻开始，以 Δt 为时间步长，计算 t_0 时刻导线表面的电场，进而通过式(2-49)计算离子运动速度，最终得到 Δt 时步内离子的运动距离，确定离子的位置；

（3）在 $t_0 + \Delta t$ 时刻，计算离子所处位置的电场，得到 Δt 时步内离子的运动距离，确定离子的位置；

（4）逐步计算，直至离子所处位置的电场为零的时刻，最终得到离子运动的最远距离。

利用上述方法对三种不同型号 8 分裂导线在截面边长为 4m、6m 和 8m 的电晕笼中的离子运动距离进行计算，导线位于电晕笼的中央，假设导线上施加 1000kV 交流全电压，即单相导线上最大电压为 816kV 时，离子运动距离计算结果和满足"离子运动原则"所需的电晕笼最小尺寸如表 2-3 所示。计算中取正负离子迁移率分别为 $k^+ = 1.5\text{cm}^2/(\text{V}\cdot\text{s})$ 和 $k^- = 1.8\text{cm}^2/(\text{V}\cdot\text{s})$。实际试验导线有一定的弧垂，同时考虑更高电压等级输电技术的研究，电晕笼的截面尺寸需留出足够裕量。

表 2-3　8 分裂导线在不同尺寸电晕笼情况下的离子运动距离

No.	导线型号	子导线半径 r/mm	分裂导线外接圆半径 R/cm	电晕笼截面尺寸 a/m	离子运动距离 d/cm	电晕笼截面最小尺寸 a_{min}/m
1	8×ACSR-720/50 分裂间距 500mm	18.1	65.33	4	72.23	5.50
				6	57.47	4.91
				8	49.07	4.57
2	8×LGJ-630/45 分裂间距 450mm	16.8	58.80	4	71.20	5.20
				6	57.60	4.65
				8	49.81	4.34
3	8×LGJ-500/40 分裂间距 400mm	15.0	52.26	4	70.43	4.90
				6	58.14	4.41
				8	51.10	4.13

2.3.2.2　测量段设计

测量段长度的选择有两个基本要求。其一，需满足在测量段内导线表面电场大小趋于一致;其二,所产生的电晕效应强度能够满足测量仪器的精度,能够被准确测量。

　　国外测试经验表明,为了准确测量交流电晕效应,电晕笼测量段的长度一般取其边长的 3～5 倍即可满足测试要求[40]。不同的电晕效应测试对电晕笼测量段的长度有不同要求,表 2-4 给出了雨天条件下不同电晕效应测试所需最小测量段长度[41]。

表 2-4　雨天条件下不同电晕效应试验所需的测量段最小长度

不同电晕效应试验	测量段最小长度/m
可听噪声	10～15
无线电干扰	5～10
电晕损失	5～10

　　测量可听噪声时,测量点两侧的导线长度应为导线与传声器距离的两倍以上,这样才能保证 2dB 以内的测量误差[41]。而测量 100Hz 的纯音则要求导线与传声器之间的距离应至少为 3.4m。在雨天条件下,交流电晕的产生量较大,测量无线电干扰和电晕损失时,5～10m 的测量段已能满足要求。

2.3.2.3　防护段设计

　　由于结构的突变,在电晕笼两端附近的导线表面电场会发生畸变,此现象称为端部效应。为解决端部效应问题,测量段两边各有一段笼体与其绝缘,称为防护段。防护段长度选择取决于电晕笼端部电场变化的程度,需要通过计算导线表面电场分布来确定。电晕笼端部附近的电场畸变导线段越长,则所需防护段长度也随之增加。

　　为确定防护段长度,可以利用电磁场数值计算方法仿真分析导线沿线表面电场分布。以图 2-32 所示的特高压电晕笼结构为例,利用有限元法对导线表面电场分布进行计算。电晕笼长度 30m,截面为 8m×8m 的正方形;导线型号为 LGJ-630/45,长度为 40m,两端分别伸出电晕笼 5m;导线放置于方形电晕笼中心处,导线上施加 1kV 电压。图 2-33 为三种不同弧垂情况下导线表面电场分布计算结果。

　　根据图 2-33 中的计算结果可以得到不同弧垂情况下电场无畸变段和防护段的长度,如表 2-5 所示。考虑导线弧垂后,电场无畸变段的长度减小,端部效应对导线表面电场的影响更加突出,从而需增大防护段长度。在

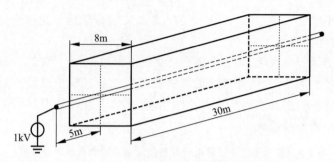

图 2-32　电晕笼内导线表面电场计算实例

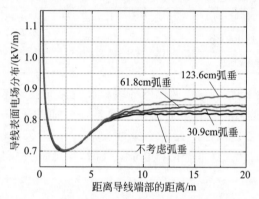

图 2-33　不同弧垂情况下导线表面电场分布

实际电晕笼中,导线的弧垂不宜过大,因为这样会导致电场无畸变段的长度过小而影响测量结果的准确性。在本节分析的电晕笼中,为了保证足够的测量准确度,导线的弧垂不宜超过 60cm,防护段长度应不小于 4.5m。

表 2-5　不同弧垂情况下电晕笼防护段长度的选择

导线最低点弧垂/cm	电场无畸变段/m	防护段长度/m
0	26	2
30.9	24	3
61.8	21	4.5
123.6	15	7.5

可以通过优化防护段形状尺寸,使得导线在电晕笼端部的电场得到提高,与无畸变段电场的大小保持一致,从而有效增加电场无畸变段的长度,使得测量误差减小。例如可以在距电晕笼端部一定距离处开始将笼体截面尺寸逐步缩小,拉近电晕笼端部附近导线与笼壁之间的距离,使得端部区域

导线的表面电场提高。

2.3.2.4　试验电源

由于交流电晕笼一般针对单相导线开展电晕效应试验,故其试验电源一般由单相交流试验变压器供给。

电晕笼试验系统的电源额定电压应能够使得导线起晕程度满足试验需要。同时,由于导线和电晕笼之间存在电容,试验变压器出口还有电容分压器,这些电容会分走一部分电源电流,因此试验电源的额定电流应大于这两部分电流之和,并考虑一定裕量。

2.3.2.5　淋雨装置

不同天气对交流电晕效应和直流电晕效应的影响是不同的。在交流电压作用下,雨天导线由于电晕产生的可听噪声和无线电干扰要明显高于晴好天气;而直流情况恰恰相反,晴好天气要强于雨天。因此,在交流电晕笼设计时,必须设计雨量可以调节的淋雨装置,用于模拟不同的雨天情况。

电晕笼淋雨装置由淋雨喷头、送水管路、大小阀门、过滤器、止回阀、潜水泵和远方的变频控制柜、闭环控制模块等组成,图 2-34 为某淋雨装置系统硬件连接图。雨量可以通过阀门和变频器控制进行调整。

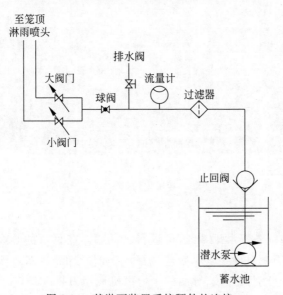

图 2-34　某淋雨装置系统硬件的连接

2.3.2.6　阻波器设计

与试验线段类似,为保证无线电干扰测试的准确性,需在交流试验电源和导线之间加装阻波器,用于隔断交流电源侧可能存在的高频电流对导线交流电晕无线电干扰电流的影响。阻波器参数的确定方法详见 2.2.2 节。

2.3.3　我国特高压交流电晕笼基本参数

特高压工程技术国家工程实验室交流试验基地(武汉)按照上述电晕笼设计方案研制了我国首个户外特高压电晕试验笼,如图 2-35 所示。该电晕笼采用刚性双层笼体结构设计,笼体截面为 8m×8m 的正方形,总长度为35m,其中用于克服端部效应引起的导线表面电场畸变的两端防护段笼体长度分别为 5m。

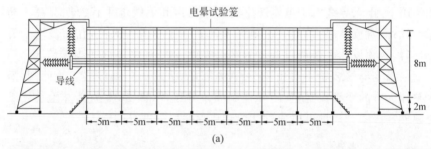

(a)

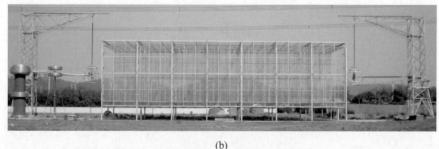

(b)

图 2-35　我国交流特高压电晕笼

(a) 结构;(b) 全景图

电晕笼内配备了淋雨系统,可进行不同雨量条件下的导线电晕效应试验,分析不同雨量对导线电晕效应的影响,如图 2-36 所示。该电晕笼可分别安装 1～12 分裂的导线,导线的张力由机械动力装置调节,为试验研究不同分裂导线、不同张力情况下的电晕效应提供了条件。电晕笼的试验电源

图 2-36　交流特高压电晕笼的结构

为额定容量 400kVA、额定电压 800kV 的单相交流试验变压器,采用无晕导线引入,最高可模拟交流 1500kV 电压等级的实际导线电晕情况。

交流特高压电晕笼可开展多种导线电晕效应试验,主要包括:

(1) 不同分裂形式导线(不同分裂数即 12 分裂及以下、不同分裂间距、不同子导线半径)电晕起始电压、可听噪声、无线电干扰、电晕损耗特性研究;

(2) 人工模拟不同天气情况(好天气、大雨和小雨)下,导线的可听噪声、无线电干扰和电晕损失等电晕效应研究。

2.3.4　我国特高压直流电晕笼基本参数

我国特高压直流电晕笼位于特高压工程技术(北京)国家工程实验室,如图 2-37 所示[42]。该电晕笼是一个双层笼,外层为屏蔽笼,内层为测量

图 2-37　我国特高压直流电晕笼

笼。电晕笼总长 70m,两端为各长 5m 的防护段,中间为长 60m 的测量段。电晕笼由正、负极 2 个厢体组成,每个厢体的横截面均为 10m×10m,可同时用于直流双极性试验,也可使用其中之一进行单极性试验。电晕笼直流试验电源电压可调,最高长期运行电压±1200kV。在该电晕笼内可进行直流线路的可听噪声、无线电干扰和电晕损耗等试验。

2.4　直流电晕笼与直流输电线路的等效

IREQ 在电晕笼中测量直流无线电干扰的激发函数(详见本书第 6 章)时发现,在保持最大表面电场强度(标称电场)相同的条件下,电晕笼中测量得到的激发函数要比实际线路的激发函数大 8～15dB[43]。他们认为造成这种情况的原因是直流电晕时,导线周围存在大量电荷。这与交流电晕大不相同,交流电晕时,只在导线附近存在电荷,并且直流电晕时电荷的分布是受电极结构影响的。所以对直流电晕笼不能像交流那样用来测量激发函数,但是仍可以研究导线表面标称电场强度、天气条件、分裂间距、分裂数等对直流线路电晕产生的无线电干扰的影响[44]。20 世纪 80 年代末,日本的 Yukio Nakano 等指出电晕笼中导线与实际线路导线电晕相同的等效条件应该是导线表面最大合成电场强度相同而不是最大标称电场强度相同[45]。但是仅仅规定导线表面的电场似乎不够充分,电晕放电维持和发展不仅与导线表面的电场还与其周围的空间电场相关。要利用电晕笼来研究输电线路的电晕,就需要寻找一种等效条件,使得在这一条件之下,电晕笼中导线的电晕与输电线路的电晕等效。本节将从电晕放电的机理出发,分析直流电晕笼导线电晕与输电线路导线电晕的等效条件。

2.4.1　直流等效原理

在最初关于直流输电线路与电晕笼的等效原理的研究中,不少研究者试图将交流导线表面最大电场强度相同的判据直接移植到直流的研究中来,但实验证明,这种判据并不适合直流[43]。因为在交流电晕笼与交流输电线路中,离子在导线周围做相同的往返运动,交流电晕笼的设计原则保证了在保持最大表面电场强度相同的条件下,导线附近的电场分布是相同的,而在直流电压下,离子在电场的作用下朝着一个方向运动,直至笼壁或地面,所以离子的分布受到电极结构的影响,在保持最大表面标称电场强度相同的条件下,若导线周围的离子数量与分布不同,则实际电场强度(合成电场)的空间分布也是不同的,所以在这样的条件下电晕放电是不同的。也就是说直流电晕笼中导线电晕放电与直流输电线路电晕放电的等效条件是——两种情况下导线周围的空间电场分布相同,而不只是导线表面处的电场相同。

在交流电晕研究中,电晕笼与线路的等效判据还可以描述为:在输电线路导线周围做一个与电晕笼形状相同的虚拟框,保持电晕笼导线所加电压与输电线路导线到虚拟框之间电压差相同。该等效判据原理成立的基础是具有普遍性的唯一性定理,所以它应该也适用于直流导线电晕[46]。

2.4.2　直流等效原理的理论证明

我们从简单的同轴圆柱系统开始分析。同轴圆柱系统的电晕都是单极性的,对于单极性直流电晕,离子流场有以下常用假设[36]:

(1) 忽略电离层,空间电荷充满整个电极空间;

(2) 离子迁移率为常数;

(3) 忽略离子的扩散过程;

(4) 忽略风、湿度等的影响;

(5) Kaptzov 假设:导线起晕之后,导线表面电场强度维持在起晕场强。

(6) 离子流场是平行平面场,在二维平面中进行分析。

在以上假设的前提下,描述直流电晕产生的离子流场的方程为:

电场散度方程:

$$\nabla \cdot \boldsymbol{E} = \frac{\rho}{\varepsilon_0} \tag{2-53}$$

电流连续性方程:

$$\nabla \cdot \boldsymbol{J} = 0 \tag{2-54}$$

电流与电场的关系方程:

$$\boldsymbol{J} = k\rho \boldsymbol{E} \tag{2-55}$$

其中,$\boldsymbol{E}$、ρ、$\boldsymbol{J}$ 是场域的待求量,分别为电场强度、电荷密度、电流密度;ε_0 是空气相对介电常数;k 是离子迁移率。

对于图 2-38 所示的无限长同轴圆柱系统,由于对称,其间的电场强度和电流密度只有径向分量,所以方程(2-53)简化成一维形式:

$$\frac{dE}{dr} + \frac{E}{r} = \frac{\rho}{\varepsilon_0} \tag{2-56}$$

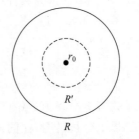

图 2-38　同轴圆柱电极

将方程(2-55)代入(2-54)可得：

$$k(\rho \nabla \cdot \boldsymbol{E} + \boldsymbol{E} \cdot \nabla \rho) = 0 \tag{2-57}$$

将其转化成一维形式，并将式(2-56)代入可得：

$$\left(\frac{\mathrm{d}E}{\mathrm{d}r} + \frac{E}{r}\right)^2 + E\frac{\mathrm{d}}{\mathrm{d}r}\left(\frac{\mathrm{d}E}{\mathrm{d}r} + \frac{E}{r}\right) = 0 \tag{2-58}$$

化简之后得：

$$E\frac{\mathrm{d}^2 E}{\mathrm{d}r^2} + 3\frac{E}{r}\frac{\mathrm{d}E}{\mathrm{d}r} + \left(\frac{\mathrm{d}E}{\mathrm{d}r}\right)^2 = 0 \tag{2-59}$$

方程(2-59)的通解为：

$$E = \frac{\sqrt{Ar^2 + B}}{r} \tag{2-60}$$

其中，A、B 为待定系数。

对式(2-60)进行积分，可以得到电位 φ 的通解为：

$$\varphi = \sqrt{B}\ln(\sqrt{B} + \sqrt{Ar^2 + B}) - \sqrt{B}\ln r - \sqrt{Ar^2 + B} + C \tag{2-61}$$

该问题的边界条件是导线的电位为施加的电压 U，电晕笼壁的电位为 0，以及 Kaptzov 假设(详见第 4 章)，即：

$$\begin{cases} \varphi = U, & r = r_0 \\ \varphi = 0, & r = R \\ E = E_{onset}, & r = r_0 \end{cases} \tag{2-62}$$

根据式(2-62)给出的边界条件，可以得到关于式(2-61)中的待定系数 A、B、C 的三个方程。三个未知数三个方程，因而待定系数 A、B、C 可以唯一确定。可以设想，如果在该同轴圆柱电极中，有一个半径为 $R'(r_0 < R' < R)$ 的虚拟框，并且它上边的电位为 U'，那么将第二个边界条件 $\varphi = 0$，$r = R$ 替换为 $\varphi = U'$，$r = R'$，仍能够求出待定系数 A、B、C，并且与之前所求的系数是完全一样的，因为它们本来就是同一个电场的解。再根据电位函数的特性，将给出的边界条件变为：

$$\begin{cases} \varphi = U - U', & r = r_0 \\ \varphi = 0, & r = R' \\ E = E_{onset}, & r = r_0 \end{cases} \tag{2-63}$$

对于 $r < R$ 的场域，它的解仍是相同的。而式(2-63)的边界条件描述的就是一个半径为 R' 的小电晕笼中，导线施加的电压为 $U - U'$ 的电场。

以上分析说明，在同轴圆柱结构中，在导线周围做一个与电晕笼形状相同的虚拟框，保持电晕笼所加电压与导线—虚拟框之间电压差相同，则两个系统中,电场的分布相同,电晕放电特性相同。与交流一样,我们可以将这个判据推广至直流输电线路与电晕笼之间的等效。也就是说,直流电晕笼与输电线路的等效方法为:在导线周围做一个与电晕笼形状相同的虚拟框,保持电晕笼所加电压与导线—虚拟框之间电压差相同,则电晕笼中导线周围的空间电场分布与输电线路导线周围的空间电场分布相同,从而两者电晕特性也相同。

文献[46]通过缩尺模型试验验证了以上等效方法的有效性。文献[7]证明了即使对于截面为方形的电晕笼,相应的方形虚拟框上的电压取平均值是可行的,该平均值可以通过本书第 4 章的数值计算方法获得。

参考文献

[1]　康鹏. 电晕放电过程中超声波特性的实验研究[D]. 武汉:武汉大学,2000.

[2]　张海峰,庞其昌,李洪,等. 基于 UV 光谱技术的高压电晕放电检测[J]. 光子学报,2006,35(8):1162-1166.

[3]　Martin Pfeiffer. Ion-Flow Environment of HVDC and Hybrid AC/DC Overhead Line[D]. Switzerland:ETH Zurich,2017.

[4]　尹晗. 直流输电线路高频电晕电流与无线电干扰的转换关系[D]. 北京:清华大学,2014.

[5]　吕建勋,袁海文,陆家榆,等. 直流特高压环境下数据采集系统的电磁防护技术[J]. 高电压技术,2013,39(12):2994-2999.

[6]　刘云鹏,尤少华,万启发,等. 特高压试验线段电晕损失监测系统设计与实现[J]. 高电压技术,2008,34(9):1797-1801.

[7]　王文倬. 基于电晕笼的特高压直流输电线路无线电干扰预测研究[D]. 北京:清华大学,2014.

[8]　唐剑. 1000kV 特高压交流输电线路电晕放电的环境效应研究[D]. 北京:清华大学,2009.

[9]　中华人民共和国国家标准. GB/T 2888—2008 风机和罗茨鼓风机噪声测量方法[S]. 2008.

[10]　中华人民共和国国家标准. GB/T 7349—2002 高压架空送电线、变电站无线电干扰测量方法[S]. 2002.

[11]　International Electrotechnical Commission. CISPR 18-2 Amend. 1:1993. Radio interference characteristics of overhead power lines and high-voltage equipment Part 2:Methods of measurement and procedure for determining limits[S]. Geneva,Switzerland,1993.

[12]　IEEE Std 430—2017. IEEE Standard Procedures for the Measurement of Radio Noise from Overhead Power Lines and Substations[S]. 2017.

[13]　张卫东. 变电站开关操作瞬态电磁干扰问题的研究[D]. 保定：华北电力大学,2003.

[14]　陈未远. 光电集成电场传感器的设计[D]. 北京：清华大学,2006.

[15]　A. Kainz, H. Steiner, J. Schalko, et al. Distortion-free measurement of electric field strength with a MEMS sensor[J]. Nat. Electron, 2018(1): 68-73.

[16]　IEEE Std 1227TM—1990, IEEE Guide for the Measurement of DC Electric-Field Strength and Ion Related Quantities[S]. 2010.

[17]　A. R Johnston, H. Kirkham, B. T Eng. DC electric field meter with fiber-optic readout[J]. Review of Scientific Instruments, 1986,57(11): 2746-2753.

[18]　Bo Zhang, Wei Li, et al. Study on the field effects under reduced-scale DC/AC hybrid transmission lines[J]. IET Generation Transmission & Distribution, 2013, 7(7): 717-723.

[19]　T. Takuma, T. Kawamoto, Y. Sunaga. Analysis of calibration arrangements for AC field strength meters[J]. IEEE Trans. Power Apparatus and Systems, 1985, PAS-104: 489-496.

[20]　M. Misakian, Generation and measurement of dc electric fields with space charge [J]. Journal of Applied Physics, 1981, 52: 3135-3144.

[21]　李伟. 交直流并行输电线路混合场特性及其环境效应的研究[D]. 北京：清华大学, 2010.

[22]　Bo Zhang, Jinliang He, Yiming Ji. Dependence of the average mobility of ions in air with pressure and humidity[J]. IEEE Transactions on Dielectrics and Electrical Insulation, 2017, 24(2): 923-929

[23]　Bo Zhang, Fengnv Xiao, Pengfei Xu, et al. Measurement of space potential distribution around overhead HVDC transmission lines based on potential compensation on suspended conductor[J]. IEEE Trans. Power Delivery, 2020, 35(2): 523-530.

[24]　G. B. Johnson. Degree of corona saturation for HVDC transmission lines[J]. IEEE Trans. Power Delivery, 1990, 5(2): 695-707.

[25]　T. Zhao. Measurement and calculation of hybrid HVAC and HVDC power line corona effects[D]. Ohio, USA: The Ohio State University, 1995.

[26]　严璋,文川,秦柏林. 架空地线对单极直流输电线路下离子流分布影响的研究 [J]. 高电压技术,1987,2: 11-14.

[27]　郑正圻,成萝兰,陈维克. 海拔高度对直流输电线路电晕电流地面离子流密度及地面场强影响的研究[J]. 高电压技术,1991,64(2): 26-31.

[28]　周浩,张守义. HVDC 输电线路离子流场比例模型理论的推导与验证[J]. 高电压技术,1992,64(2): 19-23.

[29]　饶宏,李锐海,曾嵘,刘磊. 高海拔特高压直流输电工程电磁环境[M]. 北京：中国电力出版社，2015.

[30]　唐剑,杨迎建,何金良,等. 1000kV 级特高压交流电晕笼设计关键问题探讨[J]. 高电压技术,2007,33(4)：1-5.

[31]　关志成,麻敏华,惠建峰,等. 电晕笼设计与应用相关问题探讨[J]. 高电压技术，2006,32(11)：74-77.

[32]　N. S. Harold，S. V. Gregory，Transmission of electric power at ultra-high voltages：Current status and future prospects[J]. Proceedings of the IEEE，1985，73(8)：1252-1278.

[33]　H. N. Cavallius，D. Train，The IREQ ultra high voltage laboratory and test facilities [J]. IEEE Trans. Power Apparatus and Systems，1974，93(1)：255-263.

[34]　韩启业. 张湘南. 日本东京电力的 1000kV 特高压输变电系统[J]. 华中电力，1999，12(4)：63-66.

[35]　陆宠惠,万启发,谷定燮,等. 日本 1000kV 特高压输电技术[J]. 高电压技术，1998，24(2)：47-49.

[36]　G. C. Sibilant，N. M. Ijumba，A C. Britten. Studies of DC conductor corona in a small corona cage[C]. In：Proceedings of African Conference in Africa，IEEE African 6th. George，South Africa：University of Pretoria，2002，2202-2207

[37]　P. S. Maruvada. Corona Performance of High-Voltage Transmission Lines[M]. Research Studies Press LTD. ，2000. 4.

[38]　郑跃胜. 高压直流导线的电晕场特性研究[D]. 北京：清华大学，2010.

[39]　Electric Power Research Institute. Transmission Line Reference Book 345kV and Above/Second edition[M]. Palo Alto. California，1982

[40]　N. G. Trinh and P S. Maruvada. A method of predicting the corona performance of conductor bundles based on cage test results[J]. IEEE Trans. Power Apparatus and Systems，1977，96(1)：312-325.

[41]　G. W. Juette，L. E. Zaffanella. Radio noise currents and audible noise on short sections of UHV bundles conductors[J]. IEEE Trans. Power Apparatus and Systems，1970，89 (5)：902-913.

[42]　张文亮，郭剑，陆家榆，等. 我国特高压直流电晕笼的结构参数与设计原则[J]. 中国电机工程学报，2009,(28)：1-5.

[43]　P. S. Maruvada，R. D. Dallaire，P. Heroux，et al. Corona studies for biploar HVDC transmission at voltages between ± 600kV and ± 1200kV PART 2：special biploar line，bipolar cage and bus studies[J]. IEEE Trans. Power Apparatus and Systems，1981,PAS-100(3)：1462-1471.

[44]　R. D. Dallaire，P. S. Maruvada，N. Rivest. HVDC monopolar and bipolar cage studies on the corona performance of conductor bundles[J]. IEEE Trans. Power Apparatus and Systems，1984,PAS-103(1)：84-91.

[45] Y. Nakano, Y. Sunaga. Availability of corona cage for predicting radio interference generated from HVDC transmission line[J]. IEEE Trans. on Power Delivery, 1990, 5(3): 1422-1431.

[46] Bo Zhang, Wenzhuo Wang, Jinliang He. Theoretical study on radio interference of HVDC transmission line based on cage tests[J]. IEEE Transactions on Power Delivery, 2017, 32(4): 1891-1898.

第3章 电晕放电的条件和离子的迁移特性

当高压导线发生电晕放电时,整个空间可分为电离区(电晕放电等离子体区,即电晕层)和传导区(离子流区)。电离区内的电场强度相对较强,该区域发生复杂的电离、吸附、复合、迁移和扩散等物理过程,并伴随着发光现象及化学反应。传导区内的电场强度相对较弱,电场不足以激发电离,一般认为该区域不存在活跃的物理和化学过程,电离区内产生的离子进入传导区后在电场的作用下进一步迁移。电离区和传导区的相互耦合以及空气中离子的迁移特性决定了线路空间带电粒子和电场的分布,而电晕放电的起始条件、电离区和传导区之间的边界条件以及空气离子迁移率是表征这些特性的基础参数。

3.1 工程常用的电晕放电的条件

3.1.1 导线电晕放电的伏安关系

通常,随着直流电压的增加光滑圆柱电极上的放电分为四个阶段,如图3-1所示。①a-b:非自持放电。该阶段的电流随外加电压的增大而增大,然后趋于饱和,但是饱和电流仍然非常小。该阶段的间隙电流主要是由天然辐射、空间游离电荷等因素造成的。②b-c:局部电晕放电。当外加电压高于起晕电压后,导线上开始发生局部电晕放电。该阶段的电流随外加电压的上升增长仍然很慢。③c-d:全面电晕放电。当外加电压高于一定值后,导线上发生全面电晕放电。该阶段的电流随外加电压的上升增长很快。④d-e:电弧放电。当外加电压高于闪络电压后,间隙被击穿。

导线的起晕电压对应于图3-1中的b点。事实上,对于实际导线,其表面难免存在缺陷而导致不够光滑,从b点局部电晕放电开始出现到d点电晕放电全面剧烈发生的区间内,电流与施加电压的关系并不是单调增加的关系,电晕放电在不同的电压梯度下呈现不同的形式,并且大多呈脉冲放电状(见第6章)。例如,正电晕电流平均值随电压增加呈现先增加、后减小、最后又增加的三个不同阶段,这与正电晕放电的三种形态相对应,分别为起

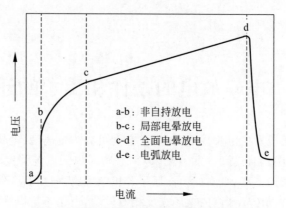

图 3-1　同轴圆柱电极间隙放电的伏安特性

始流注放电、正极辉光放电、流注先导放电。其中,起始流注放电产生于起晕场强附近,特点为较低的脉冲重复频率以及脉冲幅值;随场强增大,正极辉光放电开始出现,其特点为电晕脉冲数目的显著减少甚至消失;当场强进一步增大时,流注先导放电出现,其特点为电晕电流脉冲重新出现,且幅值很高。但工程中实际输电线路导线表面场强均值通常被严格控制在电晕放电起始场强以内,仅在缺陷处高于起晕场强,因此,电晕放电的起始特性是主要关注点。

3.1.2　工程上使用的电晕放电起始条件

不考虑空间电荷的作用,根据静电场理论就可以根据导线的起晕电压获得其表面起晕场强。通过大量的实验研究,可以得到导线的表面起晕场强与导线半径和大气条件之间的关系。电晕放电起始场强以及电晕发生后电极表面的电场强度情况是分析电晕放电特性及其电磁环境影响的关键参数。

针对电晕放电的起始条件,Peek、Whitehead 等在 20 世纪早期就通过实验获得了光滑导线表面的电晕放电起始场强,并提出了目前使用最广的公式——Peek 公式[1]:

$$E_0 = A\delta_0 \left(1 + \frac{B}{\sqrt{\delta_0 r_0}}\right) \tag{3-1}$$

式中,E_0 为导线表面电晕放电起始场强,kV/cm;δ_0 为相对空气密度(详见 3.3.1.1 节);r_0 为导线半径,cm;A 和 B 均为常数。基于式(3-1)的形式,不同研究者得到的 A 和 B 的取值如表 3-1 所示,其中,Peek 提出的取值在工程上应用最为广泛。对于不同的电极结构，Peek 公式中的 A 和 B 的取值会有微小差别。表 3-1 中的取值只适用于常规圆柱导线，当电极半径较大时，Peek 公式将不再适用[2]。另外，对于绞线等非光滑导线，式（3-1）还需要再乘以粗糙系数进行修正。

表 3-1　常数 A 和 B 的值

A	B	电晕类型	研究者
33.70	8.13/33.70	正电晕	Whitehead[3]
31.02	9.54/31.02	负电晕	Whitehead[3]
31	0.308	交直流电晕	Peek[1]
25	0.4	交直流电晕	Lowke 等[4]

由式（3-1）可以看到，电晕放电起始场强与导线半径有关，半径越小，电晕放电起始场强越高。这是因为电晕放电是由于气体中电子的碰撞电离导致的，而电子产生碰撞电离的前提是电子在电场中获得了足够的能量。这就要求电子在碰撞前的移动过程中施加在其上的电场均维持在较高强度，而不仅仅是其移动起始位置的电场强度较高即可。对于半径小的导线，虽然其表面电场强度很高，但其周围电场随距离快速减小，因此为了使导线周围一定范围内的电场强度均维持在较高值，导线表面的电场就必须更高。

3.1.3　工程上使用的电晕放电边界条件

通常情况下电离区的厚度远小于传导区的厚度，因此传导区的空间离子流场计算模型往往不考虑电离区的存在。也就是假设电极附近只存在离子流，并且承受了所有的外加电压，通常将传导区的电晕场模型称为离子流模型。由于忽略了电离区，准确给出导线表面发生电晕放电后的电场边界条件非常困难，因此离子流模型的边界条件往往基于一些假设条件或者取适当的经验值。

Kaptzov 在 1947 年提出了一个非常重要的假设，认为当外加电压高于起晕电压后导线表面的电场强度维持在表面起晕场强不变[5]。使用 Kaptzov 假设和外加电压作为边界条件，通过求解传导区离子流场的控制方程可以得到整个空间的电场分布和离子流密度分布，该方法在工程上得到了广泛的应用，但是其适用范围仍然不是很清楚。Aboelsaad 等人认为随着外加电压的增大需要对 Kaptzov 假设进行修正，并且提出了修正函数[6]。Jaiswal 和 Thomas 使用该修正函数作为边界条件对单极高压直流

导线的离子流场进行了研究,仿真结果和实验结果非常吻合[7]。Takuma
等人认为导线表面场强和离子流密度存在一定的关系,对 Kaptzov 假设进
行了特殊的处理[8]。

　　电晕放电起始条件和边界条件的合理性和适用范围直接决定了电晕电
流、电场分布和离子流密度分布的计算准确性,然而目前对 Peek 公式、
Kaptzov 假设等的适用范围并不明确。为此,需要对导线电晕的电离区进
行深入研究,从机理上阐释电晕放电的起始条件、电离区和传导区之间的边
界条件。在此基础上,才能更加准确地预测电晕放电及其引起的离子流场。

3.2　电晕起始和自持的机理

3.2.1　导线电晕放电的起始判据

　　空气中的电子在电场力作用下定向移动,与空气中的原子(或分子)发
生碰撞。如果电场很强、电子有足够的自由行程,电子的能量将足够大,碰
撞将产生正离子和新的电子,称为碰撞电离。原有电子和新产生的电子继
续移动,不断发生电子碰撞电离,如此进行下去,空间中的自由电子迅速增
加,即发生了电子崩[9]。与此同时,电离出来的电子也可能被吸附在其他原
子或分子上形成离子,从而失去进一步碰撞电离的能力。可见,电晕的起始
不仅与电场强度及其分布有关,还与电子碰撞和吸附等基本物理过程密切
相关。要达到自持放电,至少电子碰撞电离和吸附综合作用后仍剩余一定
量的电子能够维持电离不断进行。基于这一理论,通常用有效电离积分作
为电晕放电的起始判据[9],即

$$\int_{r_0}^{r_i} (\alpha(r) - \eta(r)) \, dr = \ln Q \qquad (3-2)$$

式中,α 为电子碰撞系数(又称为 Townsend 第一电离系数,简称为电离系
数),η 为电子吸附系数,r_0 为电极边界;r_i 为电离边界,r 为径向位置,Q 为
常数。$\ln Q$ 称为电离积分。该电晕起始判据对交直流电晕都适用,并且还
可以用来计算复杂电极系统的电晕起始条件[10-11]。

　　虽然在一定范围内,式(3-2)得到了广泛应用,但是 Q 值往往受导线半
径和大气环境等外界各种条件影响而难以确定[12]。Olsen 等人认为 Q 值
应该取 3500[10-11],而 Lowke 和 D'Alessandro 认为 Q 值应该取 10^4[4]。电
离积分的典型值在 5~20 之间。同时,式(3-2)的电离积分只考虑了电子的
增长过程,不能直接反映二次电子的发射过程。虽然电晕放电的二次电子

发射机制与电压极性有很大关系,正电晕的二次电子主要来源于电离区内的光电离,负电晕的二次电子主要来源于阴极表面光发射,但其均与光子的作用有关,基于光子效应的电晕二次电子发射机制也被广泛认可[13-19]。可见,基于式(3-2)的电离积分分析电晕起始和自持条件需要进一步完善。

3.2.2　正电晕的起始和自持

按照流注放电理论,正起始电晕主电子崩及二次电子崩的发展过程如图 3-2 所示[14]。当一个电子在电场的作用下从径向位置 r 出发逐步发展成电子崩并到达阳极表面时,电子崩头部的电子总数 N_e 为:

$$N_e(r) = \exp\left(-\int_r^{r_0} (\alpha(r') - \eta(r')) \mathrm{d}r'\right) \tag{3-3}$$

式中,r' 为积分变量。考虑到电子在空气中的吸附过程,电子崩中的正离子总数 N_p 不能用式(3-3)表示,而应该为:

$$N_p(r) = \int_{r_0}^r \alpha(r') \exp\left(-\int_{r'}^r (\alpha(r'') - \eta(r'')) \mathrm{d}r''\right) \mathrm{d}r' \tag{3-4}$$

式中,r'' 同样为积分变量。假设一个电子在电离边界 r_i 被触发后,主电子崩在电场作用下向阳极方向发展,在其发展过程中,电子碰撞会产生大量的激发态粒子。当激发态粒子跃迁回基态时,会产生大量的光子。假设电晕放电中的光子产生率和碰撞电离次数成正比[14],可以得到正起始电晕的主

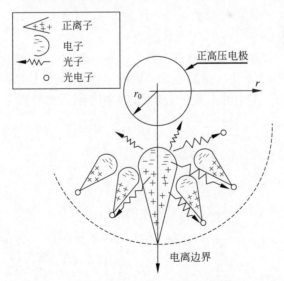

图 3-2　正起始电晕主电子崩及二次电子崩的发展过程[14]

电子崩产生的光子总数 N_1：

$$N_1 = f_1 N_p(r_i) \qquad (3\text{-}5)$$

式中，f_1 为常数，表示每次碰撞电离产生一个光子的概率。

　　从式(3-5)可以看出，主电子崩产生的光子总数与正离子总数成正比。由于导线表面的电场最强，并且电子崩产生的电子总数也最多，通常假设所有的光子都是从导线表面发射出来的。当一个光子从导线表面发射后，到达径向位置 r 的概率为 $\exp(-\mu(r-r_0))g(r)$，则光子在单位长度 Δr 内被空气吸收的总数为 $\mu\exp(-\mu(r-r_0))g(r)\Delta r$。这里，$\mu$ 为光子在空气中的吸收系数，其物理意义为一个光子在空气中传输 1cm 被空气吸收的光子总数；g 为面积因子，是考虑了电极结构对光传播影响的无量纲参数。定义常数 f_2，其物理意义为一个光子被空气吸收后产生一个电子的概率。当一个光子从导线表面发射到达径向位置 r 后，在单位长度 Δr 内产生的二次电子个数为 $f_2\mu\exp(-\mu(r-r_0))g(r)\Delta r$。这些二次电子在电场的作用下又发展为二次电子崩，继续产生新的光子。因此，当主电子崩产生的 N_1 个光子从导线表面发射后，所有二次电子崩产生的光子总数 N_2 为：

$$N_2 = N_1 f_1 f_2 \int_{r_0}^{r_i} N_p(r)\mu\exp(-\mu(r-r_0))g(r)\,dr \qquad (3\text{-}6)$$

式中，$f_1 f_2 = \gamma_p$，γ_p 称为 Townsend 第二系数[20]。当主电子崩产生的光子总数和所有二次电子崩产生的光子总数相等时，正电晕达到自持放电[21,22]。因此，正起始电晕的自持条件为：

$$N_2 \geqslant N_1 \qquad (3\text{-}7)$$

　　正起始电晕的电子碰撞基本上都发生在阳极附近，在该位置的电子碰撞系数也往往远大于电子吸附系数。因此，当一个电子从径向位置 r 出发到达阳极时，电子崩中的正离子总数可以采用下式近似计算[12]：

$$N_p(r) \approx \int_{r_0}^{r} (\alpha(r')-\eta(r'))\exp\left(-\int_{r'}^{r}(\alpha(r'')-\eta(r''))dr''\right)dr' \quad (3\text{-}8)$$

对式(3-8)的右侧进行化简，可以得到：

$$N_p(r) \approx \exp\left[\int_{r_0}^{r}(\alpha(r')-\eta(r'))dr'\right] - 1 = N_e(r) - 1 \qquad (3\text{-}9)$$

对上面各式进行整理，可以得到正电晕的自持条件为：

$$\gamma_p\int_{r_0}^{r_i}\left[\exp\left(\int_{r_0}^{r}(\alpha(r')-\eta(r'))dr'\right)-1\right]\mu\exp(-\mu(r-r_0))g(r)\,dr \geqslant 1$$

$$(3\text{-}10)$$

式(3-10)就是传统的正电晕起始判据表达式。

3.2.3　负电晕的起始和自持

负电晕起始时主电子崩的发展过程如图 3-3 所示。阴极表面的电场强度最强,其附近产生一个随机电子的概率也最大。当一个电子从阴极表面出发到达径向位置 r 时,主电子崩头部的电子总数为:

$$N_e(r) = \exp\left(\int_{r_0}^{r} (\alpha(r') - \eta(r')) \mathrm{d}r'\right) \tag{3-11}$$

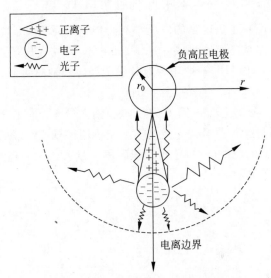

图 3-3　负起始电晕主电子崩的发展过程[14]

从式(3-3)和式(3-11)可以看出,式(3-2)中参数 Q 的物理含义为电子崩头部的电子总数。根据正电晕起始判据的推导,单位长度 Δr 内产生的光子数为 $f_1 \alpha N_e(r) \Delta r$,此处 f_1 的物理意义和正电晕起始判据中的相同。单位长度 Δr 内产生的光子数到达阴极表面的概率为 $\exp(-\mu(r - r_0))g(r)$。对于负起始电晕而言,常数 f_2 的物理意义为一个光子被阴极吸收后产生一个电子的概率。可以得到来自主电子崩的光子在阴极表面释放电子的总数 N_3 为[23]:

$$N_3 = f_1 f_2 \int_{r_0}^{r_i} \alpha(r) N_e(r) \exp(-\mu(r - r_0))g(r) \mathrm{d}r \tag{3-12}$$

式中,$f_1 f_2$ 同样可以记为 γ_p。当主电子崩产生的光子到达阴极表面后,如果能够在阴极表面产生一个新的电子,则负电晕达到自持放电。因此,负起始电晕的自持条件为:

$$N_3 \geqslant 1 \tag{3-13}$$

对上面各式进行整理,可以得到负起始电晕的自持条件为:

$$\gamma_\mathrm{p} \int_{r_0}^{r_\mathrm{i}} \alpha(r) \exp\left(\int_{r_0}^{r} (\alpha(r') - \eta(r')) \mathrm{d}r'\right) \exp(-\mu(r - r_0)) g(r) \mathrm{d}r \geqslant 1 \tag{3-14}$$

式(3-14)就是传统的负电晕起始判据表达式。

3.2.4 电晕起始判据表达式中的面积因子

由上可以看到,正负电晕的发展都与光传播的面积因子有关,而面积因子受电极形状、结构等影响很大。Aleksandrov 最先提出了适用于导线结构的面积因子[13],面积因子被巧妙地分成了径向和轴向两个分量:

$$g(r) = g_\mathrm{rad}(r) g_\mathrm{ax}(r) \tag{3-15}$$

式中,g_rad 和 g_ax 分别为面积因子的径向和轴向分量。假设光子在空气中的传输是各向同性的,考虑到导线结构下光子能够抵达的区域,可以推导出适合于式(3-10)和式(3-14)的导线面积因子分量表达式。正起始电晕的径向和轴向分量分别为[23-24]:

$$g_\mathrm{rad}(r) = \frac{1}{\pi \mathrm{e}^{-\mu(r-r_0)}} \int_0^{\pi/2} \mathrm{e}^{-\mu\lambda} \mathrm{d}\theta \tag{3-16}$$

$$g_\mathrm{ax}(r) = \frac{2}{\pi \mathrm{e}^{-\mu(r-r_0)}} \int_0^{\pi/2} \mathrm{e}^{-\mu(r-r_0)/\cos\phi} \mathrm{d}\phi \tag{3-17}$$

负起始电晕的径向和轴向分量分别为:

$$g_\mathrm{rad}(r) = \frac{1}{\pi \mathrm{e}^{-\mu(r-r_0)}} \int_0^{\arcsin(r_0/r)} \mathrm{e}^{-\mu\lambda} \mathrm{d}\theta \tag{3-18}$$

$$g_\mathrm{ax}(r) = \frac{2}{\pi \mathrm{e}^{-\mu(r-r_0)}} \int_0^{\pi/2} \mathrm{e}^{-\mu(r-r_0)/\cos\phi} \mathrm{d}\phi \tag{3-19}$$

式中,θ 为径向夹角,φ 为轴向夹角,λ 为光子传输的距离。式(3-16)~式(3-19)中的各个参数之间的关系如图 3-4 和图 3-5 所示,正起始电晕的光子是由阳极表面发射传输到电离区,负起始电晕的光子是由电子崩所在位置发射传输到阴极表面。从这些表达式可以看出,面积因子为无量纲参数,并且是位置 r 的函数。在实际应用中,式(3-16)和式(3-18)中的 λ 往往需要展开。根据余弦定理,式(3-16)和式(3-18)中的 λ 分别需要满足:

$$r_0^2 + \lambda^2 - r^2 = 2r_0\lambda\cos(\pi - \theta) \tag{3-20}$$

$$r^2 + \lambda^2 - r_0^2 = 2r\lambda\cos\theta \tag{3-21}$$

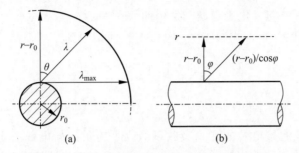

图 3-4 光子从阳极表面发射能够传输的区域

(a) 沿径向传输；(b) 沿轴向传输

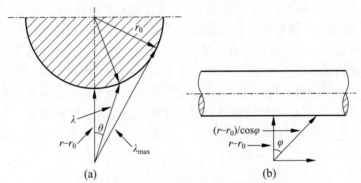

图 3-5 光子从电子崩所处位置发射传输到阴极表面

(a) 沿径向传输；(b) 沿轴向传输

从而可以得到式(3-16)和式(3-18)中的 λ 分别为：

$$\lambda = \sqrt{r^2 - r_0^2 \sin^2\theta} - r_0\cos\theta \tag{3-22}$$

$$\lambda = r\cos\theta - \sqrt{r_0^2 - r^2\sin^2\theta} \tag{3-23}$$

将 λ 代入式(3-16)和式(3-18)，即可得到面积因子径向分量的展开表达式。式(3-17)和式(3-19)已经是展开表达式，因此不需要展开。

3.2.5 考虑光子吸收函数的电晕起始判据

光子在传输过程中最终被吸收，假设光子在空气中的传输是各向同性的，则有[24]：

$$\int_0^\infty \mu\exp(-\mu\rho)\mathrm{d}\rho = 1 \tag{3-24}$$

式中，ρ 为光子传输的距离。式(3-24)表明光子满足质量守恒定律。光子在空气中的传输原本是四面八方的，面积因子对光子传输进行了简化，在空间维度上降了一维。电晕起始判据中的 $\exp(-\mu(r-r_0))g(r)$ 可以由实际的物理量来代替，根据式(3-16)~式(3-19)，可以得到

$$G_p(r) = \frac{2}{\pi^2} \int_0^{\pi/2} \int_0^{\pi/2} e^{-\mu\lambda/\cos\varphi} \, d\theta d\phi \tag{3-25}$$

$$G_n(r) = \frac{2}{\pi^2} \int_0^{\pi/2} \int_0^{\arcsin(r_0/r)} e^{-\mu\lambda/\cos\phi} \, d\theta d\phi \tag{3-26}$$

式中，G_p 为正起始电晕的光子吸收函数，G_n 为负起始电晕的光子吸收函数。光子吸收函数的物理意义为一个光子从发射点能够传输到位置 r 的概率，具有实际的物理意义。

从式(3-10)和式(3-14)可以看出，电离区的范围都在 r_0 和 r_i 之间。但事实上，负起始电晕的有效电离区要比正起始电晕的有效电离区要大。负起始电晕在有效电离区内的发展如图 3-6 所示。在电子碰撞系数大于电子吸附系数的区域，电子的电离次数要多于电子的吸附次数。在电子碰撞系数小于电子吸附系数的区域，电子的电离次数要少于电子的吸附次数。在 r_i 位置，只是电子崩头部的电子数最多，并不是实际的电离边界。负起始电晕的电离边界是不确定的，应该为一个动边界 r_m。动边界的值是由最终的计算结果来确定。可以假设

$$r_m = mr_0 \tag{3-27}$$

式中，m 为一个大于 1 的正整数。整数 m 的值逐次增加，当 m 值不影响计算结果时，就可以确定下来。El-Koramy 等人的研究结果也间接表明负电晕的有效电离区要比正电晕的有效电离区大[25]。Evans 和 Inculet 的研究结果也表明负电晕的可见光范围比正电晕的可见光范围大，这和 El-Koramy 等人的研究结果一致[26]。正起始电晕的有效电离区保持不变。

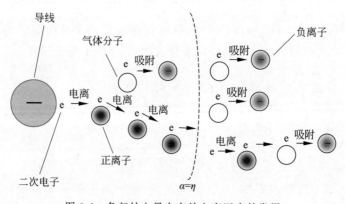

图 3-6　负起始电晕在有效电离区内的发展

用光子吸收函数取代面积因子，并且重新界定直流电晕放电的有效电离区，式(3-10)和式(3-14)可以分别表示为：

$$\gamma_p \int_{r_0}^{r_i} \left(\exp\left(\int_{r_0}^{r} (\alpha(r') - \eta(r')) dr' \right) - 1 \right) \mu G_p(r) dr \geqslant 1 \qquad (3\text{-}28)$$

$$\gamma_p \int_{r_0}^{r_m} \alpha(r) \exp\left(\int_{r_0}^{r} (\alpha(r') - \eta(r')) dr' \right) G_n(r) dr \geqslant 1 \qquad (3\text{-}29)$$

式(3-28)和式(3-29)就是综合考虑光子作用的电晕起始判据表达式。

3.3　电晕的起始条件计算

基于以上电晕起始判据表达式，可以通过仿真计算来分析给定电极的电晕起始条件。

3.3.1　计算参数取值

3.3.1.1　空气密度

为了使电晕起始判据能够应用于不同大气条件，需要建立判据中各个系数和大气条件之间的关系。大气条件通常由压力和温度来表征，而压力和温度主要反映了空气密度，因此大气条件可以由空气密度来反映，通常采用相对空气密度[1]：

$$\delta_0 = \frac{p}{p_0} \times \frac{T_0}{T} \qquad (3\text{-}30)$$

式中，p 为大气压力，Pa；T 为热力学温度，K；p_0 为参考大气压力，其值为 1.01×10^5 Pa（1.01×10^5 Pa = 760 Torr）；T_0 为参考热力学温度，其值为 298K。

相对空气密度只是一个相对值，大气条件之间的关系是由气体定律决定的。气体定律的表达式为：

$$p = kNT \qquad (3\text{-}31)$$

式中，k 为 Boltzmann 常数，N 为气体分子个数密度。根据气体定律可以推导出相对空气密度的表达式，得到的 δ_0 和 N 的关系为：

$$\delta_0 = N/N_0 \qquad (3\text{-}32)$$

式中，N_0 为 p 和 T 分别为 1.01×10^5 Pa 和 293K 时的 N 值（$N_0 \approx 2.5 \times 10^{25}$ m^{-3}）。电晕起始判据中的各个系数都与相对空气密度 δ_0 有关[12]。通过式(3-32)可以建立各个系数和 N 之间的关系。随着近几十年来气体放

电理论的发展,相关系数与实际的气体分子数密度建立联系更加流行(例如 α/N、η/N 和 E/N),物理意义也更加显著[27]。

3.3.1.2   各系数取值

电晕起始判据中的系数包括电子碰撞系数和吸附系数、光子吸收系数和 Townsend 第二系数。Sarma 和 Janischewskyj 建立了电子碰撞和吸附系数与大气压力 p 之间的关系[20]。Phillips 等人对其进行了扩展,建立了电子碰撞和吸附系数与相对空气密度 δ_0 之间的关系[10]。需要注意的是,Phillips 等人给出的电场强度单位为 kV/cm,但是给出的电子吸附系数只有在电场强度单位为 V/cm 时才是正确的。通过式(3-32),可以得到电子碰撞和吸附系数的表达式为:

$$\alpha/N = \begin{cases} 1.450 \times 10^{-6} \exp(-670.56/(E/N)), & E/N \leqslant 182 \\ 2.938 \times 10^{-6} \exp(-801.64/(E/N)), & E/N \geqslant 182 \end{cases} \tag{3-33}$$

$$\eta/N = 3.938 \times 10^{-19} - 5.410 \times 10^{-21}(E/N) + 2.867 \times 10^{-23}(E/N)^2 \tag{3-34}$$

式中,α/N 和 η/N 的单位均为 cm^2,E/N 的单位为 Td($1Td = 10^{-17} V \cdot cm^2$)。Abdel-Salam 等人认为光子吸收系数和大气压力 p 之间成正比[14]。Naidis 认为光子吸收系数和相对空气密度 δ_0 成正比[12]。通过式(3-32),可以得到光子吸收系数的表达式为:

$$\mu = \mu_0 N/N_0 \tag{3-35}$$

式中,μ_0 的值取 $6 cm^{-1}$[13,20]。Townsend 系数 γ_p 的值往往很难测量,其值在 $0.001 \sim 0.1$ 的范围内[25]。假设 Townsend 系数和大气条件没有关系[14],式(3-28)和式(3-29)中的 γ_p 均取值 3×10^{-3}。

3.3.2   计算流程

电晕起始条件的计算主要包括电场分布的计算和电晕起始判据的计算。电晕起始条件的计算流程如下[24]:

(1)赋初值;

(2)电场分布的计算;

(3)电晕起始判据的计算;

(4)对(2)和(3)进行迭代计算直到收敛。

为了便于计算,可以选择图 2-28 中的小电晕笼中的光滑导线进行研究,其计算有成熟的解析公式。导线周围的空间电场分布的解析解为:

$$E(r) = \frac{U}{r \ln(R/r_0)} \tag{3-36}$$

式中,R 为电晕笼的内径。当已知导线表面场强时,距离导线 r 处的空间电场为:

$$E(r) = E(r_0) r_0 / r \tag{3-37}$$

对于起始电晕而言,电子崩中的电荷还比较少,可以忽略空间电荷对电场分布的畸变作用[12],所以空间电场分布的计算变得非常简单。

电晕起始条件的整个计算过程并不很复杂。表面起晕场强的初值首先通过 Peek 公式来估算,这样电场分布就可以通过式(3-37)来求解。电场分布虽然没有直接出现在电晕起始判据中,但是可以通过电子碰撞和吸附系数作用于电晕起始判据。当不考虑空间电荷的作用时,起晕电压 U_0 和表面起晕场强 E_0 的关系为:

$$E_0 = \frac{U_0}{r_0 \ln(R/r_0)} \tag{3-38}$$

从式(3-38)可以看出,高压直流导线的起晕电压和表面起晕场强的绝对误差与电极结构有一定的关系。

3.3.3　计算结果

3.3.3.1　起晕电压

导线的起晕电压可以通过电晕笼实验直接测量得到。Peek 测量了不同导线半径和相对空气密度下的起晕电压[1]。

在不同的导线半径和相对空气密度下对仿真结果和实验结果进行比较分析,正电晕和负电晕的起晕电压分别如图 3-7 和图 3-8 所示。在 Peek 的实验中,导线半径从 0.0129cm 变化到 1.11cm,相对空气密度从 0.082 变化到 1。从图 3-7 和图 3-8 可以看出,当导线半径和相对空气密度在很大的范围内变化时,通过上节的电晕起始判据得到的仿真结果与 Peek 的实验结果非常吻合。

因此,Peek 的实验结果很好地验证了电晕起始判据。从另一个方面来看,本节从考虑电晕二次电子发射机制的角度,很好地解释了 Peek 的实验结果。尤其是当相对空气密度非常小时,电晕起始判据仍然适用。

3.3.3.2　电晕放电起始场强

从公式(3-1)可以看到,高压直流导线的 E_0/δ_0 是 $r_0\delta_0$ 的函数。式(3-1)

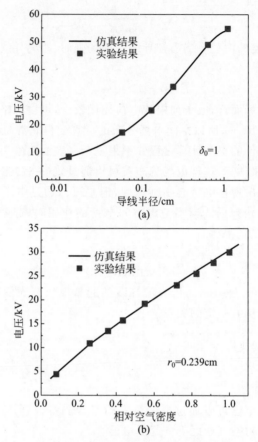

图 3-7   正电晕起晕电压的仿真结果和实验结果的比较
(a) 不同导线半径的情况；(b) 不同相对空气密度的情况

给出的形式最为常用，但是其并不是唯一的形式。基于电离积分，也可以从理论上得到 E_0/δ_0 和 $r_0\delta_0$ 之间的关系，但其形式比式(3-1)要复杂得多[2]。Lowke 和 D'Alessandro 基于电离积分，推导出的 E_0/δ_0 和 $r_0\delta_0$ 的关系仍然满足式(3-1)的形式[4]。

　　基于 3.2 节电晕起始判据得到的 E_0/δ_0 和 $r_0\delta_0$ 的关系如图 3-9 所示。其中，$r_0\delta_0$ 的值在 $0.01\sim0.1$cm 的范围内，δ_0 分 0.1 和 1.0 两种情况。也就是说，当 $r_0\delta_0$ 的值相同时，导线半径的值相差 10 倍。从图 3-9 可以看出，无论是正电晕还是负电晕，当 $r_0\delta_0$ 的值相同时，E_0/δ_0 的值在不同的相对空气密度下几乎也是相同的。以上从考虑电晕二次电子发射机制的角

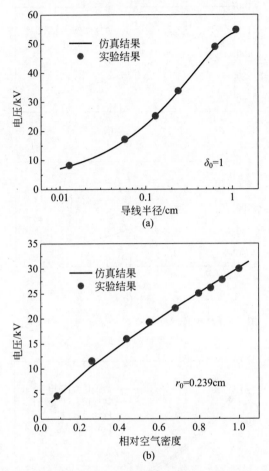

图 3-8　负电晕起晕电压的仿真结果和实验结果的比较

(a) 不同导线半径的情况；(b) 不同相对空气密度的情况

度,证明了 Peek 公式中的 E_0/δ_0 和 $r_0\delta_0$ 之间的关系。

　　在表 3-1 中,一些表面起晕场强计算公式对于正电晕和负电晕的表面起晕场强取相同的值,而且直流电晕和交流电晕的表面起晕场强也取相等的值。由这些公式计算得到的 E_0/δ_0 和 $r_0\delta_0$ 关系如图 3-10 所示。当 $r_0\delta_0$ 的值较小时,Peek 公式与 Lowke 公式的计算结果非常接近。随着 $r_0\delta_0$ 取值的增大,Peek 公式和 Lowke 公式的计算结果相差越来越大。El-Bahy 等人的研究表明,Lowke 公式的计算结果比实验测量值小 13% 左右,Peek 公式与实验测量值的误差在 3% 左右[15]。所以,当 $r_0\delta_0$ 的值较大时,Peek 公

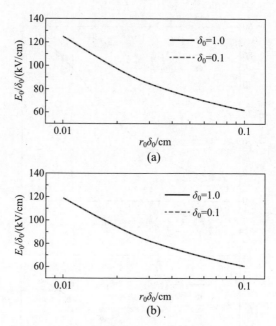

图 3-9　高压直流导线的 E_0/δ_0 和 $r_0\delta_0$ 的关系

(a) 正电晕；(b) 负电晕

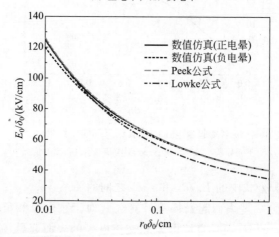

图 3-10　表面起晕场强仿真结果和通用经验公式计算结果的比较

式比 Lowke 公式的计算结果更为合理。

　　由图 3-9 可知，r_0 和 δ_0 是通过两者的乘积来影响 E_0/δ_0 的计算结果。所以仿真时 δ_0 均取值 1.0，$r_0\delta_0$ 的值由导线半径来决定。基于 3.2 节电晕起始判据得到的仿真结果如图 3-10 所示。当 $r_0\delta_0$ 的值较小时，正电晕的仿真结果与 Peek 公式的计算结果非常接近,负电晕的仿真结果比 Peek 公式的计算结果略微偏小。当 $r_0\delta_0$ 的值较大时,正电晕和负电晕的仿真结果都与 Peek 公式的计算结果非常接近。由此可见,当 $r_0\delta_0$ 的值较小时,负电晕的表面起晕场强比正电晕的表面起晕场强略微偏小,两者并不相等。从 Peek 的实验结果也可以看出,当 r_0 和 R 分别为 0.0129cm 和 3.81cm 时,正电晕的起晕电压比负电晕的起晕电压小 0.1kV 左右。通过式(3-38)可以得到,正电晕的表面起晕场强比负电晕的表面起晕场强要小 1.36kV/cm 左右。因此,当 $r_0\delta_0$ 的值较小时,使用 Peek 公式来计算负电晕的表面起晕场强时需要进行一定修正。

　　Whitehead 公式只适用于直流电晕,因为正电晕和负电晕的表面起晕场强不同[3]。基于改进的电晕起始判据得到的仿真结果和 Whitehead 公式的计算结果如图 3-11 所示。当 $r_0\delta_0$ 的值较小时,正电晕的表面起晕场强和负电晕的表面起晕场强存在一定的差异,仿真结果得到的差值比 Whitehead 公式的计算结果的差值略小。当 $r_0\delta_0$ 的值较大时,仿真结果和 Whitehead 公式的计算结果都非常接近。由此可知,表面起晕场强的差异主要体现在 $r_0\delta_0$ 值较小时的情况。从图 3-7 和图 3-8 可知,当 $r_0\delta_0$ 的值较小时,表面起晕场强的差异引起的起晕电压的变化并不显著。因此,根据 Peek 公式,认为正电晕和负电晕的表面起晕场强相等也合理。

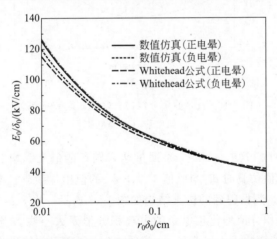

图 3-11　表面起晕场强仿真结果和 Whitehead 公式计算结果的比较

3.3.3.3　电离积分

通常认为电离积分在不同的情况下均为定值。Lowke 和 D'Alessandro

认为 $\ln Q = \ln 10^4 \approx 9.21^{[4]}$，而 Phillips 等人认为 $\ln Q = \ln 3500 \approx 8.16^{[10]}$。Naidis 的研究结果表明，正电晕的电离积分在导线半径较大时需要修正，而且在不同的相对空气密度下也不同[12]。

　　基于 3.2 节的电晕起始判据得到的 $\ln Q$ 和 $r_0\delta_0$ 的关系如图 3-12 所示，所有条件都与图 3-9 相同。无论是正电晕还是负电晕，当 $r_0\delta_0$ 的值相同时，$\ln Q$ 的值在不同的相对空气密度下几乎也是相同的。由此可见，$\ln Q$ 和 E_0/δ_0 相同，也是 $r_0\delta_0$ 的函数。

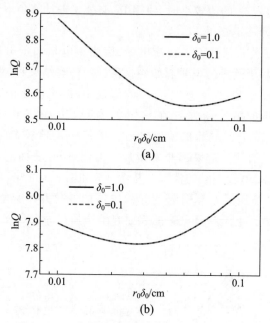

图 3-12　高压直流导线的 $\ln Q$ 和 $r_0\delta_0$ 的关系
(a) 正电晕；(b) 负电晕

　　通过图 3-12 可知，r_0 和 δ 是通过两者乘积的值来影响 $\ln Q$ 的计算结果。所以在数值仿真时 δ_0 均取值 1.0，$r_0\delta_0$ 的值由导线半径来决定。基于 3.2 节电晕起始判据得到的仿真结果如图 3-13 所示。当 $r_0\delta_0$ 的值相同时，正电晕的电离积分值均比负电晕的电离积分值要大一些。当 $r_0\delta$ 值较小时，电离积分值变化不大。当 $r_0\delta$ 值较大时，电离积分值迅速增大。该仿真结果与 Naidis 关于正电晕的研究结果一致[12]。如果以电离积分值为恒定值来预测表面起晕场强，当 $r_0\delta$ 值较大时，会导致预测的表面起晕场强值比实际值偏小，例如 Lowke 公式[4]。

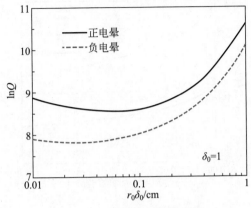

图 3-13　电离积分的仿真结果

3.3.4　起始条件讨论

3.2 节的电晕起始判据和传统的电晕起始判据虽然在机理上一致,但是两者的表达式有所区别。这里选取 $r_0 = 0.1\text{cm}$ 和 $\delta_0 = 1.0$ 的情况,对面积因子和光子吸收函数,以及有效电离区进行比较分析。

3.3.4.1　面积因子和光子吸收函数

正电晕和负电晕面积因子及其分量的分布如图 3-14 所示。

由于 r_m 的值大于 r_i 的值,所以正电晕的计算区域要大于负电晕的计算区域。随着径向位置的增大,正电晕和负电晕的面积因子及其分量都是单调减小的。根据式(3-16)～(3-19)可以直接得到,当 $r = r_0$($\lambda = 0$)时,正电晕和负电晕都满足 $g_{\text{rad}}(r_0) = 0.5$ 和 $g_{\text{ax}}(r_0) = 1$。对比图 3-14 可以发现,仿真结果和理论分析都吻合。可以得到当 $r = r_0$ 时,$g(r_0) = 0.5$。这表明,当光子在导线表面发射时,有一半的光子会被导线表面所吸收,还有一半的光子会被空气所吸收。

正电晕和负电晕光子吸收函数的分布如图 3-15 所示。与面积因子的求解相同,正电晕的计算区域大于负电晕的计算区域。随着径向位置的增大,正电晕和负电晕的光子吸收函数都是单调减小的。当径向位置相同时,正电晕的光子吸收函数值比负电晕的光子吸收函数值要大。从式(3-25)和式(3-26)可以直接得到,当 $r = r_0$($\lambda = 0$)时,$G_p(r_0)$ 和 $G_n(r_0)$ 的值都为 0.5。对比图 3-15 可以发现,仿真结果和理论分析相吻合。

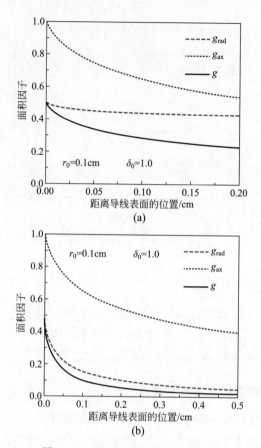

图 3-14　面积因子及其分量的分布

(a) 正电晕；(b) 负电晕

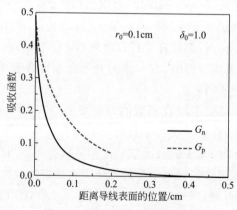

图 3-15　光子吸收函数的分布

面积因子只是一个考虑了电极结构的无量纲参数,没有实际的物理意义,并且面积因子还只是一个近似参数。光子吸收函数不仅考虑了电极结构,还包含了光子的吸收过程。对比传统电晕起始判据和 3.2 节的电晕起始判据,可得[24]:

$$G_{\mathrm{p}}(r) \approx \exp(-\mu(r-r_0))g(r) \tag{3-39}$$

$$G_{\mathrm{n}}(r) \approx \exp(-\mu(r-r_0))g(r) \tag{3-40}$$

式(3-39)和式(3-40)反映了面积因子和光子吸收函数的关系。

3.3.4.2　有效电离区

电晕放电的电离程度不仅与电场强度有关,而且与电子密度有关。对于起始电晕而言,电场强度可以通过电子碰撞系数来反映,电子密度也可以通过电子崩头部的电子总数来反映。定义一个新的物理量 Q_{ph} 来表征电子崩的电离程度,正电晕和负电晕的表达式分别为[24]:

$$Q_{\mathrm{ph}}(r) = \alpha(r)\exp\left(-\int_{r_{\mathrm{i}}}^{r}(\alpha(r')-\eta(r'))\mathrm{d}r'\right) \tag{3-41}$$

$$Q_{\mathrm{ph}}(r) = \alpha(r)\exp\left(-\int_{r_0}^{r}(\alpha(r')-\eta(r'))\mathrm{d}r'\right) \tag{3-42}$$

式中,Q_{ph} 和 α 具有相同的量纲。Q_{ph} 具有实际的物理意义,对正起始电晕来说是一个电子从电离边界出发后在单位长度上发生的碰撞电离总数,对负起始电晕来说是一个电子从阴极表面出发后在单位长度上发生的碰撞电离总数。

正起始电晕和负起始电晕的 Q_{ph} 值如图 3-16 所示。正起始电晕的电离活动主要发生在导线表面附近,在导线表面最为剧烈。负起始电晕的电离活动在导线表面附近较少,随着径向位置的增大而逐渐剧烈。当过了一

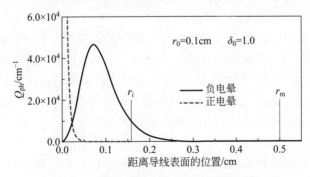

图 3-16　高压直流导线有效电离区的比较

个临界点后,负起始电晕的电离活动随径向位置的增大开始逐渐减少。正电晕的电离程度比负电晕的电离程度剧烈很多,两者不在一个数量级上。从图 3-16 可以看出,负起始电晕在 r_i 位置以外仍有电离活动。如果不考虑这部分电离活动,光子的产生率在空间上就不连续,甚至会出现截断误差。所以 r_i 并不是负起始电晕的电离边界,该位置只是电子崩头部的电子总数达到最大值时的位置。由此可知,负起始电晕的有效电离区大于正起始电晕的有效电离区。

3.4　离子流场的边界条件

从 3.3 节可以看出,电晕层中的物理过程非常复杂,在分析传导区离子流场时完整考虑电晕层的影响将非常困难。针对这一问题,在工程应用中,往往忽略了电晕层,用 Kaptzov 假设取代了各种物理和化学机制的作用,认为当外加电压高于起晕电压后导线表面的电场强度维持在表面起晕场强不变。基于 Kaptzov 假设,可以对离子流场进行计算分析[20,28-29]。但是,Kaptzov 假设的适用范围仍然不清楚,需要明确工程中使用 Kaptzov 假设的合理性。本节将利用图 2-28 中的小电晕笼中的光滑导线对这一问题进行研究。

3.4.1　全空间电晕模型

导线电晕的物理模型如图 3-17 所示[24]。外部电晕笼,正电晕和负电晕的导线分别接正电位和负电位。当外加电压高于起晕电压后,整个电极间隙在径向上被电离边界划分为两个显著的区域,分别为电离区和离子流区。无论是正电晕还是负电晕,电离区内都存在电子、正离子和负离子,而离子流区内只存在单极性的离子。

高压直流导线的电晕放电与整个电极间隙有关。全空间电晕场范围为 $r_0 \leqslant r \leqslant R$($r_0$ 为导线半径,R 为圆筒内半径)。由于空间电荷满足电流连续性方程,直流导线电晕的电离区和离子流区具有串联电路的关系。在任意径向位置 r,电晕电流为恒定值。当电晕电流已知时,可以不考虑离子流区而对电离区进行单独研究。正电晕的电离区范围为 $r_0 \leqslant r \leqslant r_i$,负电晕的电离区范围为 $r_0 \leqslant r \leqslant r_m$。

由于电晕层和离子流区互相影响,为了研究 Kaptzov 假设的合理性,郑跃盛等结合电晕层的电晕等离子体模型和离子流区的离子流模型,针对同轴圆

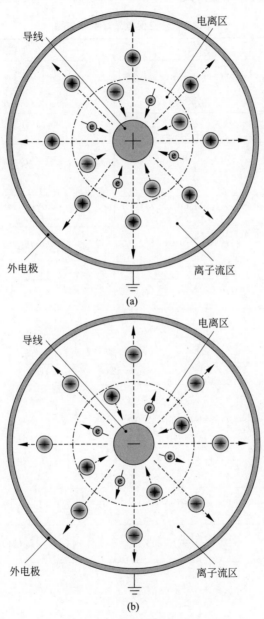

图 3-17　直流导线电晕的物理模型

（a）正电晕；（b）负电晕

柱结构,建立了高压直流导线的全空间电晕场数学模型,如表 3-2 所示[24]。

表 3-2   全空间电晕场数学模型

区域		正电晕	负电晕
电离区	电子	$Q_e = \exp\left[-\int_{r_i}^{r}(\alpha(r')-\eta(r'))\,dr'\right]$ $n_x(r) = \dfrac{IQ_x(r)}{2\pi re\mu_x(r)E(r)\sum\limits_{x}Q_x(r)}$	$Q_e = \exp\left[-\int_{r_0}^{r}(\alpha(r')-\eta(r'))\,dr'\right]$ $n_x(r) = \dfrac{IQ_x(r)}{2\pi re\mu_x(r)E(r)\sum\limits_{x}Q_x(r)}$
	正离子	$Q_p = \int_{r_0}^{r}\alpha(r')Q_e(r')\,dr'$ $n_x(r) = \dfrac{IQ_x(r)}{2\pi re\mu_x(r)E(r)\sum\limits_{x}Q_x(r)}$	$Q_p = \int_{r}^{r_m}\alpha(r')Q_e(r')\,dr'$ $n_x(r) = \dfrac{IQ_x(r)}{2\pi re\mu_x(r)E(r)\sum\limits_{x}Q_x(r)}$
	负离子	$Q_n = -\int_{r_i}^{r}\eta(r')Q_e(r')\,dr'$ $n_x(r) = \dfrac{IQ_x(r)}{2\pi re\mu_x(r)E(r)\sum\limits_{x}Q_x(r)}$	$Q_n = \int_{r_0}^{r}\eta(r')Q_e(r')\,dr'$ $n_x(r) = \dfrac{IQ_x(r)}{2\pi re\mu_x(r)E(r)\sum\limits_{x}Q_x(r)}$
	电场	$E(r) = \dfrac{E(r_0)r_0}{r}(1+F_Q(r))$ $F_Q(r) = \pm\dfrac{I}{2\pi\varepsilon_0 r_0 E(r_0)Q}\int_{r_0}^{r}\left(\dfrac{Q_p(r')}{\mu_p(r')E(r')}-\dfrac{Q_n(r')}{\mu_e(r')E(r')}-\dfrac{Q_e(r')}{\mu_n(r')E(r')}\right)dr'$	
	二次发射	$E(r_0) = F_E E_0$ $\gamma_p\int_{r_0}^{r_i}\left\{\exp\left[\int_{r_0}^{r}(\alpha(r')-\eta(r'))\,dr'\right]-1\right\}\times$ $G(r,r_0)\,dr = 1$	$E(r_0) = F_E E_0$ $\gamma_p\int_{r_0}^{r_m}\alpha(r)\left\{\exp\left[\int_{r_0}^{r}(\alpha(r')-\eta(r'))\,dr'\right]\right\}\times$ $G(r,r_0)/\mu\,dr = 1$
离子流区	电场	$E(r) = $ $\sqrt{\dfrac{I}{2\pi\varepsilon_0\mu_p}\times\left(1-\dfrac{r_i^2}{r^2}\right)+\left(\dfrac{E(r_i)r_i}{r}\right)^2}$	$E(r) = $ $\sqrt{\dfrac{I}{2\pi\varepsilon_0\mu_n}\times\left(1-\dfrac{r_m^2}{r^2}\right)+\left(\dfrac{E(r_m)r_m}{r}\right)^2}$
	离子	$n_p(r) = I/(2\pi re\mu_p E(r))$	$n_n(r) = I/(2\pi re\mu_n E(r))$
全空间	外加电压	$U = \pm(\varphi(r_0)-\varphi(R)) = \int_{r_0}^{R}E(r)\,dr$	

在表 3-2 中,Q_e 表示在径向位置 r 处的电子崩头部的电子总数;Q_p 表示在径向位置 r_0 和 r 之间的正离子总数;Q_n 表示在径向位置 r 和 r_i 之间

的负离子总数；$x=e,p,n$，分别对应电子、正离子和负离子；正电晕等离子体的 Q_x 可以表示一个电子从电离边界出发的电子崩特性，负电晕等离子体的 Q_x 可以表示一个电子从阴极表面出发的电子崩特性；n_x 为空间电荷密度；μ_x 为离子迁移率；F_Q 和 F_E 均为无量纲参数，分别反映了空间电荷和二次电子发射机制对起始电晕场的作用；I 为电晕电流。

全空间电晕场数学模型是一个通用的数学模型，只要建立模型中的各个参数与大气条件的关系，就可以用来研究不同条件下的电晕伏安特性。在全空间电晕场数学模型中，电晕等离子体模型和电晕起始判据的参数取值均与前两节保持一致。E_0 的值由电晕二次电子发射机制来决定。

全空间电晕场数学模型将电晕的电离区和离子流区统一考虑。实际上，负电晕的等离子体模型可以用来描述负电晕的全空间电晕场特性，只需要将负电晕等离子体模型中的所有 r_m 全部用 R 替换即可。考虑到电晕等离子体模型的求解速度与离子流模型相比要慢得多，所以将负电晕的电离区和离子流区分开来求解。

3.4.2　电离区的作用

工程中使用的离子流模型和全空间电晕数学模型的最大区别反映在电离区的作用。离子流模型的表面电场强度通常基于 Kaptzov 假设。基于全空间电晕场数学模型，可以计算分析 Kaptzov 假设及其适用范围[30]。这里选取 $r_0=0.1\text{cm}$，$\delta_0=1.0$ 和 $R=10\text{cm}$ 的情况进行分析。

根据离子流模型得到的电晕伏安特性和全空间电晕场数学模型得到的电晕伏安特性如图 3-18 所示。从图 3-18(a)可以看出，正电晕的离子流模型和全空间电晕场数学模型得到的电晕伏安曲线几乎是完全重合的。由此可见，忽略电离区的作用不会对正电晕的伏安特性产生显著的影响。从图 3-18(b)可以看出，负电晕的离子流模型和全空间电晕场数学模型得到的电晕伏安特性存在一定的差别，差值随着电晕电流的增大而增大。由此可见，当电晕电流较大时，电离区对负电晕的伏安特性具有一定的影响，不能够忽略电离区的作用。

3.4.3　电离区与离子流区的关系

正电晕电离区内的 F_Q 值分布如图 3-19 所示。当电晕电流较小时，电离区内的电场分布变化非常小。随着电晕电流的增大，由于考虑了二次电子发射机制的作用，正电晕在导线表面的电场强度有所减弱，在电离边界的

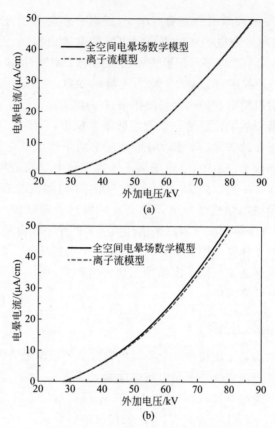

图 3.18 全空间电晕场模型和离子流模型的电晕伏安特性比较
(a) 正电晕;(b) 负电晕

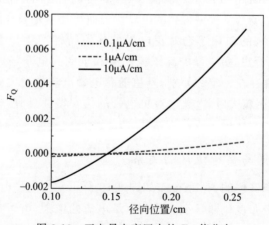

图 3-19 正电晕电离区内的 F_Q 值分布

电场强度有所增强。随着电晕电流的变化,电离区的范围变化非常小。电离区内的电场强度分布在整体上变化不大,F_Q 的最大变化值小于 1%。

正电晕离子流区内的 F_Q 值分布如图 3-20 所示。当电晕电流较小时,离子流区内的电场分布变化也非常小。随着电晕电流的增大,离子流区内电场强度从整体上得到了加强。在接地电极附近变化最大,电场强度增强了好几倍。F_Q 在传导区左侧边界的值与在电离区右侧边界的值是相等的。另外,电离区中的分布范围比离子流区中的分布范围要小得多。

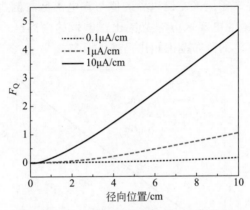

图 3-20　正电晕离子流区内的 F_Q 值分布

负电晕电离区内的 F_Q 值分布如图 3-21 所示。当电晕电流较小时,电离区内的电场分布变化非常小。随着电晕电流的增大,由于考虑了二次电

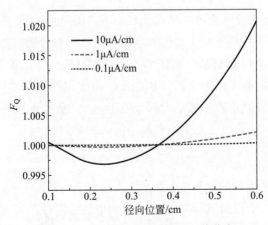

图 3-21　负电晕电离区内的 F_Q 值分布

子发射机制的作用,负电晕在导线表面的电场强度有所加强。在正离子和负离子的共同作用下,空间电场的分布随径向位置的增大先减弱,然后加强。F_Q 的值在电离边界处最大。当径向位置大于 0.35cm 后,空间电场的分布主要是由负离子来决定的。

负电晕电离区内的 F_Q 值分布如图 3-22 所示。当电晕电流较小时,离子流区内的电场分布变化也非常小。随着电晕电流的增大,离子流区内电场强度从整体上得到了加强,也是在接地电极附近变化最大,电场强度增强了好几倍。F_Q 在离子流区左侧边界的值与在电离区右侧边界的值也是相等的。虽然负电晕的电离区分布范围比正电晕的电离区分布范围要大很多,但是与离子流区的分布范围相比仍然小得多。

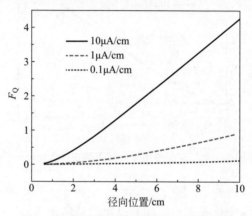

图 3-22   负电晕离子流区内的 F_Q 值分布

直流导线电晕的电离区和离子流区存在串联电路的关系,两个区域的电晕电流是相等的,共同承受着外加电压。正电晕有着明显的电离边界 r_i,r_0 和 r_i 之间的电位差就是电离区承受的外加电压。负电晕的电离边界并不明显,很难确定电离区承受的外加电压。由于空间电场主要受离子分布所影响,负电晕等的正离子又是大部分处于 r_i 内,所以也用 r_0 和 r_i 之间的电位差来反映负电晕的电离区。电位差的表达式为:

$$U_i = \pm(\varphi(r_0) - \varphi(r_i)) = \int_{r_0}^{r_i} E(r)\mathrm{d}r \tag{3-43}$$

U_i 反映了电离区承受的外加电压。

相对电压 U_i/U 表示电离区承受的外加电压占总电压的比例,间接反映了电离区和离子流区的关系。相对电压 U_i/U 和电晕电流 I 的关系如图 3-23

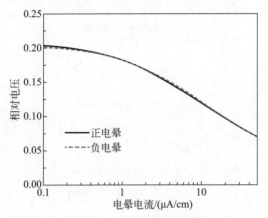

图 3-23　相对电压 U_i/U 和电晕电流 I 的关系

所示。可以看到,在不同的电晕电流下,正电晕的相对电压和负电晕的相对电压基本上是相等的。当 $I=0.1\mu A/cm$ 时,相对电压约为 20%。电离区的分布范围比离子流区的分布范围要小得多,能承受如此高的电压是由于导线附近的电场强度值较大。随着电晕电流的增大,相对电压也相应地减小。由此可见,离子流区的作用越来越明显,这主要是离子流的存在加强了离子流区内的电场分布。

3.4.4　大电晕电流下导线表面场强的作用

使用全空间电晕场数学模型可以求得空间电场分布和外加电压值。将全空间电晕场数学模型和离子流模型得到的空间电场分布都除以起始电晕场强,即可得到导线附近的相对电场强度,当电晕电流为 $10\mu A/cm$ 时其分布如图 3-24 所示。可以看出,Kaptzov 假设在正电晕的离子流模型中是合理的。当电晕电流较大时,Kaptzov 假设在负电晕的离子流模型中需要进行适当的修正,图 3-18(b)也证明了这一点。

对于常规架空输电线路,由于电晕放电带来的各种负面影响,需要尽量避免电晕放电发生,因此通常在设计时就要将导线表面场强控制在电晕起始场强以下。即使由于导线的局部缺陷发生了电晕,大多数情况下其强度也很低,电晕电流也很弱。同时,输电线路由于电晕导致的电磁环境问题主要是正电晕的贡献。因此对于架空输电线路,Peek 公式和 Kaptzov 假设是适用的。

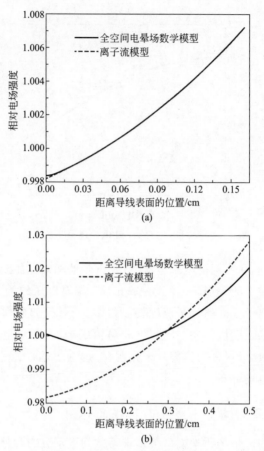

图 3-24　全空间电晕场数学模型和离子流模型的电场分布比较
（a）正电晕；（b）负电晕

3.5　空气离子迁移率

空间离子分布会通过其产生的电场反作用于电极表面,从而影响电晕的发生,同时空间离子分布还会影响离子流场,因此离子迁移率是研究电晕放电及其环境效应的关键参数之一。由于湿度、温度、气压相互耦合,因此分析离子迁移率需要考虑三个大气参数的共同影响。

3.5.1　常用离子迁移率和预测公式

发生气体放电时,空间出现离子并随着电场移动,在外电场不很强时,离子移动的速度与外加电场强度成正比,该比例系数称为离子迁移率。离子迁移率不仅是气体放电研究中的重要参数[31-32],而且也是气体的基本性质之一[33]。

空气是混合气体,空气中离子的所谓迁移率实际上是各种离子迁移率的加权平均值。气压、温度和湿度是描述空气随气候变化的基本参数,它们对空气离子迁移率的影响极大。例如,湿度很大时水分子将与电荷载体结合并形成移动缓慢的分子簇,由此迁移率将明显降低。到目前为止,空气离子迁移率取值并不统一,文献中的迁移率取值差别很大,如表 3-3 所示。由于缺乏全面的测量数据,很难判断表 3-3 中使用的数值是否正确。

表 3-3　不同研究者曾用的离子迁移率值

正离子迁移率 k^+ /($10^{-4}\,m^2$/(V·s))	负离子迁移率 k^- /($10^{-4}\,m^2$/(V·s))	研究者
1.5	1.5	Abdel-Salam 等[34]
1.4	1.9	Aliat 等[35]
1.4	3.3	Nikonov 等[36]
1.82	1.82	Long 等[37]
2.0	2.7	Chen 等[38]
2.43	2.7	Kang 等[39]
3.46	3.46	Seimandi 等[40]

对于气体中离子迁移率特征的研究已经进行了很长时间,学者们提出了 Langevin 方程、Mason 方程和 Stokes-Millikan 方程等用于描述离子迁移率与环境参数的关系[33,41-42]。它们能够反映离子在压力、温度甚至湿度影响下的迁移趋势,但其参数复杂,对于空气等混合气体难以确定。同时,气体混合物中离子的平均迁移率与单一气体中离子的平均迁移率之间的关系仍不明确。1908 年,Blanc 提出了一种基于单一气体中离子迁移率来评估平均迁移率的方法[43],但是一些实验表明,混合气体中的离子迁移率与Blanc 定律的预测结果差异很大,该误差取决于混合气体的类型和浓度[44]。

气压、湿度和温度对空气离子平均迁移率的影响是巨大而复杂的。很多空气离子迁移率测试结果仅适用于几种特殊条件[45-50]。由于温度、湿度和压力之间的相互作用,这些测量结果还不足以建立可靠的公式来预测任何给定气压、温度和湿度下空气离子的平均迁移率。借助于人工气候室和2.1.7.3 节的利用平行平板离子流发生器测量空气离子迁移率的方法,可以测量不同气压、温度和湿度下大气中离子的平均迁移率。然后,基于测量结果和理论方程,建立考虑气压、温度和湿度的空气离子迁移率表达式。

3.5.2　不同湿度、温度、气压下空气离子迁移率的测试结果

测量离子迁移率的方法有很多,如电压-电流曲线法[51]、预放电电流法[52-53]、汤姆逊脉冲法[54-55]、离子迁移率谱仪[56-59]、电晕 U-I 曲线外推法[24]等。这些方法或者将放电发生区域和测量区域放在一块,相互影响大,或者需要特殊的密闭容器,导致空间离子与自然环境下电晕放电产生的离子有差异,或者只能检测理想气体的离子迁移率,因此没有被大量用于空气离子迁移率的测量。Misakian 研制了平行平板离子流发生器并提出了利用该装置进行空气离子迁移率测量的方法,被 IEEE 标准所采纳[60-61],该装置和方法详见 2.1.7 节。与其他测量方法相比,该方法的优点是直接在大气中产生电晕放电,产生的离子在大气中扩散和传播,因此载流子的组成和环境条件与输电线路电晕相同。此外,该装置测量区和电晕发生区分开,避免了由于放电过程中复杂的物理和化学反应的影响而导致的测量的不确定性。基于该测量方法的原理,清华大学提出了空气离子迁移率测量的改进方法,搭建了平行平板离子流发生器,将其放入 2m×2m×2m 的环境气候室获得了气压从 80kPa 到 110kPa、相对湿度从 20% 到 85%、温度从 -10℃ 到 40℃下的空气离子迁移率[62]。

图 3-25 和图 3-26 是测量结果。由于相对湿度与温度和气压等均有关系,这里使用绝对湿度作为变量:

$$H = RH \times H_s \tag{3-44}$$

式中 H 为绝对湿度,单位为 kPa;RH 为相对湿度,%;H_s 是空气的饱和湿度。

同时采用热力学温度 T 表征温度:

$$T = T_c + 273.15 \tag{3-45}$$

式中,T_c 是摄氏温度。由于气压与温度也相关,因此使用空气中的粒子数浓度 N 表征气压:

$$N = \frac{P}{k_B T Z_0} \tag{3-46}$$

式中,P 是气压;k_B 是波尔兹曼常数,$k_B = 1.381 \times 10^{-23}$ J/K;Z_0 是压缩系数,在自然环境下通常取 1。

与湿度和气压相比,温度是最容易控制的参数,因此实验在几个给定温度下进行,这些温度彼此相差约 10K。由此,为了显示清楚,图 3-25 和图 3-26中实验结果按温度分组绘制为网格。

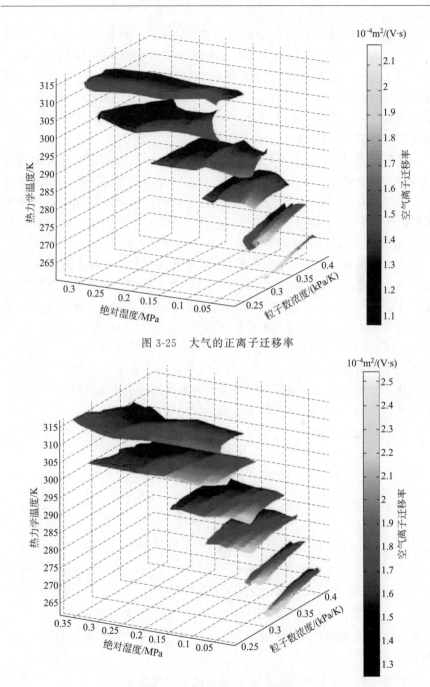

图 3-25　大气的正离子迁移率

图 3-26　大气的负离子迁移率

在测试所涉及的环境参数取值范围内，测得正离子迁移率从 $1.07 \times 10^{-4} \sim 2.20 \times 10^{-4}\,\mathrm{m^2/(V \cdot s)}$，80% 的测试结果在 $1.16 \times 10^{-4} \sim 1.64 \times 10^{-4}\,\mathrm{m^2/(V \cdot s)}$ 范围内，其平均值为 $1.38 \times 10^{-4}\,\mathrm{m^2/(V \cdot s)}$。负离子迁移率从 $1.24 \times 10^{-4} \sim 2.51 \times 10^{-4}\,\mathrm{m^2/(V \cdot s)}$，80% 的测试结果在 $1.42 \times 10^{-4} \sim 2.03 \times 10^{-4}\,\mathrm{m^2/(V \cdot s)}$ 范围内，其平均值为 $1.69 \times 10^{-4}\,\mathrm{m^2/(V \cdot s)}$。同等条件下，负离子迁移率大于正离子迁移率。

由图 3-25 和图 3-26 还可以看到，在实验中涉及的环境参数范围内离子迁移率变化很大。无论正极和负极，迁移率随着湿度和气压的增加而降低。而且，湿度越低，离子迁移率随着气压的增加而降低得越快。气压越低，离子迁移率随着湿度的增加而降低得越快。由于绝对湿度随温度变化很大，因此从图 3-25 和图 3-26 难以看出离子迁移率随温度的变化。

文献[33,41-42]深入讨论了温度、气压和湿度对空气离子迁移率的影响机理。除了 N_2、O_2、惰性气体、CO_2、N_2O 等气体在大气中的含量比较稳定外，大气中水、CO、SO_2、O_3 以及花粉、尘埃、盐等固体、液体悬浮颗粒的含量变化很大。它们产生了各种各样的离子，并随它们的含量变化而变化。其中，水气含量对空气离子迁移率的影响巨大。这是因为在含量变化大的气体中水的占比是最大的，它也是唯一一种平均含量在 0.0001% 以上的极性气体。极性气体分子很容易吸附离子并聚集成许多种电荷载体。当发生正电晕放电时，与 H_2O 有关的主要化学反应是：

$$N_2 \longrightarrow N_2^+ + e^-$$

$$N_2 + N_2^+ \longrightarrow N_4^+$$

$$N_4^+ + H_2O \longrightarrow 2N_2 + H_2O^+$$

$$H_2O^+ + H_2O \longrightarrow H_3O^+ + OH$$

$$H_3O^+ + (n-1)H_2O + N_2 \longrightarrow H^+(H_2O)_n + N_2$$

$$H^+(H_2O)_n + mH_2O + N_2 \longrightarrow H^+(H_2O)_{n+m} + N_2$$

$$N_2^+ + O_2 \longrightarrow NO + NO^+$$

$$NO^+ + H_2O + N_2 \longrightarrow NO^+(H_2O)_n + N_2$$

$$NO^+(H_2O)_n + mH_2O + N_2 \longrightarrow NO^+(H_2O)_{n+m} + N_2$$

可以看到，由于水汽的作用，正电晕放电中主要正电荷载体是 $H^+(H_2O)_n$ 和 $NO^+(H_2O)_n$ 等。

当发生负电晕放电时，与 H_2O 有关的主要化学反应是：

$$O_2 + e^- \longrightarrow O^- + O$$

$$2O_2 + e^- \longrightarrow O_2^- (+ O)_2$$
$$O_3 + O^- \longrightarrow O_3^- + O$$
$$O_3 + O_2^- \longrightarrow O_3^- (+ O)_2$$
$$O^- + nH_2O \longrightarrow O^- (H_2O)_n$$
$$O_2^- + nH_2O \longrightarrow O_2^- (H_2O)_n$$
$$O_3^- + nH_2O \longrightarrow O_3^- (H_2O)_n$$

可以看到,由于水汽的作用,负电晕放电中主要负电荷载体是 $O_m^- (H_2O)_n$, 其中 $m = 1$、2、3。n 的取值取决于温度、气压和湿度。因此,水气改变了电离过程,并改变了大气中正离子和负离子的组成。

3.5.3　考虑湿度、温度、气压影响的空气离子迁移率公式

基于上述测试结果,可得考虑湿度、温度、气压影响的空气离子迁移率公式如下,具体建立方法见文献[62]:

$$k = \frac{1}{\sqrt{T}} \cdot \left(A_1 + \frac{A_2 - A_1}{1 + 10^{A_3 (H_0 - H)}} \right) \cdot \left(3\frac{P}{T} \right)^{B_1 + B_2 e^{-H/B_3}} \tag{3-47}$$

式中 A_1、A_2、A_3、B_1、B_2、B_3 和 H_0 的具体取值见表 3-4 和表 3-5,T、P、H 见 3.5.2 节。该拟合公式与实测结果的平均偏差为 1.6%,最大偏差出现在正极 0℃下,为 7.4%。图 3-27 和图 3-28 为 10℃时拟合公式计算结果和测试结果的比较,可见两者吻合很好。

表 3-4　A_1、A_2、A_3 和 H_0 的取值

正极	负极
$A_1 = 1.44 \times 10^{-4} T^{0.451}$ m$^2 \cdot$ K$^{0.5}$/(V $\cdot$ s)	$A_1 = 3.22 \times 10^{-4} T^{0.377}$ m$^2 \cdot$ K$^{0.5}$/(V $\cdot$ s)
$A_2 = 2.55 \times 10^{-4} T^{0.513}$ m$^2 \cdot$ K$^{0.5}$/(V $\cdot$ s)	$A_2 = 3.07 \times 10^{-4} T^{0.499}$ m$^2 \cdot$ K$^{0.5}$/(V $\cdot$ s)
$A_3 = -0.951 - e^{(292 - T)/12.5}$ kPa^{-1}	$A_3 = -0.798 - e^{(283 - T)/9.23}$ kPa^{-1}
$H_0 = 0.0529 + e^{(T - 302)/19.0}$ kPa	$H_0 = -0.0444 + e^{(T - 301)/27.5}$ kPa

表 3-5　B_1、B_2 和 B_3 的取值

正极	负极
$B_1 = -0.556 - e^{(T - 341)/21.3}$	$B_1 = -0.579 - e^{(T - 371)/46.7}$
$B_2 = 7.85 - 0.0626T + 1.17 \times 10^{-4} T^2$	$B_2 = 2.31 - 0.0241T + 4.93 \times 10^{-5} T^2$
$B_3 = 0.0377 + 0.144/(1 + 10^{(278 - T)/16.8})$	$B_3 = 0.00152 + 0.112/(1 + 10^{(269 - T)/21.3})$

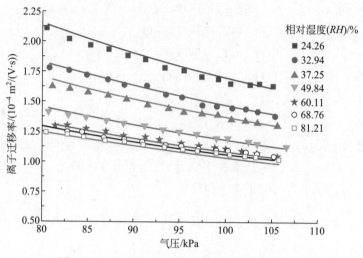

图 3-27　10℃时拟合(线)和测量(点)的比较(一)

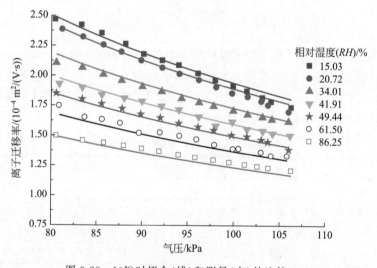

图 3-28　10℃时拟合(线)和测量(点)的比较(二)

参考文献

[1]　F. W. Peek. Dielectric Phenomena in High-Voltage Engineering[M]. New York, USA: McGraw-Hill, 1929.

[2]　E. Kuffel, W. S. Zaengl. High Voltage Engineering: Fundamentals[M]. Oxford: Pergamon, 1984.

[3]　J B. Whitehead. High Voltage Corona in International Critical Tables[M]. New York: McGraw-Hill, 1929.

[4]　J J. Lowke, F. D'Alessandro. Onset corona fields and electrical breakdown criteria [J]. J. Phys. D: Appl. Phys., 2003, 36: 2673-2682.

[5]　N A. Kaptzov. Elektrischeskiye Yavleniya v Gazakh i Vacuume[M]. Moscow: OGIZ, 1947.

[6]　M. Aboelsaad, L. Shafai, M. Rashwan. Improved analytical method for computing unipolar DC corona losses[J]. Proc. Inst. Elect. Eng. A, 1989, 136(1): 33-40.

[7]　V. Jaiswal, M. Thomas. Finite element modelling of ionized field quantities around a monopolar HVDC transmission line[J]. J. Phys. D: Appl. Phys., 2003, 36(23): 3089-3094.

[8]　T. Takuma, T. Ikeda, T. Kawamoto. Calculation of ion flow fields of HVDC transmission lines by the finite element method[J]. IEEE Trans. Power Apparatus and System, 1981, PAS-100(2): 4802-4810.

[9]　Y P. Raizer. Gas Discharge Physics[M]. Berlin: Springer, 1991.

[10]　D. Phillips, R. Olsen, P. Pedrow. Corona onset as a design optimization criterion for high voltage hardware[J]. IEEE Trans. Dielect. Electr. Insul., 2000, 7(6): 744-751.

[11]　K. Yamazaki, R. Olsen. Application of a corona onset criterion to calculation of corona onset voltage of stranded conductors[J]. IEEE Trans. Dielect. Electr. Insul., 2004, 11(4): 674-680.

[12]　G. Naidis. Conditions for inception of positive corona discharges in air[J]. J. Phys. D: Appl. Phys., 2005, 38: 2211-2214.

[13]　G N. Aleksandrov. Physical conditions for the formation of an alternating current corona discharge[J]. Soviet Phys. Tech. Phys., 1956, 1714-1726.

[14]　M. Abdel-Salam, M. Nakano, A. Mizuno. Corona-induced pressures, potentials, fields and currents in electrostatic precipitator configurations[J]. J. Phys. D: Appl. Phys., 2007, 40: 1919-1926.

[15]　M M. El-Bahy, M. Abouelsaad, N. Abdel-Gawad, M. Badawi. Onset voltage of negative corona on stranded conductors[J]. J. Phys. D: Appl. Phys., 2007, 40: 3094-3101.

[16]　蒋兴良, 林锐, 胡琴, 等. 直流正极性下绞线电晕起始特性及影响因素分析[J]. 中国电机工程学报, 2009, 29(34): 108-114.

[17]　孟晓波, 卞星明, 陈枫林, 等. 负直流下绞线电晕起始电压分析[J]. 高电压技术, 2011, 37(1): 77-84.

[18]　Li Z, Li G, Fan J, et al. Numerical calculations of monopolar corona from the bare bundle conductors of HVDC transmission lines[J]. IEEE Trans. Power Del., 2009, 24(3): 1579-1585.

[19] Y S. Zheng, B. Zhang, J L. He. Onset conditions for positive dc corona discharges in air under the action of photoionization[J]. Physics of Plasmas, 2011, 18: 123503.

[20] M P. Sarma, W. D. C. Janischewskyj. Corona on smooth conductors in air[J]. Proc. IEEE, 1969: 116(1): 161-166.

[21] L B. Loeb. Electrical Coronas: Their Basic Physical Mechanisms[M]. Berkeley, CA: Univ. California Press, 1965.

[22] E. Nasser, M. Heiszler. Mathematical-physical model of the streamer in nonuniform fields[J]. Journal of Applied Physics, 1974, 45(8): 3396-3401.

[23] Y S. Zheng, J L. He, B. Zhang, et al. Photoemission replenishment criterion for inception of negative corona discharges in air[J]. IEEE Transactions on Power Delivery, 2011, 26(3): 1980-1987.

[24] 郑跃胜. 高压直流导线的电晕场特性研究[D]. 北京: 清华大学, 2012.

[25] R A. El-Koramy, A. Yehia, M. Omer. Effect of configuration and dimensions of reactor electrodes on electrical and optical corona discharge characteristics[J]. Phys. Plasmas, 2010, 17: 053501.

[26] R. Evans, I. Inculet. The radius of the visible ionization layer for positive and negative coronas[J]. IEEE Trans. Ind. Appl. , 1978, IA-14(6): 523-525.

[27] D. Marić, M. Radmilović-Rađenović, Z. Petrović. On parametrization and mixture laws for electron ionization coefficients[J]. Eur. Phys. J. D, 2005, 35: 313-321.

[28] J. Chen, J H. Davidson. Model of the negative DC corona plasma: comparison to the positive DC corona plasma [J]. Plasma Chem. Plasma Process. , 2003, 23(1): 83-102.

[29] J. Chen, J H. Davidson. Electron density and energy distributions in the positive DC corona: interpretation for corona-enhanced chemical reactions[J]. Plasma Chem. Plasma Process. , 2002, 22(2): 199-224.

[30] Y S. Zheng, J L. He, B. Zhang, et al. Surface electric field for negative corona discharge in atmospheric pressure air[J]. IEEE Transactions on Plasma Science, 2011, 39(8): 1644-1651.

[31] N. Hamou, A. Massinissa, Z. Youcef. Modeling and simulation of the effect of pressure on the corona discharge for wire-plane configuration[J]. IEEE Trans. Dielectr. Electr. Insul. , 2013, 20(5): 1547-1553.

[32] O. Soppart, P. Pilzecker, J. I. Baumbach, et al. Ion mobility spectrometry for on-site sensing of SF6 decomposition[J]. IEEE Trans. Dielectr. Electr. Insul. , 2000, 7(2): 229-233.

[33] E. A. Mason, E. W. McDaniel. Transport Properties of Ions in Gases[M]. New York: John Wiley, 1988.

[34] M. Abdel-Salam, Z. Al-Hamouz. A new finite-element analysis of an ionized field

in coaxial cylindrical geometry [J]. J. Phys. D: Appl. Phys. , 1992, 25: 1551-1555.

[35] A. Aliat, C T. Hung, C J. Tsai, J S. Wu. Implementation of Fuchs' model of ion diffusion charging of nanoparticles considering the electron contribution in DC-corona chargers in high charge densities[J]. J. Phys. D: Appl. Phys. , 2009, 42(12): 125-206.

[36] V. Nikonov, R. Bartnikas, M. Wertheimer. Surface charge and photoionization effects in short air gaps undergoing discharges at atmospheric pressure[J]. J. Phys. D: Appl. Phys. , 2001, 34: 2979-2986.

[37] Z. Long, Q. Yao, Q. Song, S. Li. A second-order accurate finite volume method for the computation of electrical conditions inside a wire-plate electrostatic precipitator on unstructured meshes[J]. J. Electrostat. , 2009, 67: 597-604.

[38] J. Chen, J H, Davidson. Model of the negative DC corona plasma: comparison to the positive DC corona plasma[J]. Plasma Chem. Plasma Process. , 2003, 23(1): 83-102.

[39] W. Kang, J. Park, Y. Kim, S. Hong. Numerical study on influences of barrier arrangements on dielectric barrier discharge characteristics [J]. IEEE Trans. Plasma Sci. , 2003, 31(4): 504-510.

[40] P. Seimandi, G. Dufour, F. Rogier. An asymptotic model for steady wire-to-wire corona discharges[J]. Math. Comput. Modell, 2009, 50: 574-583.

[41] P. M. Langevin. Une formule fondamentale de théorie cinétique[J]. Ann. Chim. Phys. , 1905, 8: 245-288.

[42] R. A. Millikan. Coefficients of slip in gases and the law of reflection of molecules from the surfaces of solids and liquids[J]. Phys. Rev. , 1923, 21(3): 217-238.

[43] A. Blanc. Recherches sur les mobilités des ions dans les gaz[J]. J. Phys. , 1908, 7: 825.

[44] R. E. Robson. Mobility of ions in gas mixtures[J]. Aust. J. Phys. , 1973, 26: 203-206.

[45] V. A. Mohnen. Formation, nature, and mobility, of Ions of atmospheric importance[C]. in: Electrical Processes in Atmospheres. Darmstadt, Germany: Steinkopff, 1977.

[46] M. Tabrizchi, F. Rouholahnejad. Comparing the effect of pressure and temperature on ion mobilities[J]. J. Phys. D: Appl. Phys. , 2005, 38: 857-862.

[47] HA Erikson. The effect of water vapor on the mobility of gaseous ions in air[J]. Physical Review, 1928, 32(5): 791-794.

[48] Y. P. Liu, S. L. Huang, L. Zhu. Influence of humidity and air pressure on the ion mobility based on drift tube method[J]. CSEE Journal of Power and Energy Systems, 2015, 1(3): 37-41.

[49] Kun He, Xiaoqian Ma, Li Xie, et al. Ion mobility spectrum for Gerdien tubes by integral equation method[J]. IEEE Trans. Dielectr. Electr. Insul. , 2018, 25(2): 756-765.

[50] B. Zhang, J. He, Y. Ji. Dependence of the average mobility of ions in air with pressure and humidity[J]. IEEE Trans. Dielectr. Electr. Insul. , 2017, 24(2): 923-929.

[51] 周黎明, 邱毓昌. SF_6 及其混合气体的离子平均迁移率[J]. 高压电器, 1996, (6): 3-6.

[52] 王沛, 张乔根, 邱毓昌. SF_6 气体中离子迁移率的测量[J]. 高压电器, 1998, (1): 47-51.

[53] 王沛, 王中方, 张乔根, 邱毓昌. 用预放电电流法测量 SF_6 和 SF_6/CO_2 气体的离子迁移率[J]. 高压电器, 1998, (4): 24-27.

[54] D. A. Blair, et al. Drift velocities of positive ions and negative ions in cylinder SF_6[J]. Phys. D: Appl. Phys. , 1989, 2: 755-758.

[55] A. Raether. Electron Avalanches and Breakdown in Gases [M]. London: Butterworths, 1964.

[56] Herbert H, William F, Robert H, et al. Ion mobility spectrometry [J]. Analytical Chemistry, 1990, 62(23): 1201-1209.

[57] D. C. Collins, M. L. Lee. Developments in ion mobility spectrometry-mass spectrometry[J]. Anal Bioanal Chem. , 2002, 372: 66-73.

[58] Abu B. Kanu, Prabha Dwivedi, Maggie Tam, et al. Ion mobility-mass spectrometry[J]. J. Mass spectrum, 2008, 43: 1-22.

[59] Jorg Ingo Baumbach, Gary A Eiceman. Ion mobility spectrometry: arriving on site and moving beyond a low profile[J]. Applied Spectroscopy, 1999, 53(9): 338a-355a.

[60] M. Misakian, R. H. McKnight, C. Fenimore. Calibration of aspiratortype ion counters and measurement of unipolar charge densities[J]. J. Appl. Phys. , 1987, 61: 1276-1287.

[61] IEEE Std 1227[TM]—1990. IEEE Guide for the Measurement of DC Electric-Field Strength and Ion Related Quantities[S]. 2010.

[62] Bo Zhang, Jinliang He, Yiming Ji. Prediction of average mobility of ions from corona discharge in air with respect to pressure, humidity and temperature[J]. IEEE Trans. Dielectr. Electr. Insul. , 2019, 26(5): 1403-1410.

第4章 直流输电线路离子流场的计算

由于交流输电线路地面电场基本与电晕放电无关,可以基于成熟的静电场理论进行计算(参见 4.2 节),本章着重介绍直流线路电晕放电合成电场和离子流密度的仿真方法。直流输电线路下的空间电场由两部分组成,一部分是由导线所带电荷产生的标称电场,另一部分是由空间电荷产生的电场,这两部分电场叠加为合成电场。合成场强的大小与导线电晕放电强度密切相关,地面的最大合成电场有可能比标称电场大很多。

为了避免重复,本章常用的符号及其含义如下:

E——合成电场强度;

E'——标称电场强度;

E_0——电晕放电起始场强;

ρ、ρ^+、ρ^-——总空间电荷密度、正空间电荷密度、负空间电荷密度;

J、J^+、J^-——总离子电流密度、正离子电流密度、负离子电流密度;

ε_0——空气介电常数;

e——电子电荷量,1.602×10^{-19}C;

k、k^+、k^-——平均离子迁移率、正离子迁移率、负离子迁移率;

R——正、负离子的复合系数;

W——风速。

4.1 离子流场方程和计算方法分类

地面离子流密度和合成电场是直流输电线路环境影响的重要参数。由于线路周围空间存在因电晕产生的大量空间电荷,电场和电荷相互作用,形成了非线性的离子流场。决定离子流场的方程为[1-2]:

1) 泊松方程

$$\nabla \cdot E = (\rho^+ - \rho^-)/\varepsilon_0 \tag{4-1}$$

该方程表明,空间电场是由空间电荷(包括导线表面电荷)产生的。

2）离子流方程

$$\begin{cases} J^+ = \rho^+ (k^+ E + W) \\ J^- = \rho^- (k^- E - W) \end{cases} \tag{4-2}$$

该方程表明,空间电荷在电场和风的作用下移动,形成离子流。

3）电流连续性方程

$$\begin{cases} \nabla \cdot J^+ = -\dfrac{R\rho^+ \rho^-}{e} \\ \nabla \cdot J^- = \dfrac{R\rho^+ \rho^-}{e} \end{cases} \tag{4-3}$$

该方程表明,空间电流是连续的,其变化是由空间正、负电荷的复合造成的。

当只有单极时,相应离子流场的方程简化为:

$$\nabla \cdot E = -\rho / \varepsilon \tag{4-4}$$

$$J = k\rho E \tag{4-5}$$

$$\nabla \cdot J = 0 \tag{4-6}$$

由于离子流场的复杂性,其仿真计算比较复杂。美国 EPRI 在直流输电线路缩尺模型上进行了大量模拟试验,在此基础上建立了地面合成电场和离子电流密度与线路基本参数间的近似关系,提出了一种半经验公式法[3,4]。然而,由于实验数据有限,该方法并没有得到广泛使用。与此相对应,近半个世纪以来,仿真计算技术得到了长足发展和广泛应用,主要沿着两条思路发展:

1）解析法

1933 年,德国学者 W. Deutsch 提出了以其名字命名的经典假设——空间电荷只影响电场强度的大小而不改变其方向[5]。在 Deutsch 假设的前提下,1969 年,Sarma 和 Janischewskyj 等人给出了单、双极直流输电线路的合成电场、离子流密度和电晕损耗的计算方法[6-7],经过验证其计算的地面离子流场能够满足工程的需求。

2）数值计算方法

这类方法比较多,有有限元法、差分法、无单元法、积分方程法等等[8-11]。研究最广泛的是有限元法。有限元法最初被研究人员引入求解没有空间电荷存在的标称电场[12]。1979 年,Janischewskyj 和 Gela 等人应用有限元法,首次在不采用 Deutsch 假设的前提下,计算了同轴圆柱电极的离子流分布[13]。他们在计算中采用了 Kaptzov 假设作为边界条件,获得的计算结果与 1913 年 Townsend 提出的同轴圆柱电极的电晕损耗解析解基本一致[14]。随后,1981 年日本的 Takuma 和 Kawamoto 等人,以"导线电晕时表面电荷密度不变"为边界条件,用上流有限元法对空间电荷密度进行求解,获得了输电线路离子流场的解[8]。1983 年,Abdel-Salam 等人解决了有限元法迭代计算中的稳定性问题,并考虑了风速对空间电荷运动的影响,与实际测量结果比较吻合[15]。他们认为 Takuma 等人使用的"电荷边界条件"不科学,而实际测量发现导线表面场强比 Kaptzov 假设中由 Peek 公式给出的起晕场强要低,他们在计算中使用了由实际测量反推得到的导线表面电场强度作为边界条件。从普适性的角度,实际线路是很难获得准确的导线表面电场强度的,只能依靠经验公式和仿真,因此该方法也有一定局限性,适合于小规格的模拟线段。

　　之后,几种思路在不同场合都得到了应用与发展。以 Deutsch 假设思路为基础,1987 年,中国电力科学研究院的傅宾兰对葛-上线的地面合成场强进行了计算[16],讨论了导线电晕起始电场强度、导线分裂数、对地高度等参数对计算结果的影响。1992 年,中国电力科学研究院的王雪顽用加权余量法求解空间电荷,分析了导线的极性效应和正负离子迁移率的影响[17]。2008 年,杨勇等人将 Deutsch 假设方法推广到了同塔双回直流线路的地面合成电场计算中,并讨论了导线布置方案[18]。2012 年,Sarma 通过实际计算和工程结果的对比,认为基于 Deutsch 假设的地面合成电场和离子流场求解方法可以完全满足工程需求[19]。同时他指出,导线表面粗糙系数对数值计算结果准确性的影响远大于 Deutsch 假设本身。

　　在数值计算方面,大多数工作集中在数值方法、电荷更新策略、边界条件的更新和优化方面,以解决迭代计算的稳定性问题。1994 年 Abdel-Salam 等人在同轴圆柱和单极线路上发展了新的有限元求解思路,将原来的非线性三阶偏微分方程简化为二阶偏微分方程[20],简化了求解过程。1995 年 Al-Hamousz 提出了双极离子流场的自适应膨胀有限元算法[21]。2008 年,清华大学张波提出了基于积分方程法的空间电荷更新策略,大大降低了电荷密度方程组的规模[11]。2009 年,清华大学李伟提出了针对迎风有限元的无反射边界条件[22]。2012 年,清华大学的尹晗等人用时间离散差分格式,对标称电场、合成场、电流连续性方程分别采用模拟电荷法、有限元法和时域有限体积法求解,按照时间发展更新电荷密度,从而能够分析电晕发生和发展的过程[23]。华北电力大学周象贤等人针对 ±1100kV 线路,在使用迎风权函数求解电流连续性方程时采用了强耦合有限元法,提高了收敛速度[24]。此外,浙江大学[25-28]、西安交通大学[29-31]、重庆大学[9]、武汉大学[32]等单位都进行过较深入的研究。

由于有限元迎风差分等数值计算方法计算规模庞大,难以应用于复杂结构情况,清华大学张波、莫江华等人提出了特征线法与有限元法相结合的离子流场计算方法[33]。该方法避免了大规模矩阵求解过程,计算效率高,能够计算比较复杂的空间结构离子流场,从而将离子流场计算拓展到了交叉跨越、线路周围房屋等复杂三维的情况[34-36]。

总的来看,解析法和半经验公式法求解速度快,能够反映地面离子流场的分布规律,但离子流场的空间分布计算误差较大,并且难以分析双极、同塔多回、多回线路并行等情况;数值计算方法基于空间电荷更新策略,空间离子流的分布更接近真实情况,可以获得完整的离子流场空间分布,能直接用于分析双极、同塔多回、多回线路并行等情况,但计算规模大,计算速度相对较慢。

4.2 交、直流输电线路标称电场的计算

标称电场是假设电晕放电不发生,即不存在空间电荷时,仅仅由电极电压产生的电场。输电线路标称电场计算方法已经非常成熟,主要有模拟电荷法、逐次镜像法、矩量法、有限元法等。这些方法既适用于交流输电线路空间电场的计算,又适用于直流输电线路标称电场的计算。下面以模拟电荷法为例进行介绍。

模拟电荷法就是在电极内引入集中分布的电荷来模拟电荷在电极表面实际分布的情况,然后用这些集中分布的电荷来求电极周围电场分布的数值计算方法。通常选择电场计算有解析公式的电荷形式作为模拟电荷的形式。模拟电荷法的关键是基于电极表面的电位或电场条件求得模拟电荷值。本节以输电线路二维标称电场计算为例介绍模拟电荷法。

输电线路地面电场的最大值出现在线路的最低点附近,此处线路弧垂变化较小,求周围电场时,线路可以被视为是由无限长导线构成的二维结构。由此,在线路的各子导线和地线内分别设置若干无限长线电荷来模拟导线表面的面电荷分布,每根子导线内的线电荷可以分布在以导线轴心为中心的圆周上(圆周半径小于子导线半径)。设各模拟电荷的线密度为 $\tau_i (i = 1,2,3,\cdots,N,N$ 为模拟电荷总数),则对空间中任意一点 $P(X,Y)$,考虑大地镜像后,所有模拟电荷在 P 产生的电位为:

$$\varphi_P = \sum_{i=1}^{N} P_i \cdot \tau_i \tag{4-7}$$

式中 P_i 是位于 (x_i, y_i) 的模拟电荷 τ_i 及其镜像电荷对点 P 的电位系数：

$$P_i = \frac{1}{2\pi\varepsilon_0} \ln \frac{\sqrt{(X-x_i)^2 + (Y+y_i)^2}}{\sqrt{(X-x_i)^2 + (Y-y_i)^2}} \tag{4-8}$$

在导线（含地线）表面选取 N 个匹配点（通常每根导线表面的匹配点数量不小于该导线内的模拟电荷数量），建立关于线电荷密度 τ_i 的线性方程组：

$$\boldsymbol{\varphi}_{n\times1} = \boldsymbol{P}_{n\times n} \boldsymbol{\tau}_{n\times1} \tag{4-9}$$

式中，$\boldsymbol{\varphi}_{n\times1}$ 为匹配点电位列向量，$\boldsymbol{P}_{n\times n}$ 为电位系数矩阵，$\boldsymbol{\tau}_{n\times1}$ 为模拟电荷列向量。由于导线、地线的电位已知，也就是 $\boldsymbol{\varphi}_{n\times1}$ 已知，求解方程组(4-9)，即得到模拟电荷的大小。以模拟电荷为基础，空间中任一点 $P(X,Y)$ 处的标称电场为所有模拟电荷及其镜像在该点处的电场的矢量叠加，即

$$E'_x = \sum_{i=1}^{N} \frac{\tau_i}{2\pi\varepsilon_0} \left[\frac{x_i-X}{(y_i-Y)^2 + (x_i-X)^2} - \frac{x_i-X}{(y_i+Y)^2 + (x_i-X)^2} \right] \tag{4-10}$$

$$E'_y = \sum_{i=1}^{N} \frac{\tau_i}{2\pi\varepsilon_0} \left[\frac{y_i-Y}{(y_i-Y)^2 + (x_i-X)^2} + \frac{y_i+Y}{(y_i+Y)^2 + (x_i-X)^2} \right] \tag{4-11}$$

通常在计算地面电场时，在每条导线内布置 1 条模拟电荷就可以保证足够的准确度。如果要计算导线表面及其附近的电场，则需要在导线内引入更多条模拟电荷。无论引入多少条模拟电荷，均可以使用上述方法计算。

4.3　直流线路离子流场计算的解析法

由于描述离子流场的方程是非线性的，需要引入一些假设才能利用解析方法求解。这些假设是：

（1）空间电荷只影响电场强度大小而不影响其方向，即符合 Deutsch 假设[5]；

（2）导线表面发生电晕放电后，导线表面场强保持在电晕放电起始场强，即符合 Kaptzov 假设[14]；

（3）忽略导线表面电离层的厚度；

（4）忽略空间电荷的扩散作用；

（5）正负离子迁移率、离子复合系数等与电场强度无关，均为常量；

（6）忽略风速的影响。

首先，基于假设（1）合成电场的电场强度 E 和标称电场强度 E' 满足：

$$E = \xi E' \tag{4-12}$$

式中，ξ 是一个空间坐标的无量纲标量函数。其中第（2）条和第（3）条假设已经在上一章证明了其用于输电线路离子流场计算的合理性。

对于标称电场 E'，有：

$$\nabla \cdot E' = 0 \tag{4-13}$$

把式（4-5）代入式（4-6），消去电流密度 J，得到

$$E \cdot \nabla(\xi\rho) = 0 \tag{4-14}$$

式（4-14）表明，由于沿着电场线合成场强 E 不恒为 0，故 $\nabla(\xi\rho)$ 必恒等于 0；换言之，合成电场与标称电场的大小之比（电荷效应系数）ξ 与电荷密度 ρ 的乘积为常数。

设 ξ 与 ρ 在电场线起点——导线表面处的值分别为 ξ_s 与 ρ_s，考虑 $\xi\rho = \xi_s\rho_s$，在已知 ξ_s 的情况下沿电场线各点有[19]：

$$\xi^2 = \xi_s^2 + \frac{2\xi_s\rho_s}{\varepsilon_0}\int_{\varphi_1}^{U}\frac{1}{E'^2}d\varphi \tag{4-15}$$

式中，积分下限 φ_1 是电场线上各点的标称电势，积分上限 U 是导线电压。

各点的电荷密度为：

$$\frac{1}{\rho^2} = \frac{1}{\rho_s^2} + \frac{2}{\varepsilon_0\xi_s\rho_s}\int_{\varphi_1}^{U}\frac{1}{E'^2}d\varphi \tag{4-16}$$

根据式（4-16）求得各点的电荷密度后，电场线上平均电荷密度 ρ_m 可按其定义求得[37]：

$$\rho_m = \frac{\int_0^U\int_\eta^U E'^2\rho d\varphi d\eta}{\int_0^U\int_\eta^U E'^2 d\varphi d\eta} \tag{4-17}$$

另一方面，Deutsch 假设方法采纳了导线起晕后表面场强维持在起晕场强的基本假设，因此线路表面的电压 U 与起晕电压 U_0 满足关系：

$$U_0 = \xi_s U \tag{4-18}$$

式（4-17）的分子部分可以直接由起晕电压求得。故对既定的电场线，平均电荷密度可以直接计算确定：

$$\rho_m = \frac{\int_0^U\int_\eta^U E'^2\rho d\varphi d\eta}{\int_0^U\int_\eta^U E'^2 d\varphi d\eta} = \frac{\varepsilon_0(U-U_0)}{\int_0^U\int_\eta^U E'^2 d\varphi d\eta} \tag{4-19}$$

　　综合上述两方面,基于 Deutsch 假设的离子流场计算流程如图 4-1 所示。

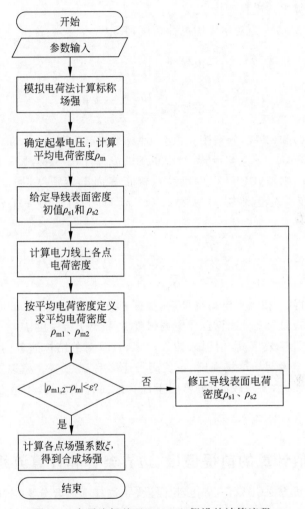

图 4-1　离子流场基于 Deutsch 假设的计算流程

　　关于这个流程,还需要说明几个步骤。

　　(1) 首先,使用模拟电荷法计算标称电场分布,确定导线表面的最大电场强度和电晕起始电场强度;

　　(2) 在地面和所有导线表面,选取一些点作为电场线的起点,画电场线,电场线终止于地面、地线以及双极线路的对称面(如果电场线直接抵达

另一极导线,则式(4-19)不再适用);

(3) 根据电场线"起点"的起晕电压和沿线标称电场的大小,按式(4-17)和(4-19)计算平均电荷密度 ρ_m;

(4) 以 ρ_{s1}、ρ_{s2} 为初始表面电荷密度,其中

$$
\begin{cases}
\text{正极导线:} & \begin{cases} \rho_{s1} = 2\rho_m \\ \rho_{s2} = 3\rho_m \end{cases} \\
\text{负极导线:} & \begin{cases} \rho_{s1} = 1.5\rho_m \\ \rho_{s2} = 3\rho_m \end{cases}
\end{cases}
\tag{4-20}
$$

根据式(4-16)和(4-17)分别按 ρ_{s1}、ρ_{s2} 计算平均电荷密度 ρ_{m1}、ρ_{m2};

(5) 比较 ρ_{m1}、ρ_{m2} 与步骤(3)中得到的 ρ_m,若 ρ_{m2}(或 ρ_{m1})不在允许的误差范围内,则按式(4-21)的割线法修正表面电荷密度,回到步骤(4),反之,若已在误差范围内,对应地 ρ_{s2}(或 ρ_{s1})即为所求的导线表面电荷密度 ρ_s。

$$
\begin{cases}
\rho'_{s1} = \rho_{s2} \\
\rho'_{s2} = \rho_{s2} + \dfrac{\rho_m - \rho_{m2}}{\rho_{m2} - \rho_{m1}}(\rho_{s2} - \rho_{s1})
\end{cases}
\tag{4-21}
$$

(6) 求得 ρ_s 和各点电荷密度后,根据 $\xi_\rho = \xi_s \rho_s$ 计算各点的电荷效应系数,按式(4-5)和(4-12)计算合成电场强度 E 和离子流密度 J。

解析法计算效率高,但引入假设较多,计算对象结构简单,且不能考虑正负电极上电晕起始电场强度、正负离子迁移率、离子复合率以及风速等影响,对初值的选取要求较高,主要用于计算地面合成电场,不适合分析空间离子流场。

4.4　数值计算的前提假设、边界条件和计算流程

由于解析方法引入了 Deutsch 假设,导致其不适合分析空间的离子流场分布,难以分析分裂导线、多回线路同塔或者并行的情况。与此相对应,数值计算方法不需要引入 Deutsch 假设,能够考虑风速的影响,目前正在被大量应用。虽然数值计算方法众多,但大部分数值计算方法所依据的前提假设、边界条件和计算流程是一致的。

4.4.1　前提假设

虽然数值计算方法不需要引入 Deutsch 假设,但为了简化计算,大多仍

然需要使用如下假设：

（1）忽略导线表面电离层的厚度；

（2）略去空间电荷的扩散；

（3）正负离子迁移率和离子复合系数是与电场强度无关的常量。

4.4.2　边界条件

离子流方程求解的电位边界条件为：

地面和地线上

$$\Phi = 0 \tag{4-22}$$

输电导线上

$$\Phi = U^i, \quad i = 1, 2, \cdots, s \tag{4-23}$$

式中，U^i 为相应导线的电位，s 为子导线总数。

确定离子流场分布还需要电场或电荷的边界条件，Takuma 将导线表面电荷密度不变作为电荷边界条件[37]，但导线表面电荷在计算之前必须通过试验或经验公式推算得到，这就降低了计算的易用性和可靠性。第 3 章分析证明，在目前输电线路的导线表面场强下，使用 Kaptzov 假设作为边界条件更为合理，即导线表面起晕后场强维持在起晕场强保持不变：

正极导线表面：

$$E^+ = E_0^{i+}, \quad i = 1, 2, \cdots, s^+ \tag{4-24}$$

负极导线表面：

$$E^- = E_0^{i-}, \quad i = s^+ + 1, s^+ + 2, \cdots, s^+ + s^- \tag{4-25}$$

其中，$E_0{}^+$、$E_0{}^-$ 分别为正、负极导线的电晕起始场强，可由 Peek 公式获得；s^+ 和 s^- 分别为正极和负极导线的子导线数。

4.4.3　计算流程

由于离子流方程是非线性的，大多数数值计算均需要使用迭代的方式求解，迭代流程如图 4-2 所示。首先在导线表面假设一组电荷密度分布，然后在给定电极结构、电场边界条件和空间电荷分布下求出空间电场分布，再在该空间电场分布和电荷边界条件下计算电荷密度分布，如此往复直至得到给定边界条件下的稳定结果。

目前，各种数值计算方法的差异主要是在迭代计算中求解空间电场和空间电荷分布时使用的方法不同。例如，基于有限元的方法其实是在迭代

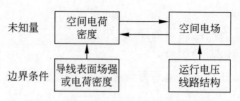

图 4-2　直流离子流场迭代求解过程

计算中利用有限元法既计算空间电场又计算空间电荷分布的方法。实际中,可根据具体情况和各种计算方法的特点分别选用不同方法进行空间电场和空间电荷的计算。

4.4.4　电荷密度方程的化简

双极直流离子流场中独立未知量有 3 个,把式(4-2)代入(4-3),再将式(4-1)代入,消去 $\nabla \cdot \boldsymbol{E}$,可得到关于电荷密度的一阶双曲型偏微分方程:

$$\begin{cases} \boldsymbol{V}^+ \cdot \nabla \rho^+ = -\dfrac{k^+}{\varepsilon_0}\rho^{+2} + \left(\dfrac{k^+}{\varepsilon_0} - \dfrac{R}{e}\right)\rho^+ \rho^- \\ \boldsymbol{V}^- \cdot \nabla \rho^- = \dfrac{k^-}{\varepsilon_0}\rho^{-2} - \left(\dfrac{k^-}{\varepsilon_0} - \dfrac{R}{e}\right)\rho^- \rho^+ \end{cases} \quad (4\text{-}26)$$

其中,$\boldsymbol{V}^+ = k^+ \boldsymbol{E} + \boldsymbol{W}$,$\boldsymbol{V}^- = k^- \boldsymbol{E} - \boldsymbol{W}$。

迭代计算中通常基于以上方程求解空间电荷分布,如差分法、特征线法等。

4.5　直流线路离子流场计算的有限元迎风差分法

离子流场数值计算的关键是空间电场和空间电荷的计算。目前通常基于式(4-1)即泊松方程计算空间电场,由于空间电荷分布已知,既可以利用积分方程法计算,也可以利用有限元等微分方程法计算。有限元法具有计算精度高、计算规模小的特点,是目前电磁场计算中广泛采用的方法,目前大多采用有限元法进行电场计算。而对于空间电荷分布计算,存在多种计算方法,本节主要介绍迎风差分法,具体计算流程如图 4-3 所示。本节虽然以双极线路为例进行介绍,但也适用于单极线路,只需要在下面的公式中将不存在的那一极性的电荷设为零即可。本节方法也能将风的影响考虑在内。

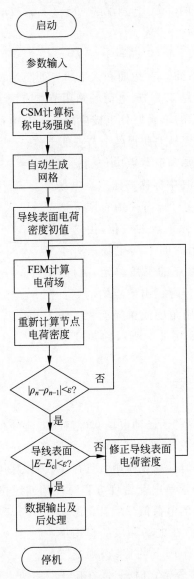

图 4-3　直流线路离子流场的有限元法计算流程

4.5.1　电场计算

在求解空间电位 Φ 时，由于在导线表面电场很强，直接用节点有限元法通过求解电位再获得电场误差偏大，这里将合成场电位 Φ 分为标称场电

位 ϕ 和电荷场电位 φ 两部分,分别求解, $\varPhi=\phi+\varphi$,故泊松方程变为:

$$\nabla^2\phi=0 \tag{4-27}$$

$$\nabla^2\varphi=(\rho^--\rho^+)/\varepsilon_0 \tag{4-28}$$

ϕ 边界条件与 $\varPhi$ 相同;而 φ 在地面和人工边界处满足 $\varphi=0$。

标称场的计算详见 4.2 节,电荷场则用节点有限元法求解。有限元网格剖分为三角形,同样的单元划分也被应用在下节电荷的求解中。采用节点有限元法可以非常容易地获得各个节点的电位。

在求解电荷时需要知道节点电位的梯度即电场 $\boldsymbol{E}=-\nabla\phi-\nabla\varphi$,其中标称场任意点电场可以由模拟电荷法直接得到,而采用有限元法只能得到电荷场三角单元顶点的电位,由这些电位仅能得到三角单元内的平均电场。对于节点,可以使用以其为顶点的三角单元各自的平均电场按照一定权重分配算出节点的电场。权重的分配可以考虑使用角度或单元面积。作者的计算经验表明,按如图 4-4 所示的角度分配时计算收敛性更好。

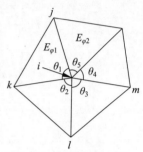

图 4-4　按角度分配的
电场插值

4.5.2　电荷密度计算

利用式(4-26)可以基于已知电场获得空间电荷分布。由于该式为一阶偏微分方程,采用差分法求解比较简单。虽然将微分用中心差分替代就可以将式(4-26)离散化,但计算规模稍大且存在数值振荡问题。

为此,可以在差分求解电荷密度方程时使用迎风格式离散方程。从物理意义上讲,某一点 i 的电荷值只受其上游单元的影响。如果将电荷在电场和风的作用下的移动统一视为"风"作用下的移动,则基于式(4-26)建立 i 点的差分格式时,只需在位于"风"吹方向的单元上进行差分,并忽略其他方向单元的影响,由此可以减小方程矩阵规模并提高计算的稳定性,通常将这种差分方式称为迎风差分法。

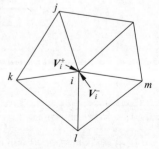

图 4-5　迎风差分法

以图 4-5 为例, V_i^+ , V_i^- 分别为节点 i 处

正、负电荷迁移速度,其值由节点处的电场和风速决定。对正电荷采用一阶迎风差分即认为 i 点电场强度为三角形单元 $\triangle_{ijk}$ 内的电场强度,可以基于三角形三个顶点的电位利用三角形形状函数获得。假设三角形单元内电位的差值方程为:

$$\bar{u}(x,y) = \alpha_1 + \alpha_2 x + \alpha_3 y \tag{4-29}$$

三个顶点的电位和坐标为:

$$\boldsymbol{U} = \begin{bmatrix} u_1 \\ u_2 \\ u_3 \end{bmatrix} \tag{4-30}$$

$$\boldsymbol{x}_e = \begin{bmatrix} 1 & x_1 & y_1 \\ 1 & x_2 & y_2 \\ 1 & x_3 & y_3 \end{bmatrix} \tag{4-31}$$

则单元内差值形状函数为:

$$\boldsymbol{\alpha} = \boldsymbol{x}_e^{-1}\boldsymbol{U}, \quad \boldsymbol{\alpha} = \begin{bmatrix} \alpha_1 \\ \alpha_2 \\ \alpha_3 \end{bmatrix} \tag{4-32}$$

由此得到电位梯度为:

$$\nabla U = (\alpha_2, \alpha_3) \tag{4-33}$$

将式(4-26)做如下变形

$$\left(-\frac{k^+}{\varepsilon_0}\rho_i^+ + \left(\frac{k^+}{\varepsilon_0} - \frac{R}{e}\right)\rho_i^-\right)\rho_i^+ = \boldsymbol{V}_i^+ \cdot \nabla\rho_i^+ \tag{4-34}$$

设

$$\boldsymbol{x}_e^{-1} = \begin{bmatrix} a_1 & a_2 & a_3 \\ b_1 & b_2 & b_3 \\ c_1 & c_2 & c_3 \end{bmatrix} \tag{4-35}$$

则在单元 $\triangle_{ijk}$ 内正电荷密度计算方程可以做如下离散:

$$\boldsymbol{V}_i^+ \cdot \nabla\rho_i^+ = \boldsymbol{V}_i^+ \cdot (b_1, c_1)\rho_i^+ + \boldsymbol{V}_i^+ \cdot (b_2, c_2)\rho_j^+ + \boldsymbol{V}_i^+ \cdot (b_3, c_3)\rho_k^+$$

最后得到离散后的正电荷密度计算公式:

$$\left(-\frac{k^+}{\varepsilon_0}\rho_i^+ + \left(\frac{k^+}{\varepsilon_0} - \frac{R}{e}\right)\rho_i^- - \boldsymbol{V}_i^+ \cdot (b_1, c_1)\right)\rho_i^+$$

$$= \boldsymbol{V}_i^+ \cdot (b_2, c_2)\rho_j^+ + \boldsymbol{V}_i^+ \cdot (b_3, c_3)\rho_k^+ \tag{4-36}$$

同理,对于负电荷密度有:

$$\left(\frac{k^-}{\varepsilon_0}\rho_i^- - \left(\frac{k^-}{\varepsilon_0} - \frac{R}{e}\right)\rho_i^+ - \boldsymbol{V}_i^- \cdot (b_1',c_1')\right)\rho_i^-$$

$$= \boldsymbol{V}_i^- \cdot (b_2',c_2')\rho_l^- + \boldsymbol{V}_i^- \cdot (b_3',c_3')\rho_m^- \tag{4-37}$$

根据式(4-36)和式(4-37)由单元$\triangle_{ijk}$的节点信息可计算节点i电荷密度的更新值。在程序中假设导线表面电荷密度已知,则可由导线向外逐个求出整个空间内的电荷分布。Takuma建议直接求解以正负电荷密度为变量的二元二阶方程,并用以下约束条件判断方程根的合理性[37]:

(1) 如果$\rho_j^+ \geqslant 0, \rho_k^+ \geqslant 0, \rho_i^+ \geqslant 0$,则$0 \leqslant \rho_i^+ \leqslant \max(\rho_j^+, \rho_k^+, \rho_i^-)$;

(2) 如果$\rho_l^- \geqslant 0, \rho_m^- \geqslant 0, \rho_i^+ \geqslant 0$,则$0 \leqslant \rho_i^- \leqslant \max(\rho_l^-, \rho_m^-, \rho_i^+)$。

该方法从物理上可以解释为空间内电荷密度不可能大于导线边界上的值。但直接求解方程的方法很依赖于空间电荷初始值的选择,收敛性不能保证。本节将方程差分为一阶形式,通过迭代的方式求解,实际计算表明,收敛性更好:

$$\rho_{i,n+1}^+ = \frac{\boldsymbol{V}_i^+ \cdot (b_2,c_2)\rho_{j,n+1}^+ + \boldsymbol{V}_i^+ \cdot (b_3,c_3)\rho_{k,n+1}^+}{-\frac{k^-}{\varepsilon_0}\rho_{i,n}^- + \left(\frac{k^+}{\varepsilon_0} - \frac{R}{e}\right)\rho_{i,n}^- - \boldsymbol{V}_i^+ \cdot (b_1,c_1)} \tag{4-38}$$

$$\rho_{i,n-1}^+ = \frac{\boldsymbol{V}_i^- \cdot (b_2',c_2')\rho_{l,n+1}^- + \boldsymbol{V}_i^+ \cdot (b_3',c_3')\rho_{m,n+1}^-}{-\frac{k^-}{\varepsilon_0}\rho_{i,n}^- + \left(\frac{k^-}{\varepsilon_0} - \frac{R}{e}\right)\rho_{i,n}^+ - \boldsymbol{V}_i^- \cdot (b_1',c_1')} \tag{4-39}$$

4.5.3　电荷密度边界的初始值和更新方法

这里采用Kaptzov假设作为计算电荷密度的边界条件,在开始计算时先假设导线表面一定的电荷分布,以此为基础计算空间电场,然后根据导线表面电场与电晕起始电场强度的差异更新导线表面电荷密度分布,也就是更新后导线表面的电场强度维持在电晕起始电场强度。

电荷密度初始值也可以按照以上思想设定。首先计算导线表面最大标称场强$E_{\max}'$,由下式估算导线表面点i的电荷密度初始值:

对正极导线

$$E_{\max}' \geqslant E_0 : \rho_{+i,1} = \rho_e(E_i' - E_0)/(E_{\max}' - E_0) \tag{4-40}$$

$$\rho_{-i,1} = 0.1\rho_{+i,1} \tag{4-41}$$

$$E_{\max}' < E_0 : \rho_{-i,1} = \rho_{+i,1} = 0 \tag{4-42}$$

对负极导线

$$E_{\max}' \geqslant E_0 : \rho_{-i,1} = \rho_e(E_i' - E_0)/(E_{\max}' - E_0) \tag{4-43}$$

$$\rho_{+i,1} = 0.1\rho_{-i,1} \tag{4-44}$$

$$E_{\max}' < E_0 : \rho_{-i,1} = \rho_{+i,1} = 0 \tag{4-45}$$

其中,ρ_e 为电荷密度初始值,E'_i 为导线表面节点 i 的电场强度。

同理,在迭代过程中,利用导线表面场强与电晕起始场强的差值来修正第 n 步迭代时导线的表面电荷,从而得到第 $n+1$ 步导线表面电荷:

$$\rho_{+i,n+1}=\rho_{+i,n}[1+\mu(E'_i-E_0)/(E'_{max}-E_0)], \quad i=1,2,3,\cdots,M$$

$$(4\text{-}46)$$

其中,μ 为更新加速因子,通常按照经验取为一个大于 1 的值;M 为所有导线的表面总节点数。

除边界外的网格节点上空间电荷密度初始值设为 0。

4.5.4　人工边界上的电荷密度连续条件

由于使用有限元法,只能在一个有限的区域进行计算,本书将这一区域的除大地以外的边界称为人工边界。通常在人工边界处将电荷密度设为 0,但实际上人工边界并不存在,将人工边界处电荷密度设为 0 破坏了电荷密度的连续性,这就需要将边界设置得足够大才能保证计算精度。但是,过大的计算区域意味着更多的节点、网格数,将耗费大量的存储空间和计算时间。

本书在人工边界上使用了电荷密度连续边界条件,即在地面和人工边界上,若正电荷密度 ρ_{i+} 的迁移方向由计算区域内侧指向外侧,则 ρ_{i+} 在边界处保持连续;若正电荷密度 ρ_{i+} 的迁移方向由计算区域外侧指向内侧,则 ρ_{i+} 在边界处设为 0。负电荷密度与正电荷密度做同样处理。如图 4-6 所示,在左侧人工边界上只有正极性迎风单元存在,所以正电荷密度参与计算而负电荷密度设为 0。

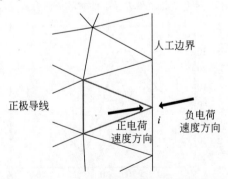

图 4-6　人工边界电荷密度的连续边界条件

实际上空间电荷运动方向是由导线指向边界的,所以与电荷密度为 0 的边界条件相比,本书提出的连续边界条件更符合物理事实,为得到相同的计算精度可以选取更小的计算区域。

将电荷密度连续边界条件应用在某±800kV特高压双极直流线路的离子流场仿真,计算并比较如下三种情况:

A. 计算边界设置为9倍于线路模型各向最大尺寸,在人工边界处使用电荷密度0边界条件。

B. 计算边界设置为3倍于线路模型各向最大尺寸,在人工边界处使用电荷密度0边界条件。

C. 计算边界设置为3倍于线路模型各向最大尺寸,在人工边界处使用电荷密度连续边界条件。

图4-7和图4-8为各情况地面电场和地面离子流密度计算结果。可以看到,对相同边界尺寸,电荷密度连续边界条件得到的计算精度更高;为达到相同的地面电场和地面离子流密度最大值计算准确度,使用电荷密度连续边界条件时计算区域更小,因此计算规模也最小。

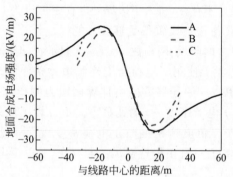

图4-7 不同边界尺寸和边界条件时的地面合成电场强度

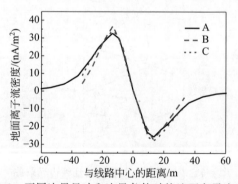

图4-8 不同边界尺寸和边界条件时的地面离子流密度

表4-1为3种边界处理方式下计算节点数和计算时间的比较,虽然由于计算机性能差异导致绝对计算时间没有意义,但可以看到,在相同计算准

确度条件下,使用电荷密度连续边界条件比使用电荷密度 0 边界条件可以节约近一半的计算空间和超过一半的计算时间。

表 4-1 不同边界尺寸和边界条件时的计算节点数和计算时间

方法	计算节点数	计算时间/s
A	6693	1290
B	3716	537
C	3716	504

4.5.5 计算验证

使用以上方法对文献[38]的一条 ±400kV 双极直流线路下地面合成电场和离子流密度进行仿真计算,并与已发表的试验结果进行比较,如图 4-9 和图 4-10 所示。可以看到,计算值与实测值基本符合。相关线路参

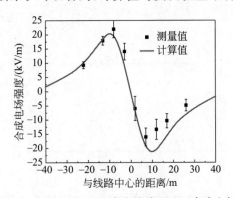

图 4-9 ±400kV 双极直流线路下地面合成电场

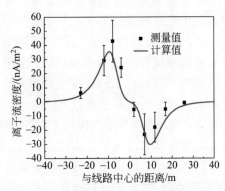

图 4-10 ±400kV 双极直流线路下地面离子流密度

数为：双分裂导线直径 3.82cm，分裂间距 45.7cm，离地高度 10.7m，相间距离 12.2m。

4.5.6　应用实例：同塔双回直流输电线路离子流场计算

同塔双回直流输电线路是提高单位面积走廊上线路输送能力的有效措施。以上方法同样适用于任意回直流同塔或并行线路的离子流场计算。下面为±500kV 同塔双回直流输电线路离子流场计算实例[22]。所计算的两回双极±500kV 高压直流输电线路导线排布方式见图 4-11。相应的剖分结果如图 4-12 所示。

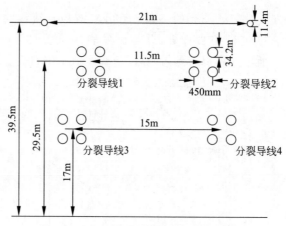

图 4-11　双回高压直流线路导线布置方式

对如图 4-13 所示的 5 种导线布置方式对应的线路周围离子流场进行计算。图 4-14～图 4-18 为相应情况下导线附近空间电荷密度分布图，由于计算模型为二维结构，图中电荷密度的单位是 C/m²。

方式 a：单回±500kV 线路布置在上方位置。空间电荷分布如图 4-14 所示，分裂导线表面合成电场强度超过电晕起始场强。双极导线之间的区域电场强度较大，导线表面电晕放电产生的空间电荷倾向于向另一极导线迁移，所以双极导线之间的区域空间电荷密度较大。

方式 b：单回±500kV 线路布置在下方位置。空间电荷分布如图 4-15 所示，分裂导线表面合成电场强度超过电晕起始场强。与方式 a 类似，双极导线之间的区域空间电荷密度较大，但由于导线布置更靠近地面，导线下方与地面之间的区域电场强度也较大，此区域也分布较多空间电荷。

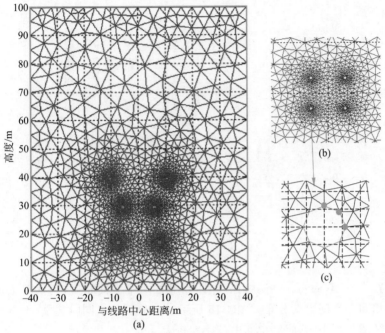

图 4-12　双回高压直流线路空间剖分结果

（a）整体剖分；（b）分裂导线局部；（c）子导线表面

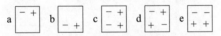

图 4-13　不同极性导线布置方式

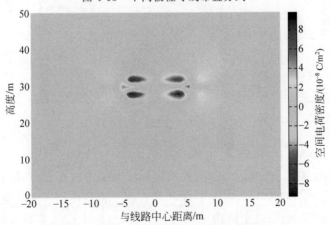

图 4-14　布置方式 a 对应的空间电荷密度分布

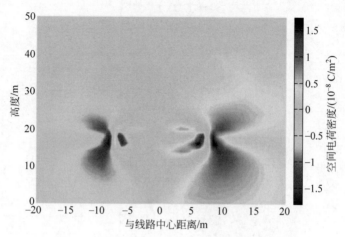

图 4-15　布置方式 b 对应的空间电荷密度分布

方式 c：双回±500kV 线路，同回路导线水平方向布置，两回路正负极顺序相同。空间电荷分布如图 4-16 所示。各分裂导线同时起晕，上方导线极间区域起晕最为强烈，空间电荷密度较大。

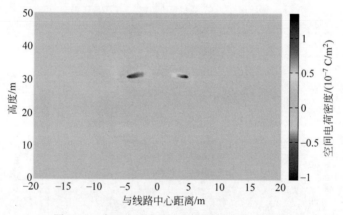

图 4-16　布置方式 c 对应的空间电荷密度分布

方式 d：双回±500kV 线路，同回路导线水平方向布置，两回路正负极顺序相反。空间电荷分布如图 4-17 所示。由于两回线路水平反向放置，在 4 条分裂导线所包围的空间内电场强度较大，空间电荷大多数被限制在此高场强区域内，向地面方向迁移的电荷较少。

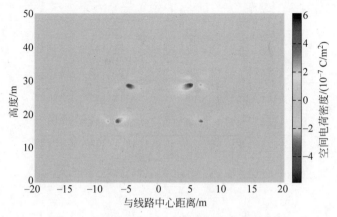

图 4-17　布置方式 d 对应的空间电荷密度分布

方式 e：双回±500kV 线路，同回路导线上下布置，两回路正负极顺序相同。空间电荷分布如图 4-18 所示。两回线路分别上下放置，空间电荷大多数被限制在两极之间高场强区域内，两回线路之间区域和地面附近空间电荷密度较小。

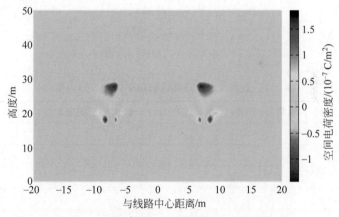

图 4-18　布置方式 e 对应的空间电荷密度分布

图 4-19、图 4-20 为不同线路布置方式对应的地面合成电场强度和离子流密度分布。可以看到，不同线路布置方式的结果存在明显差别。表 4-2 为不同线路布置情况下地面合成电场强度和地面离子流密度最大值。

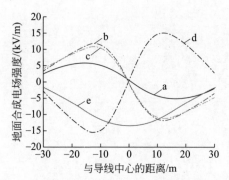

图 4-19　不同线路布置方式对应的地面合成电场强度

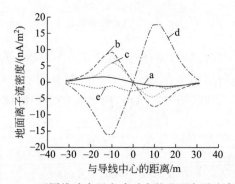

图 4-20　不同线路布置方式对应的地面离子流密度

表 4-2　地面合成电场和地面离子流密度最大值

线路布置方式	地面合成场强最大值/(kV/m)	地面离子流密度最大值/(nA/m²)
a	5.58	1.61
b	11.87	9.21
c	11.14	6.09
d	15.78	17.90
e	13.47	2.67

　　在高压直流线路设计中希望尽量降低地面合成电场强度和地面离子流密度。由表 4-2 可以看到,方式 a 的地面电场和地面离子流密度取得最小值,这是由于方式 a 为单回路情况,并且导线远离地面。方式 b 同样为单回路情况,但导线接近地面,所以地面合成电场和地面离子流密度最大值显著增加。方式 c 为双回路情况,4 条分裂导线全部起晕,空间电荷密度增加,

但由于电晕放电强烈的区域远离地面,多数空间电荷被限制在 4 条分裂导线围成的极间区域内,如图 4-16 所示,所以与单回路情况相比地面合成电场和地面离子流密度增加并不明显。方式 d 在 5 种布置方式中电晕放电最为强烈,如图 4-17 所示,其地面合成电场和地面离子流密度也明显高于其他方式。方式 e 的地面合成电场在被加强的同时地面离子流密度受到一定程度抑制。在 c、d、e 三种双回路情况中,仅考虑地面合成电场和离子流密度,方式 c 影响最小。

4.6　直流线路离子流场计算的有限元特征线法

对于直流输电线路的离子流场计算,基于 Deutsch 假设的解析方法求解速度快,但由于空间电荷对电场方向的改变被忽略,空间电场的计算结果与实际存在差异。采用迎风差分等数值方法得到的空间电荷的分布比较接近真实情况,但求解矩阵规模大,对计算机内存容量要求高,迭代收敛慢,由此难以拓展到复杂结构的计算。本节在计算空间电荷时引入特征线法,从而形成计算直流输电线路离子流场的有限元特征线法(简称特征线法)[33],该方法计算规模小、速度快。

4.6.1　特征线法原理

在迭代计算中,由于式(4-26)为关于空间电荷密度的一阶双曲型偏微分方程,可以利用特征线法求解。特征线法是求解偏微分方程的方法之一,可以将偏微分方程的求解转化为常微分方程的求解。特征线法计算中所使用的假设条件与 4.4 节完全一致。由于正、负电荷的方程类似,这里仅给出正电荷方程的推导过程,负电荷方程可以相应得出。

对以空间坐标 x 和 y 为自变量的空间电荷密度函数 $\rho^+ = \rho^+(x, y)$,有:

$$\frac{\mathrm{d}\rho^+}{\mathrm{d}x} = \frac{\mathrm{d}\rho^+(x, y)}{\mathrm{d}x} = \frac{\partial \rho^+}{\partial x} + \frac{\partial \rho^+}{\partial y}\frac{\mathrm{d}y}{\mathrm{d}x} \tag{4-47}$$

对于式(4-26)中的正电荷方程,有:

$$\boldsymbol{V}^+ \cdot \nabla \rho^+ = \frac{\partial \rho^+}{\partial x}V_x^+ + \frac{\partial \rho^+}{\partial y}V_y^+ = -\frac{1}{\varepsilon_0}\rho^{+2} + \left(\frac{1}{\varepsilon_0} - \frac{R}{k^+ e}\right)\rho^+ \rho^- \tag{4-48}$$

将其上各点满足 $\dfrac{\mathrm{d}y}{\mathrm{d}x} = \dfrac{V_y^+}{V_x^+}$ 的线称为特征线,则在特征线上,将式(4-48)两侧同时除以 V_x^+ 并结合式(4-47)得到:

$$\frac{\partial \rho^+}{\partial x} + \frac{\partial \rho^+}{\partial y}\frac{V_y^+}{V_x^+} = \frac{\partial \rho^+}{\partial x} + \frac{\partial \rho^+}{\partial y}\frac{\mathrm{d}y}{\mathrm{d}x} = \frac{\mathrm{d}\rho^+}{\mathrm{d}x} = -\frac{1}{\varepsilon_0 V_x^+}\rho^{+^2} + \frac{1}{V_x^+}\left(\frac{1}{\varepsilon_0} - \frac{R}{k^+ e}\right)\rho^+ \rho^-$$

$$(4\text{-}49)$$

式(4-49)为沿特征线上的常微分方程。记 $B = -\dfrac{1}{\varepsilon_0 V_x^+}$，$D = \dfrac{1}{V_x^+} \cdot$

$\left(\dfrac{1}{\varepsilon_0} - \dfrac{R}{k^+ e}\right)\rho^-$，若 ρ^- 已知，则 B、D 均为常数，关于 ρ^+ 的常微分方程存在解析解：

$$\rho^+ = \begin{cases} \dfrac{1}{1 - e^{Dx + C_1}}\dfrac{D}{B}e^{Dx + C_1}, & \rho^- \neq 0, \text{i. e. }, \ D \neq 0 \\[3mm] -\dfrac{1}{B(x + C_2)}, & \rho^- = 0, \text{i. e. }, \ D = 0 \end{cases} \quad (4\text{-}50)$$

其中，C_1 和 C_2 为由方程边界条件 (x_0, ρ_0^+) 确定的特解常数：

$$\begin{cases} C_1 = \ln \dfrac{\rho_0^+}{\rho_0^+ + D/B} - Dx_0 \\[3mm] C_2 = -\dfrac{1}{B\rho_0^+} - x_0 \end{cases} \quad (4\text{-}51)$$

由上式可知，对确定的特征线，就有：

$$A = \frac{\mathrm{d}y}{\mathrm{d}x} = \frac{v_y}{v_x} = \frac{E_y + W_y/k^+}{E_x + W_x/k^+} \quad (4\text{-}52)$$

若给定特征线上某点的电荷值作为偏微分方程求解的初值，在已知各点负电荷密度的前提下，沿着特征线上各点的正电荷密度可以直接得到。如图 4-21 所示，当已知位于导线表面的 0 点的电荷密度后，以 0 点为起点的特征线上的所有点的电荷密度（如 1、2、3、…、N 等点）均可由式(4-50)获得。

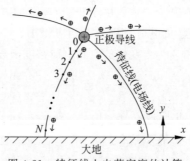

图 4-21　特征线上电荷密度的计算

当风速 $W = 0$ 时，特征线退化到电场线 $A = \mathrm{d}y/\mathrm{d}x = E_y/E_x$，后文的论述，在无特别说明情况下，均选取 $W = 0$ 的情况，"特征线"和"电场线"的使用不加以区分。本节方法也适用于有风的情况,只需要按照式(4-52)画特征线。

类似地,式(4-26)中的负电荷偏微分方程可做同样的求解。

4.6.2　求解流程

基于离子流场特征线方程的推导,特征线法的求解过程如图 4-22 所示。

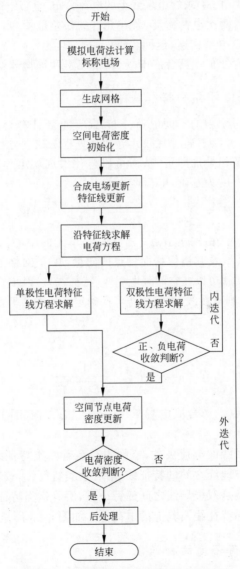

图 4-22　离子流场二维特征线法求解过程

该过程的求解步骤是：

(1) 基于给定线路参数，用 4.2 节的模拟电荷法求解标称电场；

(2) 空间网格剖分，节点电荷密度初始化；

(3) 计算合成电场强度，从导线表面为起点，向空间画特征线；

(4) 按照式(4-46)更新导线表面电荷密度，然后沿(3)中的特征线，以导线表面为起点按式(4-50)求解电场线上的电荷分布，更新空间节点电荷密度；

(5) 比较前后两次电荷密度，若在允许的误差范围内，则认为达到稳定解，否则，修正节点电荷密度，返回步骤(2)；

(6) 根据电荷分布计算合成电场、离子流密度等物理量。

4.6.3 合成电场计算和特征线绘制

每次外迭代得到新的空间电荷分布，需要重新计算合成电场。由于空间电荷分布已知，可以不通过有限元等微分方程法建立方程组，而是直接将各种电荷产生的场相叠加即可，从而可以避免大规模矩阵求解。以空间网格各节点的电荷密度为基础，电荷产生的电场为：

$$E_q = \sum_{i=1}^{M} \int_{\Omega_i} \frac{(\rho_i^+ - \rho_i^-)}{2\pi\varepsilon_0} \left(\frac{r_i}{r_i^2} - \frac{r_i'}{r_i'^2} \right) \mathrm{d}\Omega_i \tag{4-53}$$

式中，积分区域 Ω_i 是由网格节点 i 所在三角单元的中心围成的面积，r_i 和 r_i' 分别为从积分区域及其镜像指向场点的向量，M 是网格节点的总数。

获得电场强度就可以在空间画电场线(特征线)。以步长 Δ_s 从导线表面 $P_0(x_0,y_0)$ 点出发画电场线，沿特征线依次确定下一点的坐标 $P_1(x_1,y_1)$。

$$\begin{cases} x_1 = x_0 + \delta\Delta_s \dfrac{E_x}{\sqrt{E_x^2+E_y^2}} \\ y_1 = y_0 + \delta\Delta_s \dfrac{E_y}{\sqrt{E_x^2+E_y^2}} \end{cases} \tag{4-54}$$

其中，δ 是符号系数。当合成电场 E 与 $\overrightarrow{P_0P_1}$ 的方向相同时，$\delta=1$；反之，$\delta=-1$。

根据特征线沿线的电荷极性，空间中存在着两类特征线。一类为导线与地面以及导线与地线之间的特征线，沿着这类特征线，仅有与导线极性相同的电荷。第二类是双极导线之间的特征线，沿着这类特征线，存在两种极性的电荷。这两种特征线及其上的电荷分布如图 4-23 所示。

4.6.4 空间电荷密度的初始化

Deutsch 假设的计算结果虽然不尽可取，尤其是空间电场的部分，但可

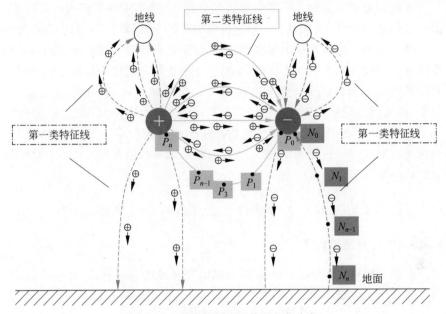

图 4-23　两类特征线及其上电荷分布

作为特征线法首次电荷更新前的初始分布。相比于传统的仅仅设置导线表面节点的电荷密度,该初值设置方法可以极大地提高电荷更新效率。这种方法也适用 4.5 节的有限元迎风差分法。

　　Deutsch 假设方法的平均电荷密度 ρ_{m} 可按式(4-19)计算。但对于双极线路,由该式建立的空间电荷密度的初始值需要修正。对于图 4-23 所示的两类特征线,基于 Deutsch 假设的式(4-19)沿电场线的积分"起始于"导线表面并"终止于"0 电位,因此刚好可以用于分析第一类特征线上的电荷分布。但是对于第二类特征线,正是由于式(4-19)沿电场线的积分"起始于"导线表面并"终止于"0 电位,若认为正、负离子的迁移率相同,在正、负极导线的几何对称面上,合成场和标称场的电位均为零,则利用式(4-19)在对称面的一侧只能获得一种极性电荷。因此,由 Deutsch 假设计算得到的电荷分布在对称面上发生了大小和极性的突变。但在真实情况下,正、负极导线之间的区域广泛存在着两种极性电荷,第二类特征线上的两种极性电荷均连续分布,这是利用式(4-50)第一式进行特征线法电荷迭代的基础。因此,对于双极线路,对于图 4-23 所示的第二类特征线,直接利用 Deutsch 假设方法仅仅完成了一种极性空间电荷的初始化,还需要对异极性电荷做初始化。

异极性电荷的初始化可以电荷连续分布和正、负电荷在异极性导线表面密度最低为原则，人为设置一种异极性电荷的衰减分布。例如可以认为，以 0 电位处的负电荷密度为基准，从 0 电位开始到正极导线表面，负电荷密度从 0.9 倍线性减小到 0.1 倍；以 0 电位处的正电荷密度为基准，从 0 电位开始到负极导线表面，正电荷密度从 0.9 倍线性减小到 0.1 倍。需要指出的是，以上线性设置异极性初始电荷是初始化的一个手段，只是为了在电荷更新前为式(4-50)的求解提供接近物理实际的初始电荷分布，异极性电荷初始化的形式可以选择线性衰减、二次函数衰减或其他函数形式的衰减，不会影响电荷内迭代的最终结果。

4.6.5　应用和验证：单回双极直流线路离子流场计算

4.6.5.1　计算结果对比

以带地线的 ±800kV 单回双极直流输电线路作为算例，验证特征线法的计算结果。线路如图 4-24 所示，导线的相关参数见表 4-3。

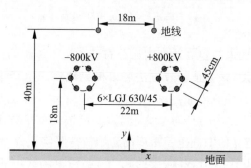

图 4-24　双极直流输电线路

表 4-3　导线参数

参数	导线	地线
导线选型	LGJ 630/45	LBGJ 180-20AC
导线半径/cm	1.68	0.875
导线分裂形式	六分裂	不分裂
分裂间距/cm	45	—
极间距/m	22	18
导线挂点高度(无弧垂)/m	18	40

采用特征线法、Deutsch 假设方法、有限元迎风差分法（简称有限元法）的地面合成电场计算结果与实际线路开展的长期测量结果进行对比，如图 4-25 所示。表 4-4 给出了合成电场的极值对比情况。Deutsch 假设结果较有限元和特征线法整体偏高，特征线法的结果与有限元法比较接近。在合成电场的极值上，有限元法的地面电场的最大位置与其他两种方法稍有不同。

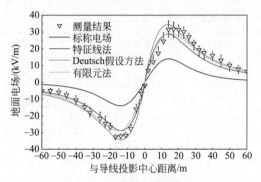

图 4-25　二维地面电场分布

表 4-4　地面电场极值对比

方法	x/m	负合成电场/(kV/m)	x/m	正合成电场/(kV/m)
Deutsch 假设方法	−14	−34.54	14	34.2
有限元法	−15	−29	15	29.3
特征线法	−14	−28.87	14	28.87
测量结果	−17	(−32.59+1.73, −32.59−1.68)	14	(34.68−5.16, 34.68+4.17)

三种方法的地面离子流分布结果和测量数据如图 4-26 所示。由于电

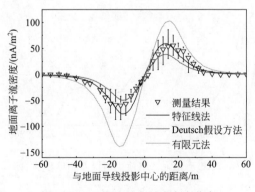

图 4-26　二维地面离子流密度分布

晕放电的随机性和间断性,离子流密度的测量本身就呈现波动的趋势,测量结果也表现为在 50% 测量值上一定程度的正、负波动。各种方法极值位置和离子流极值大小如表 4-5 所示。对比来看,有限元法在正、负导线下方的离子流密度与测量结果出现的峰值比较接近,特征线法则与测量的 50% 均值接近,Deutsch 假设方法的结果略小。

表 4-5　地面离子流密度极值对比

方法	x/m	负离子流密度/(nA/m^2)	x/m	正离子流密度/(nA/m^2)
Deutsch 假设方法	-13	-49.36	13	38.39
有限元法	-15	-139.22	15	103.29
特征线法	-13	-76.02	13	59.13
测量结果	-14	$(-59.79+17.94, -59.79-29.18)$	14	$(53.97-23.56, 53.97+32.23)$

综上所述,从最为关心的地面合成电场和离子流密度分布来看,特征线法的计算结果与测量结果比较吻合。

4.6.5.2　计算速度对比

使用相同的网格剖分,节点数为 11298 个,对比相同算例下有限元法与特征线法的收敛速度和计算时间。有限元法的迭代过程中的电荷误差和电场误差收敛情况如图 4-27 所示。

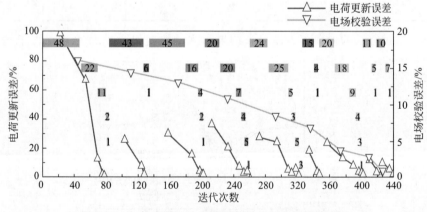

图 4-27　二维有限元法电荷更新误差和电场校验误差

对有限元法,电荷的更新误差是计算电荷场时,每次差分求解电荷密度方程时的节点电荷误差;电场校验误差是一定导线表面电荷密度下的电场相对于起晕场强的差别。有限元法的表面电荷修正迭代为 10 次,全过程进行的电荷密度计算为 440 次左右。

在特征线法求解中,沿特征线进行电荷迭代时,迭代的形式是解析形式,几乎不占用计算资源,也不需要耗费大量的计算时间。也就是说,每一次电荷的外迭代过程(见图 4-22)的时间基本不变,需要关心的是每次外迭代的电荷误差。图 4-28 给出了特征线法的电荷收敛情况。尽管在电荷初始化后迭代的收敛误差很大,但经过一两次更新后,电荷误差迅速收敛到 10% 以内,随后达到稳定。从计算耗费的时间来看,特征线法占用的时间约为有限元法的一半,提高了计算效率。

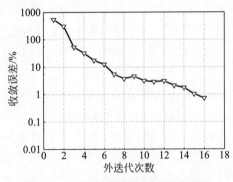

图 4-28　二维特征线法电荷迭代误差

4.7　三维离子流场计算的特征线法

直流线路跨越其他线路、建筑物、植被、农业大棚等各种物体时,离子流场受其影响而畸变,需要进行三维计算。

从方程形式上来说,三维离子流场的控制方程与二维时没有本质差别,因此三维离子流场的计算方法也都从二维发展而来,也自然地分为基于 Deutsch 假设的解法和数值解法。

1988 年,中国电科院的傅宾兰在葛-上线的试验线路上,进行了地面及距地一定高度范围内房屋阳台上的合成电场强度和离子流密度分析,并测定了合成场强及离子电流对传统房屋建筑材料,如砖、瓦等及尼龙、塑料、棉布的穿透能力[39],但未明确以三维方法开展计算。随后,秦柏林等以 Deutsch 假设的二维方法为基础,推演了在正交曲线坐标系上的简化计算思路,主要对换流站内的离子流进行了计算[30]。2010 年,华北电力大学的罗兆楠等仍以 Deutsch 假设为基础,在三维下计算了输电线路下方的建筑物附近的合成电场[40]。李学宝等用类似的方法分析了±800kV 下人体模型感知的合成电场和离子流密度[41]。

在有限元数值解法上,2011 年,甄永赞等以二维上流有限元法为基础,发展了三维上流有限元法,提出一种按照电荷运动方向更新节点电荷密度的方法,并着重提高了导体表面静电场的计算精度;使用该方法计算了线下存在建筑物时的情况[42]。计算时,仅在建筑物周围进行了三维网格剖分计算,其余区域保持二维计算。上流有限元法的稳定性较好,但当计算区域是复杂模型或大尺寸的建筑物时,计算量巨大,需要花费的代价高。为此,甄永赞等提出了三维高阶有限元法,发展了采用加权余量有限元法和牛顿法相结合的求解格式,计算结果在同心球壳离子流场中吻合很好,但局限性在于该方法仅适用于单极性的离子流场,无法完全适应和推广到双极输电线路的离子流场。

总体来说,三维离子流场计算方法的发展无法满足实际工程需求[43]。由于三维计算涉及的区域大,边界复杂,意味着有限元法网格剖分量大,计算迭代需要占用大量的存储资源;其次,各种复杂的边界条件没能充分考虑,对于建筑物和人体模型,简单的理想导体设置无法满足高精度预测和计算的需求;另外,算法的通用性不高,只适用于单个问题或者模型的计算。

由于特征线法不需要大规模的矩阵计算,对计算机内存容量要求低,计算效率高,因此与其他数值计算方法相比,在三维计算方面更有优势。本节介绍基于特征线法的直流输电线路三维离子流场计算方法[34-36]。

4.7.1　三维特征线法

在三维条件下,4.1 节和 4.4 节的离子流场方程、假设条件、边界条件、计算流程以及电荷密度方程的化简形式等仍然有效。更重要的是,三维特征线上关于电荷密度的常微分方程仍然是式(4-49),相应的解析解仍然是式(4-50)。因此,三维特征线法与二维特征线法的计算流程完全一致。需要注意的是三维条件下特征线为:

$$\frac{\mathrm{d}x}{V_x} = \frac{\mathrm{d}y}{V_y} = \frac{\mathrm{d}z}{V_z} \tag{4-55}$$

沿特征线初始化双极电荷密度时,仍然可以使用 Deutsch 假设方法,只是此时的 Deutsch 假设方法应当是三维的[40]。

除此之外,还需要针对具体计算对象处理计算区域设定、空间剖分以及三维电场计算等问题。

4.7.2　应用实例 1：直流输电线路交叉跨越时的离子流场

随着特高压直流输电的高速发展,发生交叉跨越的线路将会越来越多。例如,准东-华东±1100kV 输电线路与酒泉-湖南±800kV 输电线路存在交叉跨越。本节将以两条±800kV 直流输电线路交叉跨越为例,利用三维特征线法分析其附近的离子流场。

4.7.2.1　计算区域设定

三维模型的计算需要人为地在边界上截取一定距离,将导线在轴向上截断,作为计算的有效边界。对于交叉跨越导线,截断边界的选取以各回导线的对地高度为参考。以最为关心的交叉跨越区域为中心,两回导线沿轴向外侧各取 4 倍各回导线中的最大对地高度。超出边界外的区域,认为受各回导线的影响可以忽略不计,其空间电场已经退化到二维离子流场的问题。此时截断面上的边界条件应当是,没有垂直于该边界表面的电场分量,只有相切于该表面的电场分量。

4.7.2.2　空间剖分

由于在每一次迭代时都需要重新绘制特征线,这就意味着沿着特征线的电荷的位置和值都会随着迭代发生变化,这对于判定空间电荷是否收敛并不方便。并且,本节选用电荷积分来求空间电场,需要根据电荷位置来计算电场的电场系数矩阵,该系数矩阵随着电荷的移动而发生变化,从而导致大量的计算时间用在更新电场系数矩阵上,造成计算缓慢。为了解决这个问题,在三维特征线法中,空间的剖分是固定的,在最开始进行空间剖分后不再对空间进行剖分。在每一次迭代时,特征线上的空间电荷更新之后,通过插值方法得到空间固定位置的电荷密度。由于空间单元位置是固定的,通过积分方法计算电场强度时形成的系数矩阵是不变的。通过分析相同单元内电荷的变化,就能很便利地判断收敛。

本节使用三棱柱对三维空间进行剖分,如图 4-29 所示,它是从二维三角形剖分扩展的。首先,计算区域从两回线路的中间分为上下两个部分,每个部分只包含一回线路。然后,两个部分分别被一组沿着导线方向垂直于相应回路的平行平面切开。越接近交叉区域,这些平面之间的距离越小。同一组

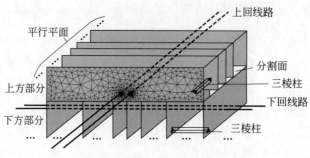

图 4-29　空间三维剖分

平行平面均使用完全相同的二维三角形剖分,然后通过连接相邻平面上的相同节点,将空间分成许多三棱柱。因此,本节的剖分最终是由两组具有不同方向的三棱柱构成的。同一部分中的三棱柱具有与相应导线相同的方向。

4.7.2.3　电场计算

如上所述,整个空间被分成了大量的三棱柱单元。电场是这些单元中的电荷和导体中的等效电荷共同产生的,如式(4-56)所示。

$$\boldsymbol{E} = \sum_j \int_{l_j} \frac{\tau_j}{4\pi\varepsilon_0} \left(\frac{\boldsymbol{r}_j}{r_j^3} - \frac{\boldsymbol{r}_j'}{r_j'^3} \right) \mathrm{d}l_j + \sum_i \int_{V_i} \frac{(\rho_i^+ - \rho_i^-)}{4\pi\varepsilon_0} \left(\frac{\boldsymbol{r}_i}{r_i^3} - \frac{\boldsymbol{r}_i'}{r_i'^3} \right) \mathrm{d}v_i$$

$$(4\text{-}56)$$

其中,v_i 是单元 i 的体积,τ_j 是导体 j 中的等效线电荷,l_j 是等效线电荷 j 的长度,r_i、r_j、r_i' 和 r_j' 分别是源点及其镜像到观察点的距离。式(4-56)中的第 1 项表示导线模拟线电荷的贡献,第 2 项表示空间电荷的贡献。

4.7.2.4　方法验证

由于目前国内外没有真实交叉跨越直流输电线路周围离子流场的测量结果,将该方法与计算结果与缩尺规模实验结果进行了对比。缩尺规模如图 4-30 所示,两回线路彼此垂直。

计算区域被分成 30504 个三角形棱柱,下部区域被 31 个平行平面分割,每个平面被分成 498 个三角形,上部区域被 31 个平行平面分割,每个平面被分成 486 个三角形。

图 4-31 和图 4-32 分别为地面电场和离子流密度的计算和测量结果。图中所有值都是绝对值。可以看出,计算结果与实验结果一致。图 4-31(a)给出了沿 x 方向不同的 y 值下的地面电场。在交叉区域,地面电场主要受

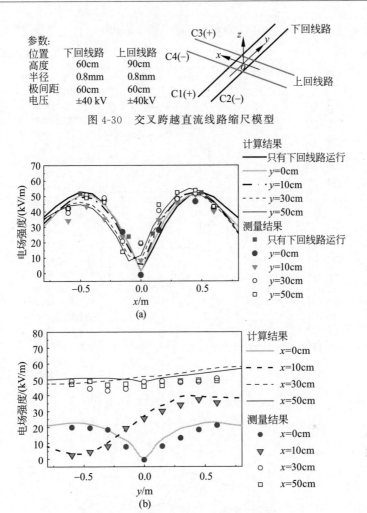

图 4-30　交叉跨越直流线路缩尺模型

图 4-31　地面电场的测量与计算结果

（a）不同 y 处的地面电场；（b）不同 x 处的电场分布

下回线路的影响,电场分布几乎接近只有下回线路运行的情况。

　　图 4-31(b) 给出了沿 y 方向的不同 x 值下的地面电场。可以看到,当 $x=0$ m 时,由于对称性,下回线路的影响很小。因此,沿 y 方向的电场分布接近仅有上回线路运行的情况。然而,当 $x=0.3$ m 和 $x=0.5$ m 时,由于 C1 的影响,电场总是正的。为了保持导体的电位不变,C1 中接近 C4 的部分等效电荷增加,C1 表面上等效电荷产生的电场变大,如图 4-33 中负轴部分所示。为了保持表面电场为电晕起始电场(Kaptzov 假设),电晕会增强,

以产生更多极性与 C1 相同的空间电荷。在 C1 和 C3 的交叉点下,情况完全相反。因此,$x=0.3m$ 和 $x=0.5m$ 时的峰谷差异小于 $x=0m$ 时的峰谷差异。图 4-32 中的地面离子电流密度的规律与电场的规律一致。

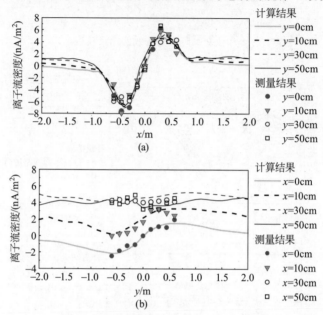

图 4-32　地面离子流场的测量与计算结果

(a) 不同 y 处的地面离子流密度;(b) 不同 x 处的地面离子流密度

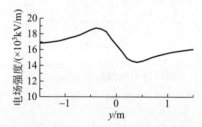

图 4-33　下回线路正极性导线(C1)表面由等效电荷形成的电场($x=0.3m$)

4.7.2.5　±800kV 直流输电线路交叉跨越时的离子流场计算

利用本节方法分析 ±800kV 直流输电线路交叉跨越下的离子流场,所用参数如图 4-34 所示。计算区域被分成 27056 个三棱柱,下半区域被 36 个平行平面剖分,每个平面被分成 376 个三角形,上半区域被 35 个平行平面剖分,每个平面被分成 386 个三角形。图 4-35(a)给出了地面标称电场,

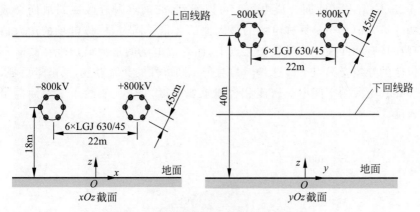

图 4-34　直流±800kV 交叉跨越线路

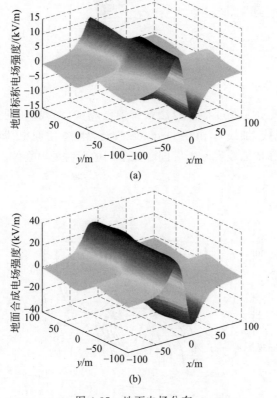

图 4-35　地面电场分布

(a) 地面标称电场；(b) 地面合成电场

图 4-35(b)给出了地面合成电场。可以看到,交叉点附近区域的地面合成电场的最大值几乎是标称电场的最大值的 2 倍。同时,标称电场的最大值出现在具有相同极性的导线交叉点下,而合成电场的最大值出现在具有不同极性的导线交叉点下。这是因为对于不同极性的交叉导线,其电晕更强,最终导致更大的空间电荷密度和合成电场强度。图 4-36 给出了地面离子流密度。

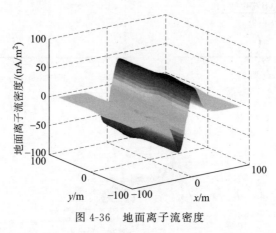

图 4-36　地面离子流密度

　　图 4-37 展示了通过特征线法获得的电场线(粗线)和通过 Deutsch 假设获得的电场线(细线)。由于 Deutsch 假设忽略了空间电荷对电场线方向的影响,因此细特征线实际上等同于无空间电荷时的电场线。可以看出,空

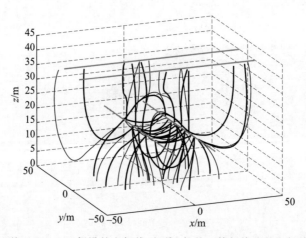

图 4-37　基于 Deutsch 假设的电场线(细线)与基于特征线法的电场线(粗线)

间电荷改变了空间电场,这也显示了特征线方法与基于 Deutsch 假设的方法的差异。

图 4-38 显示了不同 y 处的沿 x 方向地面电场幅值(绝对值)。当 $y=$ 0m 时,由于对称性,上回线路的影响较弱,因此该曲线接近于只存在下回线路的情况。当 $y=11$m 和 $y=20$m 时,此时上回线路为正极性导线,在 $x<-25$m 区域内,上回线路与下回线路极性相反,随着 x 的减少,下回线路的影响逐渐减小,电场幅值先减小后增大。在 $x<-50$m 和 $x>50$m 的区域中,$y=20$m 时的电场幅值略大于 $y=11$m 时的电场幅值,这是因为 $y=11$m 直接位于上回线路的正极性导体下方,该区域受上回线路的影响更大。在这种情况下,最大值不会出现在导线正下方,而是出现在正/负导线之外。在 -50m$<x<50$m 的区域中,两个最大值之间的距离约为 31m,而线路极间距仅为 22m。从图 4-31(a)可以看到,两个最大值之间的跨度约为 1m,而极间距仅为 0.6m。在其他二维计算结果中,也可以发现最大值不会出现在导体下方,而是出现在正/负导线之外[1-5,8-9,15]。

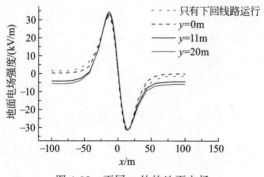

图 4-38　不同 y 处的地面电场

如果两条交叉线路之间没有相互影响,则地面电场应等于两条线路单独运行产生电场的叠加,如图 4-39 所示。图 4-40 展示了当 $x=11$m(下回线路的正极性导线位置)时沿 y 方向的三个结果之间的比较:①两回线路单独运行时电场的叠加;②交叉跨越计算结果;③只有下回线路运行时的结果。可以看出,当两条线交叉时,图 4-40 中沿该曲线的峰谷差异比两条线分开运行时的峰谷差异小。这是因为当 $y<0$m 时,受上回线路负极的影响,下回线路的电晕更强,下回线路的正极性空间电荷产生的地面电场增大,抵消了上回线路的影响;当 $y>0$m 时,下回线路产生的正极性空间电荷减少,使得总电场变小,因此地面电场的峰谷差变小,且更接近于只有下回

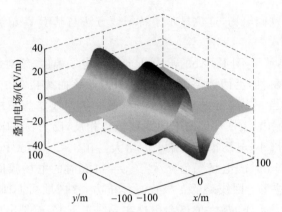

图 4-39　两回线路单独运行时电场的叠加

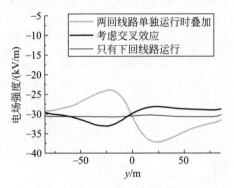

图 4-40　$x=11\mathrm{m}$ 处电场比较

线路运行的情况。换句话说,由于下回线路的影响,在交叉区域中,上回线路的影响减弱。

　　根据以上分析,在交叉区域,上回线路对地面电场的影响减弱,地面电场接近只有下回线路存在的情况。实际上,如果只关心地面电场和离子流密度,仅考虑下回线路而将三维计算简化为二维计算是可行的,在大多数情况下,计算误差小于 10%。本节的分析为这一结论提供了理论支持。

　　此外,由于特征线法考虑了空间电场的畸变,该方法不仅可以分析交叉跨越线路,也可以分析更复杂的三维情况,如杆塔、复杂的地形、建筑物周围的离子流场等。

4.7.3　应用实例 2:直流输电线路附近房屋周围的离子流场

　　在公共走廊紧张地区,输电线路附近难免有房屋。这些房屋通常是接地的(零电位),在离子流场中,空间电荷将沿电场方向移动到房屋表面并泄放入地,而房屋会改变周围的电场。因此,房屋表面电荷、空间电荷和合成电场将相互影响,形成复杂的三维离子流场。由于这一离子流场的大多数计算步骤和计算方法与上节相同,因此这里仅介绍与 4.7.2 节的不同之处。

4.7.3.1　空间剖分

假设房屋是长方体,并且有两个面平行于输电线路的截面。平面 A 和平面 B 是由这两个侧面扩展而来的两个垂直于线路的无限大平面。根据是否包含房屋,空间可以分为两个区域。平面 A 和平面 B 之间的区域被一组由图 4-41 中(a)所示的二维三角形剖分分割的平行平面分开,平面 A 和平面 B 外的区域被一组由图 4-41 中(b)所示的二维三角形剖分分割的平行平面分开。所有的平面都是平行的。请注意,平面 A 和平面 B 应分别通过三角形剖分(a)和(b)分割两次。然后通过连接每个区域中相邻平面上的相同节点,整个计算区域除了导线和房屋外,被分成许多三棱柱。空间中的固定计算点位于三棱柱的几何中心。在计算中,假设空间电荷密度均匀分布在三棱柱内。

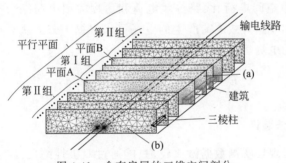

图 4-41　含有房屋的三维空间剖分

对于不规则形状房屋的情况,可以找到恰好包含房屋的长方体。因此,上述剖分方法可以用于长方体外的区域,并且在长方体内应用四面体剖分。基于上述方法,可以构建和剖分更复杂的三维模型。

4.7.3.2　房屋表面的等效电荷

有两种方法可以计算房屋表面电荷产生的电场。一种是模拟电荷法,它使用离散的电荷来替代表面电荷的作用。另一种是表面电荷法。通过第二种方法,除了可以计算电场,还可以获得表面的电荷密度。因此本节应用表面电荷法计算房屋表面电荷产生的电场。

　　为了计算房屋表面的等效电荷,房屋表面被分成许多三角形单元,并且认为等效电荷均匀地分布在每个单元内。匹配点位于这些三角形的几何中心。

　　由于房屋表面导电的影响,线路上沿线的电荷分布不均匀,不能再用无限长线电荷为模拟电荷来分析线路周围的标称电场。本节将线路也分成许多小段,并在这些小段中引入有限长的线电荷。匹配点是该小段导线表面的中点。通过式(4-57)可以获得导、地线等效线电荷和房屋的等效表面电荷。

$$A(\boldsymbol{\rho}^+ - \boldsymbol{\rho}^-) + (\boldsymbol{B} \quad \boldsymbol{C}) \begin{bmatrix} \boldsymbol{\tau} \\ \boldsymbol{\sigma} \end{bmatrix} = \begin{bmatrix} \boldsymbol{U} \\ \boldsymbol{0} \end{bmatrix} \tag{4-57}$$

式中 $\boldsymbol{\rho}^+$ 和 $\boldsymbol{\rho}^-$ 是正、负空间电荷密度列向量,$\boldsymbol{\tau}$ 是导线等效线电荷列向量,$\boldsymbol{\sigma}$ 是房屋表面电荷密度列向量,$\boldsymbol{U}$ 是导线和地线上的电压列向量,列向量 $\boldsymbol{0}$ 表示房屋表面零电位。矩阵 $\boldsymbol{A}$、$\boldsymbol{B}$、$\boldsymbol{C}$ 是由 $\boldsymbol{\rho}$,$\boldsymbol{\tau}$,$\boldsymbol{\sigma}$ 在匹配点产生的电位系数矩阵,可以求解,这里不再赘述。

4.7.3.3　电场计算

　　电场是由空间电荷、线路等效电荷和房屋表面电荷综合作用的结果。由空间电荷和线路等效电荷产生的电场可以根据上节方法获得,由房屋表面电荷产生的电场可以通过式(4-58)获得:

$$\boldsymbol{E}^S = \sum_j \int_{S_j} \frac{\sigma_j}{4\pi\varepsilon_0} \left(\frac{\boldsymbol{r}_j}{r_j^3} - \frac{\boldsymbol{r}_j'}{r_j'^3} \right) \mathrm{d}\boldsymbol{S}_j \tag{4-58}$$

4.7.3.4　方法验证

　　由于没有现场实测数据做比较,只能通过双极性缩尺模型实验进行验证,如图 4-42 所示。半径为 0.4mm 的双极导线悬挂在绝缘支架上,极间距为 60cm,高度为 80cm,导线电压为 ±40kV。位于负极线外 0.3m 处的 0.375m×0.375m×0.16m 金属长方体用来代表建筑物。在长方体的顶面上,有九个直径为 8.5cm 的圆孔,彼此间隔为 12.5cm,用于放置旋转伏特计。不测量时则用金属片覆盖圆孔。同时,在接地板上有一排垂直于导线直径为 8.5cm、间隔为 20cm 的圆孔,用于放置旋转伏特计。坐标系的原点是金属长方体的对称轴和负导线的交点。负导线的轴向是 y 轴,房屋的对称轴是 x 轴。

　　按照 Peek 公式,导线的电晕起始场强为 35.045kV/cm。电场的计算和测量结果如图 4-43 所示,其中给出了当 $y = 0$cm、12.5cm、25cm 和

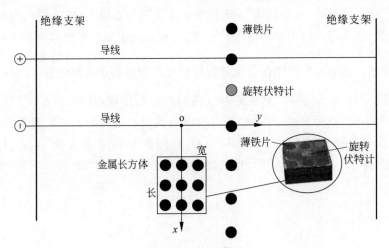

图 4-42　缩尺模型

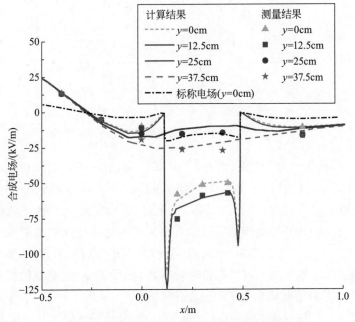

图 4-43　沿不同的 y 的电场计算和测量结果

37.5cm 时沿 x 方向的电场。可以看到,金属长方体对周围的电场有很大的影响。顶上的电场,特别是其边缘处的电场显著增强,而金属长方体附近地面上的电场由于屏蔽作用而大大减少。测量和计算结果非常一致。合成电场与标称电场的比较如图 4-43 所示。在屋顶的边缘,合成电场约为标称电场的 4～5 倍。由于空间电荷的存在,边缘处的电场畸变更加剧烈。

4.7.3.5　±800kV 直流输电线路附近房屋周围的离子流场计算

图 4-44 为±800kV 直流输电线路附近存在房屋的模型。房屋的长和宽均为 10m,高为 3m。房屋中心与双极线路中心之间的水平距离为 21m。双极线路的导线型号为 6×LGJ630/45,极间距为 22m,高度为 18m。计算区域分为 19246 三角形棱柱,建筑物表面分为 10531 个三角形。

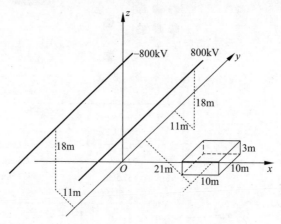

图 4-44　±800kV 高压直流输电线路附近房屋模型

电晕起始场强为 18.95kV/cm。图 4-45 和图 4-46 为地面和屋顶的电场和离子流密度的法向分量。可以看到,电场和离子流场的分布在 y 方向上是对称的。在 x 方向上,当 x 从 0 变化到 10m 时,电场和离子流场逐渐增大,这与±800kV 输电线路附近没有房屋时的地面电场和离子流场分布规律一致。当 x 逐渐从 10m 增加到 25m 时,在建筑周围的区域,由于建筑的屏蔽效应,电场和离子流场都相对较小。当 $x>30$m 时,建筑的屏蔽效果较弱,沿 y 方向的电场和离子流场变化不大。

图 4-47 和图 4-48 为 $y=0$m、-2.5m、-4.8m、-8m 和 -15m 的地面和屋顶上的电场和离子流密度的法向分量。可以看到,房屋周围的电场变化剧烈,特别是屋顶边缘处电场急剧增大,而由于屏蔽效应,临近房屋周围的地面电场变小。屋顶边缘的电场超过了 80kV/m,因此为了确保安全,应限制人们在屋顶上的活动,或采取适当的电场屏蔽措施。

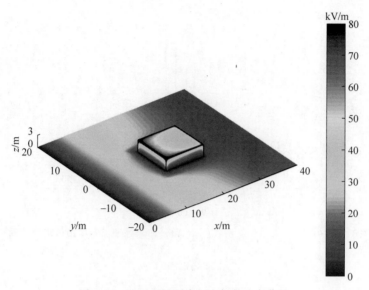

图 4-45　地面和屋顶表面电场的法向分量

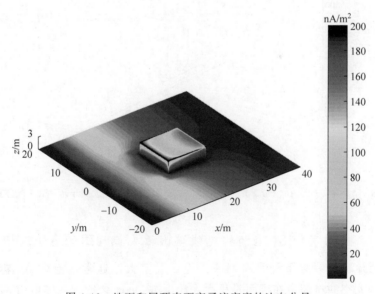

图 4-46　地面和屋顶表面离子流密度的法向分量

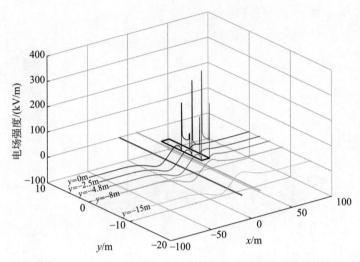

图 4-47 $y=0$m、-2.5m、-4.8m、-8m 和-15m 处地面和屋顶电场的法向分量

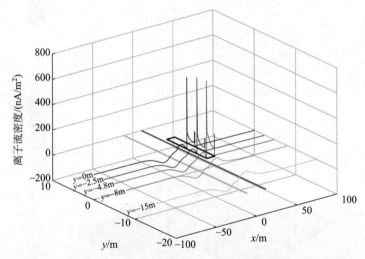

图 4-48 $y=0$m、-2.5m、-4.8m、-8m 和-15m 处地面和屋顶离子流密度的法向分量

4.7.4 应用实例 3：直流输电线路附近大棚周围的离子流场

直流输电线路下经常有温室大棚。温室大棚通常是绝缘的（塑料薄膜），因此空间电荷会在棚面累积而无法泄放，可能会造成人体电击。因此分析直流输电线路附近大棚周围的离子流场是十分必要的。

温室大棚与房屋唯一不同的就是一个是绝缘的，一个是导电并接地的。

因此,在分析温室大棚时需要考虑空间电荷在棚面的累积,而在分析房屋时需要把其视为零电位体。由此,计算直流输电线路附近大棚周围的离子流场与计算直流输电线路附近房屋周围的离子流场的方法几乎完全相同,除了在温室大棚处电场的边界条件。该边界条件决定了大棚表面电荷的累积量。

4.7.4.1 温室大棚表面的等效电荷

当高压直流输电线路附近有温室大棚时,空间电荷将沿电场方向移动到温室大棚表面并在其上积聚。累积的电荷将产生反向电场,进而阻止空间电荷向温室大棚进一步移动。按照电磁场理论,离子流场中电介质表面上的电场的法向分量为零。直观地解释,当电场的法向分量为 0 时,空间电荷不再能够继续移动到温室大棚表面。以上就是电场在温室大棚处的边界条件。基于此边界条件,就可以在温室大棚表面建立方程组,从而获得大棚表面电荷分布。为此,温室大棚的表面被分成许多小的单元,分法与上一节中房屋表面的分法相同。这些单元中的表面电荷密度可以通过式(4-59)获得。

$$A(\rho^+ - \rho^-) + B\tau + C\sigma = 0 \tag{4-59}$$

式中 ρ^+ 和 ρ^- 是正、负空间电荷密度列向量,τ 是导线等效线电荷列向量,σ 是大棚表面电荷密度列向量,矩阵 A、B 和 C 是 ρ、τ 和 σ 在温室大棚表面匹配点形成的法向电场系数矩阵。

4.7.4.2 方法验证

通过缩尺模型实验可以验证该方法的有效性。如图 4-49 和图 4-50 所示,模拟大棚是一个长 0.3m、宽 0.3m、高 0.15m 的聚四氟乙烯长方体。其

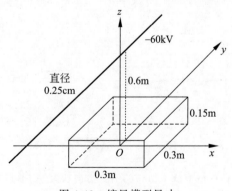

图 4-49 缩尺模型尺寸

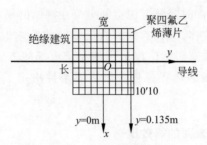

图 4-50　缩尺模型俯视图

中在长方体的顶部表面铺设 100 个 0.03m×0.03m×0.001m 的聚四氟乙烯薄片,以便测量大棚表面累积的电荷量及其分布。长方体位于直径为 0.25cm 的直流导线正下方。导线所加电压为−60kV。为了确保长方体表面累积的电荷达到饱和,施加电压 40min。通过将每个薄片放入法拉第筒中来测量每个薄片上的总电荷量,从而得到每个薄片上的平均表面电荷密度。

　　由于电介质会在电场中极化,这将导致表面除了有累积电荷外还有极化电荷。由式(4-59)获得的等效表面电荷是极化电荷和累积电荷的组合。而法拉第筒测量的电荷只是累积电荷。因此需要计算出极化电荷并将其剔除后才能和测量结果对比。根据极化理论和克劳修斯方程可得累积电荷为[44]:

$$\boldsymbol{\sigma}_A = (\boldsymbol{I} + \varepsilon_0(\varepsilon-1)\boldsymbol{C})^{-1}\{\boldsymbol{\sigma} - \varepsilon_0(\varepsilon-1)[\boldsymbol{A}(\boldsymbol{\rho}^+ - \boldsymbol{\rho}^-) + \boldsymbol{B}\boldsymbol{\tau}]\}$$

$$(4\text{-}60)$$

式中 $\boldsymbol{I}$ 是单位矩阵。

　　计算的空间被分为 22802 个单元,绝缘长方体的表面被分为 4500 个单元。图 4-51 给出了当 $y=0$m 和 0.135m 时,沿 x 方向绝缘长方体顶面上的累积电荷密度的计算结果和测量结果。图 4-52 显示了绝缘长方体表面的累积电荷密度。

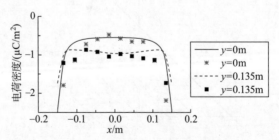

图 4-51　当 $y=0$m 和 0.135m 时,沿 x 方向在大棚顶面计算和测量的
累积电荷密度(实线是计算结果,散点是测量结果)

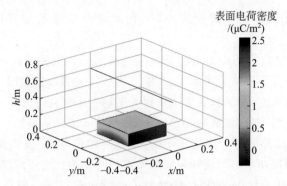

图 4-52　绝缘长方体表面的电荷密度分布

从图 4-51 和图 4-52 可以看到,电荷在边缘显著聚集。由于测得的表面电荷被认为在每一个薄片中均匀分布,受边缘($x=0.15\mathrm{m}$)的影响,当 $x>0.1\mathrm{m}$ 且 $x<-0.1\mathrm{m}$ 时的测量结果大于图 4-51 中的计算结果。在 $-1\mathrm{m}<x<1\mathrm{m}$ 的范围内,计算结果与实验结果一致。图 4-53 给出了当 $y=0\mathrm{m}$ 时绝缘长方体周围的电场线。可以看出,所有的电场线都绕过建筑物,这也验证了温室大棚表面上电场的法向分量为 0 的边界条件。

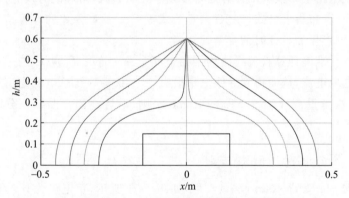

图 4-53　当 $y=0\mathrm{m}$ 时绝缘长方体周围的电场线

本节的方法不仅可以应用于地面上的温室大棚,还可以应用于空间中的绝缘物体,如绝缘子周围的合成电场计算。

4.8　直流输电线路电晕损失计算方法

当直流输电线路发生电晕后将会产生电能损失,这将使线路运行费用增加。虽然电晕损失不属于电磁环境范畴,但其与电晕放电密切相关。根

据国外已进行的多年试验研究,认为直流输电线路电晕有以下几方面特点[2]:

(1)直流输电线路雨天时电晕损耗的增加要比交流线路小很多,交流线路雨天电晕损失比晴天可增大 50 倍。而直流线路最多只增大 10 倍。当导线表面电场强度较低时,直流线路雨天平均电晕损耗约为晴天的 4 倍,当导线表面电场强度较高(26~30kV/cm)时约为晴天的 2 倍。

(2)直流线路的好天气电晕功率损耗(平均值)与交流线路基本相等,但全年电晕损耗功率平均值和最大电晕损耗功率均比交流线路低。

(3)在给定电压下,双极性线路每一极的电晕损耗一般是单极性电晕损耗的 1.5~2.5 倍。

(4)直流线路的主要功率损耗来源于导线的电阻损耗,电晕损耗占比不大。

在直流下,由于坏天气时的电晕功率损耗比好天气时增大的倍数较小,而坏天气在一年时间中所占的比重毕竟不大,因而有些地区的坏天气损耗只是总能耗中的一小部分,所以一般着重于计算好天气时的损耗。

直流电路电晕损失的计算通常依赖于经验公式,常用的有皮克公式、安乃堡公式、巴布科夫公式、EPRI 换算公式等[45]。这些公式的计算结果差异非常大,只能作为设计时的参考。

本节在准确计算直流线路周围的空间电荷分布之后,可以进一步求解导线的电晕电流,从而得到导线电晕损失[46]。获得导线总电晕电流有很多种方法,这里重点介绍 Shockley-Ramo 法则、沿导线闭合曲线积分法和沿计算边界积分法。

4.8.1　Shockley-Ramo 法则

根据 Shockley-Ramo 法则[47-48],如图 4-54 所示,带电量为 q 的粒子在

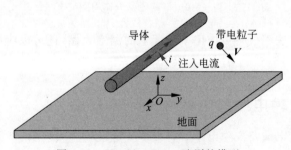

图 4-54　Shockley-Ramo 法则的模型

导体周围以速度 V 运动时，其在导体内感应的电流可以用下式计算：

$$i_q = qE_0 \cdot V \tag{4-61}$$

式中，i_q 为感应电流；q 为电荷量；E_0 为导线上施加单位电压时带电粒子位置处的标称电场，对于多导体系统，当计算带电粒子在某一导体内的感应电流时，需要在该导体上施加单位电压，并将其他导体的电压设置为零；V 为粒子运动速度。

在计算得到空间电荷的分布情况之后，根据式(4-61)可以计算空间各节点所有电荷在导体内的感应电流，求和便可以获得导体的电晕电流：

$$I = \sum_{i=1}^{N} \left[\rho_i^+ S_i E_{i0} \cdot (\mu^+ E_i) - \rho_i^- S_i E_{i0} \cdot (-\mu^- E_i) \right] \tag{4-62}$$

式中，I 为导线电晕电流，N 为节点总数，i 为节点编号，S 为节点控制面积。

采用 Shockley-Ramo 法则计算电晕电流的缺点是编程实现较为复杂，需要对空间所有节点的电荷进行处理，但其计算误差取决于空间所有节点计算误差的平均值，计算结果的可信度较高。

4.8.2　沿导线闭合曲线积分

在求得空间离子流密度分布情况之后，沿导线表面闭合曲线对离子流密度的法向分量进行积分可以得到流出导体的电晕电流：

$$I = \int_L (\rho^+ \mu^+ + \rho^- \mu^-) E \cdot n \, dl \tag{4-63}$$

其中，L 为沿导线的闭合积分路径；n 为闭合路径单位外法向。

对于分裂导体而言，导线表面的积分路径可以有两种选择：其一是沿各分裂子导线表面积分，而后将各子导线积分结果求和；其二是沿包围整个分裂导线的闭合曲线积分。积分路径的选择如图 4-55 所示，其中，r_1 为子导体半径，r_2 为分裂半径，r_3 为外围积分曲线半径。

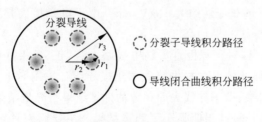

图 4-55　导线闭合曲线积分路径

　　沿导线表面闭合曲线积分是最为常用的计算电晕电流的方法,其编程复杂程度小于 Shockley-Ramo 法则,但其计算精度十分依赖导线表面电荷、电场的计算精度,对导线表面位置的计算精度要求较高。

4.8.3　沿计算边界积分

　　沿计算边界积分可以看作是沿导线表面闭合曲线积分的特殊情况,即将闭合曲线向外扩大至计算边界。计算边界积分路径的选择如图 4-56 所示。

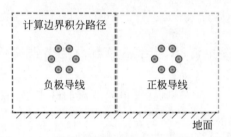

图 4-56　计算边界积分路径

　　沿计算边界积分的优点是积分路径较为简单、求解方便,不需要处理相对较为复杂的曲线,可以直接处理直线边界。缺点主要包括两个方面:其一是沿计算边界积分可能降低计算精度;其二是正、负离子在空间运动时会产生复合,沿计算边界积分的计算结果可能偏小。

4.8.4　高压直流线路电晕损失计算验证

　　采用前述各种电晕损失数值计算方法对昆明特高压工程技术国家工程实验室±800kV 特高压直流试验线段的电晕损失进行仿真计算,并与测量结果进行比较,如表 4-6 所示。电晕电流测量方法见图 2-21,±800kV 特高压直流试验线段结构见图 4-24。计算中,导线表面粗糙系数取为 0.5,由此得到的导线表面起晕场强约为 18kV/cm。由于电晕损失是导线的平均效应,计算中采用导线的平均高度。

　　由表 4-6 可见,对于双极直流输电线路而言,正、负极导线的电晕损失非常接近,负极导线的电晕损失略大于正极导线。采用 Shockley-Ramo 法则的稳态计算结果、沿子导线表面积分的计算结果与测量结果符合较好,沿计算边界积分的计算结果明显小于测量结果。主要原因是正、负离子在空间运动时会产生复合,因而沿边界积分的结果会偏小。

表 4-6　三种电晕损失计算方法的比较

电晕损失/(W/m)		负极导线	正极导线
测量平均值		5.26	5.08
稳态计算值	Shockley-Ramo 法则	5.12	4.93
	沿子导线表面积分	5.19	4.89
	沿计算边界积分	3.83	3.71

（1）Shockley-Ramo 法则计算结果讨论

采用 Shockley-Ramo 法则计算±800kV 特高压直流试验线段的电晕损失，计算节点总数对计算结果的影响如图 4-57 所示。可见，随着节点数的增加，计算得到的电晕损失迅速减小并最终达到稳态。

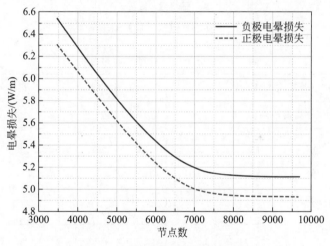

图 4-57　节点数对计算结果的影响

（2）沿导线闭合曲线积分计算结果讨论

沿分裂子导线表面对离子流密度积分，而后将各子导线的积分结果求和，进而得到导线的电晕电流。子导线分段数对计算结果的影响如图 4-58 所示。由该图可见，增加子导体分段数能够明显提高计算的收敛速度。

沿导线闭合曲线积分是一种从导线表面出发计算电晕电流的方式。当积分曲线半径 r_3 变化时，积分结果也会有所不同。分析闭合积分曲线半径 r_3 变化对计算结果的影响，结果如表 4-7 所示。由该分析结果可见，当积分曲线与分裂导线相切时,计算结果与测量结果最为接近,随着积分曲线半径的增大,计算结果有减小的趋势。

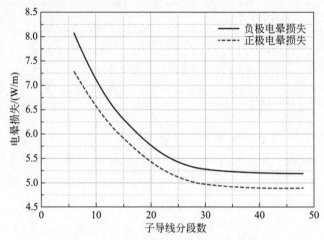

图 4-58 子导线分段数对计算结果的影响

表 4-7 积分半径对计算结果的影响

电晕损失/（W/m）		负极导线	正极导线
测量平均值		5.26	5.08
稳态计算值	$r_3 = r_1 + r_2$	5.11	4.79
	$r_3 = 2r_2$	4.89	4.62
	$r_3 = 3r_2$	4.71	4.49
	$r_3 = 4r_2$	4.66	4.46
	$r_3 = 5r_2$	4.64	4.42
	$r_3 = 6r_2$	4.61	4.39

　　采用上述各种计算方法,分析±800kV 特高压直流试验线段的电晕损失随导线电压的变化规律,并与试验测量结果比较,结果如图 4-59 所示。

　　随着导线电压的逐渐升高,导线电晕损失呈指数规律上升,±800kV 试验线段的额定工况运行在电晕损失较低的水平。在三种计算方法中,采用 Shockley-Ramo 法则计算得到的结果与测量结果符合较好,推荐采用该方法计算直流导线的电晕损失;沿导线闭合曲线积分得到的结果也具有较

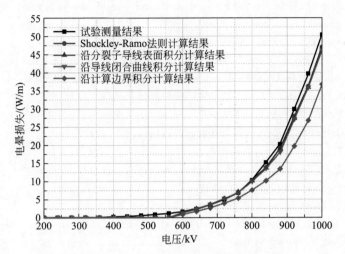

图 4-59　电晕损失随导线电压的变化规律

高的精度,但采用这种方法要求导线表面电荷、电场能够计算准确;沿计算边界积分得到的结果偏小,实际使用中不推荐采用这种方法。

参考文献

[1] 李伟. 交直流并行输电线路混合场特性及其环境效应的研究[D]. 北京:清华大学,2010.

[2] M. P. Sarma, Corona Performance of High-Voltage Transmission Lines[M]. New York: Research Studies Press LTD, 2000.

[3] EPRI Report EL-1170, Bipolar HVDC Transmission System Study Between ± 600kV and ±1200kV: Corona Studies, Phase Ⅰ[R]. 1979.

[4] EPRI Report EL-2794, Bipolar HVDC Transmission System Study Between ± 600kV and ±1200kV: Corona Studies, Phase Ⅱ[R]. 1982.

[5] W. Deutsch, Über die Dichteverteilung unipolarer Ionenströme[J]. Annalen der Physik, 1933, 408(5): 588-612.

[6] M. P. Sarma, W. Janischewskyj. Analysis of corona losses on DC transmission lines: Part Ⅱ—Bipolar lines [J]. Power Apparatus and Systems, IEEE Transactions on, 1969, PAS-88(10): 1476-1491.

[7] M. P. Sarma, W. Janischewskyj. Analysis of corona losses on DC transmission lines: Part Ⅰ—Unipolar lines [J]. Power Apparatus and Systems, IEEE Transactions on, 1969, PAS-88(5): 718-731.

[8]　T. Takuma，T. Ikeda，T. Kawamoto. Calculation of ion flow fields of HVDC transmission lines by the finite element method[J]. Power Apparatus and Systems，IEEE Transactions on，1981，PAS-100(12)：4802-4810.

[9]　L. Wei，B. Zhang Bo，Z. Rong et al. Discussion on the deutsch assumption in the calculation of ion-flow field under HVDC bipolar transmission lines[J]. IEEE Trans. Power Del. ，2010，25(10)：2759-2766.

[10]　F. Yang，Z. Liu，H. Luo，X. Liu，Calculation of ionized field of HVDC transmission lines by the meshless method[J]. IEEE Trans. Magn. ，2014，50(7)：7200406.

[11]　Bo Zhang，et al.．Calculation of ion flow field under HVdc bipolar transmission lines by integral equation method[J]. IEEE Trans. Magn. ，2007，43（4）：1237-1240.

[12]　H. Okubo，M. Ikeda，M. Honda，et al. Electric field analysis by combination method[J]. Power Apparatus and Systems，IEEE Transactions on，1982(10)：4039-4048.

[13]　W. Janischewskyj，G. Cela. Finite element solution for electric fields of coronating DC transmission lines[J]. Power Apparatus and Systems，IEEE Transactions on，1979，PAS-98(3)：1000-1012.

[14]　J. S. XI. Townsend，The potentials required to maintain currents between coaxial cylinders[J]. Philosophical Magazine，1914，28(163)：83-90.

[15]　M. Abdel-Salam，M. Farghally，S. Abdel-Sattar，Finite element solution of monopolar corona equation[J]. Electrical Insulation，IEEE Transactions on，1983，18(2)：110-119.

[16]　傅宾兰. 高压直流输电线路地面合成场强与离子流密度的计算[J]. 中国电机工程学报，1987（5）：58-66.

[17]　王雪顽. 加权余量法用于直流离子流场的数值计算和分析[J]. 电工电能新技术，1992(3)：18-25.

[18]　杨勇，陆家榆，雷银照. 同塔双回高压直流线路地面合成电场的计算方法[J]. 中国电机工程学报，2008，28(6)：32-36.

[19]　P. S. Maruvada. Electric field and ion current environment of HVdc transmission lines：comparison of calculations and measurements[J]. Power Delivery，IEEE Transactions on，2012，27(1)：401-410.

[20]　M. Abdel-Salam，Z. Al-Hamouz. Novel finite-element analysis of space-charge modified fields[J]. IEEE Proceedings-Science，Measurement and Technology，1994，141(5)：369-378.

[21]　Z. M. Al-Hamouz，Adaptive finite-element ballooning analysis of bipolar ionized fields[J]. IEEE Transactions on Industry Applications，1996，32（6）：1266-1277.

[22]　Wei Li, Bo Zhang, Jinliang He, et al. Research on calculation method of ion flow field under multi-circuit HVDC transmission lines[C]. EMC Zurich, 2009.

[23]　H. Yin, B. Zhang, J. He, et al. Time-domain finite volume method for ion-flow field analysis of bipolar high-voltage direct current transmission lines[J]. IET Generation, Transmission & Distribution, 2012, 6(8): 785-791.

[24]　Xiangxian Zhou, Tiebing Lu, Xiang Cui, et al. Simulation of ion-flow field at the crossing of HVDC and HVAC transmission lines[J]. Power Delivery, IEEE Transactions on, 2012, 27(4): 2382-2389.

[25]　方正瑚. 从离子流场角度分析电晕电极形状对除尘效率的影响[J]. 浙江大学学报, 1988, 6(22): 57-64.

[26]　方正瑚, 顾翔宇. 直流离子流场的求解问题[J]. 中国电机工程学报, 1990, 10(1): 73-78.

[27]　周浩, 张守义. HVDC 输电线路离子流场比例模型理论的推导与验证[J]. 高电压技术, 1992, 64(2): 19-23.

[28]　林秀丽, 徐新华, 汪大翚. 双极 HVDC 线路离子流电场计算及影响因素[J]. 高电压技术, 2007, 33(10): 54-60.

[29]　秦柏林, 盛剑霓, 严璋. 直流离子流场的数值计算[J]. 西安交通大学学报, 1988, 22(2): 47-55.

[30]　秦柏林, 盛剑霓, 严璋. 高压直流输变电系统下的三维离子流场计算[J]. 中国电机工程学报, 1989, 9(2): 27-34.

[31]　盛剑霓, 严璋, 秦柏林. 直流离子流场解的唯一性[J]. 电工技术学报, 1987(1): 1-5.

[32]　张宇, 阮江军. HVDC 输电线路离子流场数值计算方法研究[J]. 高电压技术, 2006, 32(9): 140-142.9.

[33]　Bo Zhang, Jianghua Mo, et al. Calculation of ion flow field around HVDC bipolar transmission lines by method of characteristics[J]. IEEE Transactions on Magnetics, 2015, 51(3): 7204604.

[34]　Fengnyu Xiao, Bo Zhang, Jianghua Mo, Jinliang He, Calculation of 3D ion-flow field at the crossing of HVdc transmission lines by method of characteristics[J]. IEEE Transactions on Power Delivery, 2018, 33(4): 1611-1619.

[35]　Fengnyu Xiao, Bo Zhang, Zhuoran Liu, Calculation of accumulated charge on surface of insulated house near DC transmission lines by method of characteristics[J]. IEEE Transactions on Magnetics, 2019, 55(6): 7201405.

[36]　Fengnyu Xiao, Bo Zhang, Zhuoran Liu, Calculation of ion flow field around metal building in the vicinity of bipolar HVDC transmission lines by method of characteristics[J]. IEEE Transactions on Power Delivery, 2020, 35(2): 684-690.

[37]　T. Takuma, T. Kawamoto. A very stable calculation method for ion flow field of HVDC transmission lines[J]. IEEE Trans. Power Del., 1987, 2(1): 189-198.

[38] G. B. Johnson，Electric fields and ion currents of a ±400kV HVDC test line[J]. IEEE Transactions on Power Apparatus and Systems，1983，PAS-102（8）：2559-2568.

[39] 傅宾兰. 直流高压线路对附近民房的电场效应[J]. 电网技术，1988，(1)：19-25.

[40] 罗兆楠，崔翔，甄永赞，等. 直流输电线路三维离子流场的计算方法[J]. 中国电机工程学报，2010，30(27)：102-107.

[41] X. Li，X. Cui，Y. Zhen，et al. The ionized fields and the ion current on a human model under 800kV HVDC transmission lines [J]. Power Delivery, IEEE Transactions on，2012，27(4)：2141-2149.

[42] 甄永赞. 高压直流输电线路离子流场的高效数值方法及其应用的研究[D]. 保定：华北电力大学，2012.

[43] 崔翔，周象贤，卢铁兵. 高压直流输电线路离子流场计算方法研究进展[J]. 中国电机工程学报，2012，32(36)：130-141.

[44] 殷之文. 电介质物理学[M]. 北京：科学出版社，2003.

[45] 赵婉君. 高压直流输电技术[M]. 北京：中国电力出版社，2004.

[46] 尹晗，张波，李敏，刘磊，何金良. 直流输电线路电晕损失数值计算方法[J]. 高电压技术，2013，39(6)：1331-1336.

[47] W. Shockley. Currents to conductors induced by a moving point charge[J]. J. Appl. Phys.，1938，9：635-636.

[48] S. Ramo. Currents induced by electron motion[J]. Proc. I. R. E.，1939，27(9)：584-585.

第5章　交直流输电线路离子流场的时域计算

由于输电走廊紧张,交流和直流输电线路并行难以避免,甚至德国已经开始将双回同塔交流输电线路中的一回改为直流输电线路,以提高输电能力。当直流线路附近存在交流线路时,交流线路形成的交流电场会对直流线路电晕的发生、空间电荷的迁移产生影响,而直流线路形成的直流电场也会对交流线路电晕的发生、空间电荷的迁移产生影响,从而使得此时的空间电场为由直流线路本身的直流电场、交流线路本身的交流电场、受前两电场作用下的空间电荷形成的电场三者的混合,且无论直流电场还是交流电场均为复杂的非线性问题。

5.1　交直流混合离子流场的计算

5.1.1　交直流输电线路混合离子流场研究现状

与直流线路离子流场相比,国内外针对交直流并行线路混合离子流场的研究相对较少。

1981 年美国邦纳维尔电力局(BPA)针对 500kV 交流和 ±500kV 直流并行线路进行了试验,通过改变导线几何配置和电压等级研究了可听噪声、无线电骚扰、地面电场的变化规律,用于并行线路设计[1]。其提出的交直流并行线路地面混合电场估算方法为:先测得直流线路地面合成电场与标称电场的比例,再在不考虑空间电荷的前提下计算并行线路地面交直流叠加下标称电场的瞬时最大值,然后将两者的乘积视为并行线路的地面混合电场值。而后,1986 年纽约电力局和 EPRI 也对交直流线路共走廊情况进行了系列试验[2-3],目的是通过研究交流和直流输电线路的间距对交流电场、直流电场、离子流密度等参数的影响,找到可以忽略线路邻近架设互相影响的临界距离。其建议的交直流并行线路地面混合电场计算方法为:在计算交流电场时,把直流输电线路当作地线;在计算直流电场时,把交流输电线路当作地线;二者的叠加即为交直流同走廊输电线路的地面混合电场。20 世纪 90 年代初,俄亥俄州立大学依据 EPRI 的试验结果对交直流并行线路的电晕场进行了系列研究[4-8]。基于交直流共走廊的缩尺模型,测试并分析了地面电场、离子流密度、电晕电流等参数,并提出了缩尺模型到真实尺寸的归一化公式。试验发现,交流电压升高会导致直流起晕电压下降,但由于缺少理论分析,其试验结论的应用受到限制。

在仿真计算方面,埃及学者 Abdel-Salam 等用模拟电荷法结合镜像法计算了交直流并行输电时的空间电场,但未考虑空间电荷的影响[9]。1988年,加拿大学者 Sarma 等提出了一种计算交直流并行线路混合电场的方法[10]。首先,将交流导线接地,用基于 Deutsch 假设的直流离子流场计算方法求解空间电荷密度分布和空间电场。然后,将直流场计算结果与交流标称场相叠加的结果作为空间电场和地面离子流密度的最终值。结果表明,当交流输电线路和直流输电线路同走廊但不同塔时,交流输电线路所产生的交流电场对直流输电线路下的地面电场和空间电荷密度的横向分布影响不大;当交流输电线路位于直流输电线路正下方时,交流输电线路对地面电场和空间电荷密度存在明显的屏蔽作用。这种方法将直流场计算结果与交流标称场简单叠加,忽略了交流电场对直流导线起晕和对空间电荷运动的影响,计算准确性难以保证。沙特科学家 Abd-Allah 等人用模拟电荷法计算了交流场对直流场电力线的影响以及空间电荷在交直流叠加电场作用下的运动轨迹[11]。结果表明,在研究邻近架设的交流和直流输电线路产生的地面混合场时,把交流输电线路看作地线或忽略交流和直流输电线路的相互影响都具有一定的不合理性。

国内也对交直流并行输电线路的电磁环境问题开展了一些研究工作。广东省电力试验研究院对葛-上±500kV 直流线路与 500kV、220kV 交流线路平行段的电场效应进行了试验研究,并据此对交直流输电线路相邻架设或共用走廊情况下的电磁环境标准限值提出了建议[12-13]。中国电力科学院依据经验公式法和叠加理论提出了交直流输电线路并行传输时电场的计算方法[14]。这些研究未深入讨论离子流场的特性。北京航空航天大学杨勇等人提出了一种交直流同走廊输电线路地面混合电场的计算方法[15]。该方法考虑了交流和直流输电线路的邻近架设对各交流相导线和直流极导线电晕活动的影响,计算结果能够反映交流输电线路瞬时电压的不断变化对线路电场的影响。该方法的主要想法是在每一时刻将交流导线当作该导线当前交流值的直流导线,从而将时域问题简化为求解多根导线直流离子流场的稳态场问题。这种方法不能完好体现交直流并行线路离子流的动态过程。另外,在求解多根导线直流离子流场时使用了基于 Deutsch 假设的算法,可能引入一定的误差。

　　总之,由于交流场为时变场,比单独直流情况下的静态电场复杂很多,所以到目前为止对交直流并行线路电晕场的计算多停留在使用经验公式或将直流电晕场与交流电场简单叠加的阶段,没有成熟的能够体现交直流并行线路电场动态变化过程的计算方法。同时,试验研究缺乏深入的理论解释,其试验结论的全面性受到限制。

5.1.2　时变离子流场的基本方程

　　为了避免重复,本章常用的符号与第 4 章相同。

　　当空间存在时变电场时,空间各点电场、电荷密度都随时间变化,与直流离子流场控制方程相比,时变离子流场控制方程中应加入时间项,从而变为[16]:

　　(1) 泊松方程

$$\nabla^2 \Phi(t) = -[\rho^+(t) - \rho^-(t)]/\varepsilon_0 \tag{5-1}$$

$$\Phi(t) = \phi_{DC} + \phi_{AC}(t) + \varphi(t) \tag{5-2}$$

其中,$\Phi(t)$ 为空间电位,它由三部分构成,ϕ_{DC} 为直流标称电位;$\phi_{AC}(t)$ 为交流标称电位;$\varphi(t)$ 为空间电荷产生电位;$\rho^+(t)$、$\rho^-(t)$ 为正、负电荷密度。

　　(2) 离子流方程

$$\begin{cases} \boldsymbol{J}^+(t) = \rho^+(t)[-k^+ \nabla\Phi(t) + \boldsymbol{W}(t)] \\ \boldsymbol{J}^-(t) = \rho^-(t)[-k^- \nabla\Phi(t) - \boldsymbol{W}(t)] \end{cases} \tag{5-3}$$

其中,$\boldsymbol{J}^+(t)$、$\boldsymbol{J}^-(t)$ 为正、负离子电流密度,$\boldsymbol{W}(t)$ 为风速,k^+、k^- 分别为正、负离子迁移率。

　　(3) 电流连续性方程

$$\begin{cases} \dfrac{\partial \rho^+(t)}{\partial t} = -\nabla \cdot \boldsymbol{J}^+(t) - R\rho^+(t)\rho^-(t)/e \\ \dfrac{\partial \rho^-(t)}{\partial t} = \nabla \cdot \boldsymbol{J}^-(t) - R\rho^+(t)\rho^-(t)/e \end{cases} \tag{5-4}$$

其中,R 为正负离子的复合系数,e 是电子电荷量,1.602×10^{-19} C。这些方程表明,空间离子电流的变化除了受正负离子复合的影响外,还受到空间电荷随时间变化的影响。

　　以上方程忽略了空间磁场对空间离子移动的影响。这是因为实际线路电压很高,电场明显强于磁场,空间电荷分布和运动主要受电场控制。

　　把式(5-3)代入式(5-4),再将式(5-1)代入,可以得到关于电荷密度的一阶偏微分方程:

$$\begin{cases} \dfrac{\partial \rho^+(t)}{\partial t} = -\boldsymbol{V}^+(t) \cdot \nabla \rho^+(t) - \dfrac{k^+}{\varepsilon_0}(\rho^+(t))^2 + \left(\dfrac{k^+}{\varepsilon_0} - \dfrac{R}{e}\right)\rho^+(t)\rho^-(t) \\[3mm] \dfrac{\partial \rho^-(t)}{\partial t} = \boldsymbol{V}^-(t) \cdot \nabla \rho^-(t) - \dfrac{k^-}{\varepsilon_0}(\rho^-(t))^2 + \left(\dfrac{k^-}{\varepsilon_0} - \dfrac{R}{e}\right)\rho^-(t)\rho^+(t) \end{cases}$$

$$(5\text{-}5)$$

其中,$\boldsymbol{V}^+(t) = -k^+\nabla\Phi(t) + \boldsymbol{W}(t)$,$\boldsymbol{V}^-(t) = -k^-\nabla\Phi(t) - \boldsymbol{W}(t)$。

5.1.3　计算方法实现

5.1.3.1　交直流并行线路混合场计算步骤

由式(5-1)～式(5-4)可见,交直流混合离子流场也是非线性的,其计算也需要通过迭代的方式反复求解泊松方程和电流连续性方程。由于交流变化并不是很快,在给定时刻,可以在静态场下求解泊松方程。与第4章直流离子流场类似,对 ϕ_{DC}、$\phi_{AC}(t)$、$\varphi(t)$ 分别求解,前两者使用模拟电荷法计算,后者使用有限元法计算。交直流混合离子流场求解的难点在于,如何求解电流连续性方程以便获得空间电荷分布随时间的变化。本书使用时域差分求解,其难点是电荷密度差分格式、网格形式、初始条件、时间步长选取等。

图 5-1 为交直流混合离子流场求解的主要步骤[17]。在每一时刻分别

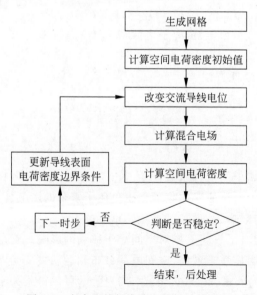

图 5-1　交直流并行线路电晕场计算流程

求解混合电场、空间电荷密度,并根据当前时刻交流导线电位更新导线表面电荷密度。然后进行多个交流周期的连续计算,直至两个连续周期内的计算结果达到稳定。与单纯直流离子流场相比,交直流混合离子流场求解增加了在时域下反复迭代求解的过程,计算量大大增加。

5.1.3.2　含时间的迎风差分离散格式

与直流离子流场计算类似,可以使用迎风差分离散方法使得方程组矩阵更加稀疏,减小内存占用、提高计算速度。在使用三角形单元网格将空间进行剖分后,节点 i 及其周围单元如图 5-2 所示。由于空间电场强度很高,电荷主要做迁移运动,可以认为 i 点正/负电荷密度只与其正/负电荷运动方向背对的单元(称其为迎风单元)相关,即在图中 i 点正电荷密度只与 $\triangle_{ijk}$ 相关,负电荷密度只与 $\triangle_{ilm}$ 相关。将式(5-5)在迎风单元中进行一阶离散得到点 i 处的迎风差分离散格式[16]:

$$
\left\{
\begin{aligned}
\frac{\rho_i^+(t_{n+1}) - \rho_i^+(t_n)}{\Delta t} &= -(-k^+ \nabla \Phi_{\triangle_{ijk}}(t_n) + \boldsymbol{W}(t_n)) \cdot \nabla \rho_{\triangle_{ijk}}^+(t_n) - \\
&\quad \frac{k^+}{\varepsilon_0}(\rho_i^+(t_n))^2 + \left(\frac{k^+}{\varepsilon_0} - \frac{R}{e}\right)\rho_i^+(t_n)\rho_i^-(t_n) \\
\frac{\rho_i^-(t_{n+1}) - \rho_i^-(t_n)}{\Delta t} &= -(k^- \nabla \Phi_{\triangle_{ilm}}(t_n) + \boldsymbol{W}(t_n)) \cdot \nabla \rho_{\triangle_{ilm}}^-(t_n) - \\
&\quad \frac{k^-}{\varepsilon_0}(\rho_i^-(t_n))^2 + \left(\frac{k^-}{\varepsilon_0} - \frac{R}{e}\right)\rho_i^+(t_n)\rho_i^-(t_n)
\end{aligned}
\right.
\tag{5-6}
$$

其中,$\Phi_{\triangle_{ijk}}(t_n)$、$\Phi_{\triangle_{ilm}}(t_n)$ 分别为 t_n 时刻单元 $\triangle_{ijk}$、$\triangle_{ilm}$ 内的电位;$\nabla \rho_{\triangle_{ijk}}^+(t_n)$ 为 t_n 时刻单元 $\triangle_{ijk}$ 内正电荷密度梯度,$\nabla \rho_{\triangle_{ilm}}^-(t_n)$ 为 t_n 时刻单元 $\triangle_{ilm}$ 内负电荷密度梯度。

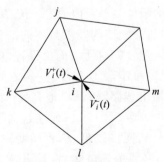

图 5-2　节点的迎风单元

5.1.3.3　网格非一致变时间步长的计算方法

对于式(5-6)的显式差分计算方法,时间步长的选择必须保证节点间电荷密度信息的传递速度小于电荷迁移速度,否则随时间的演进计算结果将发散。

如图 5-3 所示,三角形单元 $\triangle_{ijk}$ 中,在 t 时刻,节点 i 空间电荷密度已知,空间电荷运动速度 $\boldsymbol{V}_i(t) = -k\,\nabla\boldsymbol{\Phi}_i(t) + \boldsymbol{W}(t)$,方向如图所示,节点 j 为 i 的下游单元,d_{cell} 为 i、j 间距离在 V_i 方向上的投影。为保证节点 i、j 间电荷密度信息的传递速度小于电荷迁移速度,时间步长为:

$$\Delta t \leqslant \frac{d_{cell}}{|V_i|} \tag{5-7}$$

式(5-7)表示对每一个待计算网格,时间步长有最大值的限制。然而,过小的时间步长将增大计算量。计算结果表明,对典型的 $\pm 800\mathrm{kV}$ 直流输电线路(高度 22m),电晕放电产生的电荷由导线表面运动到地面最长需要 30s 以上的时间,若时间步长取为 0.2ms(工频周期的 1/100),则导线表面信息到达地面需要计算 1.5×10^5 步。所以计算中的时间步长必须仔细考虑。

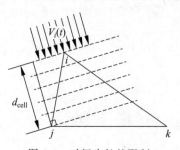

图 5-3　时间步长的限制

对时间步长最大值的限值与单元内的电场值、风速和单元尺寸有关,所以对不同的单元,时间步长最大值的要求是不同的。在导线表面附近电场强度很大,所以电荷迁移速度 $|V_i|$ 很大;而为保证电场计算的精度,导线表面附近网格很密,单元尺度很小,d_{cell} 很小,这两方面因素导致 Δt 非常小。对典型的 $\pm 800\mathrm{kV}$ 直流输电线路,假设对地高度 22m,导线表面附近网格单元的最大时间步长最小可达 0.015ms;而在远离导线的区域电场强度很小,电荷迁移速度 $|V_i|$ 很小,网格较粗,单元尺度较大,这两方面因素导致 Δt 又较大,对同一 $\pm 800\mathrm{kV}$ 直流输电线路,远离导线的网格单元最大时间步长可达 48ms。

在常规时域差分方法中时间步长是固定的,为使计算稳定,时间步长必须选满足所有单元要求的最小值,对于上面的 ±800kV 直流输电线路,此值为 0.015ms,则导线表面的电荷密度信息达到地面需要计算 2×10^6 步,每一步需要在 5941 节点、11750 单元的空间求解泊松方程和电流连续性方程,计算时间将难以忍受。若使用变步长的计算方法(即每一时刻重新计算所有网格单元中最大时间步长的最小值),由于空间电荷的存在一定程度上抑制了导线表面的电场,可能使最大时间步长增大,但空间电荷对导线表面电场的影响有限,最大时间步长增大的幅度也有限,考虑到存在交流电场的情况下空间电荷量也是变化的,变时间步长的方法对计算速度的改善将十分有限。

为改善计算速度,可以采用网格非一致的变时间步长计算方法,即在每一时刻根据网格本身尺寸和电荷迁移速度决定一部分网格而非全部网格参与计算,从而减小计算量。具体方法是,在起始计算阶段选取所有网格单元中最大时间步长的最小值 Δt_0 作为整体计算时间步长。在每一时刻,计算单元 e_i 的最大时间步长 Δt_i,当 Δt_i 是 Δt_0 的整数倍时则 e_i 参与计算,否则 e_i 不参与计算。实际操作时每一时刻找出符合下式的网格单元集合 $\{e_i\}$:

$$N \times \Delta t_0 \leqslant \Delta t_i < (N+1) \times \Delta t_0 \tag{5-8}$$

其中,N 为整数。

对非边界的每个网格节点,计算其迎风单元,对迎风单元在集合 $\{e_i\}$ 内的节点集合 $\{n_i\}$,通过式(5-6)计算其下一时刻电荷密度值。如此,从网格单元的角度上看,时间步长随网格是非一致的,从计算步骤上看,每一时间步长参加计算的单元网格数是变化的。

保证该方法的合理性需要两个前提。第一个前提是算法中节点信息只与附近的单元有关。这是因为若节点信息与全局信息有关(比如有限元中的做法),则在每一时刻不能随意增减计算单元。而对于本节中所使用的迎风差分格式,节点信息只与其正负电荷密度的迎风单元内信息有关,这个前提显然是满足的。第二个前提是信息传递的方向应当大致是由细网格区域向粗网格区域,否则细网格单元多出的计算步骤虽能保证计算稳定却对提高计算精度意义不大,影响整体计算效率。而对输电线路下离子流场这种类似线-板的结构来说,电荷由导线表面出发向远离导线方向运动,而网格同样在导线表面附近密集,在远离导线的区域稀疏,所以第二个前提也是满足的。

仍以 ±800kV 直流输电线路为例,已知所有单元中时间步长最大值最小为 0.015ms,而各单元时间步长最大值与此最小值的比例分布如图 5-4 所示。每一时刻单元时间步长最大值的计算量远小于求解泊松方程、电荷密度方程的计算量,可以忽略,则使用网格非一致变时间步长的计算方法所用计算时间为原来的 0.21 倍,这就相当于计算效率提高将近 4 倍。

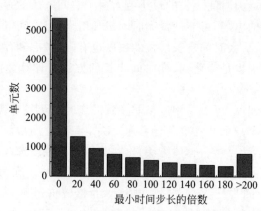

图 5-4   单元时间步长可选择最小值的分布

5.1.3.4   空间电荷初始值的选择

空间电荷初始值的选择对计算稳定性和收敛性影响很大。在交直流场同时存在的情况下,从 0 初值进行计算可能需要十数个交流周期计算才能稳定。由前面的分析可知,交直流混合场中空间电荷主要在直流电场的作用下由高电位向低电位处运动,而交流电场可看作叠加在直流电场上的扰动,因而可以将不存在交流电场时的直流稳态空间电荷密度分布计算结果作为交直流混合场的初始值,使计算更快收敛。

5.1.3.5   导线表面电荷密度的设置

导线表面电荷密度是计算空间电荷密度分布的边界条件,在计算的开始可以使用不存在交流电场时的直流稳态导线表面电荷密度作为初始值,此时导线表面电场符合 Kaptzov 假设。此后在每一时刻,交流电场变化时导线表面电荷密度也随之变化,需要在计算空间电荷密度分布之前得到。若认为在交直流混合场中导线表面电场仍满足 Kaptzov 假设,则在每一时刻可使用与直流离子流场计算类似的迭代方法确定导线表面电荷密度,过程如图 5-5 所示。这就需要在每一时刻多次求解泊松方程和空间电荷密度方程,大幅增加了计算量。仍然基于交流电场是直流电场扰动的假设,则可以认为交直流混合场中导线表面电荷密度与直流稳态离子流场导线表面电荷密度的比值与两者标称电场和起晕场强差值的比例相同,即

$$\frac{\rho_t}{\rho_z} = \frac{E_t - E_0}{E_z - E_0} \tag{5-9}$$

式中,ρ_t 为 t 时刻交直流混合场中导线表面电荷密度,ρ_z 为直流稳态离子流场导线表面电荷密度,E_t 为 t 时刻交直流混合场中导线标称电场,E_z 为直流导线标称电场,E_0 为导线起晕场强。与使用迭代方法求解 ρ_t 相比,上式在计算精度上略有损失,但可显著提高计算速度。

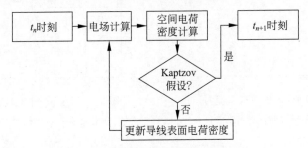

图 5-5　导线表面电荷密度迭代过程

5.1.3.6　终止判据

计算至工频周期(我国为 0.02s)的整数倍时刻判断计算结果是否达到收敛要求。可用最后一个交流周期初始空间电荷密度与最终空间电荷密度之差作为收敛判据,即

$$\frac{\sum\limits_{N_{\text{node}}}(\,|\rho^+_{(N+1)\times t_s,i} - \rho^+_{N\times t_s,i}| + |\rho^-_{(N+1)\times t_s,i} - \rho^-_{N\times t_s,i}|\,)}{N_{\text{node}}} \leqslant \varepsilon \tag{5-10}$$

其中,N_{node} 为总节点数,t_s 为交流周期(0.02s),ε 为误差容许度。$\rho^+_{N\times t_s,i}$、$\rho^-_{N\times t_s,i}$ 表示在第 i 个节点,$N\times t_s$ 时刻的正负电荷密度。

若终止判据满足则停止计算,将最后一个交流周期的空间电荷密度、合成电场存储下来;若终止判据不满足,则进入下一交流周期的计算。

5.1.4　算法的验证

文献[6]介绍了在缩尺模型上对交直流并行线路的电场效应进行试验

研究的情况,对地面混合电场和离子流密度的直流分量进行了测量,本节使用前面介绍的计算方法对此模型进行仿真。缩尺模型参数如图 5-6、图 5-7 所示,图 5-6 为单极直流导线与单相交流导线并行的情况;图 5-7 为双极直流导线与单相交流导线并行的情况,交流导线水平布置在两极直流导线正中。所用导线均为双分裂结构,导线直径 3.2mm。

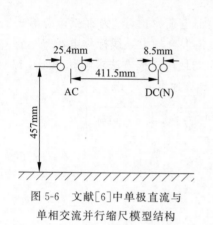

图 5-6　文献[6]中单极直流与
单相交流并行缩尺模型结构

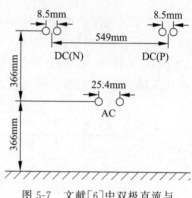

图 5-7　文献[6]中双极直流与
单相交流并行缩尺模型结构

图 5-8、图 5-9 为单极直流与单相交流并行时的地面电场强度与离子流密度的直流分量,图 5-10、图 5-11 为双极直流与单相交流并行时的结果,可以看到本节的计算结果在大部分区域与测量结果符合较好。

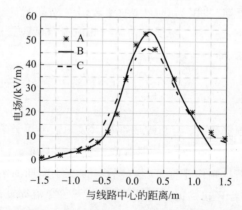

图 5-8　单极直流与单相交流并行时的地面电场强度的直流分量
(A 为测量结果,B 为使用本节方法的计算结果,C 为文献[6]中的计算结果)

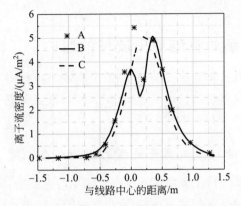

图 5-9　单极直流与单相交流并行时的地面离子流密度的直流分量
（A 为测量结果，B 为使用本节方法的计算结果，C 为文献［6］中的计算结果）

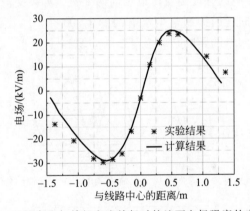

图 5-10　双极直流与单相交流并行时的地面电场强度的直流分量

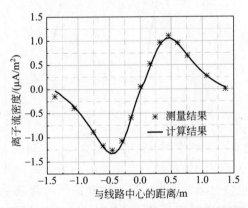

图 5-11　双极直流与单相交流并行时的地面离子流密度的直流分量

5.2　交流电场对直流离子流场的影响

本节通过仿真计算和缩尺模型实验,分析交流电场对直流离子流场影响机理。缩尺线段模型的设计可参照 2.2.1 节,交直流混合离子流场的测量方法见 2.1.5.2 节和 2.1.6.2 节。

5.2.1　交流电场对直流离子流场影响的两个机理

交流电场主要在两个方面对直流离子流场产生影响:通过影响直流导线表面电场而影响其起晕状态;影响空间电荷的运动和分布。

第一,交直流并行时直流导线表面电场为直流和交流的叠加,如图 5-12 所示,因而电晕放电的强度随交流电场周期变化。如果交流电场足够强,甚至可能在某些时间段内抑制电晕放电的发生,如图 5-13 所示。可见,交流电场对直流导线起晕的影响是一个复杂的问题。

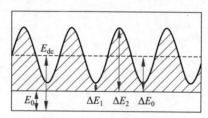

图 5-12　直流导线表面电场受交流电场的影响(交流电场较小时)

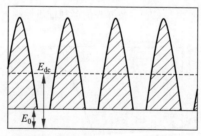

图 5-13　直流导线表面电场受交流电场的影响(交流电场较大时)

第二,交流电场会影响空间电荷的运动。在直流情况下,空间电荷在直流电场力的作用下沿电力线运动。而交流电场的加入使此运动变得复杂,空间电荷在由高电位区域向低电位区域运动的同时伴随一定程度的摆动。图 5-14 为单相交流和单极直流导线高度均为 60cm、半径均为 0.8mm、间

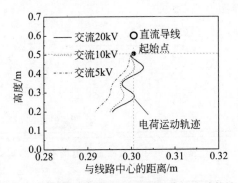

图 5-14　直流导线附近一空间电荷的运动轨迹

距 60cm、直流电压 50kV、交流电压 20kV 时,直流导线附近某一空间电荷
运动轨迹的计算结果,其摆动的幅度大约为 4mm;图 5-15 为相同条件下交
流导线附近某一空间电荷的运动轨迹,其摆动的幅度大约为 4cm。显然,在
交流导线附近由于交流电场较强,空间电荷运动所受的影响也较大。

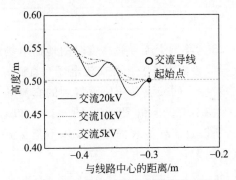

图 5-15　交流导线附近一空间电荷的运动轨迹

5.2.2　直流导线表面电场交变分量对离子流场的影响

　　直流导线表面电场变化对地面电场的影响可通过如下缩尺模型实验来
获得[18]:如图 5-16 所示,直流导线位置和测量点位置固定,选择若干交流
导线位置,通过合理选择如表 5-1 所示交流电压(表中交流和直流导线半径
均为 0.8mm),可以保证直流导线表面的感应交流电场均值基本一致。另
外,由于交流导线位置的变化,直流电压也要稍做调整以保证直流导线表面
的直流电场保持不变。

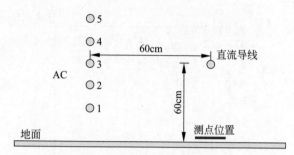

图 5-16　"保持直流导线表面直流电场不变"的实验

表 5-1　"保持直流导线表面直流电场不变"实验的电压设置

实验序号	交流导线高度/cm	直流电压/kV	交流电压/kV
1	30	49.09	12.63
2	50	49.72	18.26
3	60	49.94	19.70
4	70	50.00	20.00
5	90	49.79	18.26

　　图 5-17 和图 5-18 为不同交流导线高度时的地面电场强度和地面离子流密度。如果直流导线表面电场变化是交流电场对直流离子流场影响的主要因素,则本实验中对应不同交流导线位置得到的直流导线下地面电场和离子流密度应基本保持不变。但由图 5-17、图 5-18 可以看到,不同实验的测量结果偏差较大,所以直流导线表面电场变化不是交流电场对直流离子流场影响的唯一重要因素。

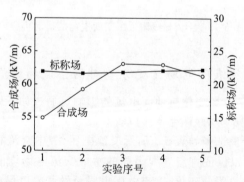

图 5-17　不同交流导线高度时的地面电场强度

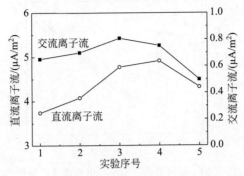

图 5-18　不同交流导线高度时的地面离子流密度

5.2.3　交流线路对直流离子流场影响因素的计算分析

前一小节已通过试验证明了直流导线表面电场变化不是交流电场对直流离子流场影响的唯一重要因素。基于同一模型，可以进一步分析直流导线表面电场变化和空间电荷运动变化两个因素的重要性。

图 5-19、图 5-20 为应用不同假设时的地面电场和离子流密度的直流分量计算值：

（1）假设 A，直流导线表面电场变化和空间电荷运动变化两个因素都考虑在内；

（2）假设 B，只考虑空间电荷运动变化这一因素，假设直流导线表面电场维持在直流的情况不变；

（3）假设 C，只考虑直流导线表面电场变化这一因素，空间电荷的运动不受交流电场的影响；

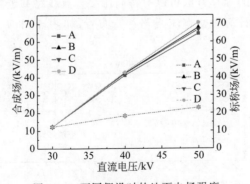

图 5-19　不同假设时的地面电场强度

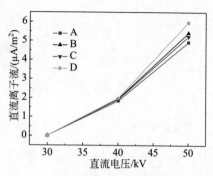

图 5-20　不同假设时的地面电场离子流密度

（4）假设 D，两种影响因素都未考虑，也就是不考虑交流导线影响的单直流离子流场计算结果。

图 5-19 表明，以上四种情况的标称场完全相同（虚线）。当直流电压达到 50kV 时，B 情况下考虑空间电荷的混合电场直流分量比 A 情况高 5.2%；C 情况比 A 情况高 3.6%，D 情况比 A 高 9.5%。图 5-20 表明，当直流电压达到 50kV 时，B 情况下地面离子流密度比 A 情况高 9.9%；C 情况比 A 情况高 6.0%；D 情况比 A 情况高 21.3%。总之，忽略直流导线表面电场变化和空间电荷运动变化两个因素中的任一个都会导致地面电场和离子流密度计算结果偏高，所以这两个因素都是重要的。

5.3　特高压交、直流线路共走廊或同塔时混合场计算

5.3.1　特高压交、直流线路共走廊时混合场计算

使用 5.1 节的计算方法可以对特高压交直流线路共走廊时的地面电场进行计算分析。计算中交直流线路并行布置，如图 5-21 所示，具体线路参数如下：

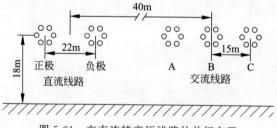

图 5-21　交直流特高压线路的并行布置

（1）直流线路：双极±800kV,6 分裂导线,分裂间距 45cm,子导线半径 16mm。

（2）交流线路：三相 1000kV,6 分裂导线,分裂间距 45cm,子导线半径 18mm。

图 5-22 为 0 时刻（交流线路中相导线电压为 0 时）直流线路附近空间电荷密度分布图。从图中可以看到,直流线路正极导线附近空间电荷密度比负极附近略大,这是由于此时刻交流线路 A 相导线电压为负,直流线路正极导线表面场强被加强,电晕放电也被加强。

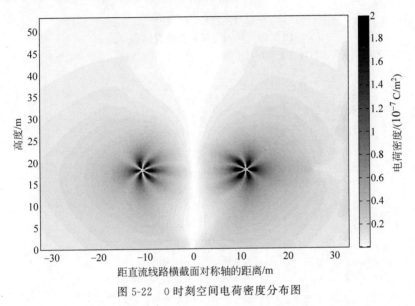

图 5-22　0 时刻空间电荷密度分布图

图 5-23 为地面电场计算结果。由于此电场是时变的,这里分别取电场的最大值和平均值进行讨论,平均值可以看作直流分量,而最大值与平均值的差异可以看作是交流电场产生的影响。可以看到,直流线路靠近交流线路一侧极导线下方电场受交流电场影响较大,交流电场几乎使标称电场最大值增加 1 倍,而考虑空间电荷的影响后的混合电场增加约 30%。

图 5-24 为地面离子流密度计算结果。可以看到,交流电场使离子流密度最大值比原直流情况增加 30% 左右,与混合电场的增加比例相同。由于交流线路电位高于直流线路电位,地面标称电场最大值增加比例很大,而考虑到空间电荷的存在大大加强了地面直流电场,交流电场使地面混合电场增加的比例稍小。

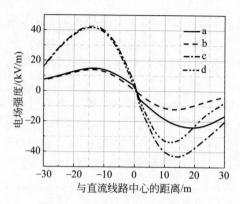

图 5-23   地面电场强度计算结果

（a 为标称电场最大值；b 为标称电场平均值；c 为混合电场最大值；d 为混合电场平均值）

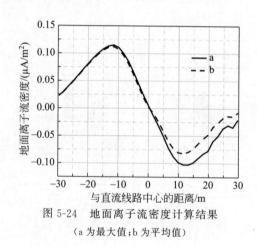

图 5-24   地面离子流密度计算结果

（a 为最大值；b 为平均值）

5.3.2   特高压交、直流线路同塔时混合场的计算

本节讨论特高压交流和直流线路同塔架设的情况，包括直流在下交流在上和直流在上交流在下两种情况。

5.3.2.1   直流在下交流在上

线路布置方式如图 5-25 所示，交流线路在直流线路上方 10m 处架设。

图 5-26 为地面电场计算结果。其中 a 为混合电场最大值；b 为混合电场平均值，反映了混合电场中的直流成分；c 为假设交流导线接地的计算结果，反映了交流导线本身而非交流电场对原有直流场的影响；d 为假设不存

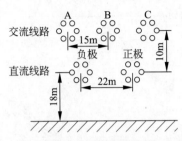

图 5-25　交直流特高压线路同塔架设(交流在上)

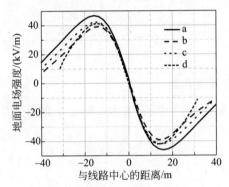

图 5-26　地面电场强度计算结果

在交流导线的计算结果,反映了只考虑直流线路本身的电场效应。

由图 5-26 看到,混合电场最大值(曲线 a)比平均值(曲线 b)高 20% 左右,小于上节中交直流并行架设的 30% 的比例,这是由于交流线路与直流线路水平中心相同,交流三相导线与某一相直流导线的距离差异小于并行架设的情况,而交流三相导线电压相角各差 120°,各自对混合电场的影响相互抵消。交流导线接地(曲线 c)和交流导线不存在(曲线 d)两种情况时地面电场最大值计算结果基本相同,这是由于交流导线位置很高,并且在直流导线上方对空间电荷的迁移影响很小,所以对地面电场很难产生影响,曲线 c、d 在线路外侧的差异是由于计算曲线 d 时应用了第 4 章介绍的缩小边界方法。曲线 b 最大值比曲线 c 低 7% 左右,即交流导线加压后混合电场直流分量降低了,说明交流电场的存在对原有直流电场可能有一定抑制作用。

图 5-27 为地面离子流密度计算结果。其中各曲线意义与图 5-26 相似。离子流密度计算结果所反映的规律与电场结果相比趋势相同,但略不明显。

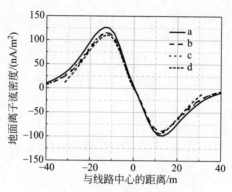

图 5-27　地面离子流密度计算结果

5.3.2.2　交流在下直流在上

线路布置方式如图 5-28 所示,直流线路在交流线路上方 10m 处架设。

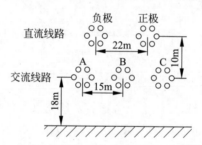

图 5-28　交直流特高压线路同塔架设(直流在上)

图 5-29 为地面电场计算结果。其中各曲线意义与图 5-26 相同。可以看到,混合电场最大值(曲线 a)比平均值(曲线 b)高 50％左右,这是由于直流导线位置升高,地面直流合成电场减小,而交流导线与地面距离较近,综合考虑,交流电场在地面混合电场中所占比例增加。交流导线加压后的混合电场直流分量(曲线 b)与交流导线接地的情况(曲线 c)基本相同,说明交流电场对原直流合成场的影响并不明显。交流导线加压后的混合电场直流分量(曲线 b)的最大值比交流导线不存在的情况(曲线 d)低 25％左右,这是由于交流导线的存在对原直流合成场起到了一定的屏蔽作用。总的来看,交流导线本身的屏蔽作用比交流电场对原直流合成场的影响要明显得多。

图 5-30 为地面离子流密度计算结果,其反映的规律与电场结果相比趋

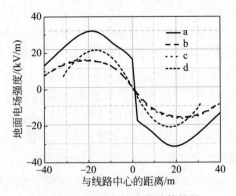

图 5-29 地面电场强度计算结果

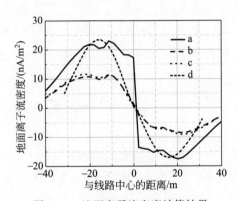

图 5-30 地面离子流密度计算结果

势相同,而且混合场离子流密度最大值(曲线 a)与交流导线不存在的情况(曲线 d)相近,可见交流导线对空间离子流也起到了较大的屏蔽作用。

5.3.3 特高压交直流线路并行或同塔时混合场的比较

将交直流线路并行或同塔模型的混合场分为如下 5 种情况,横向比较地面合成电场和离子流密度:

(1) 交直流导线同塔的排列方式

A. 交直流导线同塔架设,直流导线在上、交流导线在下;

B. 交直流导线同塔架设,交流导线在上、直流导线在下。

(2) 交直流导线并行的排列方式

C. 两线路中心间距 50m;

D. 两线路中心间距 100m;

E. 两线路中心间距150m。

由于交流电压随时间变化,只选 2 个有代表性的时刻进行比较,即左相导线呈最大负电位的时刻 T1(直流左极导线为负,考虑叠加作用,此时地面电场较大)和中相导线呈最大负电位的时刻 T2。

图 5-31 和图 5-32 为 T1 时刻不同线路排列时地面合成电场和离子流密度;图 5-33 和图 5-34 为 T2 时刻不同线路排列时地面合成电场和离子流密度。可以看到,线路排列方式 A 的计算结果与其他情况相差较大,这是由于地面合成电场和离子流密度主要受直流线路影响,而方式 A 中直流导线高度比其他情况高 10m,所以对地面合成电场和离子流密度影响较小。

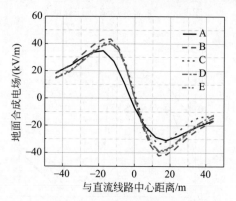

图 5-31　T1 时刻地面合成电场比较

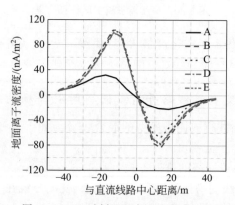

图 5-32　T1 时刻地面离子流密度比较

除线路排列方式 A 外,不同时刻地面合成电场和离子流密度变化较小,交流边相导线取最大值时各排列方式计算结果的差别比中相导线取最

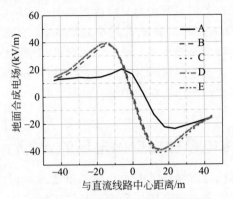

图 5-33　T2 时刻地面合成电场比较

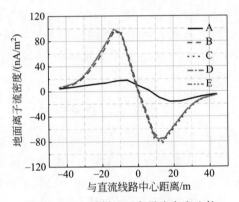

图 5-34　T2 时刻地面离子流密度比较

大值时的差别稍明显。

在 T1 时刻,比较地面合成电场最大值和地面离子流密度最大值,各线路排列方式间大小关系为:B>C>D>E>A。即同塔直流导线在下的地面电磁环境最差;交直流线路并行时,交直流导线越靠近,地面电磁环境越差。

在 T2 时刻,比较地面合成电场最大值和地面离子流密度最大值,各线路排列方式间大小关系为:E>D>C>B>A。即同塔直流导线在下的地面电磁环境较好;交直流线路并行时,交直流导线间距越远,地面电磁环境越差。

由上可见,不同时刻交流线路对直流线路下地面合成电场和离子流密度的影响不是固定的,需要分别分析,但同塔布置交直流线路,直流在上、交

流在下的布置方式在各时刻都可以显著改善地面电磁环境。交直流线路并
行时,交直流线路之间的中心距离即使小到 50m,交直流线路之间的电磁
耦合对地面电磁环境的影响也比较小。考虑到进一步减小交直流特高压线
路之间的中心距离会引起绝缘等其他问题,建议以 50m 为针对电磁环境的
交直流特高压线路之间的中心距离控制值。

5.4　交流线路电晕放电空间电场的计算

　　电晕现象是影响输电线路下电磁环境的重要因素,目前已有许多学者
对直流线路电晕放电对地面电场的影响进行了系统研究,而交流线路计算
地面电场时并不考虑电晕的影响。这是由于交流导线附近电场方向交替变
化,电荷被限制在导线附近的范围内[19],因而认为电晕对地面电场影响不
大,可以忽略。目前对电晕放电对交流线路地面电场的影响鲜有定量的试
验或计算研究,但随着输电线路电压等级的提高,电晕放电的影响可能增
大,有必要对此进行定量研究。

5.4.1　交流电场作用下的空间电荷运动特性

　　交流导线电晕放电时,电场往复变化,空间电荷被限制在导线附近的区
域,以单根无限长圆柱导线平行布置于无限大导体接地面上方为例,在导线
和地面间施加高于起晕电压的交流电压,则在一个周期内电晕放电产生的
电晕电流如图 5-35 所示,空间离子运动如图 5-36 所示[16]。

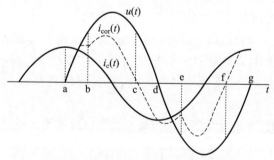

图 5-35　起晕后的交流电压电流波形

　　图 5-35 中实线 i_c 为没有发生电晕时的线路空载电流。由于该电流基
本为容性,因此超前于导线电压 90°;虚线 i_{cor} 为发生电晕后的线路空载电

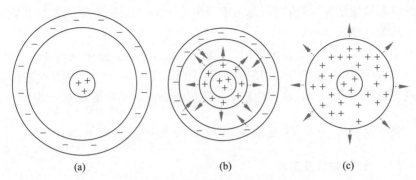

图 5-36　半个交流周期内离子的运动

流。假设交流周期从图 5-35 的 a 点开始,电压由零开始上升。离导线较远处存在上个电压周期负半周余下的负电荷,如图 5-36(a)所示。虽然导线电压为 0,但少量的负电荷在导体表面感应出较小的电场。在 a-b 之间,导线电压增大,导线表面电场和附近空间电场随之增大,远处的负电荷层加速接近导体。在 b 点,导线表面电场达到正极电晕起始场强,而后电晕放电产生大量正离子,正离子远离导线,而电子则迅速接近导线并在导线表面中和。残留负离子层继续向导线移动与新生成的正离子汇合,其中一部分负离子与正离子复合。大多数的负离子移动到导线表面发生中和。以上过程参见图 5-36(b)。正极性电晕放电一直维持到 c 点,导线电压经过峰值后下降到不能维持高于电晕起始场强的电场。由于导体附近大量正离子的存在削弱了导线表面场强,所以电晕停止时的导线电位要比电晕起始时导线电位略高。c 点之后电晕放电终止不再有正离子产生,积累的正电荷继续向外运动。从 c 点到电压为 0 的 d 点,残余的正电荷持续向外运动以达到与导线的最远距离。之后电压进入负半周,电荷运动过程与正半周相似,电晕放电在 e 点开始,f 点结束。

　　Clade 等人最早在忽略空间电荷对原有电场方向影响的前提下对电晕笼内交流离子流场进行了计算[20-23],但此方法难以推广到真实线路结构。Abdel-Salam 等人将模拟电荷法应用在交流线路离子流场计算中,用此方法对实验室内单相导线线板结构的离子流场进行了仿真计算,并得到了试验的验证[24-25]。其方法定义了导线起晕电荷的概念,由此计算导线发射出的电荷量。将空间电荷分布用离散的线电荷表示,空间电场由导线本身模拟电荷和空间线电荷共同决定,而空间线电荷又在空间电场的作用下重新分布。Abdel-Salam 的方法忽略了导线表面不同位置由于电场强度不同引起的电晕放电的差别,所以不适用于分裂导线、多相线路等导线表面电场分布不均匀的情况。

本节基于 Abdel-Salam 提出的空间电荷迁移、复合损耗、电晕损失的计算方法,在导线表面各点分别判断起晕、计算发射电荷量等诸多方面进行了改进,使计算分裂导线、多相线路下导线附近交流离子流场成为可能[26]。

5.4.2 交流输电线路电晕放电对地面电场影响的计算

5.4.2.1 计算方法及流程

交流输电线路电晕放电对地面电场影响的计算流程见图 5-37。采用模拟电荷法对多分裂导线交流电晕进行分析,首先在不存在空间电荷时根据 Kaptzov 假设计算导线起晕电荷。然后将交流周期分为若干时间段,在每一时刻计算导线表面模拟电荷量,将其与起晕电荷比较,判断起晕,在起

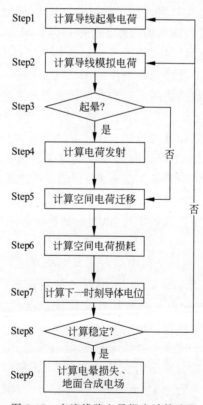

图 5-37　交流线路电晕损失计算流程

晕时令导线发射一定电荷到空间中,空间电荷在电场作用下迁移,并复合损耗。将以上步骤重复若干周期,直至一周期内电荷总量稳定则停止计算。根据计算结果可以进一步得到电晕损失、地面电场等物理量[26-27]。

5.4.2.2　起晕电荷的计算

　　根据 Kaptzov 假设,导线起晕后表面场强维持在起晕场强不变,但直接将 Kaptzov 假设应用在交流线路电晕计算时难以得到导线表面的电荷发射量。为此 Abdel-Salam 引入导线起晕电荷的概念[24],在导线表面附近一周均匀设置模拟电荷,用标称场计算导线表面达到起晕场强时模拟电荷的总电荷量,将其定义为导线起晕电荷。假设导线起晕电荷在各个时刻不变,只计算一次,然后在每一时刻考虑当时的导线电位和空间电荷分布计算导线的模拟电荷。当导线模拟电荷总量超过起晕电荷时认为导线起晕,将超出的部分均匀分配在导线表面各点发射到空间中。

　　事实上,导线表面分布的空间电荷会影响导线表面的电场分布,用标称场计算出的起晕电荷在存在空间电荷时不能保证符合 Kaptzov 假设;另一方面在不对称结构中导线表面各处电场分布不均匀,特别在分裂导线的情况下更是如此,用导线总电荷量作为起晕判据,认为电晕在导线表面均匀发生显然不合理。本节仍将导线离散为模拟线电荷,如图 5-38 所示,但重新定义导线起晕电荷为导线表面各点不同的值,认为导线表面一点达到起晕场强时该点的模拟电荷量为该点处的起晕电荷。计算起晕电荷时考虑空间电荷的作用,所以导线起晕电荷在每一时刻的开始都要重新计算,如图 5-38 中虚线部分所示。

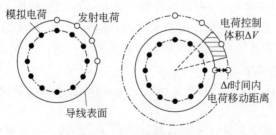

图 5-38　电荷发射过程

　　以单根导体为例,计算时在导线内接近表面布置若干模拟电荷,并选取与模拟电荷在相同径向方向上的导线表面点作为匹配点,见图 5-38,假设导体表面模拟电荷数为 M,空间电荷数为 N(不同时刻 N 值不同,每一次电荷发射、电荷消失事件都会改变 N 的数值），则导线表面一点 r 的起晕电荷可按如下步骤计算。

点 r 达到起晕场强时，满足如下公式：

$$P_{\mathrm{cond}}Q_{\mathrm{cond}} + P_{\mathrm{space}}Q_{\mathrm{space}} = V_0 \tag{5-11}$$

$$R_{\mathrm{cond},r}Q_{\mathrm{cond}} + P_{\mathrm{space},r}Q_{\mathrm{space}} = E_0 \tag{5-12}$$

式(5-11)表示导线模拟电荷和空间电荷对导体表面 M 个点的电位贡献。$P_{\mathrm{cond}(M\times M)}$ 为导线模拟电荷对导线表面的电位系数矩阵，$P_{\mathrm{space}(M\times N)}$ 为空间电荷对导线表面的电位系数矩阵，$Q_{\mathrm{cond}(M\times 1)}$ 为导线模拟电荷向量，$Q_{\mathrm{space}(N\times 1)}$ 为空间电荷向量，$V_{0(M\times 1)}$ 为起晕时的导线电位，由于导体表面各处电位相同，故 V_0 中各元素相等。

式(5-12)表示导线模拟电荷和空间其他电荷对导体表面 r 点的电场贡献。$R_{\mathrm{cond},r(1\times M)}$ 为导线模拟电荷对 r 点的电场系数矩阵，$R_{\mathrm{space},r(1\times N)}$ 为空间电荷对 r 点的电场系数矩阵，E_0 为起晕场强向量，其元素用 Peek 公式计算得到（见 3.1 节）。

若将方程(5-11)和(5-12)联立，且空间电荷 Q_{space} 使用上一时步计算结果，则可求解未知量 Q_{cond} 和 V_0。Q_{cond} 中第 r 行元素 $Q_{\mathrm{cond},r}$ 为 r 点处起晕电荷，V_0 为 r 点达到起晕场强时导线的电位。

在导线表面各点重复以上计算过程并分别考虑正负极情况可求出导线表面各点起晕电荷 $Q_{\mathrm{c}\pm}$。

5.4.2.3　电荷发射的计算

计算导线表面电荷发射量是算法的关键。本节在导线表面每一点分别判断起晕、计算电荷发射，在每一时刻计算导体模拟电荷向量 Q_{cond} 和起晕电荷向量 $Q_{\mathrm{c}\pm}$，比较两向量中的各元素，如果 $Q_{\mathrm{cond},r} > Q_{\mathrm{c}+,r}$ 或 $Q_{\mathrm{cond},r} < Q_{\mathrm{c}-,r}$ 则导线表面的 r 点起晕，并将模拟电荷超出起晕电荷的部分 $Q_{\mathrm{s},r} = Q_{\mathrm{cond},r} - Q_{\mathrm{c}\pm,r}$ 发射到空间中。

起晕电荷向量 $Q_{\mathrm{c}\pm}$ 计算方法已在上一节介绍，模拟电荷向量 Q_{cond} 的计算过程如下：

将一个交流周期等分为 NT 段，在第 i 步，导线上施加电压 V_{app} 为：

$$V_{\mathrm{app}} = V_{\max}\sin[\omega(i-1)]\Delta t \tag{5-13}$$

其中，$i = 1,2,3,\cdots,NT$。

假设导体用 M 个线电荷表示，则在导线表面各点满足下式：

$$P_{\mathrm{cond}} \cdot Q_{\mathrm{cond}} + P_{\mathrm{space}} \cdot Q_{\mathrm{space}} = V_{\mathrm{app}} \tag{5-14}$$

其中，$\boldsymbol{P}_{\text{cond}}$、$\boldsymbol{P}_{\text{space}}$ 与式(5-11)中的意义相同，$\boldsymbol{V}_{\text{app}(M \times 1)}$ 为当前时刻施加在导线上的电压，求解此式得到导线模拟电荷向量 $\boldsymbol{Q}_{\text{cond}}$。

5.4.2.4　电荷的迁移

空间电荷与导线极性相同则将被推离导线，与导线极性不同则将被拉向导线。空间电荷在 Δt 时间内移动距离 Δd 为[28]：

$$\Delta d = \mu E \Delta t \tag{5-15}$$

其中，μ 为离子迁移率，对正负电荷分别为 1.5×10^{-4} 和 $1.8 \times 10^{-4} \, \text{m}^2/(\text{V} \cdot \text{s})$；$E$ 为电荷所在处电场，用模拟电荷法进行计算。在电场的作用下发射出的电荷会移动到新的位置。

5.4.2.5　电荷的损耗

每一时刻空间电荷在式(5-15)的作用下被推离或拉近导线。当电荷运动返回导线时则在导线表面中和，从计算中消失。

正负电荷在空间相遇时会发生复合，为计算电荷复合需要知道电荷密度，在此定义电荷的控制体积 ΔV_i 为电荷 i 在时间段 Δt 经过的扇形面积，见图 5-38。电荷密度定义如下：

$$\rho_{\pm} = \frac{q_{\pm\text{si}}}{e \Delta V_i} \tag{5-16}$$

其中，$q_{\pm\text{si}}$ 为正负线电荷；e 为电子电荷量，$e = 1.602 \times 10^{-19} \text{C}$。

考虑正负电荷复合后，电荷量变为[28]：

$$q_{\pm\text{si},t+\Delta t} = \frac{q_{\pm\text{si},t}}{1 + |\gamma \Delta t \rho_{\pm}|} \tag{5-17}$$

其中，复合系数 $\gamma = 1.5 \times 10^{-12} \, \text{m}^2/\text{s}$，$\rho_{\pm}$ 为正负电荷密度。

由于复合作用，空间电荷自产生后不断减少，当其电荷密度小于一定数值时则从计算中删除该电荷。

5.4.2.6　终止判据

由于计算的初始条件中没有计入空间电荷，所以计算需要进行数周期后才能稳定。在每一时刻记录空间电荷总量为：

$$q_{\text{space,sum}} = \sum_{i=1}^{N} q_i \tag{5-18}$$

计算一周期内产生空间电荷总量为：

$$q_{\text{cycle,sum}} = \sum_{j=1}^{NT} q_{\text{space,sum},j} \tag{5-19}$$

认为相邻两周期内产生空间电荷总量变化不大时计算达到稳定。即

$$\left| \frac{q_{\text{cycle,sum},N_c} - q_{\text{cycle,sum},N_c-1}}{q_{\text{cycle,sum},N_c-1}} \right| < \varepsilon \tag{5-20}$$

其中，N_c 为当前计算周期数，ε 为误差容忍度。

经验表明，经过 10 个周期的计算，电荷总量误差可以控制在小于 1% 的水平。

5.4.2.7　电晕损失、电晕电流的计算

空间电荷在电场作用下运动，将空间电荷看作整体，其运动所需的总能量为导线提供，即电晕损失[28]。

第 i 个电荷 Δt 时间内运动距离为：

$$\Delta d_i = \mu E_i \Delta t \tag{5-21}$$

运动所需能量为：

$$W_i = q_i E_i \cdot \Delta d_i \tag{5-22}$$

一个周期内导线所做总功则为：

$$W = \int_{\text{cycle}} \sum_N q_i E_i \cdot \Delta d_i \tag{5-23}$$

一周期内平均功率为：

$$P = fW \tag{5-24}$$

其中，f 为工频周期。

电晕电流由两部分构成：位移电流 i_{displ} 可以用导线表面模拟电荷的变化量表示，传导电流 i_{conv} 与空间电荷运动相关。其中位移电流部分还要扣除导线无电晕时的容性电流 i_{cap}[28]。

$$i_{\text{displ}} = \frac{\Delta \sum_M Q_{\text{cond}}}{\Delta t} \tag{5-25}$$

$$i_{\text{cap}} = \frac{\Delta \sum_M Q_{\text{cond,norm}}}{\Delta t} \tag{5-26}$$

式中，$Q_{\text{cond,norm}}$ 为不考虑电晕的模拟电荷量。

$$i_{\text{conv}} = \sum_N \frac{Q_{\text{space}} \mu_\pm E_s^2}{V_{\text{app}}} \tag{5-27}$$

其中，E_s 为空间电荷位置处电场强度，V_{app} 为当前时刻导线电压。

总电晕电流为：

$$i_{cor} = i_{displ} - i_{cap} + i_{conv} \tag{5-28}$$

5.4.2.8　地面电场的计算

经过若干周期后，计算稳定，可以得到每一时刻导线模拟电荷和空间电荷分布，由此可以计算出空间任意点 p 处电场：

$$E_p = \sum_{i=1}^{M} e_{p,i} q_i + \sum_{j=1}^{M} e_{p,j} q_j \tag{5-29}$$

其中，右式第一项为导线产生电场，第二项为空间电荷产生电场。

5.4.2.9　算法验证与讨论

（1）单导体缩尺模型的电晕分析

文献[28]给出了单导体线板结构电晕损失的仿真及测量结果。导线半径 3.28mm，高度 2.59m。结果见图 5-39，曲线 A 为实测结果，B 为文献[29]中导线表面粗糙度取 0.7 时的计算结果，C 为用本节方法导线表面粗糙度取 0.7 的计算结果。可以看到本节的计算结果与实测结果更为接近。在电压较低的部分计算与试验结果相差较大，这是因为计算方法中导线起晕与否是一个突变的过程，而实际导线表面是不均匀的，随电压升高首先在导线表面个别点产生随机的放电，电压升高到一定程度后导线才达到全面起晕。所以在电压较低的区域内实测结果比计算结果变化更为缓和。

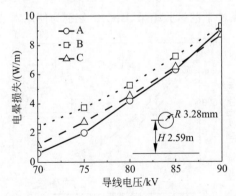

图 5-39　单导体缩尺模型电晕损失计算与试验对比

计算表明，对此单根导线，空间电荷总量的 99% 以上集中在距导线中心 0.24m 的范围内,为导线半径的 73 倍,这与文献[20]中电荷最远运动距离为导线半径 70 倍的分析结果相符合。

　　图 5-40 为导线电压 75kV 时的电晕电流波形,曲线 A 为本节电晕电流计算结果,B 为电压相位,C 为文献[29]提出的电晕电流理论波形。可以看到,按本节方法计算得到的电晕电流波形与文献[29]提出的理论波形趋势相近。

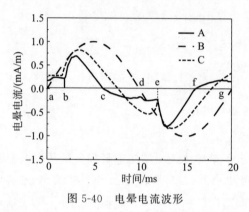

图 5-40　电晕电流波形

　　(2) 多相多分裂导线的电晕分析

　　本节提出的计算方法可以处理多相多分裂导线表面电场分布不均的结构。以文献[30]中的一条三相高压交流线路为例,线路高度 H 为 24m,相间距 L 为 18.5m,导线 8 分裂,分裂间距 D 为 39cm,如图 5-41 所示。线路电压为 1200kV,文献[30]测量了不同子导线直径对电晕损失的影响,图 5-41 中曲线 A 为大雨条件下的试验结果,B、C、D 分别为使用本节方法导线表面粗

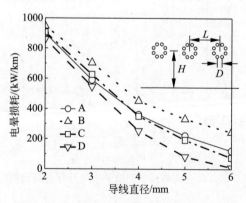

图 5-41　不同子导线直径对电晕损失的影响

糙度取 0.6、0.65、0.7 时的计算结果。可以看到导线表面粗糙度取 0.65 时的计算结果与在大雨条件下的试验结果相近,这与文献[31]中建议的降雨条件下交流导线表面粗糙度取值 0.5(强降雨)~0.75(小雨)相符。

图 5-42 为导线表面粗糙度取 0.65,子导线直径为 3cm,电压相位为 72°时,中相导线附近空间电荷产生的电场强度。电场强度较大的区域分布在分裂导线外侧区域,即电晕发生的区域在子导线背离分裂导线中心的一侧,面向分裂导线中心的一侧基本不起晕,这证明了导线表面各点起晕电荷、发射电荷分别计算的必要性。另外,由于地面的镜像作用,靠近地面侧的导线起晕稍强烈。

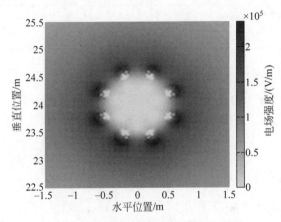

图 5-42　分裂导线附近电荷产生的电场

计算表明,对此三相 8 分裂线路,空间电荷总量的 99% 以上集中在距分裂导线中心 1.3m 的范围内,即空间电荷主要分布在 2.5 倍于分裂半径的圆柱体范围内。

5.5　超特高压交流输电线路电晕对地面电场的影响

5.5.1　不同电压等级线路电晕放电对地面电场的影响

不同电压等级线路电晕对地面电场的影响程度不同,使用上述计算方法对 110kV、200kV、500kV、750kV、1000kV 五种电压等级典型设计参数的输电线路下地面电场进行计算,考虑电压波动,计算时电压取为设计电压的 1.1 倍,各线路都为三相线路,各相均为等高水平对称排列,使用分裂导线时的分裂间距都为 40cm,结果如表 5-2 所示,地面合成电场与标称电场之差表示了电晕对地面电场的影响程度。

表 5-2 交直流并行或同塔时地面电场比较

线路电压/kV	110	220	500	750	1000
线路高度/m	7	8	15	18	22
相间距/m	4	6	11	15	18
分裂数	1	2	4	6	8
子导线型号(LGJ-)	240	300	400	400	630
合成场最大值/(kV/m)	1.83	4.77	5.73	8.04	9.02
标称场最大值/(kV/m)	1.83	4.75	5.59	7.72	8.57
合成、标称场差/%	0	0.5	2.5	4.2	5.2

随电压等级的上升,根据输送功率的要求和电磁环境的要求,一般会增加导线分裂数和子导线半径,这在一定程度上抑制了电晕的产生,但从计算结果看,更高电压等级线路下地面电场受电晕的影响程度仍然更大。所以有必要对 1000kV 特高压线路下地面受电晕影响的问题进行研究。

5.5.2 考虑电晕放电时线路参数对地面电场的影响

线路参数变化时,一方面地面标称电场随之变化,另一方面电晕效应也受到影响,两方面的变化趋势可能不同,从而使合成电场变化趋势的分析变得很复杂,需要通过计算进行分析。下面以一条 3 相 1000kV 交流输电线路为例,通过计算导线半径、分裂间距、分裂根数、线路相间距、线路高度等参数对地面电场的影响,分析不同情况下电晕对地面电场的影响程度[32]。假设线路三相导线架设高度相同,水平对称排列,作为比较基准的线路参数为:8×LGJ-630 导线,分裂间距 40cm、相间距 18m、线路高度 22m。计算时电压取波动的峰值 1100kV。

(1)子导线半径对地面电场的影响

表 5-3 为不同子导线半径时电晕对地面电场最大值的影响,表中各列分别为:合成电场最大值、合成电场最大值与基准线路相差的比例、标称电场最大值、标称电场最大值与基准线路相差的比例、合成场与标称场相差的比例(即电晕对地面电场的影响程度)。后面讨论其他参数对地面电场的影响时各图、表的意义与此相同。

表 5-3　不同子导线半径时电晕对地面电场最大值的影响

子导线型号	LGJ-500	LGJ-630	LGJ-800
合成场最大值/(kV/m)	9.07	9.02	8.97
与基准线路比较/%	0.6	0	−0.6
标称场最大值/(kV/m)	8.54	8.57	8.60
与基准线路比较/%	−0.4	0	0.4
合成、标称场之差/%	6.3	5.2	4.3

从表 5-3 可以看到,子导线半径增大时,标称场最大值略有增大而合成场最大值略有减小,这是由于电晕加强了地面电场,而较细的导线表面电场强度较大,容易发生电晕,对地面电场的加强作用更为明显,改变了原有合成电场随子导线半径变化的趋势。在采用 LGJ500～LGJ800 导线情况下,地面合成电场最大值与基准线路相比变化很小,为 0.6%～−0.6%,电晕对地面电场最大值的影响在 6.3%～4.3% 之间。

（2）导线分裂间距对地面电场的影响

表 5-4 为不同分裂间距时电晕对地面电场最大值的影响。可以看到,分裂间距增大时,合成场最大值与标称场最大值都有所增加,但合成场最大值的增加幅度略小于标称场。这是由于,相同电压等级下,分裂间距较小时导线表面电场强度较大,容易发生电晕,对地面电场的影响更为明显,但分裂间距对电晕对地面电场的加强作用影响不大,综合标称场的变化和电晕的作用,分裂间距增大时,合成场最大值随之增加,但增加的幅度略小于标称场。分裂间距在 30～50cm 变化时,地面合成电场最大值与基准线路相比变化范围是 −5.3%～4.8%,电晕对地面电场最大值的影响在 5.9%～5.0% 之间。

表 5-4　不同分裂间距时电晕对地面电场最大值的影响

分裂间距/cm	30	35	40	45	50
合成场最大值/(kV/m)	8.54	8.79	9.02	9.23	9.45
与基准线路比较/%	−5.3	−2.6	0	2.3	4.8
标称场最大值/(kV/m)	8.07	8.33	8.57	8.80	9.01
与基准线路比较/%	−5.8	−2.8	0	2.7	5.1
合成、标称场之差/%	5.9	5.5	5.2	5.0	5.0

（3）导线分裂根数对地面电场的影响

表 5-5 为不同导线分裂数时电晕对地面电场最大值的影响。可以看

到,分裂数增大时,合成场最大值与标称场最大值都有所增加,但合成场最大值的增加幅度小于标称场。这是由于相同电压等级下,分裂数小时导线表面电场强度较大,容易发生电晕,对地面电场的影响更为明显,综合标称场的变化和电晕的作用,分裂数增大时,合成场最大值随之增加,但增加的幅度小于标称场。分裂数分别为 6、8、10 时,地面合成电场最大值与基准线路相比变化范围是 -4.3%~4.2%,电晕对地面电场最大值的影响在 8.8%~2.9% 之间。

表 5-5 不同导线分裂数时电晕对地面电场最大值的影响

子导线分裂数	6	8	10
合成场最大值/(kV/m)	8.63	9.02	9.40
与基准线路比较/%	-4.3	0	4.2
标称场最大值/(kV/m)	7.93	8.57	9.13
与基准线路比较/%	-7.5	0	6.5
合成、标称场之差/%	8.8	5.2	2.9

(4) 线路相间距对地面电场的影响

表 5-6 为不同相间距时电晕对地面电场最大值的影响。可以看到,相间距增大时,合成场最大值与标称场最大值都有所增加,但合成场最大值的增加幅度小于标称场。这是由于相间距增大即在电位差不变的情况下加大了相间电力线的长度,降低了导线表面电场强度,使电晕减弱,综合标称场的变化和电晕的作用,相间距增大时,合成场最大值随之增加,但增加的幅度略小于标称场。相间距为 14~22m 时,地面合成电场最大值与基准线路相比变化范围是 -8.4%~6.0%,电晕对地面电场最大值的影响在 6.3%~4.5% 之间。

表 5-6 不同相间距时电晕对地面电场最大值的影响

相间距/m	14	16	18	20	22
合成场最大值/(kV/m)	8.26	8.67	9.02	9.31	9.56
与基准线路比较/%	-8.4	-3.9	0	3.2	6.0
标称场最大值/(kV/m)	7.77	8.20	8.57	8.88	9.15
与基准线路比较/%	-9.3	-4.3	0	3.6	6.8
合成、标称场之差/%	6.3	5.7	5.2	4.8	4.5

(5) 线路高度对地面电场的影响

表 5-7 为不同线路高度条件下电晕对地面电场最大值的影响。可以看

到,线路高度增加时,合成场最大值与标称场最大值都显著减小,但合成场最大值的减小幅度略大于标称场。这是由于线路高度增加即在电位差不变的情况下加大了导线与地面间电力线的长度,降低了导线表面电场强度,使电晕减弱,综合标称场的变化和电晕的作用,线路高度增加时,合成场最大值随之显著减小,减小的幅度略大于标称场。线路高度为 $18 \sim 26\mathrm{m}$ 时,地面合成电场最大值与基准线路相比变化范围是 $39.5\% \sim -24.7\%$,电晕对地面电场最大值的影响在 $5.4\% \sim 5.1\%$ 之间。

表 5-7　不同线路高度时电晕对地面电场最大值的影响

线路高度/m	18	20	22	24	26
合成场最大值/(kV/m)	12.58	10.56	9.02	7.78	6.79
与基准线路比较/%	39.5	17.1	0	−13.7	−24.7
标称场最大值/(kV/m)	11.94	10.03	8.57	7.40	6.46
与基准线路比较/%	39.3	17.0	0	−13.7	−24.6
合成、标称场之差/%	5.4	5.3	5.2	5.1	5.1

综上所述,交流特高压输电线路电晕对地面电场强度的影响不超过不考虑电晕的地面电场强度的 10%。因此可以认为,即使对于 1000kV 交流特高压输电线路,计算其地面电场也不用考虑线路电晕的影响。同时,考虑到实际线路地面电场强度测试中的各种干扰因素,对交流特高压输电线路地面电场实测结果不必做针对电晕放电的修正。

参考文献

[1] V. L. Chartier. Investigation of corona and field effects of AC/DC hybrid transmission lines[J]. Power Apparatus and Systems, IEEE Transactions on, 1981. PAS-100(1): 72-78.

[2] Electric Power Research Institute. Hybrid Transmission Corridor Study[R]. New York: New York Power Authority, 1991.

[3] B. A. Clairmont, G. B. Johnson, L. E. Zaffanella. The effect of HVAC-HVDC line separation in a hybrid corridor[J]. Power Delivery, IEEE Transactions on, 1989, 4(2): 1338-1350.

[4] D. G. Kasten. Corona tests on reduced-scale two-conductor hybrid lines[J]. Conference on Electrical Insulation and Dielectric Phenomena, Annual Report, 1993, 624-629.

[5]　S. A. Sebo. Development of reduced-scale line modeling for the study of hybrid corona[J]. Conference on Electrical Insulation and Dielectric Phenomena, Annual Report, 1993, 538-543.

[6]　T. Zhao. Design, construction and utilization of a new reduced-scale model for the study of hybrid (AC and DC) line corona [J]. Transmission and Distribution Conference, Proceedings of the IEEE Power Engineering Society, 1994, 239-245.

[7]　T. Zhao. Measurement and calculation of hybrid HVAC and HVDC power line corona effects[D]. Ohio: The Ohio State University, 1995.

[8]　T. Zhao, S. A. Sebo, D. G. Kasten. Calculation of single phase AC and monopolar DC hybrid corona effects[J]. Power Delivery, IEEE Transactions on, 1996, 11(3): 1454-1463.

[9]　M. Abdel-Salam, M. T. El-Mohandes, H. El-Kishky. Electric field around parallel DC and multi-phase AC transmission lines[J]. Electrical Insulation, IEEE Transactions on, 1990, 25(6): 1145-1152.

[10]　M. P. Sarma, S. Drogi. Field and ion interactions of hybrid AC/DC transmission lines[J]. Power Delivery, IEEE Transactions on, 1988, 3(3): 1165-1172.

[11]　M. A. Abd-Allah, A. S. Alghamdi. Ion trajectories and corona effects at converting one circuit of a double circuit AC line to DC [J]. IEEE Power Engineering Society Summer Meeting, 2001, 3: 1749-1753.

[12]　陆国庆,何宏明. 直流与交流叠加电场的电场效应的试验研究[J]. 广东电力, 1996,9(4): 1-5.

[13]　陆国庆,何宏明. 交直流输电线路相邻架设或共用走廊的探讨[J]. 高电压技术, 1997,23(4): 68-70.

[14]　常卫中,李施雄. 交直流高压输电线路并行传输时的无线电干扰特性[J]. 电网技术,1998,22(6): 10-13.

[15]　杨勇. 交直流同走廊输电线路的电场分析和计算[D]. 北京: 北京航空航天大学,2007.

[16]　李伟. 交直流并行输电线路混合场特性及其环境效应的研究[D]. 北京: 清华大学, 2010.

[17]　Wei Li, Bo Zhang, et al. Calculation of the ion flow field of AC-DC hybrid transmission lines [J]. IET Generation Transmission & Distribution, 2009, 3(10): 911-918

[18]　Bo Zhang, Wei Li, et al. Study on the field effects under reduced-scale DC/AC hybrid transmission lines [J]. IET Generation Transmission & Distribution, 2013, 7(7): 717-723.

[19]　M. Abdel-Salam, et al. Electrical Breakdown in Gases, High Voltage Engineering Theory and Practice[M]. New York: Marcel Dekker, 2000.

[20]　J. J. Clade, C. H. Gary, C. A. Lefevre. Calculation of corona losses beyond the

critical gradient in alternating voltage[J]. Power Apparatus and Systems, IEEE Transactions on, 1969, PAS-88(5): 695-703.

[21] J. J. Clade, C. H. Gary. Predetermination of corona losses under rain: experimental interpreting and checking of a method to calculate corona losses[J]. Power Apparatus and Systems, IEEE Transactions on, 1970, PAS-89 (5): 853-860.

[22] J. J. Clade, C. H. Gary. Predetermination of corona losses under rain: influence of rain intensity and utilization of a universal chart[J]. Power Apparatus and Systems, IEEE Transactions on, 1970, PAS-89(6): 1179-1185.

[23] D. A. Rickard, J. Dupuy, R. T. Waters. Verification of an alternating current corona model for use as a current transmission line design aid[J]. Science, Measurement and Technology, IEE Proceedings A, 1991, 138(5): 250-258.

[24] M. Abdel-Salam, D. Shamloul. Computation of ion-flow fields of AC coronating wires by charge simulation techniques [J]. Electrical Insulation, IEEE Transactions on, 1992, 27(2): 352-361.

[25] M. Abdel-Salam, E. Z. Abdel-Aziz. Corona power loss determination on multi-phase power transmission lines[J]. Electric Power Systems Research, 2001, 58(2): 123-132.

[26] 李伟, 张波, 何金良, 曾嵘, 黎小林, 王琦. 超特高压交流输电线路电晕对地面电场的影响研究[J]. 高电压技术, 2008, 34(11): 2288-2294.

[27] 李伟, 张波, 何金良, 曾嵘, 黎小林, 王琦. 基于模拟电荷法的超特高压交流输电线路电晕损失计算方法[J]. 电机工程学报, 2009, 29(19): 118-124.

[28] M. Abdel-Salam, E. Z. Abdel-Aziz. A charge-simulation-based method for calculating corona loss on AC power transmission lines[J]. J. Phys. D: Appl. Phys., 1994, 27: 2570-2579.

[29] M. P. Sarma. Corona Performance of High-Voltage Transmission Lines[M]. New York: Research Studies Press LTD, 2000.

[30] J. G. Anderson. Transmission Line Reference Book, 345kV and Above. 2nd ed [M]. Palo Alto, CA: EPRI, CH. 12, 1981.

[31] G. W. Juette, L. E. Zaffanella. Radio noise, audible noise, and corona loss of EHV and UHV transmission lines under rain: predetermination based on cage tests[J]. Power Apparatus and Systems, IEEE Transactions on, 1970, PAS-89(6): 1168-1178.

[32] Bo Zhang, Wei Li, et al. Analysis of ion flow field of UHV/EHV AC transmission lines [J]. IEEE Transactions on Dielectrics and Electrical Insulation, 2013, 20(2): 496-504.

第6章 输电线路电晕放电与无线电干扰和可听噪声的关系

影响线路周围空间电场、电荷分布的是导线电晕的整体平均状态。实际上,由于输电线路运行环境恶劣,雨、雪、雾、脏污、毛刺以及从空气中吸附的微粒和昆虫等均会影响导线表面状况,造成导线局部场强升高,引起局部电晕放电。这种电晕放电并不稳定,随着外加电压幅值和极性的变化,还存在着其他多种脉冲放电形式。这些放电脉冲会产生一系列频带相当宽的电磁和噪声信号。研究输电线路电晕放电电流的脉冲特性是分析输电线路无线电干扰和可听噪声的基础。

6.1 导线电晕放电脉冲电流特征

正、负极性电晕放电具有多种形式,例如,正极性电压下有起始流注放电、正辉光放电、流注先导放电等,负极性电压下有特里切尔脉冲放电、负辉光放电、负流注放电等,不同形式的电晕放电具有明显不同的变化规律[1-3]。对于输电线路而言,在好天气情况下,其导线表面缺陷造成的正、负电晕放电大多为脉冲的形式,因此本节分析脉冲形式的正、负电晕放电。针对输电线路的电极结构,需要确定正、负电晕脉冲电流的幅值、上升时间、半波时间、重复频率等特征参数的变化规律[4]。由于实际输电线路导线表面场强均值通常被严格控制在电晕放电起始场强以内,仅在缺陷处高于起晕场强,因此,本节研究没有涉及导线表面电压梯度非常高时的情况。

6.1.1 电晕放电脉冲电流的测试平台

按照2.1.2.1节的测试原理和系统可以搭建如图6-1所示的测试平台。测量系统接入高压侧,采用支柱绝缘子支撑,缩尺导线悬挂在绝缘支架上,导线的高度和长度均可调整。高频电晕电流高压端测量系统均放置在圆柱形法拉第笼(也叫法拉第筒)内。

采用该测试平台对正、负极性电晕电流脉冲进行测量。相应的环境参

图 6-1　缩尺导线电晕放电测试平台

数如表 6-1 所示,在后续的缩尺导线实验中,环境参数基本保持一致,不再赘述。实验中导线直径为 1.2mm,对地高度为 40cm。用采样电阻和电流探头测量得到的典型负极性和正极性电晕电流脉冲如图 6-2 和图 6-3 所示。可以看到,采样电阻和电流探头测量的结果非常接近,说明两种方法都能够有效测量正、负极性电晕电流。

表 6-1　实验环境参数

温度/℃	湿度/%	气压/kPa
20～25	50～60	101

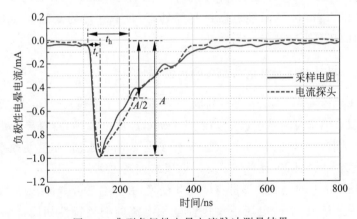

图 6-2　典型负极性电晕电流脉冲测量结果

图 6-2 和图 6-3 定义了表征电晕脉冲波形的特征参数,即:脉冲幅值 A,表征脉冲的峰值;上升时间 t_r,表征脉冲从初始值上升到峰值的时间;半波时间 t_h,表征脉冲从初始值到峰值后下降为半峰值的时间。此外,还有

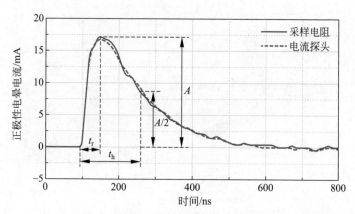

图 6-3　典型正极性电晕电流脉冲测量结果

两个参数描述电晕电流脉冲,即脉冲间隔时间 t_s,表征从脉冲结束到新脉冲开始的时间间隔;脉冲重复频率 f,表征单位时间内的脉冲总个数[5]。本节将采用以上参数来分析电晕电流脉冲。

6.1.2　负极性电晕脉冲电流特征及统计分布特性

采用前述测量系统对负极性电晕电流进行测量与统计,分析导线电压、导线半径和导线长度对电晕电流的影响。测试的导线半径分别为 0.4mm、0.6mm 和 0.8mm,表面经过砂纸打磨处理,具有一定的缺陷和不规则程度,其表面粗糙度经测量约为 0.9。

6.1.2.1　导线电压对负电晕电流的影响

导线半径 $r=0.4$mm、对地高度 $h=40$cm、导线长度 $l=1$m 时,测量得到的典型负电晕电流脉冲波形如图 6-4 所示。可以看到,随着导线电压的升高,电晕脉冲的幅值有增大的趋势,但变化范围较小;脉冲重复频率显著增大,说明导线电压主要影响了脉冲电流的重复频率。

对图 6-4 中的电流波形进行傅立叶变换,并将各频点结果以 1μA 为参考转换为分贝值,不同电压下负极性电晕电流的频谱特性如图 6-5 所示。可以看到,随着频率的增加,电晕电流频谱分量迅速下降,其主要能量集中在低频部分。随着导线电压的增加,电晕电流的频谱分量有增大的趋势。为了更加清晰地观察频谱分量随电压的变化,平滑处理后的频谱也显示在图 6-5 中。

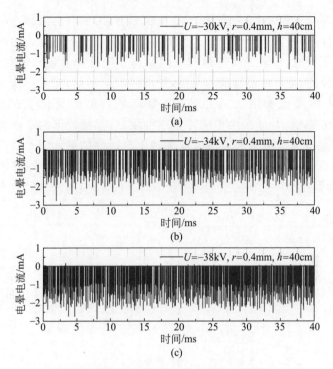

图 6-4　导线电压对负极性电晕电流的影响

(a) $U=-30\text{kV}$；(b) $U=-34\text{kV}$；(c) $U=-38\text{kV}$

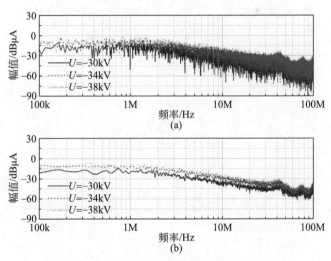

图 6-5　不同电压下负极性电晕电流的频率谱

(a) 原始频谱；(b) 光滑频谱

　　在每个电压等级下,共测量 20 组电流信号,对所有电流脉冲的特征参数进行统计,结果如图 6-6 所示。图中实线为各电压下所有脉冲的特征参数的统计平均值,并通过误差棒的方式给出了测量中的最大值和最小值。对于脉冲幅值,将负峰值转换为正值,如图 6-6(a)所示,随着导线电压的升高,电流脉冲幅值有增大的趋势,但幅值平均值的变化范围较小,在 1～2mA 范围内。由于采集卡采样频率的限制,采样数据的最小时间间隔为 5ns,可通过大量测试来求取电流脉冲上升时间的平均值及其范围。由图 6-6(b)可见,随着导线电压的升高,负电晕脉冲的上升时间基本保持不变,其平均值在 20～30ns 之间。由图 6-6(c)可见,负电晕脉冲的半波时间

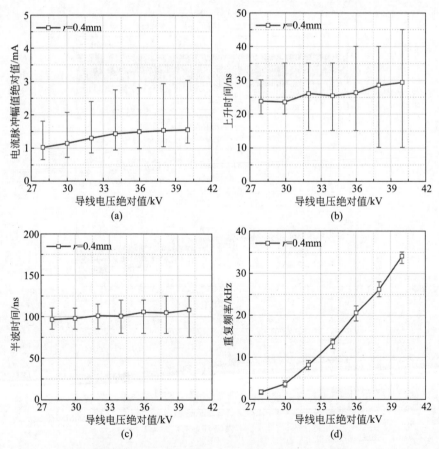

图 6-6　导线电压对负电晕电流脉冲特征参数的影响

(a) 电流脉冲幅值；(b) 上升时间；(c) 半波时间；(d) 重复频率

随电压的变化也很小,其平均值在 $90\sim110\mathrm{ns}$ 之间。由图 6-6(d)可见,随着导线电压的升高,脉冲重复频率迅速增大。统计结果表明,导线电压对单个负脉冲波形的影响较小,主要影响脉冲的重复频率。

为了进一步分析负极性电晕电流特征参数的随机分布规律,需要对各参数的概率密度分布进行统计。由于电晕脉冲的上升时间和半波时间随电压变化不显著,这两个参数不再分析。电晕脉冲之间的间隔时间也具有很强的随机性,因而需要统计间隔时间的概率密度分布。

在不同电压下,负极性脉冲幅值和间隔时间的概率密度分布如图 6-7 所示。由图 6-7(a)可见,脉冲幅值的概率密度分布基本符合正态分布或者

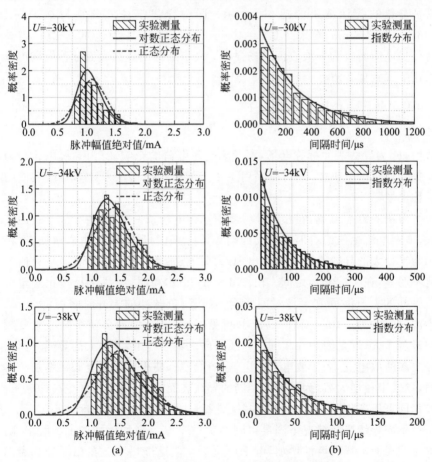

图 6-7　负电晕脉冲幅值与间隔时间的概率密度

(a)脉冲幅值绝对值概率密度;(b)间隔时间概率密度

对数正态分布。实际上,脉冲幅值的概率密度分布并不完全对称,采用对数正态分布来分析脉冲幅值更为合理。随着导线电压的增加,脉冲幅值概率分布有向右平移的趋势,但并不显著。由图 6-7(b)可见,脉冲间隔时间呈指数分布规律,随着导线电压的增加,脉冲间隔时间显著减小,该结果和文献[6]中的结果类似。

6.1.2.2 导线半径对负电晕电流的影响

以相同导线表面标称电场作为对比基准,将不同半径导线的电晕放电电流波形的特征参数进行比较。在不同导线半径情况下,负极性电晕电流特征参数的统计结果如图 6-8 所示。图中导线半径 r 分别为 0.4mm、0.6mm 和 0.8mm,对地高度 $h=40$cm,长度 $l=1$m。为了便于比较,需要将外加电压转换为导线表面电场强度。线板结构的导线表面标称电场可以采用下式近似计算:

$$E' = \frac{U}{r\ln\dfrac{2h}{r}} \tag{6-1}$$

式中,E' 为导线表面标称电场,不考虑空间电荷的影响;U 为导线电压。为了提高计算的准确度,还可以采用 4.2 节的模拟电荷法来计算导线表面的标称电场。

由图 6-8(a)可见,在相同导线表面标称电场条件下,随着导线半径的增大,电晕电流幅值绝对值有增大的趋势,且幅值的最大值会明显增加,这是因为半径大的导线表面更可能出现局部的强放电点,但是幅值的平均值变化不明显,在 1～2mA 之间。由图 6-8(b)和(c)可见,导线半径变化对单个负脉冲的上升时间和半波时间影响不显著,负脉冲的上升时间约为 30ns,半波时间约为 100ns。由图 6-8(d)可见,导线半径增加会使得脉冲重复频率显著增大,这是因为在相同的导线表面电场条件下,半径大的导线表面存在更多的放电点,多个放电点的电流脉冲叠加,使得脉冲重复频率增加。然而,导线半径增大后,为了达到相同的导线表面电场,需要施加更高的电压,在相同电压条件下,增大导线半径会使得脉冲重复频率大幅度减小。

不同导线半径情况下测量得到的负电晕电流平均值如图 6-9 所示,随着导线表面电场强度的增加,电晕电流平均值逐渐增大。在相同导线表面电场强度下,随着导线半径的增加,电晕电流平均值增加。由于单个电流脉冲的波形参数(即脉冲幅值、上升时间、半波时间)变化不显著,电晕电流平

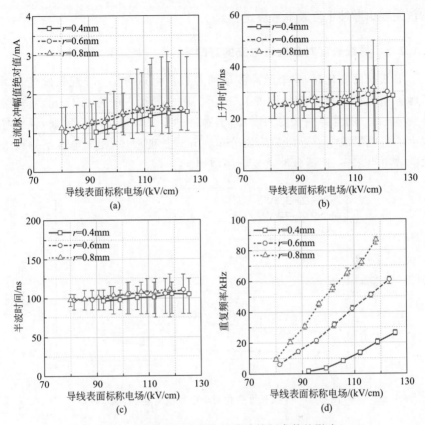

图 6-8　导线半径对负电晕脉冲特征参数的影响

（a）电流脉冲幅值；（b）上升时间；（c）半波时间；（d）重复频率

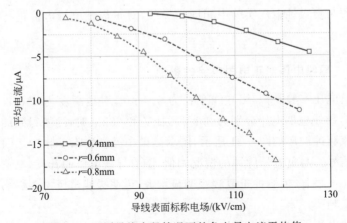

图 6-9　不同导线半径情况下的负电晕电流平均值

均值主要由脉冲重复频率来决定。

6.1.2.3 导线长度对负电晕电流的影响

导线长度变化时,单个脉冲波形的参数变化不明显。导线长度变化对负脉冲重复频率的影响如图 6-10 所示。图中导线半径为 0.4mm,对地高度为 40cm。随着导线长度的增加,负脉冲的重复频率呈线性增加,说明导线上的负电晕放电点近似为均匀分布。导线长度增加,相同电压下导线表面的放电点增多,使得脉冲重复频率增加。

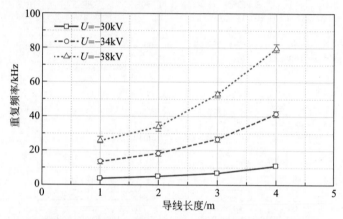

图 6-10 导线长度变化对负电晕重复频率的影响

6.1.3 正极性电晕脉冲电流特征及统计分布特性

选用与负极性电压实验中相同的导线,对正极性电晕电流进行测量与统计[7]。

6.1.3.1 导线电压对正电晕电流的影响

与负电压实验类似,当导线半径为 0.4mm,对地高度为 40cm,导线长度为 1m,导线施加电压分别为 30kV、34kV 和 38kV 时,测量得到的典型正电晕电流脉冲波形如图 6-11 所示,图示结果中已经滤除了脉冲之间的低幅值干扰信号。与负电晕脉冲的情况相似,随着导线电压的升高,电晕脉冲的幅值变化不显著,但脉冲重复频率明显增大,说明导线电压主要影响正电晕脉冲重复频率。

不同电压下正极性电晕电流的频谱特性如图 6-12 所示。正脉冲的频

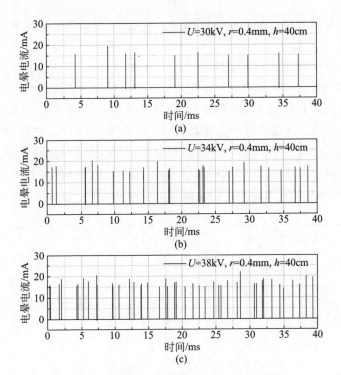

图 6-11　导线电压对正极性电晕电流的影响

(a) $U=30\text{kV}$；(b) $U=34\text{kV}$；(c) $U=38\text{kV}$

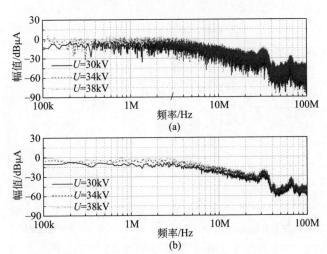

图 6-12　不同电压下正极性电晕电流的频率谱

(a) 原始频谱；(b) 光滑频谱

率特性与负脉冲的情况类似,相同电压下,正脉冲的频谱分量大于负脉冲的结果。

对正极性电压下的电流脉冲特征参数进行统计,结果如图 6-13 所示。正电晕脉冲特征参数随电压的变化规律与负电晕脉冲的情况非常接近。正脉冲幅值的平均值远大于负脉冲,为负脉冲平均幅值的 10～15 倍,其范围在 15～25mA。正电晕脉冲上升时间的平均值在 40～50ns 之间,半波时间的平均值在 140～160ns 之间。由图 6-13(d)可见,随着导线电压的升高,正脉冲重复频率迅速增大,但相同电压下,正脉冲的重复频率显著小于负脉冲的重复频率,负脉冲重复频率为正脉冲的 15～25 倍。

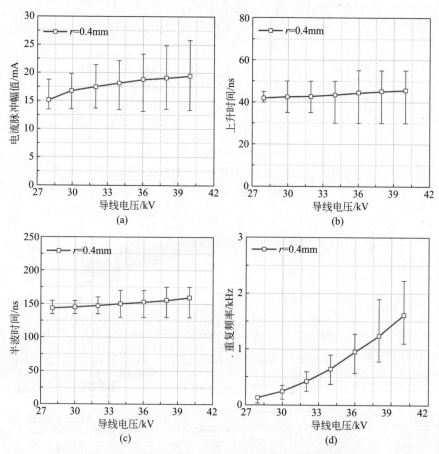

图 6-13　导线电压对正电晕电流脉冲特征参数的影响

(a)电流脉冲幅值;(b)上升时间;(c)半波时间;(d)重复频率

　　在不同导线电压下,正电晕脉冲幅值和间隔时间的概率密度分布如图 6-14 所示。与负电晕脉冲的情况类似,正电晕脉冲幅值的概率密度分布基本符合对数正态分布规律,间隔时间近似呈指数分布的规律。

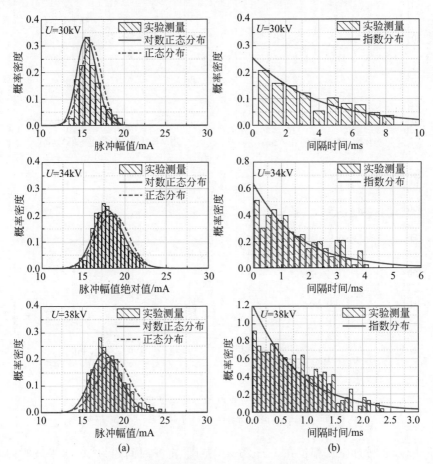

图 6-14　正电晕脉冲幅值与间隔时间的概率密度
（a）脉冲幅值概率密度；（b）间隔时间概率密度

6.1.3.2　导线半径对正电晕电流的影响

　　在不同导线半径情况下,正极性电晕电流特征参数的统计结果如图 6-15 所示。图中导线半径 r 分别为 0.4mm、0.6mm 和 0.8mm,对地高度为 $h=$ 40cm,导线长度为 $l=1$m。与负极性脉冲电流的统计规律类似,随着导线表面电场和导线半径的变化,正脉冲电流幅值、上升时间和半波时间均变化

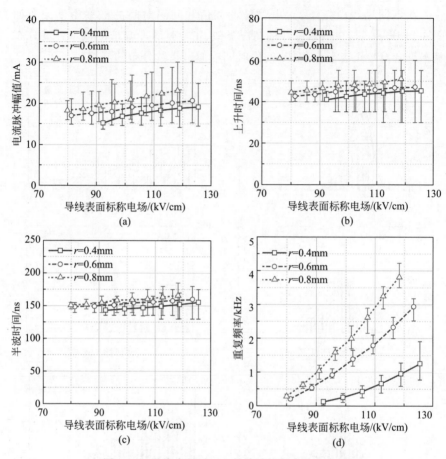

图 6-15　导线半径对正电晕脉冲特征参数的影响
（a）电流脉冲幅值；（b）上升时间；（c）半波时间；（d）重复频率

不明显，正脉冲电流幅值在 15～25mA 范围，上升时间约为 50ns，半波时间约为 160ns。当导线表面标称电场相同时，导线半径增大，正脉冲的重复频率增大。

　　不同导线半径情况下测量得到的正电晕电流平均值如图 6-16 所示。随着导线半径的增大，相同导线表面电场强度下的电晕电流平均值增加。对比图 6-16 和图 6-9 可知，当导线半径、表面标称电场相同时，除电流极性之外，正、负极性电晕电流平均值非常接近，负极电压情况下的电晕电流平均值略大于正极电压下的结果，这也预示着正、负极性电压下导线的电晕损失将非常接近。

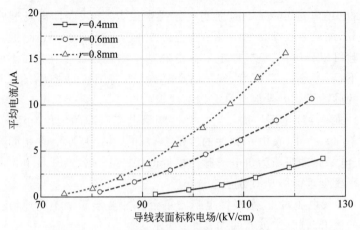

图 6-16　不同导线半径情况下的正电晕电流平均值

6.1.3.3　导线长度对正电晕电流的影响

导线长度变化对正脉冲重复频率的影响如图 6-17 所示。图中导线半径为 0.4mm，对地高度为 40cm。当导线长度增加时，正脉冲重复频率的变化规律同负脉冲类似，近似呈线性增加，说明导线上的正电晕放电点同样近似为均匀分布。

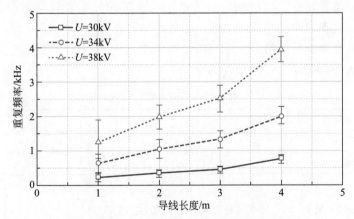

图 6-17　导线长度变化对正电晕重复频率的影响

6.1.4　正、负极性电晕脉冲电流特征对比

以上统计结果是通过实验室缩尺模型测量获得的，虽然缩尺导线半径

小,表面电场可达 65kV/cm,而实际导线半径大,导线表面电场通常小于 30kV/cm,缩尺导线获得的结果不能直接外推至实际导线,然而,通过缩尺模型实验可以分析正、负极性电晕放电的基本物理规律。在表 6-1 所示实验环境下,不考虑温度、湿度、气压以及雨雪天气等因素的影响,缩尺导线实验得到的脉冲形式电晕放电具有如下规律:

(1)随着导线电压增加,正、负极性电晕电流脉冲的幅值有增大趋势,但变化不明显。正、负电晕脉冲的波形参数如表 6-2 所示。在相同导线电压下,正电晕脉冲幅值为负电晕脉冲幅值的 10～15 倍。正、负电晕脉冲幅值的概率密度近似服从对数正态分布。

(2)导线电压对正、负极性电晕的单个脉冲波形影响不明显,正、负电晕脉冲的上升时间、半波时间如表 6-2 所示。

(3)随着导线电压增加,正、负极性电晕电流脉冲的重复频率显著增大,说明导线电压增大主要使得导线表面的放电更为密集。在相同导线电压下,负脉冲重复频率为正脉冲的 15～25 倍。正、负电晕脉冲的间隔时间近似服从指数分布。

(4)导线半径变化对正、负极性电晕的单个脉冲波形影响不大。当导线表面标称电场相同时,导线半径增大,则正、负电晕脉冲的重复频率增大,说明半径大的导线表面放电点更多。

(5)随着导线长度增加,正、负极性电晕脉冲的重复频率近似线性增加,说明正、负电晕放电点在导线上近似为均匀分布。

(6)当导线电压相同时,正、负极性电晕电流平均值非常接近,负极性电晕电流平均值略大于正极性的情况。

表 6-2　正、负极性电晕脉冲特征参数的统计值

脉冲极性	幅值/mA	上升时间/ns	半波时间/ns
正电晕脉冲	15～25	50	160
负电晕脉冲	−1～−2	30	100

6.1.5　湿度对正、负极性电晕脉冲电流的影响

大气条件是影响空气电离的关键因素。温度、湿度、气压等是影响电晕放电的多个参数,输电线路的电晕特性及其环境效应与大气条件密切相关。其中,温度、气压等对电晕放电的影响已经在气体放电理论中非常成熟[8-9],在第 3 章中通过相对空气密度已经考虑了温度、气压的影响。对于湿度,由

于是空气中分子含量的变化,其影响最为复杂。

表征湿度的量有绝对湿度、饱和湿度和相对湿度。绝对湿度是单位体积空气中水的绝对含量;饱和湿度是在一定温度下,单位体积空气所能容纳的水的最大含量。空气的饱和湿度只和温度有关,它的本质是一定温度下单位体积内只能容纳一定数量的水分子。相对湿度是空气中的绝对湿度与此温度下的饱和湿度的比值。由于相对湿度描述了空气的潮湿程度,故得到了更广泛的应用。然而,由于饱和湿度随着温度上升而上升,因此不同温度下,相同的相对湿度对应的空气绝对湿度是不同的。

文献[10,11]针对湿度对正、负电晕的电晕电流脉冲幅值和重复频率、电晕电流脉冲时间参数的影响开展了系统的实验观测和仿真分析。研究发现,随着湿度的增加,正电晕电流脉冲幅值降低,同时脉冲重复频率升高;而负电晕电流脉冲幅值升高,同时脉冲重复频率降低。这是因为,对于正电晕,随着湿度的增加,电子的吸附系数增加较明显,有效电离系数减小,初始电子崩强度下降,最终导致正电晕电流脉冲幅值减小;同时,由于电晕电流脉冲幅值的减小,单个脉冲放电残留的空间正离子电荷量减小,空间合成场强被削弱的程度较小,空间电荷的移除速率仍略有上升,故脉冲的重复频率上升。对于负电晕,随着湿度的增加,负离子的迁移率大幅下降,导致脉冲重复频率显著下降,空间电荷云的数目减少,空间电荷对尖电极附近合成场的抑制作用减弱,从而导致单个负电晕电流脉冲的幅值上升[12]。

6.1.6　工频交流导线电晕放电脉冲电流特性

由于工频交流电压的频率远小于电晕放电脉冲的重复频率,因此通常认为交流电晕就是直流正、负电晕放电的交替过程。然而,由于导线附近空间电荷的交替运动,电晕放电时交流导线附近空间的瞬间电荷和电场分布并不与该时刻对应电压下直流导线附近的空间和电场分布一致,因此有必要对比研究交直流电晕放电之间的区别[13]。

采用前述电晕电流测试方法,对导线正、负极性及交流电晕放电产生的电晕电流脉冲进行测量对比,得到的正负直流以及交流电晕电流波形如图 6-18 所示。交流正半周电晕电流脉冲幅值明显高于负半周的幅值,这与前面测到的正直流电晕的脉冲幅值明显高于负直流电晕的脉冲幅值是一致的。同时,不管是直流电晕还是交流电晕,正脉冲重复频率要远远小于负脉冲的重复频率。针对图 6-18 测量得到的脉冲电流时域波形,可以得到脉冲电流的频域特性。不同种类的电晕放电的脉冲电流频谱如图 6-19 所示。

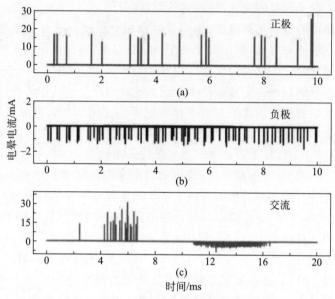

图 6-18 直流与交流电晕电流脉冲波形对比

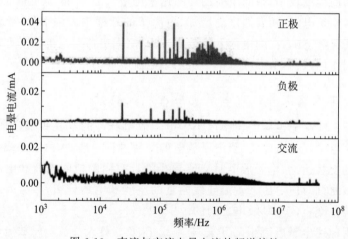

图 6-19 直流与交流电晕电流的频谱特性

从图 6-19 可以看到,电晕电流的绝大部分能量集中在 10kHz～3MHz 的频带范围内;并且,在这个范围内,直流正负电晕有明显的脉冲幅值出现。当频率高于 20MHz 时,除了脉冲及其短暂的上升沿所包含的部分频率分量外,几乎所有的频率分量都为 0。将直流正负电晕频谱进行对比可以发现,正脉冲频谱的幅值要远大于负脉冲的频谱幅值,这说明直流正电晕是直流线路无线电干扰的主要源头。但是对于交流电晕,其频谱没有明显的峰值。叠加的脉冲电流频谱如图 6-20 所示。可以看到,在工程实际中最关心的频带范围(中心频率 0.5MHz),交流电晕的频率分量最大,其次是直流正电晕,直流负电晕的频率分量最小。

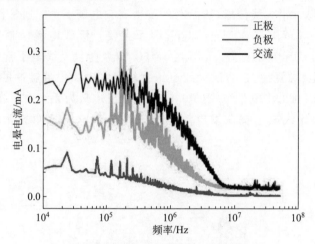

图 6-20　不同类型电晕电流的加总频谱对比

6.2　电晕放电脉冲电流与无线电干扰的关系

6.2.1　电晕放电脉冲电流产生机理

在电晕放电产生瞬间,电离产生的空间电荷反过来降低了导线表面附近的电场,抑制了电离的进一步发生。当空间电荷在电场作用下迁移时,同时伴有吸附、复合、迁移和扩散等物理过程,从而使得导线附近同极性电荷减少,导线表面电场逐步恢复,电离再次加强。因此电晕放电呈间歇性。而导线内的脉冲电流正是由于电晕放电产生的空间电荷变化产生的。按照 Shockley-Ramo 法则,空间电荷的移动会在导线内感应产生电流,设带电量为 q 的粒子在导线周围以速度 v 运动时,其在导线内感应的电流为[14,15]:

$$i = q\boldsymbol{E}_{q0} \cdot \boldsymbol{v} \tag{6-2}$$

式中,i 为感应电流,A;q 为电荷量,C;$\boldsymbol{E}_{q0}$ 为导线上施加单位电压时带电粒子位置处的标称电场,V/m;v 为粒子运动速度,m/s。

由式(6-2)可知,如果空间电荷的产生和移动呈间歇性变化,则线路上电晕放电电流将呈现脉冲特性。

6.2.2　无线电干扰激发电流

　　输电线路的无线电干扰是由电晕脉冲电流沿导线的传播而产生的,如图 6-21 所示。导线表面的电晕放电向导线内注入随机脉冲形式的电晕电流,该电流脉冲沿导线传播,从而对外产生高频电场干扰。通常情况下,电晕电流的主频范围在 30MHz 以下,因而主要对无线电频段信号产生干扰[2]。根据 CISPR 的推荐,采用 0.5MHz 作为衡量无线电干扰的测试频率[16]。输电线路的 0.5MHz 无线电干扰由高频电晕电流脉冲的 0.5MHz 分量产生,因而可将电晕电流的 0.5MHz 分量定义为无线电干扰"激发电流"。可见,无线电干扰激发电流本质上是电晕电流脉冲的无线电频率分量。

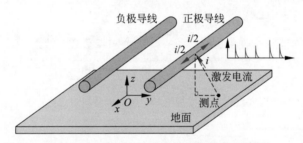

图 6-21　无线电干扰激发电流沿导线的传播

6.2.3　无线电干扰激发函数

　　早期的研究者认为,电晕流注是无线电干扰源,并且可以用一个注入电流等效,而该电流源只取决于流注本身的特性[1]。1956 年,Adams 指出这种看法并不完善,输电线路电晕产生的无线电干扰源不是流注等效的注入电流,而是由电晕引起的在导线上传播的电晕电流[17]。实际上在一个多导体系统中,电晕流注不仅在产生它的导体上感应出电流,还会在其他所有导体上都感应出电流,所以电晕电流由两部分决定:导体电晕的产生量和电晕电流沿导线的传播特性。这样一来,不管是从理论还是从实用观点考虑,都需要一个量来反映电晕的产生量,这个量需要将电晕电流的随机和脉冲特性考虑在内,并且只受空间电荷和电场分布影响,而不受导体的配置结构影响。Adams 首次将这个量定义为"产生密度"(generation density),1972 年,Claude H. Gary 在 Adams 工作的基础上,定义了"激发函数"(excitation function),并且解释了它的物理意义,完善了计算输电线路无线电干扰的激发函数法[18]。

激发函数法是目前输电线路无线电干扰分析中应用最为广泛的方法，它从导线无线电干扰激发电流出发，结合传输线理论分析了激发电流沿导线的传播过程，进而计算导线周围的无线电干扰。激发函数实际为激发电流的一部分，通过以下分析来详细说明[4]。

为方便公式推导，首先以图 6-22 所示的同轴圆柱形电晕笼结构为例进行分析，在导线上施加单位电压时，电荷 q 位置的标称电场为：

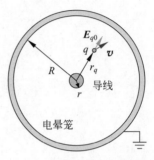

$$E_{q0} = \frac{1}{r_q \ln \dfrac{R}{r}} \boldsymbol{n}_0 \qquad (6\text{-}3)$$

图 6.22　电晕笼中的无线电干扰激发电流

式中，r_q 为电荷 q 所在的轴向位置；r 为导线半径；R 为电晕笼半径；$\boldsymbol{n}_0$ 为电场的单位方向向量。根据式(6-2)可以得到电荷 q 产生的电流 i_c 为：

$$i_c = \frac{q}{r_q \ln \dfrac{R}{r}} \boldsymbol{v} \cdot \boldsymbol{n}_0 \qquad (6\text{-}4)$$

电晕笼中单位长度导线的电容 C_c 为：

$$C_c = \frac{2\pi\varepsilon_0}{\ln \dfrac{R}{r}} \qquad (6\text{-}5)$$

式中，ε_0 为介电常数。由此，式(6-4)变为：

$$i_c = \frac{C_c}{2\pi\varepsilon_0} \frac{q}{r_q} \boldsymbol{v} \cdot \boldsymbol{n}_0 \qquad (6\text{-}6)$$

将电流 i_c 中的一部分定义为"激发函数"$\varGamma_c$：

$$\varGamma_c = \frac{q}{r_q} \boldsymbol{v} \cdot \boldsymbol{n}_0 \qquad (6\text{-}7)$$

式中，电荷量 q 和运动速度 $\boldsymbol{v}$ 均由空间电场分布来决定。由式(6-6)得到：

$$i_c = \frac{C_c}{2\pi\varepsilon_0} \varGamma_c \qquad (6\text{-}8)$$

对于地面上的单根导线，如图 6-23 所示，当导线上施加单位电压时，采用镜像法可以推导电荷 q 位置的电场为：

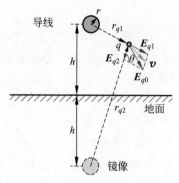

图 6-23　地面上导线的无线电干扰激发电流

$$E_{q0} = \frac{1}{r_{q1}\ln\dfrac{2h}{r}}n_1 + \frac{1}{r_{q2}\ln\dfrac{2h}{r}}n_2 \tag{6-9}$$

式中，h 为导线高度；r_{q1} 和 r_{q2} 分别为电荷到导线和导线镜像的距离；n_1 和 n_2 分别为导线和导线镜像产生电场的单位方向向量。式(6-9)可变为：

$$E_{q0} = \frac{\sqrt{r_{q1}^2 + r_{q2}^2 - 2r_{q1}r_{q2}\cos\theta}}{r_{q1}r_{q2}\ln\dfrac{2h}{r}}n_0 \tag{6-10}$$

其中，θ 为向量 n_1 和 n_2 夹角的补角；n_0 为合成电场的单位方向向量。根据余弦定理，有：

$$\sqrt{r_{q1}^2 + r_{q2}^2 - 2r_{q1}r_{q2}\cos\theta} = 2h \tag{6-11}$$

则式(6-10)可以改写为：

$$E_{q0} = \frac{2h}{r_{q1}r_{q2}\ln\dfrac{2h}{r}}n_0 \tag{6-12}$$

根据式(6-2)可以推导得到由电荷 q 产生的电流 i_l 为：

$$i_l = \frac{2hq}{r_{q1}r_{q2}\ln\dfrac{2h}{r}}v \cdot n_0 \tag{6-13}$$

地面上单位长度导线的电容 C_l 为：

$$C_l = \frac{2\pi\varepsilon_0}{\ln\dfrac{2h}{r}} \tag{6-14}$$

则由式(6-13)可以得到：

$$i_l = \frac{C_l}{2\pi\varepsilon_0} \frac{2hq}{r_{q1} r_{q2}} \boldsymbol{v} \cdot \boldsymbol{n}_0 \tag{6-15}$$

将电流 i_l 中的一部分定义为地面上导线的"激发函数"Γ_l:

$$\Gamma_l = \frac{2hq}{r_{q1} r_{q2}} \boldsymbol{v} \cdot \boldsymbol{n}_0 \tag{6-16}$$

式中,电荷量 q 和运动速度 $\boldsymbol{v}$ 同样由空间电场分布决定。式(6-15)可以改写为:

$$i_l = \frac{C_l}{2\pi\varepsilon_0} \Gamma_l \tag{6-17}$$

输电线路的无线电干扰由电晕电流的高频分量产生,而电晕电流的高频分量主要由快速运动的电子产生,正、负离子的运动速度较慢,主要影响电晕电流的低频稳态分量。对于电子而言,其主要集中在导线附近很小的电离区内,因而式(6-16)中的 $r_{q2} \approx 2h$,对比式(6-7),当电离区的电场分布相同时,可以得到 $\Gamma_l \approx \Gamma_c$。

对于交流输电线路,由于正、负离子仅在导线附近运动,不会形成大范围的空间电荷区。当导线表面标称电场最大值相同时,电极几何结构改变对正、负离子的运动区域影响不大。因此,可以认为导线附近电离区内的电场分布不变,从而得到交流线路的激发函数与电极几何结构无关。

根据激发函数可以得到导线上注入的电晕激发电流为:

$$i = \frac{C}{2\pi\varepsilon_0} \Gamma \tag{6-18}$$

由于导线电晕放电具有很强的随机性,在计算无线电干扰的过程中,通常考虑单位长度导线上注入的电晕电流能量谱密度,并在频域开展计算。设导线总电晕激发电流为 I_t,则有:

$$I^2 = \frac{I_t^2}{l} \text{ 或 } I = \frac{I_t}{\sqrt{l}} \tag{6-19}$$

式中,I 为单位长度导线的电晕电流能量谱密度,$A/m^{1/2}$;l 为导线长度,m。将激发函数也转换为能量谱密度的形式,由式(6-18)可以得到:

$$\Gamma = \frac{2\pi\varepsilon_0}{C} I = \frac{2\pi\varepsilon_0}{C} \cdot \frac{I_t}{\sqrt{l}} \tag{6-20}$$

式(6-20)就是"激发函数"的定义,其单位为 $\mu A/m^{1/2}$,工程中常用其 20 倍的对数值,单位为 $dB(\mu A/m^{1/2})$。对于交流导线,激发函数为激发电流中与导线几何结构无关的一部分,用导线表面标称电场最大值来衡量,而导线几何结构的影响通过几何电容来衡量。

6.2.4　激发电流的传输过程

对于实际输电线路,由于各相(极)导线之间存在相互电磁耦合,激发电流在一相(极)中的传导也会在其他相(极)上耦合出电流,线路空间的无线电干扰是所有导线上电流的共同贡献,因此在获得无线电干扰激发电流之后,需结合传输线理论分析得到电晕电流沿线路整体的传输规律,从而计算线路周围的无线电干扰,这种方法称为激发函数法。该方法主要分为以下几个步骤[4]:

(1) 计算导线表面最大场强,并根据该场强结合已有实测或者公式求取导线无线电干扰激发函数;

(2) 根据式(6-18)计算导线放电点注入的无线电干扰激发电流;

(3) 结合传输线理论,分析激发电流沿线路的传播规律;

(4) 在获得线路上激发电流的分布情况后,假设无线电干扰为准横向电磁波,利用电磁场理论计算线路电晕电流在任意测量点处产生的无线电干扰电场。

6.3　电晕放电脉冲电流的数值仿真

电晕放电的脉冲电流是由于电离区内复杂的电离、吸附、复合、迁移和扩散等物理过程造成的。将这些过程加入到电晕放电的控制方程中,即可像第 5 章一样通过仿真获得空间电荷的瞬时变化,然后依据 Shockley-Ramo 法则,利用式(6-2),可以获得导线内脉冲电流。下面以导线-平板结构直流电晕放电的数值计算模型为例进行介绍[19]。

6.3.1　物理模型及控制方程

按照第 3 章的理论,电晕放电时,电离区内的三种带电粒子(电子、正离子、负离子)都将经历一系列复杂的变化过程。

对于电子而言,碰撞电离会产生新的电子,引起电子崩;同时电子也会与分子吸附而减少。碰撞电离与吸附效应使得电子数量向着增加和减少两个相对的方向发展,哪个效应占主导将决定电子数量的多少。此外,电子也会与正离子产生复合。对于正离子而言,电子的碰撞电离会产生新的正离子;同时正离子会与电子、负离子复合而减少。对于负离子而言,电子的吸附效应会产生新的负离子,同时负离子会与正离子复合而减少。

根据以上物理过程,电晕放电可以采用以下微分方程来描述[20]:

泊松方程:

$$\nabla^2 \Phi = -\frac{e(N_p - N_n - N_e)}{\varepsilon_0} \tag{6-21}$$

电子迁移方程:

$$\frac{\partial N_e}{\partial t} + \nabla \cdot (N_e \boldsymbol{v}_e - D_e \nabla N_e) = (\alpha - \eta) N_e |\boldsymbol{v}_e| - \beta N_e N_p \tag{6-22}$$

正离子迁移方程:

$$\frac{\partial N_p}{\partial t} + \nabla \cdot (N_p \boldsymbol{v}_p) = \alpha N_e |\boldsymbol{v}_e| - \beta N_p (N_e + \dot{N}_n) \tag{6-23}$$

负离子迁移方程:

$$\frac{\partial N_n}{\partial t} + \nabla \cdot (N_n \boldsymbol{v}_n) = \eta N_e |\boldsymbol{v}_e| - \beta N_n N_p \tag{6-24}$$

式中,Φ 为电位,V;e 为单位电荷量,1.602×10^{-19} C;N_e、N_p、N_n 分别为电子密度、正离子密度、负离子密度,$1/m^3$;ε_0 为空气介电常数,8.854×10^{-12} F/m;$\boldsymbol{v}_e$、$\boldsymbol{v}_p$、$\boldsymbol{v}_n$ 分别为电子、正离子、负离子的运动速度矢量,m/s,可以由下式计算:

$$\boldsymbol{v}_e = \begin{cases} -\dfrac{3.2376}{|\boldsymbol{E}|^{0.285}} \boldsymbol{E}, & |\boldsymbol{E}| \leqslant 7.6 \times 10^6 \,\text{V/m} \\[3mm] -\dfrac{14.5958}{|\boldsymbol{E}|^{0.38}} \boldsymbol{E}, & |\boldsymbol{E}| > 7.6 \times 10^6 \,\text{V/m} \end{cases} \tag{6-25}$$

$$\boldsymbol{v}_p = \mu_p \boldsymbol{E}, \quad \boldsymbol{v}_n = -\mu_n \boldsymbol{E} \tag{6-26}$$

其中,μ_p、μ_n 分别为正、负离子的迁移率,取为 $1.5 \times 10^{-4} \,m^2/(V \cdot s)$ 和 $1.8 \times 10^{-4} \,m^2/(V \cdot s)$;$\boldsymbol{E}$ 为电场强度矢量,V/m;α 为碰撞电离系数,$1/m$[21,22]:

$$\alpha = \begin{cases} 3.632 \times 10^5 \delta \exp\left(-1.68 \times 10^7 \dfrac{\delta}{|\boldsymbol{E}|}\right), & \dfrac{|\boldsymbol{E}|}{\delta} \leqslant 4.56 \times 10^6 \\[3mm] 7.358 \times 10^5 \delta \exp\left(-2.01 \times 10^7 \dfrac{\delta}{|\boldsymbol{E}|}\right), & \dfrac{|\boldsymbol{E}|}{\delta} > 4.56 \times 10^6 \end{cases} \tag{6-27}$$

其中,δ 为相对空气密度;η 为吸附系数,$1/m$[21]:

$$\eta = \delta \left[9.865 \times 10^2 - 5.41 \times 10^{-4} \frac{|\boldsymbol{E}|}{\delta} + 1.145 \times 10^{-10} \left(\frac{|\boldsymbol{E}|}{\delta}\right)^2\right] \tag{6-28}$$

β 为复合系数,取为 $2.2 \times 10^{-12} \,m^3/s$;$D_e$ 为电子的扩散系数,取为 $1.28 \times 10^{-3} \,m^2/s$。

6.3.2　算法基本流程

　　仿真计算的几何结构如图 6-24 所示,在二维平面建立仿真模型。图 6-24
中给出了负极性导线电晕放电物理过程,正极性导线的情况类似。由于电晕
放电过程的数值仿真计算量非常大,如果将整个线板几何结构都考虑为计算
区域,则计算将非常困难。需要对计算区域进行简化。由于导线周围的电离
层很薄,因此在导线周围选取圆形人工边界,边界的半径设置为导线半径的
10 倍,则相应计算区域足够包含导线的电离层。在设置人工边界的电位边界
条件时,考虑整个线板结构,采用模拟电荷法计算人工边界上的电位。计算区
域的网格剖分情况也绘制在图 6-24 中,在传统三角形网格的基础上,将相邻三
角形单元的中点连接起来形成了相应的辅助网格,用于电荷迁移方程的求解。

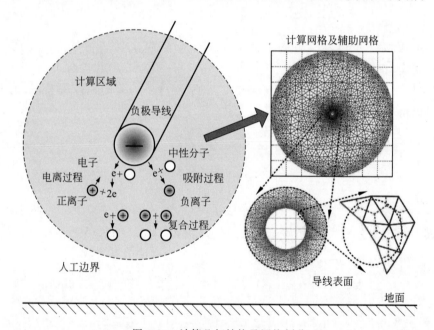

图 6-24　计算几何结构及网格剖分

　　空间电荷瞬时变化计算的整体流程如图 6-25 所示。计算网格生成之
后,在导线表面(负极性电晕放电)和空间位置(正极性电晕放电)设置初始
电子。在每个时间步,采用有限元法计算泊松方程(6-21),从而获得区域内
的电位、电场分布情况,计算中使用典型三角形网格和一维形状函数;采用
有限体积法计算电荷迁移方程(6-22)~方程(6-24),从而获得电子、正离子

和负离子密度的分布情况,计算中采用了辅助网格。在一个时间步结束之后,检查二次电子的发射情况,检验是否能形成新的放电脉冲。由于电晕放电仿真的时间步很多、计算量大,因而采用变时间步长技术来加快计算。

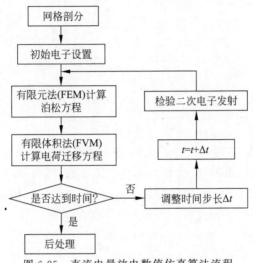

图 6-25　直流电晕放电数值仿真算法流程

获得空间电荷的瞬时变化后,依据 Shockley-Ramo 法则,利用式(6-2),求得导线上的脉冲电流。

6.3.3　电荷迁移方程求解

采用有限元法求解泊松方程(6-21)已经非常成熟,这里不再赘述。电荷迁移方程(6-22)~方程(6-24)描述了电晕放电中的电离、吸附和复合过程,三个方程主要由复合项耦合在一起,不便求解。为了将三个方程解耦,在分析电荷的复合项时,采用上一时刻的电子、正离子和负离子密度来计算它们相互之间的复合,从而三种粒子的迁移方程可以独立求解。

采用有限体积法计算电荷的迁移方程。对于电子,将电子迁移方程(6-22)在第 i 个节点的辅助网格内积分,如图 6-26 所示。应用高斯散

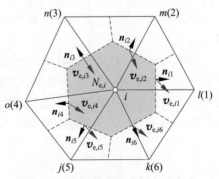

图 6-26　有限体积法求解电子密度

度定理,将散度量在辅助网格面内的积分转换为相应量在辅助网格边界上的积分[23],再将边界积分转换为离散求和,时间项采用隐式中心差分[24],从而可以得到:

$$
\left[1 - \frac{(\alpha - \eta)\,\Delta t\,|\,\boldsymbol{v}_{\mathrm{e},i}\,|}{2}\right] N_{\mathrm{e},i}(t + \Delta t) + \sum_{x=1}^{K} \boldsymbol{F}_{ix} \cdot \boldsymbol{v}_{\mathrm{e},ix} N_{\mathrm{e},ix}(t + \Delta t) -
$$

$$
\sum_{x=1}^{K} D_{\mathrm{e}} \boldsymbol{F}_{ix} \cdot \nabla(N_{\mathrm{e},ix}(t + \Delta t)) = \left[1 + \frac{(\alpha - \eta)\,\Delta t\,|\,\boldsymbol{v}_{\mathrm{e},i}\,|}{2}\right] N_{\mathrm{e},i}(t) -
$$

$$
\sum_{x=1}^{K} \boldsymbol{F}_{ix} \cdot \boldsymbol{v}_{\mathrm{e},ix} N_{\mathrm{e},ix}(t) + \sum_{x=1}^{K} D_{\mathrm{e}} \boldsymbol{F}_{ix} \cdot \nabla(N_{\mathrm{e},ix}(t)) - \beta N_{\mathrm{e},i}(t) N_{\mathrm{p},i}(t)
$$

$$(6\text{-}29)$$

式中,t 为时间;Δt 为时间步长;下标 i 表示第 i 个节点;下标 ix 表示 i 节点周围的第 x 条辅助边界;K 为辅助边界的总条数,图 6.26 中节点 i 的辅助边界条数为 $K=6$;$\boldsymbol{v}_{\mathrm{e},ix}$ 为辅助边界上电子的速度矢量,根据式(6-25)由电场计算得到;$\boldsymbol{F}_{ix}$ 为定义在第 x 条辅助边界上的矢量:

$$
\boldsymbol{F}_{ix} = \frac{L_{ix}\,\Delta t}{2 S_i} \boldsymbol{n}_{ix} \tag{6-30}
$$

其中,L_{ix} 为相应辅助边的长度;S_i 为节点 i 周围辅助边所围成的面积;$\boldsymbol{n}_{ix}$ 为相应辅助边的单位外法向量,如图 6-26 所示。辅助边的电子密度采用上流方法(即迎着电荷移动方向建立方程的方法)考虑[25]:

$$
N_{\mathrm{e},ix} = \begin{cases} N_{\mathrm{e},i}, & \boldsymbol{v}_{\mathrm{e},ix} \cdot \boldsymbol{n}_{ix} > 0 \\ N_{\mathrm{e},x}, & \boldsymbol{v}_{\mathrm{e},ix} \cdot \boldsymbol{n}_{ix} < 0 \end{cases} \tag{6-31}
$$

其中,$N_{\mathrm{e},ix}$ 为辅助边界上的电子密度;$N_{\mathrm{e},i}$ 为节点 i 的电子密度;$N_{\mathrm{e},x}$ 为辅助边 ix 另一侧节点的电子密度,如图 6-26 所示,对于辅助边 $i1$ 而言,其另一侧节点为 l。式(6-31)的物理意义在于,辅助边上的电子密度主要由其上流节点来决定。此外,式(6-29)中电子密度的梯度采用一维形状函数来考虑。

采用式(6-29)对计算区域内的所有节点进行分析,可以获得一个线性方程组,假设上一时刻的电子密度分布已知,则可以求解当前时刻的电子密度分布。在得到电子密度分布之后,代入式(6-23)和式(6-24)中,可以类似地求解正离子和负离子的密度分布。

6.3.4　电晕放电中的二次电子发射模型

二次电子发射机制对电晕放电的影响非常显著,常见的二次电子发射机制有离子碰撞导线表面电离、光电离、热电离、强电场发射等[8]。在本节的初步数值仿真中,仅采用最为简单的二次电子发射机制。

对于负电晕放电而言,采用正离子碰撞负极导线表面就是电离产生二次电子的物理过程。当一次电子崩结束之后,正离子碰撞负极导线表面,从而产生新的初始电子,重新激发下一次脉冲放电过程。负极导线表面的二次电子用下式计算[26]:

$$N_{ec} = \gamma N_{pc} \frac{|\boldsymbol{v}_p|}{|\boldsymbol{v}_e|} \tag{6-32}$$

式中,γ 为二次电子发射系数,取为 0.01;N_{ec} 和 N_{pc} 分别为负极导线表面的二次电子密度和正离子密度。

对于正电晕放电而言,在一次脉冲放电过后,新一次脉冲放电如何形成目前并没有十分清晰的解释,这里对正电晕放电的初步数值仿真仅考虑单次脉冲放电。

6.3.5 计算的变时间步长技术

在电晕放电的数值仿真中,所用时间步长非常小,通常在 1ns 的数量级;然而,电晕脉冲的间隔时间相对较长,通常在 1ms 的数量级。如果要仿真多个电流脉冲,则所需的仿真时间步将达到 $10^6 \sim 10^7$ 数量级,这将导致计算量十分庞大。为了加快计算速度,采用变时间步长技术。

计算的时间步长主要依赖于网格尺寸和电荷迁移速度,可以如下估计[19]:

$$\Delta t \leqslant \frac{\Delta d}{|\boldsymbol{v}|} \tag{6-33}$$

式中,Δd 为网格尺寸;$\boldsymbol{v}$ 为电荷迁移速度。由于电子的迁移速度远大于正、负离子,通常为离子迁移速度的 200 倍,因此,电子的仿真时间步长需要比离子的仿真时间步长小 200 倍以上。为此,可以采用两种时间步长来仿真多个电晕脉冲,基本流程如下:

(1) 当计算区域内的电子密度较大时,需要求解三种带电粒子的迁移方程,则相应时间步长采用电子的仿真步长,对于本节分析对象,可取为 0.5ns。

(2) 当电子迅速迁移出计算区域后,区域内的电子密度接近为 0,此时只需求解正、负离子迁移方程,时间步长采用离子的仿真步长,对于本节分析对象,可取为 50ns。

采用以上变时间步长仿真技术,可以显著提高电晕放电仿真的计算速度。

6.3.6 负电晕放电的分析结果

对于负极性电晕,在一次脉冲放电结束之后,通过正离子碰撞负极导线表面来形成新的脉冲放电。由于相关系数的取值对仿真得到的电流脉冲的幅值、间隔时间等有极大影响,而相关系数目前并不完全确定,这里仅对负极性电晕放电进行初步的模拟尝试。

设置导线半径为 0.4mm,导线高度为 40cm,导线电压为 $-28kV$,在导线表面设置初始电子,仿真得到的典型负电晕电流脉冲串和测量得到的结果如图 6-27 所示。测量得到的负电晕脉冲的幅值和间隔时间都具有较强的随机性,而模拟计算得到的负脉冲串的幅值基本相等,且等间隔分布。总体而言,计算得到的电流脉冲串和测量结果基本相似。仿真脉冲串的幅值约为 $-1.3mA$,间隔时间约为 0.5ms,脉冲重复频率约为 2kHz,与测量结果接近。需要特别说明的是,仿真得到的第一个脉冲幅值明显大于剩余脉冲的幅值,这是因为第一个脉冲发展时,计算区域内没有空间电荷,不会抑制放电的发展,而剩余脉冲在发展时,空间存在电荷,会抑制放电的发展。

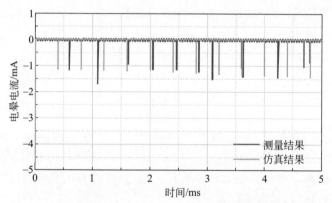

图 6-27   数值模拟负脉冲序列与测量结果的比较

仿真计算得到的典型单个负脉冲波形如图 6-28 所示。相比于测量结果,仿真得到的脉冲电流的上升沿更加陡峭,半波时间也更短。在计算得到的电流波形中,定义了如图 6-28 所示的四个典型时间点:1 为脉冲起始时刻,2 为脉冲峰值时刻,3 为脉冲基本结束时刻,4 为脉冲结束后 $1.5\mu s$。四个典型时刻的空间电子、正离子和负离子密度分布情况如图 6-29 所示。

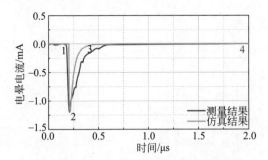

图 6-28　数值模拟的典型单个负脉冲

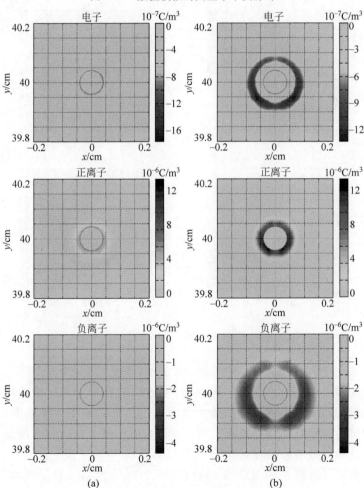

图 6-29　不同时刻负极导线周围的空间电荷密度分布

（a）时刻 1；（b）时刻 2；（c）时刻 3；（d）时刻 4

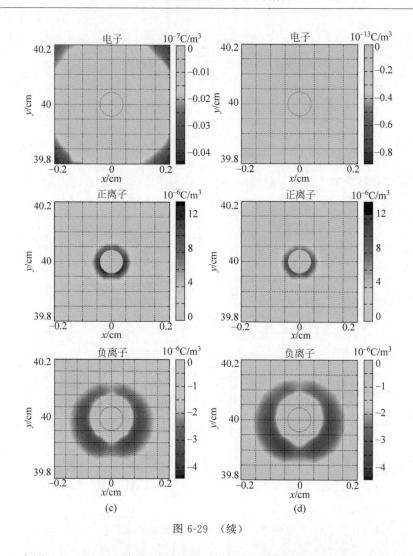

图 6-29 （续）

　　由图 6-29(a)可以看到,在电晕起始阶段,导线周围的电子、正离子和负离子密度都很小。随着电子崩的发展,三种带电粒子的密度迅速增加,如图 6-29(b)所示,在电流脉冲的最大值时刻,正、负离子在导线周围形成了两个明显的空间电荷层。如图 6-29(c)所示,由于电子的运动速度非常快,在电流脉冲接近结束的时刻,电子迅速远离导线,并由于吸附过程而大量转化为负离子。由图 6-29(d)可见,放电结束 $1.5\mu s$ 之后,计算区域内的电子密度已经接近于 0,但正、负离子仍然在导线周围缓慢迁移。大量负离子在导线周围形成了一个显著的空间电荷层,从而抑制导线表面电场。直到负离子逐渐远离导线,且正离子碰撞负极导线表面,新的脉冲放电过程才会发生。

在负电晕放电的数值仿真中,相关计算参数的选取对仿真得到的脉冲幅值、间隔时间的影响很大,如电子、正离子、负离子的迁移率,碰撞、吸附、复合、扩散系数,以及碰撞电离的二次电子发射系数等,该领域学者在研究中对相应参数的取值也无明确定论。因此,通过本节的数值计算方法获得的脉冲幅值、重复频率等规律,并不能完全符合实际测量情况。这里对负极性电晕放电的数值仿真仅作为时域模拟多个脉冲序列的参考方法。

6.3.7　正电晕放电的分析结果

对于正极性电晕放电,单次脉冲放电结束之后,新的脉冲放电的产生机制目前还不是非常清晰,相关系数对仿真结果的影响很大,这里仅对单次正电晕脉冲放电进行初步的仿真。

设置导线半径为 0.4mm,导线高度为 40cm,导线电压为 28kV,在导线正下方 0.4cm 的单点位置设置初始电子并计算其电子崩过程,仿真得到的典型正电晕电流波形和测量得到的结果如图 6-30 所示。仿真得到的正脉冲上升沿与实测结果相近,但下降沿更加陡峭。图中定义了四个典型时刻,其中,时刻 3 之后,计算区域内的电子均被导线吸收或者转化为负离子,因而仿真的时间步长改变,此后的电晕电流由正、负离子的运动形成。四个典型时刻的空间电荷分布如图 6-31 所示。

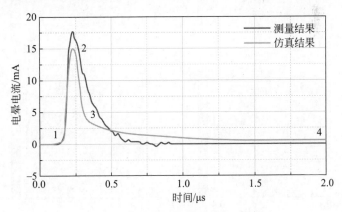

图 6-30　数值模拟的典型单个正脉冲

如图 6-31(a)所示,在放电开始之初,在导线正下方 10 倍半径位置处人工设置了初始电子,并开始仿真电子崩过程。在电流峰值时刻 2,如图 6-31(b)

所示,大量电子迅速向导线运动,而电子和分子吸附形成的负离子运动速度较慢,落在了电子的后面。由于导线表面电场大,电离系数大,因而导线表面附近形成了大量正离子。在时刻 3,如图 6-31(c)所示,计算区域内的电子基本被导线吸收或者转化为负离子,导线表面的正离子开始缓慢远离导线,外围的负离子继续缓慢向导线运动。在时刻 4,如图 6-31(d)所示,计算区域内电子基本为 0,导线电流由正、负离子的运动形成,正离子逐渐向外扩散,而负离子逐渐向导线集中。

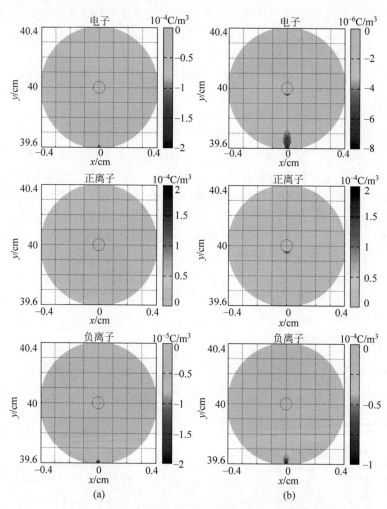

图 6-31　不同时刻正极导线周围的空间电荷密度分布

(a) 时刻 1;(b) 时刻 2;(c) 时刻 3;(d) 时刻 4

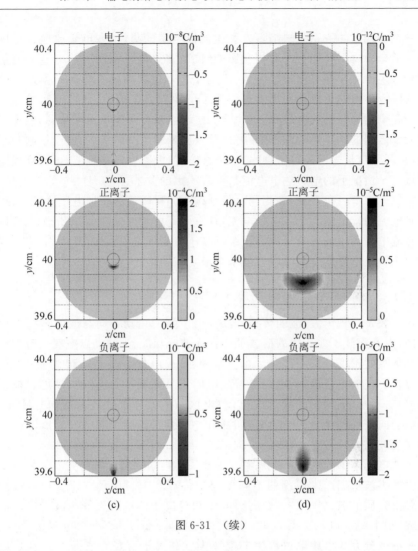

图 6-31　（续）

由于电晕放电的实际物理过程十分复杂，相关系数的取值对计算结果影响很大，本节对正极性电晕放电的仿真没有考虑光电离等物理过程，仅作为初步参考，有待进一步深入研究。

6.4　电晕放电脉冲电流与可听噪声的关系

电晕放电引起了空气的振动，从而产生了噪声。电晕放电与可听噪声之间的关系可以通过电晕电流和可听噪声同步观测来获得。实际输电线路电晕是导线上的一系列缺陷点处发生的点电晕的集合,在电晕放电过程中多点电晕源之间可能存在着相互影响,同时多点电晕源产生的电晕电流信号和噪声信号互相叠加难以区分,不利于电晕过程和可听噪声产生过程的细致研究。因此可以先使用缩尺模型下的单点人工缺陷,通过控制起晕电压和起晕场强使得放电仅在人工缺陷处发生,从而产生单点电晕源,避免多点电晕之间的相互影响和干扰;另外单点电晕源干扰因素少,便于控制和测量,有利于电晕过程及可听噪声产生机理的研究。在此基础上,再研究线路多点电晕情况下的电晕放电电流与可听噪声的关系。

由 6.1 节可以看到,在相同电极结构和同样幅值的外加电压情况下,正电晕电流的幅值远高于负电晕电流,现有研究成果也表明,同等情况下正极性直流电晕产生的可听噪声声压级远高于负极性电晕[27]。因此,本节主要介绍正极性电晕产生的噪声与电晕电流之间的特性。

6.4.1　电晕放电可听噪声产生机理

声波是一种纵波,波的传播介质——空气的运动方向与波的传播方向相同,因此声波不像一般的横波那样存在波峰和波谷,波动以空气交替的稠密和稀疏的密度分布而存在。在声学领域,放电是一种十分重要的声波产生方式。在放电过程中,电能随着放电的发展而转换为空气的动能。电晕放电是一种极不均匀的局部放电,放电区域的气体吸收能量后向外膨胀。当电能向空气动能转化的功率随时间而变化时,即会引起空气密度和空气压强的波动,从而产生声波。

放电气体中的声波产生现象在等离子体声学领域已有研究。气体电离产生的声波根据产生机理的不同可分为“冷”和“热”两种[28-29]。“热声波”主要由介质的热过程产生,如高频电晕和等离子体源产生的声波[30-32],“冷声波”则主要由电场力等的驱动产生,如低频(低于 10kHz)电晕源[31-34]。另一种区分方式以放电过程中的电离强度和离子密度为依据[35]。在弱电离气体中,带电粒子的密度与中性分子相比非常小,中性气体占据优势地位,带电粒子被迫随中性分子一起运动,并从外电场中汲取能量传递给中性气体从而产生声发生和声放大。而在强电离气体中,带电粒子的密度很高,相比之下中性分子的影响可以忽略,气体的总压力为电子和离子的压力之和。这种出现于强电离气体中的声波称为“离子声波”,在其中离子提供惯性而电子提供“恢复力”(等效于弹簧的弹性)。离子声波的声速与普通中性气体中声速不再相同,而是主要由电子温度决定的函数。本书所关心的输电线路在电晕放电过程中带电粒子的密度一般远小于中性分子密度,属于弱电离气体,电子和离子的密度一般为 $10^{16} \sim 10^{17}\, \mathrm{m}^{-3}$,其声波主要由中性分子的压力和密度的局部变化而产生。

电晕放电作为一种弱电离放电形式,其产生噪声的过程可描述为:在电晕放电过程中,带电粒子在电场的作用下加速,粒子的平均动能和内能随之升高,粒子温度也随之升高。电子的质量远小于离子,受到的电场力的作用与离子相等,因此电子的平均速度和内能的上升速率远高于离子。在放电过程中电子的温度一般可达到 $10^4 \sim 10^5\, \mathrm{K}$。带电粒子的加速与升温过程速度很快,可认为是一绝热过程,在此过程中中性分子的温度保持于数百 K 的环境温度不变。由于电子与中性分子之间温度差的存在,在电子与中性分子的碰撞过程中存在着从电子到中性分子的连续能量传递。带电粒子在电场方向加速并在此过程中获得电场的能量,与中性分子发生弹性碰撞时,带电粒子将部分能量传递给中性分子,造成中性分子的局部压力发生变化。由于电晕的脉冲形式,在这一能量传递过程中传递功率随时间变化,动量和能量的传播速率随时间和空间变化,从而导致了声波的产生和传播。

6.4.2　实验测量平台和测试方法

实验测量平台如图 6-32 所示,包括电流探头、声音传感器、信号放大器以及示波器。实验中导线为一根直径 1cm 的光滑铜棒,但在该铜棒上设置了1 个精细加工的人工缺陷(凸起高度为 2mm,曲率半径为 0.5mm)。如果研究线路多点电晕情况,则需将铜棒换成同等长度的导线进行模拟。为实现电流信号和声波信号的同步测量,可以使用地线起晕的方法,即将铜棒接地,

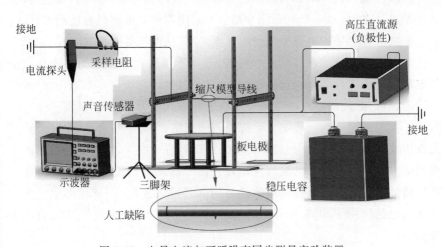

图 6-32　电晕电流与可听噪声同步测量实验装置

在与铜棒缺陷处相对的金属板上施加负电压,铜棒位于高电位,金属板位于低电位,当外加电压达到起晕电压时,铜棒上的人工缺陷处发生正极性电晕放电。电流探头置于铜棒的接地线处,声音传感器置于距离人工缺陷0.5m处,正对缺陷,所指方向与铜棒垂直;传感器高度与铜棒相同。声音传感器传出的信号经过信号放大器之后与电流传感器的信号分别接到示波器的两个通道,从而利用示波器的两个通道实现可听噪声与电晕电流的同步测量。

与仅测量 A 声级不同[36],电晕产生的可听噪声的完整时域和频域特性都非常重要,所以应当使用有效测量频带较宽的声音传感器直接对电晕产生的声波进行时域采集,通过信号放大器对声波进行放大,最终信号传输到示波器实现对声波的时域波形进行测量和分析。这种测量方法的优点在于能够获得未经过处理的声波波形,最大限度地保留声波波形的细节特性。

声音传感器在测量过程中存在高频谐振。在测量瞬态的非周期信号时,上升时间越快、持续时间越短的冲击,其频谱中的高频越高。电晕放电产生的声波脉冲正是这样一种上升时间短、持续时间短的脉冲,其中除了包含我们所关心的可听噪声分量之外同样包含着许多高频成分。因此,要准确测量电晕放电产生的声波信号,需要测量的传感器的共振频率更高并且具备更大的动态量程[27]。

电晕放电产生的声波脉冲为一个波峰后跟随一个波谷的形式,脉冲的上升时间较长,而下降时间较短;波谷部分与波峰部分形状相似,幅值略低。从电晕过程来看,每一个电晕脉冲都会引起间隙中局部空气密度的变化,同时电晕放电还会使放电点处的空气温度升高,从而向外膨胀,同样会引起局部空气密度的变化。声波是一种纵波,其本质是传播介质压力的变化。由于电晕放电强度较弱,放电区域之外的空气温度可视为恒定不变,此时由热力学定理可知,局部空气密度的变化将引起空气压力的变化,从而产生声波脉冲。放电区域空气吸收能量后首先向外膨胀,引起空气分子向外运动,因此在声波向外传播过程中,局部的空气密度将首先变大,在声音传感器测量得到的声波波形中脉冲的波峰先出现。由于脉冲的持续时间非常短,在脉冲传播过去之后没有持续的声源维持局部的空气密度,因此局部空气密度在压力差的作用下出现一个反向的波动,这就是声波脉冲中波谷的产生原因。

电晕放电具有一定的随机性,电晕电流的上升时间、持续时间、脉冲幅值和脉冲时间间隔均会在一定范围内按一定的随机特性分布。电晕产生的声波同样具有一定的随机性。图 6-33 为同样实验条件下测量得到的 4 个声波脉冲波形。不难看出，直流电晕产生的噪声声波的幅值、上升时间、脉冲形状等特性均具有一定的随机性。因此对电晕产生的噪声进行研究时，主要应该关注其平均特性，包括脉冲上升时间的平均值、脉冲幅值平均值、脉冲包含能量的平均值等。

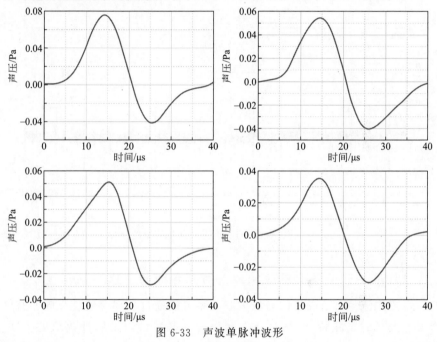

图 6-33　声波单脉冲波形

使用图 6-32 所示的电晕电流和可听噪声同步测量平台对电晕电流和声压波形进行测量，实验的环境条件为：温度 20(±5)℃，相对湿度控制在 55%(±5%)，气压 101kPa，测量结果如图 6-34 所示。从图中波形可以看出，声波波形的脉冲与电晕电流脉冲一一对应，并且两者在幅值上也存在着一定的对应关系。图中声波波形的横坐标经过了一定调整，声波脉冲比其对应的电流脉冲落后 1.47ms 左右。造成这一时间差的原因在于，声音传感器置于距离电晕源 0.5m 处，声音信号传播至传感器需要一定的时间；而电流脉冲的测量则是实时的，这一时间差即为声波信号从声源传播至声音传感器的时间。以声音在空气中传播的速度为 340m/s 计算，声音传播 0.5m 需要的时间为 1.471ms，与实验结果完全吻合。

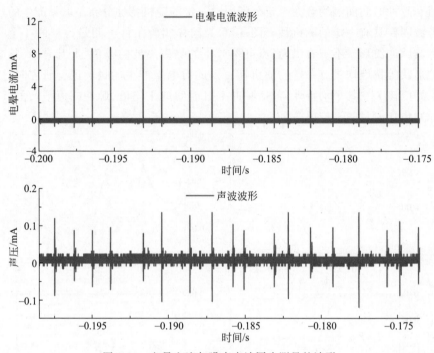

图 6-34　电晕电流与噪声声波同步测量的波形

6.4.3　单点电晕放电电流脉冲与声波脉冲的时域关联特性

电晕电流与可听噪声的时域关联关系可以通过三部分特性反映出来：单脉冲波形的关联特性、脉冲重复频率的关联特性以及脉冲幅值的关联特性。

6.4.3.1　单脉冲波形关联特性

图 6-35 为实验测得的对应单点缺陷的正极性电晕放电的电流脉冲波形。

对比电晕产生的声波脉冲(图 6-33)和电晕电流的单脉冲波形(图 6-35)可以发现，声波脉冲的上升时间和持续时间都远远长于电流脉冲，电晕电流脉冲的上升时间较短、下降时间较长，而声波脉冲则是上升时间较长、下降时间较短，两者之间并无特别的对应关系。电晕电流是放电的一种实时的响应，放电区域内电荷的运动能够立刻在电极上产生感应电流。而声波作为电晕放电的一种机械波动的响应，其响应速度相对较慢：首先电晕放电

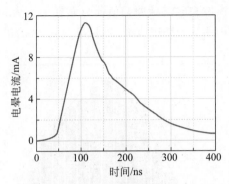

图 6-35 正极性电晕电流单脉冲波形

导致放电区域内电子的温度上升,形成电子到中性分子之间的持续能量传递,这一能量传递过程是随时间而变化的,时变的能量传递造成介质的局部密度和压力的波动,产生声波。从电能到空气内能和机械能的转换需要一定的时间,因此声波脉冲的持续时间远大于电流脉冲的持续时间。

6.4.3.2 脉冲重复频率关联特性

从图 6-34 中可以看出,实验中人工缺陷产生的单点正极性电晕放电的脉冲重复频率较低。在这一重复频率之下,电晕脉冲所产生的声波相邻两个脉冲之间不会发生相互混叠,声波脉冲与电晕电流脉冲一一对应。在实验中改变外加电压、间隙距离等参数,虽对脉冲幅值和脉冲重复频率有一定的影响,但并不会改变这种一一对应关系。由此可以得出结论,声波脉冲和电晕电流脉冲的重复频率完全相同。

6.4.3.3 脉冲幅值关联特性

对实验测得的电晕电流波形和声波波形进行统计分析,可以获得电晕电流脉冲幅值和声波脉冲幅值之间的关联特性。通过对声波单脉冲波形的观察发现,每个声波脉冲由一个波峰和一个波谷构成(见图 6-33),因此在统计中以波峰和波谷的差值作为声波脉冲的幅值,而电流幅值则取电流脉冲的峰值点的值。

在同一实验条件下,电晕产生的声波脉冲幅值和电晕电流脉冲幅值间的关联特性如图 6-36 所示。图中所示为间隙距离 25cm、外加电压 50kV 条件下测量得到的结果。经过统计得到声波脉冲与电流脉冲的幅值比的平均值为 15.2Pa/A,标准差为 0.32Pa/A,分布于 11.2~20.2Pa/A 的范围之内。

图中每个矩形表示声波和电流脉冲幅值比分布在大小为 0.5Pa/A 的范围之内的脉冲数量。图中曲线为期望值 15.2,标准差 0.32 的正态分布曲线。

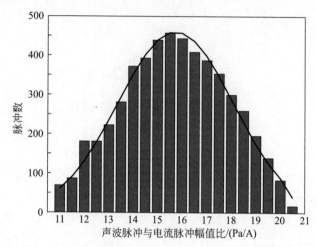

图 6-36　电流脉冲与声波脉冲的幅值之比的分布(p/I)

声波和电晕电流脉冲幅值比基本满足正态分布的规律。已知电流脉冲幅值的条件下声波脉冲的幅值可以表示为:

$$A_{sound} = A_{current} f(\mu,\sigma) \tag{6-34}$$

式中,$f(\mu,\sigma)$ 为期望 μ,标准差 σ 的正态分布随机函数。在实际工程中关心的是所有电晕产生的可听噪声的综合结果。此时单个脉冲的随机性不再重要,更需要关注的是这种随机正态分布的平均结果。

为研究不同实验条件对声波脉冲与电晕电流脉冲幅值比的影响,改变间隙距离以及外加电压,测量和统计了不同条件下电晕电流和声波脉冲的幅值。不同实验条件下电晕电流脉冲幅值与声波脉冲幅值的统计结果如表 6-3 和表 6-4 所示。

观察表中的数据可以发现以下规律:

(1) 在起晕电压附近,单点正电晕脉冲放电的电流脉冲数量很少;随着电压的升高,脉冲数量急剧增长,并很快达到平稳;之后再增加电压,脉冲数量基本不变。

(2) 不同间隙距离对电晕电流脉冲重复频率影响明显,间隙越长,电晕电流的脉冲重复频率越小。

(3) 随着电压的增大,电流脉冲的幅值有一定的波动,但并无特定规律,且波动幅度并不大,可认为这是由于电晕放电的随机性造成的;不同的间隙距离下电晕脉冲的幅值差别明显,短间隙下的电晕电流脉冲幅值更大。

(4) 随着电压的增大,声波脉冲的幅值持续增大,声波脉冲与电流脉冲的脉冲幅值比持续增大。

表 6-3　间隙距离 25cm 时声波的测量结果

电压/kV	脉冲数量	电流平均值/mA	声波平均值/Pa	脉冲幅值比/(Pa/A)
41	5	8.81	0.070	7.90
42	70	8.18	0.070	8.50
43	1326	8.33	0.077	9.25
44	1281	8.39	0.085	10.1
45	1128	8.14	0.088	10.8
46	1072	8.11	0.095	11.7
47	1060	8.45	0.104	12.4
48	1041	8.55	0.112	13.0
49	1020	8.87	0.124	14.0
50	1006	8.96	0.133	14.8

表 6-4　间隙距离 5cm 时声波的测量结果

电压/kV	脉冲数量	电流平均值/mA	声波平均值/Pa	脉冲幅值比/(Pa/A)
27	1696	12.8	0.094	7.35
28	2222	12.5	0.104	8.30
29	2267	12.8	0.118	9.2
30	2305	14.1	0.146	10.4

根据人工缺陷的几何结构以及导线对地距离,将外加电压折算为电场强度,声波脉冲与电流脉冲的幅值比随电场强度的变化如图 6-37 和图 6-38 所示。随着电场强度的增大,声波脉冲与电流脉冲的幅值比增大,即相同幅值的电流脉冲能够产生更大的声波脉冲;幅值比的增大速度大致与电场强度的三次方成正比。

根据以上实验统计结果,若已知单点电晕的电流脉冲的幅值,则电晕产生的声波脉冲的幅值的期望值可表示为:

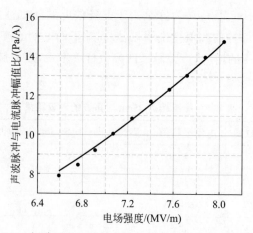

图 6-37　25cm 间隙下电流脉冲与声波脉冲幅值比随电场强度的变化

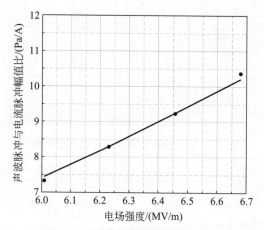

图 6-38　5cm 间隙下电流脉冲与声波脉冲幅值比随电场强度的变化

$$E(A_{\text{sound}}) = k(r,d)E^3 A_{\text{current}} \tag{6-35}$$

式中, $E(A_{\text{sound}})$ 为声波脉冲幅值的期望值; E 为间隙电场; $k(r,d)$ 为与人工缺陷曲率半径和间隙距离有关的比例系数。

6.4.4　单点电晕放电电流脉冲与声波脉冲的频域关联特性

除了时域下的关联特性外,电晕电流脉冲与声波脉冲的频域关联特性同样具有研究价值。对实验测得的电流波形和声波波形进行傅里叶变换,可得到电流和声波的幅频特性。

6.4.4.1　外加电压对电流与声波幅频特性的影响

在不同外加电压条件下,25cm 间隙实验得到的电流波形和声波波形的幅频特性如图 6-39 所示。可以看出,电流和声波的幅频特性都具有一包络线,在此包络线下特定频率处出现峰值;频谱图上有多个峰值,出现峰值的频率点基本满足等差数列分布;电流频谱与声波频谱的包络线形状不相同,但出现峰值的频率点基本相同。外加电压的增大基本不影响包络线的形状,电压越大,频谱上的峰与峰之间区分得越明显,即放电更加规律,频谱的集中性越高。

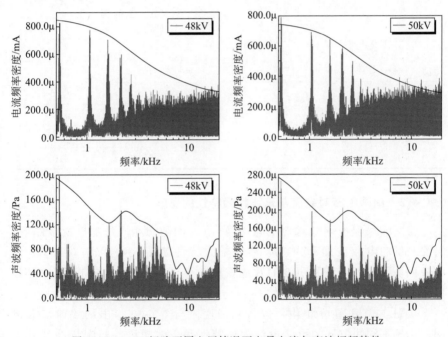

图 6-39　25cm 间隙不同电压情况下电晕电流与声波幅频特性

图 6-39 中电流频谱和声波频谱出现峰值位置的频率统计于表 6-5 中。从表中可见,峰值频率点基本呈等差数列分布。将这些数据与实验测量得到的电晕电流及声波的脉冲重复频率进行对比可以发现,出现峰值的位置为脉冲重复频率的倍频位置。

出现上述规律的原因在于,若不考虑脉冲分布的随机性,认为其平均分布,在时域上不管是电晕电流还是声波,均可以看作单个电流脉冲或声波脉冲的周期延拓,延拓周期为平均脉冲间隔时间。根据信号处理原理,有限非周期信号的时域周期延拓表现到频域即为对其频域波形的离散采样,采样周期为脉冲重复频率。因此理想情况下电流和声波的频谱波形应为重复频率倍频处的采样函数,但由于放电随机性的存在,电流和声波并非理想的周期延拓,因此图 6-39 的频谱图中脉冲重复频率倍频点处并非理想采样函数。

表 6-5　电流与声波频域波形峰值位置

电压/kV	脉冲重复频率/Hz	频谱峰值位置/Hz	
		电流谱	声波谱
48	532	534	534
		1071	1064
		1605	1601
		2110	2110
50	523	530	526
		1044	1054
		1582	1582
		2078	2104

6.4.4.2　间隙距离对电流与声波幅频特性的影响

改变缩尺模型导线对地距离,得到 5cm 间隙与相同外加电压条件下,实验测量的电流波形和声波波形的幅频特性如图 6-40 和图 6-41 所示。5cm 间隙下电晕电流和声波的脉冲重复频率更高,首个波峰出现在 1kHz 以上,频谱图只需从 1kHz 开始。

从图 6-40 和图 6-41 中可以得到的规律与图 6-39 得出的规律基本相同。比较不同间隙下的电晕电流频谱特性和声波频谱或幅频特性可以发现,不同间隙距离下得到的电流和声波频谱的包络线基本相同(两图中左上角的小图为 27kV 下的实验结果,此时电晕刚刚起始,放电十分不稳定,其结果与稳定情况下的结果有较大差别);频谱中峰值出现的频率点有很大差别,间隙距离越大,频谱特性图上的峰与峰之间的距离越短,即频谱重复性变大。电晕电流和声波频域上的峰值点的分布由时域脉冲的重复频率决定,长间隙下脉冲重复频率更低,因此频谱上峰值之间的间隔更小。而包络线的形状则主要由单脉冲波形决定,不同间隙距离对脉冲重复频率有影响

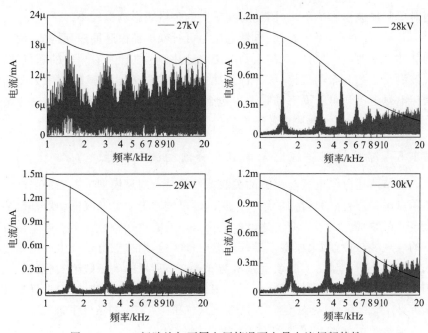

图 6-40　5cm 间隙施加不同电压情况下电晕电流幅频特性

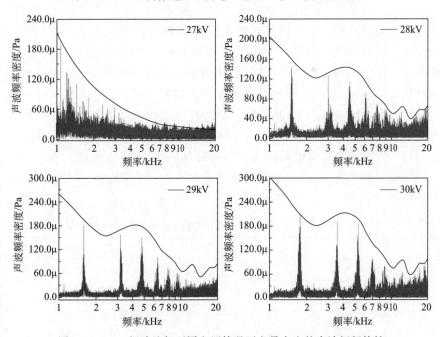

图 6-41　5cm 间隙施加不同电压情况下电晕产生的声波幅频特性

而对单脉冲波形影响不大,因此对频谱图的包络线影响也较小。

总结以上结果可以看到,电晕电流与可听噪声都由脉冲序列构成,两者的脉冲一一对应;可听噪声与电晕电流的脉冲幅值之比具有一定的随机性,大致满足正态分布的规律;脉冲幅值比的平均值随着电场强度的增大而增大。电晕电流与可听噪声的频谱中包含有一系列的波峰,两者频谱图中波峰的位置一致,均为脉冲重复频率的倍频。

6.4.5 缩尺模型导线电晕电流与声波的关联特性

前节所述电晕电流与声波的关联特性都是对缩尺模型下人工缺陷产生的单点电晕进行研究得到的结果。实际输电线路上的电晕放电一般都是多点电晕的叠加。为了研究上述电晕电流与声波的关联特性在多点电晕条件下的表现,需进行缩尺模型下导线多点电晕实验,对多点电晕产生的电晕电流和声波进行测量。实验装置基本与6.4.2节所示的人工缺陷实验的装置相同,仅仅是将其中的铜棒换成了同等长度的导线进行模拟。实验仍然在温度20(±5)℃、相对湿度55%(±5%)、气压101kPa的条件下进行。

通过重复实验以及改变实验条件,测量直径为0.8mm、1.2mm以及1.6mm的三种导线分别在离地高度为20cm、30cm、40cm三种情况下的电晕电流和声波波形。由于噪声脉冲的持续时间较长,多点电晕的脉冲重复频率远高于单点电晕,并且多点电晕的脉冲分布比单点电晕更加不均匀,因此在多点电晕的测量中会出现两个声波脉冲发生叠加的情况。而电晕电流脉冲由于持续时间很短,基本不会出现混叠现象。此类脉冲会影响噪声脉冲幅值与电流脉冲幅值关联特性的研究,在统计的过程中需要将此类脉冲剔除。在统计时,同时对脉冲幅值和脉冲持续时间进行判断,两者中任意一项超出一定范围即认定此脉冲为两相邻脉冲的叠加,予以剔除。通过这种方式统计得到直径0.8mm导线在三种对地高度下电晕电流和声波波形脉冲的结果如表6-6~表6-8所示。

表6-6 导线直径0.8mm、对地高度20cm声波和电流测量结果

电压/kV		24	26	28	30	32	34	36
脉冲数		451	496	1092	2044	4903	4710	5765
声波幅值/Pa	最小值	0.013	0.016	0.017	0.021	0.027	0.032	0.042
	最大值	0.026	0.034	0.046	0.055	0.064	0.074	0.086
	平均值	0.018	0.025	0.033	0.039	0.048	0.060	0.072

续表

电流幅值/mA	最小值	16.4	16.2	15.9	15.7	14.8	14.9	14.6
	最大值	18.5	21.9	29.4	34.6	35.5	35.7	37.2
	平均值	17.4	18.9	19.8	20.0	19.9	20.4	20.7

表 6-7　导线直径 0.8mm、对地高度 30cm 声波和电流测量结果

电压/kV		26	28	30	32	34	36	38
脉冲数		1057	785	2714	2539	1725	2451	1867
声波幅值/Pa	最小值	0.014	0.016	0.020	0.021	0.025	0.031	0.036
	最大值	0.027	0.033	0.043	0.048	0.053	0.060	0.071
	平均值	0.016	0.020	0.025	0.031	0.038	0.046	0.054
电流幅值/mA	最小值	14.8	14.7	14.1	14.4	14.2	13.6	13.3
	最大值	16.0	17.5	19.0	19.4	22.3	27.3	32.8
	平均值	15.4	15.8	16.2	16.6	16.8	16.9	17.0

表 6-8　导线直径 0.8mm、对地高度 40cm 声波和电流测量结果

电压/kV		28	30	32	34	36	38	40
脉冲数		662	3688	1769	6617	10873	19715	24995
声波幅值/Pa	最小值	0.013	0.015	0.019	0.020	0.025	0.028	0.032
	最大值	0.030	0.032	0.039	0.041	0.044	0.048	0.054
	平均值	0.015	0.019	0.024	0.030	0.036	0.042	0.050
电流幅值/mA	最小值	13.5	13.6	13.7	13.4	13.1	13.5	13.4
	最大值	14.8	15.8	17.4	18.1	19.4	20.9	20.8
	平均值	14.1	14.8	15.2	15.6	15.8	16.1	16.0

　　将外加电压的值根据导线直径和导线对地高度折算为最大电场强度，以电场强度为横轴，脉冲重复频率随电场强度的变化情况如图 6-42 所示。

　　与前节单点电晕放电的情况不同，多点电晕的脉冲重复频率随电场强度的增大迅速升高。造成单点电晕放电电流特性与多点电晕放电电流特性的差异的原因是电场强度的上升导致了放电点的增加，多点电晕电流的测量结果为多个放电点电流的叠加。在电流波形中，脉冲部分占整个重复周期的很小一部分，这种特性使得多个放电点的电流叠加时基本不会出现两个脉冲相互混叠的情况，不同放电点之间的脉冲相互独立地分布于时间轴上，相当于在相同的时间内增加了放电脉冲的个数，从而使得脉冲重复频率

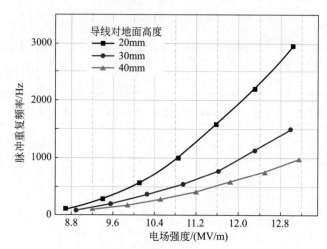

图 6-42　直径 0.8 mm 导线多点电晕脉冲重复频率随电场强度的变化

增大。6.1 节的测试也发现,脉冲重复频率大致与导线长度成正比。这一现象同样是由于导线长度的增加导致了新的放电点的出现,电晕电流的脉冲重复频率与放电点个数成正比,导线上的总放电点个数与导线长度成正比,因此电流脉冲重复频率与导线长度成正比。多点电晕的放电点个数随外加电压和电场强度的增加情况与导线表面的特征状态密切相关,不同导线脉冲重复频率随电场强度的上升速度也会有较大的差异。

从表 6-6~表 6-8 还可以看出,在相同电极几何结构下,当放电达到稳定后,电晕电流的平均脉冲幅值基本可以认为不随电压而变化,导线直径不变而对地距离增大时,电流脉冲的幅值减小。

声波的脉冲幅值随外加电压的增大而增大。将外加电压的值折算为最大电场强度,以电场强度为横轴,声波脉冲幅值随电场强度的变化如图 6-43 所示,声波脉冲幅值与电流脉冲幅值之比的变化曲线如图 6-44 所示。声波脉冲幅值以及声波电流脉冲幅值均随着电场强度的升高而升高。由于电流脉冲的幅值基本不变,因此两者的变化趋势基本一致。二者脉冲幅值比的变化规律与单点情况下基本一致,大致以与电场强度的三次方成正比的速度而上升。多点电晕是单点电晕的叠加,电流与声波波形的时域叠加均表现为脉冲个数的增加。单点电晕放电电流与噪声之间的关联特性很好地保持到了多点电晕中。在相同电场强度下,导线对地高度越大,这一脉冲幅值比越小。

改变导线直径,固定导线对地高度为 20cm 不变,重复以上实验,得到

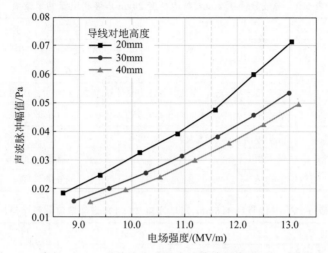

图 6-43　直径 0.8mm 导线多点电晕声波脉冲幅值随电场强度的变化

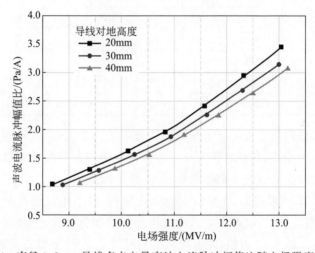

图 6-44　直径 0.8mm 导线多点电晕声波电流脉冲幅值比随电场强度的变化

的实验数据如表 6-9 和表 6-10 所示。对比表 6-9 和表 6-10 以及表 6-6 可以看出,声波和电流的脉冲幅值之比随着电压的升高而升高。在相同电压下,导线直径增大,脉冲幅值比减小。但由于电流脉冲幅值随着导线直径的增大而增大,不同直径的导线发出的声波脉冲的幅值在较低电压时基本持平。考虑到重复频率的影响,总的声压级依然会随着导线直径的增大而减小。因此在相同电压等级下,增大导线的直径对改善线路的可听噪声有一定的效果。

表 6-9　导线直径 1.2mm、对地高度 20cm 声波和电流测量结果

电压/kV		27	30	33	36	39	42	45
脉冲数		8109	9896	1940	2932	4829	6649	8228
声波幅值/Pa	最小值	0.019	0.023	0.030	0.037	0.045	0.055	0.061
	最大值	0.033	0.051	0.096	0.147	0.194	0.228	0.271
	平均值	0.026	0.035	0.052	0.071	0.091	0.118	0.146
电流幅值/mA	最小值	19.9	17.4	16.2	15.3	11.6	14.6	12.6
	最大值	23.2	31.5	39.7	49.9	53.6	51.7	53.4
	平均值	21.5	21.9	24.1	25.3	25.6	26.5	26.7

表 6-10　导线直径 1.6mm、对地高度 20cm 声波和电流测量结果

电压/kV		35	38	41	44	47	50
脉冲数		1293	4692	7356	11046	14407	16937
声波幅值/Pa	最小值	0.049	0.062	0.071	0.080	0.088	0.096
	最大值	0.084	0.150	0.197	0.243	0.299	0.373
	平均值	0.064	0.096	0.131	0.170	0.207	0.249
电流幅值/mA	最小值	40.4	39.9	39.6	37.9	32.1	34.8
	最大值	58.0	82.8	93.0	95.0	98.3	97.0
	平均值	47.3	56.2	60.2	63.3	64.2	63.5

　　将电压结合导线直径及导线对地高度折算为最大场强,在相同导线对地距离条件下,不同直径的导线的声波脉冲幅值以及声波电流脉冲幅值比随电场强度的变化情况分别如图 6-45 和图 6-46 所示。

　　从图 6-45 可以看出,在导线对地高度相同,并且电场强度相同的条件下,导线的直径越大,电晕产生的噪声声压脉冲幅值越大,三条曲线之间差距十分明显。图 6-46 表明,在电场强度相同的情况下,导线直径越大,声波脉冲幅值与电流脉冲幅值之比也越大。图 6-46 不同曲线之间的差距不及图 6-45 明显,这是因为导线直径同样会影响到电流脉冲的幅值,导线直径越大,电流脉冲幅值也越大。两种因素的累加导致了图 6-45 中的巨大差异。

　　总结以上结果可以看到,随着电压的增大,导线的电晕放电点相应增加,不同放电点产生的电流和声波在时域上叠加,导线的电晕电流和噪声的脉冲重复频率相应升高。

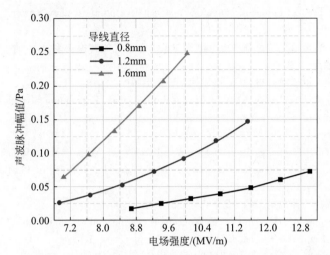

图 6-45 不同直径导线对地高度 20cm 的多点电晕声波脉冲幅值随电场强度的变化

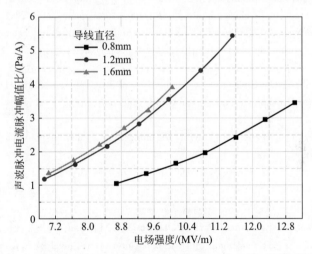

图 6-46 不同直径导线对地高度 20cm 的多点电晕声波电流脉冲幅值比
随电场强度的变化

参考文献

［1］ L. B. Loeb. Electrical Coronas：Their Basic Mechanisms［M］. Berkeley：University of California，1965.

［2］ P. S. Maruvada. Corona Performance of High-Voltage Transmission Lines［M］. London，U. K.：Research Studies Press，2000.

[3]　G. W. Trichel. The mechanism of the negative point to plane corona near onset [J]. Phys. Rev. , 1938, 54(12): 1078-1084.

[4]　尹晗. 直流输电线路高频电晕电流与无线电干扰的转换关系[D]. 北京：清华大学,2014.

[5]　何金良. 电磁兼容概论[M]. 北京：科学出版社，2010.

[6]　M. M. Khalifa, A. A. Kamal, A. G. Zeitoun, et al. Correlation of radio noise and quasi-peak measurements to corona pulse randomness[J]. IEEE Trans. Power App. Syst. , 1969, 88(10): 1512-1521.

[7]　Han Yin, Bo Zhang, Jinliang He, Wenzhuo Wang. Measurement of positive direct current corona pulse in coaxial wire-cylinder gap[J]. Physics of Plasmas, 2014, 21(3): 032116.

[8]　杨津基. 气体放电[M]. 北京：科学出版社，1983.

[9]　N. Hamou, A. Massinissa, Z. Youcef. Modeling and simulation of the effect of pressure on the corona discharge for wire-plane configuration[J]. IEEE Trans. Dielectr. Electr. Insul. , 2013, 20(5): 1547-1553.

[10]　Pengfei Xu, Bo Zhang, et al. Influence of humidity on the characteristics of negative corona discharge in air[J]. Physics of Plasmas, 2015, 22(9): 093514.

[11]　Pengfei Xu, Bo Zhang, et al. Influence of humidity on the characteristics of positive corona discharge in air[J]. Physics of Plasmas, 2016, 23(6): 063511.

[12]　徐鹏飞. 降雨对交直流电晕放电特性影响的基础研究[D]. 北京：清华大学, 2018.

[13]　Shuai Zhang, Bo Zhang, et al. Comparison of direct current and 50Hz alternating current microscopic corona characteristics on conductors[J]. Physics of Plasmas, 2014, 21(6): 063503.

[14]　W. Shockley. Currents to conductors induced by a moving point charge[J]. J. Appl. Phys. , 1938, 9: 635-636.

[15]　S. Ramo. Currents induced by electron motion[J]. Proc. I. R. E. , 1939, 27(9): 584-585.

[16]　CISPR 18-1. Radio Interference Characteristics of Overhead Power Lines and High-Voltage Equipment Part 1: Description of Phenomena[S]. 1982.

[17]　G E. Adams. The calculation of the radio interference level of transmission lines caused by corona discharges[J]. IEEE Trans. PAS,1956, 75 (3): 411-418.

[18]　C H. Gary. The theory of the excitation function: a demonstration of its physical meaning[J]. IEEE Trans. PAS,1972, 91(1): 305-310.

[19]　H. Yin, B. Zhang, J. He, et al. Modeling of trichel pulses in the negative corona on a line-to-plane geometry[J]. IEEE Trans. Magn. , 2014, 50(2): 473-476.

[20]　R. Morrow, J. J. Lowke. Streamer propagation in air[J]. J. Phys. D: Appl. Phys. , 1997, 30(4): 614-627.

[21]　M. A. Harrison, R. Geballe. Simultaneous measurement of ionization and attachment coefficients[J]. Phys. Rev. , 1953, 91(1): 1-7.

[22] P. S. Maruvada, W. Janischewskyj. DC corona on smooth conductors in air-steady-state analysis of the ionization layer[J]. Proc. IEE, 1969, 116(1): 161-166.

[23] X. Li, I. R. Ciric, M. R. Raghuveer. Highly stable finite volume based relaxation iterative algorithm for solution of DC line ionized fields in the presence of wind [J]. Int. J. Numer. Model: Electronic Networks, Devices and Fields, 1997, 10(6): 355-370.

[24] E. Burman. Consistent SUPG-method for transient transport problems: stability and convergence[J]. Comput. Methods Appl. Mech. Engrg. , 2010, 199(17-20): 1114-1123.

[25] T. Lu, H. Feng, X. Cui, et al. Analysis of the ionized field under HVDC transmission lines in the presence of wind based on upstream finite element method[J]. IEEE Trans. Magn. , 2010, 46(8): 2939-2942.

[26] P. Sattari, G. S. P. Castle, K. Adamiak. Numerical simulation of trichel pulses in a negative corona discharge in air[J]. IEEE Trans. Ind. Appl. , 2011, 47(4): 1935-1943.

[27] 李振. 直流电晕可听噪声与电晕过程关联特性[D]. 北京：清华大学, 2014

[28] H. Bondar. Loudspeaker toward a new era[J]. Nouv. Rev. Son. , 1982, 58: 7179.

[29] H. Bondar. A cold plasma loudspeaker[J]. Nouv. Rev. Son. , 1982, 59: 7380.

[30] M. K. Lim. A Corona-type point source for model studies in acoustics[J]. Applied Acoustics, 1981, 14(4): 245-252.

[31] Ph. Béquin, K. Castor, Ph. Herzog, V. Montembault. Modeling plasma loudspeakers[J]. The Journal of the Acoustical Society of America, 2007, 121(4): 1960-1970.

[32] Ph. Béquin, V. Montembault and Ph. Herzog. Modelling of negative point-to-plane corona loudspeaker[J]. The European Physical Journal-Applied Physics, 2001, 15(1): 57-67.

[33] Kiichiro Matsuzawa. Sound sources with corona discharges[J]. The Journal of the Acoustical Society of America, 1973, 54(2): 494-498.

[34] S. Michael. Mazzola and G. Marshall Molen. Modeling of a DC glow plasma loudspeaker[J]. The Journal of the Acoustical Society of America, 1987, 81(6): 1972-1978.

[35] P. M. Morse and K. U. Ingard. Theoretical Acoustics[M]. New Jersey: Princeton University Press, 1986.

[36] 中华人民共和国国家标准. GB/T 2888—2008 风机和罗茨鼓风机噪声测量方法 [S]. 2008.

第7章 交流输电线路的
无线电干扰和可听噪声

由第 2 章的分析可知,交流输电线路周围的空间电荷聚集在导线附近,只要保持导线表面的标称电场与实际线路一致,就可以利用电晕笼或试验线段来研究实际线路的电晕放电及无线电干扰和可听噪声特性。因此,国内外普遍利用电晕笼和试验线段开展交流输电线路无线电干扰和可听噪声试验,并提出了已经被广泛使用的无线电干扰和可听噪声预测方法。

7.1 交流输电线路无线电干扰预测的经验公式法

国际无线电干扰特别委员会(CISPR)推荐的计算无线电干扰的方法有两种[1]:经验公式法和激发函数法。经验公式法是基于大量运行经验的总结,由于研究样本主要为 400kV 及以下线路,该方法仅适用于分裂数小于等于 4 的线路。

我国电力行业标准推荐 0.5MHz 下单相导线的无线电干扰计算公式为[2]:

$$RI = 3.5g_{max} + 12r - 30 + 33\lg\frac{20}{D} \tag{7-1}$$

其中,RI 为无线电干扰场强,$dB(\mu V/m)$;g_{max} 为导线表面最大电场强度,kV/cm;r 为子导线半径,cm;D 为被干扰点距导线的直接距离,m。根据上述公式计算出每相导线的干扰场强,若其中一相大于其他两相 $3dB(\mu V/m)$ 以上,则取这个最大的值作为无线电干扰场强;否则,按下式计算:

$$RI = \frac{RI_1 + RI_2}{2} + 1.5 \tag{7-2}$$

其中,RI_1、RI_2 代表 A、B、C 三相的无线电干扰场强中最大的两个值。

对于同杆双回线路,六相导线电晕产生的无线电干扰场强均可按式(7-1)计算,并将同名相导线产生的场强几何相加,即

$$RI_i = 20\lg\sqrt{(10^{\frac{RI_{i1}}{20}})^2 + (10^{\frac{RI_{i2}}{20}})^2} \tag{7-3}$$

其中，RI_i 为两回第 i 相导线在参考点产生的合成干扰场强，$dB(\mu V/m)$；
RI_{i1} 为第 1 回路的第 i 相导线在参考点产生的合成干扰场强，$dB(\mu V/m)$；
RI_{i2} 为第 2 回路的第 i 相导线在参考点产生的合成干扰场强，$dB(\mu V/m)$。
计算出每相导线产生的无线电干扰后，再由式(7-2)确定同杆双回线路总的
无线电干扰场强。

　　以上计算的是好天气的 50% 无线电干扰场强值，80% 时间、具有 80%
置信度的无线电干扰场强（双 80% 值）可由该值增加 6～10dB$(\mu V/m)$
得到。

7.2　无线电干扰激发函数的试验方法

　　相对于经验公式法，无线电干扰激发函数更能反映无线电干扰的本质，
适用性更广。我国电力行业标准对 4 分裂及以上导线推荐使用激发函数法
计算无线电干扰[2]。无线电干扰激发函数的原理见 6.2.3 节，预测导线无
线电干扰水平的关键是获得激发函数。由于试验线段和电晕笼可以方便地
更换导线、调节电压、重现导线的电晕现象，所以是研究激发函数的最常用
试验手段。尤其是电晕笼，它具有投资小，试验条件可控性强，更换导线方
便，试验周期短等优势[3-5]，大量用于无线电干扰激发函数的研究。

7.2.1　基本测试方法

　　无线电干扰激发函数的测量有传导和辐射两种方法，由于空间有限，电
晕笼中一般采用传导法进行测试。假设电晕笼内导线沿线电晕放电强度相
同，则可以建立电晕产生的总注入电流与激发函数之间的关系。因此电晕
笼中无线电干扰的传导法测量原理就是通过测量导线的总电晕电流来反推
其激发函数。

　　传导法测试可以在高压侧或者低压侧进行，测量回路如图 7-1 所示[6]。
耦合回路和无线电干扰接收机的原理分别见 2.1.2.2 节和 2.1.4 节。在高
压侧的测量（接线方式①）中，耦合回路直接用于测量高压导线上的无线电
干扰电流，因而需要使用高压电容器将高压导线与耦合回路隔离；在低压侧
的测量（接线方式②）中，耦合回路接在电晕笼的内、外笼之间（如果没有外
笼，耦合回路直接接地），不需要使用高压电容器。除了测量回路上的差异
之外，在测量方法上高压侧测量和低压侧测量也存在一定的差异，具体在下
面两小节介绍。

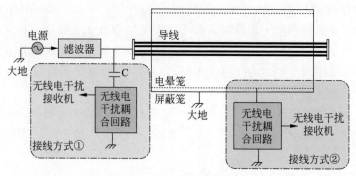

图 7-1　无线电干扰测量回路

在测量时,无线电干扰接收机接在测量回路的匹配电阻两端,匹配电阻与无线电干扰接收机的内阻 R_M 相同,无线电干扰接收机的读数是其内阻上的无线电干扰电压 U_{RIV},所以测量回路流过的电流为:

$$I_l = \frac{U_{RIV}}{R_M/2} \tag{7-4}$$

假设测量回路电流 I_l 与全电流 I_a 的关系为:

$$I_a = GI_l \tag{7-5}$$

式中,G 定义为电流修正系数,其获取见 7.2.5 节。根据式(7-3)～式(7-5)可以得到从 U_{RIV} 到激发函数 Γ 的折算关系为:

$$\Gamma = G \frac{U_{RIV}}{R_M/2} \frac{1}{\sqrt{l}} \frac{2\pi\varepsilon_0}{C} \tag{7-6}$$

式中,l 是导线长度,C 是导线与电晕笼之间的单位长电容。式(7-6)就是电晕笼中无线电干扰测量原理的数学表达式。无线电干扰的测量结果一般以分贝数(dB)表示,式(7-6)中的各个量均以分贝数表示时变为:

$$\Gamma = U_{RIV} + G - 20\lg(R_M/2) - 20\lg\sqrt{l} + F \tag{7-7}$$

式中,增加的一项 F 是由于测量系统中阻波器的非理想特性引起的修正,将在 7.2.4 节进行详细介绍。

7.2.2　高压侧测量系统

高压侧测量是指直接在导线上进行无线电干扰测量,是最常用的测量方式,美国、法国、加拿大、日本等国都在高压侧进行过无线电干扰的测量[7-10],其基本测量原理已经在 2.1.2.2 节有所介绍。高压侧测量不仅适用于电晕笼中导线无线电干扰的测量,也适用于试验线段导线,还适用于其他高压设备或者电力金具无线电干扰的测量。

目前,国际和国内有很多关于高压设备或电力金具无线电干扰测量回路的标准[1,11-15],这些测量回路大同小异,其中大量使用的是 CISPR 推荐的无线电干扰测量回路[12-14],如图 7-2 所示。图中,F 是阻波器,C_2 和 L_2 组成了调谐电路,对测量频率呈现低阻抗,也可仅使用大电容 C_3 来代替 C_2 和 L_2。R_M 是无线电接收机的内阻,R_1 与之匹配,R_2 是为了匹配试件的阻抗而设置的,如果输电线路的波阻抗为 300Ω,无线电接收机的内阻为 50Ω,则 R_1 为 50Ω、R_2 为 275Ω。电感 L_3 为工频电流提供一条低阻抗通路。CISPR 并没有对直流设备无线电干扰的测量进行专门规定,这是因为直流设备的无线电干扰与交流有类似之处,直流可以沿用交流的测量回路,只是可以不再使用旁路电感 L_3。

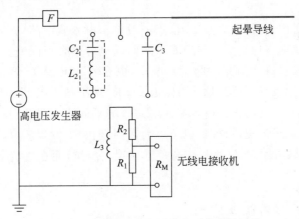

图 7-2　CIPSR 推荐的无线电干扰测量回路

在采用高压侧方法进行导线无线电干扰测试时,测量回路的阻抗应当与试验导线波阻抗相匹配。为此,首先需要计算试验导线的波阻抗参数。可以借助电磁场计算软件或公式求得试验导线的单位长电感和电容来获得波阻抗。对于特高压线路,横截面为 10m×10m 的电晕笼中的波阻抗通常为 200Ω 左右。

7.2.3　低压侧测量系统

低压侧测量是电晕笼特有的测量方式,因而并没有相关标准对其测量系统进行规定。通常低压侧的测量回路参考高压侧测量回路进行设计,其测量系统布置如图 7-3 所示[16]。与高压侧测量所不同的是,无线电干扰测

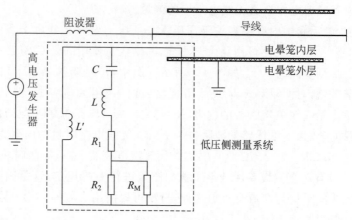

图 7-3　低压侧测量系统布置

量回路连接于内、外笼壁之间(连接点一般位于电晕笼中部)。导线上产生的无线电干扰电流通过导线与内笼壁之间的电容耦合至内笼壁后,使用无线电干扰接收机进行测量。测量系统中,电容 C 和电感 L 组成了选频电路,在测量频率下呈现低阻抗。电阻 R_1 和 R_2 为分压电阻,R_M 是无线电接收机的内阻,R_2 应与 R_M 相匹配。L' 是直流下低压侧测量回路特有的元件,它为空间离子流提供通路,以免电荷在内笼积累,发生放电,损坏仪器。通常 L' 的电感值较大,以使其在高频下呈现高阻抗,而在直流下形成电流通路。

7.2.4　阻波器特性及修正

阻波器的主要作用是防止电源产生的干扰进入测试回路,同时防止被测试导线(试品)产生的无线电干扰电流通过电源直接入地。理想的阻波器应达到在测试频率上阻抗无穷大。我国电力行业标准要求阻波器的阻抗值一般应大于 10kΩ,对 300Ω 的负载,至少应该提供 35dB 的衰减[11]。虽然阻波器在测试频段阻抗很大,但是试品产生的无线电干扰电流仍有可能有部分通过电源入地。为了对其进行修正,需要测量回路的衰减系数,即式(7-7)中的 F。

根据我国电力行业标准[11],测量回路衰减系数的确定方法为:将内阻大于 20kΩ 的高频信号发生器(可用标准高频信号发生器输出端与 20kΩ 电阻串联代替)直接接到试品上,如图 7-4(a)所示。发生器在测量频率下发出 1V 左右的信号,记录此时测量仪器的读数(dB);而后将高压电源断开,保持高频信号发生器在测量频率下的输出信号不变,如图 7-4(b)所示,记录

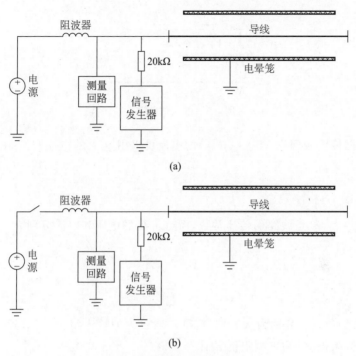

图 7-4　衰减系数测量接线图

(a) 与高压电源连接；(b) 与高压电源断开

此时测量仪器的读数(dB)，后者读数与前者之差即为回路衰减系数 F。

7.2.5　电流修正系数的获取

电流修正系数反映的是测量回路电流与全电流之间的比例关系，它是从测量结果获得导线激发函数的关键参数。在已有的研究中，高压侧测量时的修正系数主要采用仿真计算的方法确定，低压侧测量时的修正系数主要采用试验的方法确定[16]。

7.2.5.1　高压侧修正系数

（1）修正系数的计算

修正系数的计算根据传输线理论进行。考虑一般情况，如图 7-5 所示，AB 为导线，测量回路的总阻抗为 Z_2，导线的另一端接有阻抗 Z_1，在点 x 处向导线注入一个正弦电流 J_x。

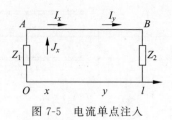

图 7-5　电流单点注入

根据传输线理论,点 $y(y>x)$ 的电流可以用点 x 的电压 U_x 和电流 I_x 表示为:

$$I_y = -\frac{\sinh\gamma(y-x)U_x}{Z_c} + \cosh\gamma(y-x)I_x \tag{7-8}$$

式中,$\gamma = \alpha + \mathrm{j}\beta$ 是线路的传播常数,而点 x 处的电压和电流分别为:

$$\begin{cases} U_x = \dfrac{Z_{xA}Z_{xB}}{Z_{xA}+Z_{xB}}J_x \\[3mm] I_x = \dfrac{Z_{xA}}{Z_{xA}+Z_{xB}}J_x \end{cases} \tag{7-9}$$

式中,Z_{xA} 和 Z_{xB} 分别为从 x 向 A 和 B 看进去的输入阻抗,可以通过距离 s、线路波阻抗 Z_c 和末端阻抗 Z 计算获得[17]:

$$Z_{\mathrm{in}} = Z_c\frac{Z_c\sinh\gamma s + Z\cosh\gamma s}{Z\sinh\gamma s + Z_c\cosh\gamma s} \tag{7-10}$$

定义函数 $g(x,y) = I_y/I_x$,则由式(7-8)～式(7-10)可以得到:

$$g(x,y) = \frac{Z_c(Z_c\sinh\gamma x + Z_1\cosh\gamma x)}{(Z_c^2 + Z_1Z_2)\sinh\gamma y + Z_c(Z_1 + Z_2)\cosh\gamma y} \tag{7-11}$$

因为电晕产生的脉冲电流具有随机性,一般使用功率谱密度进行分析[18]。如果点 x 发生电晕时,注入的功率谱密度为 $\phi(\omega)\mathrm{d}x$,则点 y 处电晕电流的功率谱密度为:

$$\Delta\Phi(\omega) = |g(x,y)|^2\phi(\omega)\mathrm{d}x \tag{7-12}$$

电晕笼中进行测试是在点 B 处进行,即 $y=l$,导线全线电晕,所以点 B 处电晕电流的功率谱密度由以下积分式得到:

$$\Phi(\omega) = \int_0^l |g(x,l)|^2\phi(\omega)\mathrm{d}x \tag{7-13}$$

根据功率谱密度与有效值之间的关系可知,测量回路的电流与电晕注入电流之间的关系为:

$$I_l = J_x\sqrt{\int_0^l |g(x,l)|^2\mathrm{d}x} \tag{7-14}$$

而全电流与电晕注入电流的关系为：

$$I_a = J_x \sqrt{l} \tag{7-15}$$

所以，修正系数的表达式为：

$$
\begin{aligned}
G &= \frac{I_a}{I_l} = \frac{\sqrt{l}}{\sqrt{\int_0^l |g(x,l)|^2 \mathrm{d}x}} \\
&= \frac{|(Z_c^2 + Z_1 Z_2)\sinh\gamma l + Z_c(Z_1 + Z_2)\cosh\gamma l| \sqrt{l}}{Z_c \sqrt{\int_0^l |Z_c \sinh\gamma x + Z_1 \cosh\gamma x|^2 \mathrm{d}x}}
\end{aligned} \tag{7-16}
$$

测量时测量端的阻抗与导线波阻抗相匹配，另一端开路，即 $Z_2 = Z_c$，$Z_1 = \infty$，则式(7-16)简化为：

$$G = \frac{\sqrt{2}}{\sqrt{\left(1 + \dfrac{\sin 2\beta l}{2\beta l}\right)}} \tag{7-17}$$

由式(7-17)可知，当 βl 很大时，$G \approx \sqrt{2}$，当 βl 趋近于 0 时，$G \approx 1$，对应的分贝数分别为 3dB 和 0dB。

（2）修正系数试验

通过试验获得修正系数的方法为[10,19-20]：在导线上悬挂一个标准放电源，其注入电流为 I_{in}。当它位于导线上的 x 处时，假设测量回路接收到的电流为 I_x，则放电源位于 x 处的分流比例为 $g_x = I_x/I_{in}$。令 x 从 0 变到 l 时，将获得一条分流比例曲线（称为修正曲线），该曲线的有效值 g_{RMS} 的倒数即为修正系数，即

$$G = 20\lg\left(\frac{1}{g_{RMS}}\right) = 20\lg\left(\frac{1}{\sqrt{\dfrac{1}{l}\int_0^l g_x^2 \mathrm{d}x}}\right) \tag{7-18}$$

在修正试验中，国外采用的电流注入源是一个精心设计的放电间隙[19]，当放电间隙挂在导线上时，可以调节电压使得放电间隙放电而导线不起晕，通过测试测量回路中的信号获得修正系数。但采用这种方法有一定的缺陷，即无法准确获得放电源产生的电晕电流 I_{in}。国外研究人员认为，如果电晕笼的长度比导线至电晕笼的距离大 2~3 倍以上，并且电晕笼仅通过测量回路一点接地，那么当放电间隙位于导线中间时，放电间隙注入的电流从电晕笼外部直接入地的部分只占很小比例，电流将主要通过测量回路入地，此时测量回路上测到的电流就是放电间隙注入的电流[19]。但这

种做法仅适用于单层结构的电晕笼,当电晕笼为双层时,由于内、外笼之间的距离很小,且笼体长度长、截面边长大,在 0.5MHz 频率下,内、外笼壁之间的容抗很小,即使内笼仅通过测量回路接地,仍会有很大部分电流直接通过内、外笼壁之间的电容耦合入地,这将导致测量回路上的电流与放电间隙的注入电流相差较大。如果电晕笼很长,放电间隙的注入电流在导线末端的折、反射作用不能忽略。即使考虑了内、外笼壁之间电容的分流作用,并进行修正,也不能得到注入电流与测量回路电流相等的结论。在高压侧,也不能找到一个合适的位置使得放电间隙位于该位置时测量回路的电流就是放电间隙的注入电流。此外,无论采用何种放电间隙,其放电程度存在一定的随机性,不能保证每次放电的电晕电流幅值相同,这将使得专门实测 I_{in} 时得到的结果与进行修正系数试验时的 I_{in} 可能不一致。可见,对于特高压电晕笼,放电间隙的注入电流难以确定,采用放电间隙作为电流注入源存在困难。

为了能够方便准确地获得注入电流,可以使用高频信号发生器作为电流注入源来获取修正曲线。其理论依据是:虽然实际的电晕放电产生的激发电流是宽频信号,但在实际测量时均在某一确定频率(一般为 0.5MHz)下测量。如果将放电源更换为高频信号发生器,并针对指定频率产生电流注入源和进行测量,其达到的效果应是相同的。该方法在美国的试验线段测试时也曾使用过[21],另外在 CISPR 18-2 电路衰减系数的测量方法中,也使用高频电源来模拟电晕电流[14]。

利用以上方法对 2.3.4 节中的特高压直流电晕笼(直流和交流修正的原理和方法一致)内悬挂 $6 \times 720\text{mm}^2$ 导线时的修正曲线进行测试和计算,结果见图 7-6。图中,横坐标为电流注入点到高压侧测试回路的距离,纵坐标为电流比 $g_x = I_x / I_{in}$。测量回路的分压电阻取 110Ω,使测量回路的总阻抗与导线波阻抗相匹配。从图 7-6 可以看出,随着电流注入点远离测量回路,电流比逐渐增大。这是因为从电流注入点向导线两侧看去,随着电流注入点逐渐远离测量回路,测量回路一侧的视在阻抗几乎不变,约等于导线波阻抗。而由于电流注入点不断靠近开路端,因此另一侧的视在阻抗不断增大,从而导致向测量回路侧分流的比例逐渐提高。图 7-6 测量所得修正曲线的有效值为 0.774,计算所得修正曲线的有效值为 0.810,两者相差不到 5%。根据式(7-18)得到修正系数为 $G = 1.292$,换算成分贝数是 2.2dB,仿真计算得到的修正系数为 1.7dB,两者结果接近,说明用高频电源作为电流注入源来进行修正系数的测量是可行的。

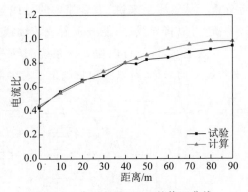

图 7-6　分压电阻 110Ω 的修正曲线

图 7-7 给出了在不同的分压电阻下的修正系数测量结果与计算结果。从图中可以看出,分压电阻越小,修正系数越大。分压电阻在 50～200Ω 之间时,修正系数在 0.91～1.84 之间,折算成分贝值为 -0.8～5.3dB 之间。

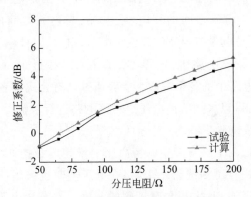

图 7-7　修正系数随分压电阻的变化

由以上分析可以看出,计算和测量两种方法在确定修正系数时都是可行的。由于实验周期太长,而计算方法能够很方便地得到较准确的修正系数,因而可以采用计算方法分析测量端匹配,末端开路时,修正系数随导线参数变化的规律,导线参数包括子导线半径、分裂间距、分裂数。

7.2.5.2　低压侧修正系数

（1）修正系数的计算

低压侧修正系数的仿真计算比高压侧复杂,不能像高压侧那样采用简单传输线理论进行分析。从本质上来讲,电晕笼中的导线与笼壁可以看成一个多导体传输线系统,可以将导线、内笼分别看成传输线,对传输线分段建立其分布参数Ⅱ型等效电路,进而可以建立该系统的等效电路,如图 7-8 所示(由于电晕笼沿长度方向对称,所以图中只画出了左半部分电路)[16]。

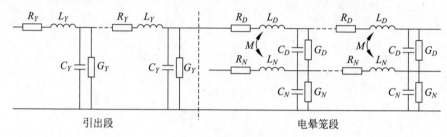

图 7-8　电晕笼等效电路

在图 7-8 的等效电路中,R_Y、L_Y、C_Y、G_Y 分别是导线引出段的单位长电阻、电感、对地电容和电导,R_D、L_D、C_D、G_D、M 分别是电晕笼段的导线单位长电阻、电感、与内笼之间的互电容、电导、与内笼之间的互电感,R_N、L_N、C_N、G_N 分别是电晕笼内笼的单位长电阻、电感、对地电容和电导。

在电晕笼的等效电路中,电导 G_Y、G_D、G_N 都很小,可以忽略不计。图 7-8 所示等效电路中的各个参数都能够通过已有公式或者电磁场数值计算软件计算,然后可以采用节点电压法对该电路进行求解。

(2) 修正系数试验

利用以上方法对 2.3.4 节中的特高压电晕笼内悬挂 $6 \times 720 \mathrm{mm}^2$ 导线时的修正曲线也进行了测试和计算[16],在低压侧时也采用信号发生器作为电流注入源。测量原理、方法与高压侧的相同。在分压电阻为 275Ω 下的修正曲线如图 7-9 所示。将导线分成 90 段(每段 1m),将低压侧耦合回路的阻抗特性接入图 7-8 所示的等效电路中,在导线的不同位置注入 $0.5\mathrm{MHz}$ 的单位电流,计算耦合回路上的电流即可得到修正曲线,计算结果也在图 7-9 中给出。

从图 7-9 可以看出,电流比呈现中间小两端大的规律。试验和计算的修正曲线有一定误差,计算的变化更加明显,但是两者的变化趋势是相同的,根据式(7-18)计算修正系数,测试数据推出的电流修正系数为 0.033,即 29.6dB;计算得到的电流修正系数为 0.03,即 30.5dB。两者仅相差 0.9dB,可以认为计算和试验的结果可相互验证。

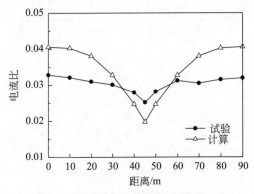

图 7-9　分压电阻为 275Ω 的修正曲线

7.3　交流输电线路无线电干扰激发函数

很多国家通过在电晕笼和试验线段的无线电干扰试验得到了输电线路无线电干扰激发函数[1,22-29]。这些无线电干扰激发函数是基于各国自身的导线参数、环境而获得的，在各国得到了很好应用。按照我国电力行业标准 DL/T 691，在 4 分裂及以上导线上，我国推荐使用 CISPR 的激发函数（见7.5.2 节）计算无线电干扰[1-2]。然而，这些公式是在较低电压等级下获得的，其在特高压条件下的适用性难以确定。

为了获得符合我国特高压输电工程实际情况的无线电干扰激发函数，我国利用 2.3.3 节中的特高压电晕笼，基于低压侧测量法开展了大量无线电干扰激发函数的测试工作[6]。表 7-1 列出了实验中使用的 13 种典型导线，最后一列给出了 1kV 下不同试验导线在特高压电晕笼中的平均最大导线表面场强，以方便将施加电压转化为平均最大导线表面场强来对比不同导线试验结果。

表 7-1　不同试验导线分裂形式及相关参数

导线编号	试验导线分裂形式	导线直径/mm	1kV 下导线表面场强/(kV/cm)
No. 1	8×LGJ 630/45-s400	33.6	0.04
No. 2	8×LGJ 500/35-s450	30.0	0.045
No. 3	8×LGJ 500/35-s400	30.0	0.0437
No. 4	8×LGJ 500/35-s350	30.0	0.0426

导线编号	试验导线分裂形式	导线直径/mm	1kV 下导线表面场强/(kV/cm)
No. 5	8×LGJ 400/35-s400	26.8	0.0478
No. 6	8×LGJ 300/50-s400	24.2	0.053
No. 7	6×LGJ 630/45-s500	33.6	0.048
No. 8	6×LGJ 630/45-s450	33.6	0.047
No. 9	6×LGJ 630/45-s375	33.6	0.0466
No. 10	6×LGJ 500/35-s375	30.0	0.0503
No. 11	6×LGJ 400/35-s375	26.8	0.0547
No. 12	6×LGJ 300/50-s375	24.2	0.0601
No. 13	4×LGJ 630/45-s500	33.6	0.0584

7.3.1 天气条件的影响

在不同天气条件下,导线电晕放电所产生的电晕效应是不同的,而且影响显著,因此针对每种试验导线需分别开展干燥导线、湿导线和大雨情况等三种导线状态下的电晕效应试验,分别用于模拟好天气、毛毛雨或小雨以及大雨三种天气条件。

大雨状态可利用特高压电晕笼的人工淋雨系统来模拟;湿导线状态是用于模拟实际导线在雨后或在小雨情况下,水滴挂在导线表面不连续滴落的状态,在电晕笼试验中,先将人工淋雨装置打开,对导线喷淋 10～15min 后关闭淋雨系统,等待 2～3min 后,导线表面不再滴水时,开始电晕效应的测量,由于试验中导线上施加电压较高,导线表面水滴很快消失,因此湿导线状态持续时间短,须在 5～8min 内完成电晕效应的测试工作。

图 7-10 为单位长导线在不同试验状态下无线电干扰激发函数的典型曲线。导线状态对无线电干扰激发函数影响很大。导线表面电场强度较低时,无线电干扰激发函数由大至小依次为大雨情况、湿导线情况和干燥导线情况,且相差较大;而当导线表面场强增大到一定值时,好天气无线电干扰激发函数将超过坏天气情况,无线电干扰激发函数由大至小的顺序发生了逆转,依次是干燥导线、湿导线和大雨情况。

7.3.2 导线表面场强的影响

图 7-11 为 6 种 8 分裂导线(对应于表 7-1 中编号 1～6 试验导线)在大

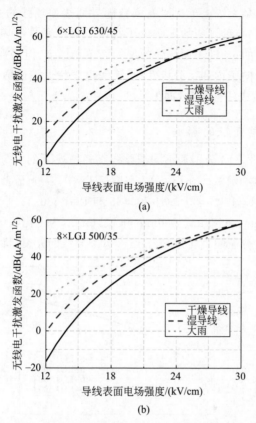

图 7-10 不同天气条件下导线电晕无线电干扰激发函数的典型曲线

(a) 6×LGJ 630/45 分裂间距 375mm 导线；(b) 8×LGJ 500/35 分裂间距 400mm 导线

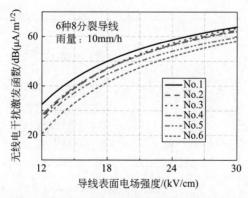

图 7-11 无线电干扰激发函数随导线表面电场强度变化的典型曲线

雨情况下交流电晕无线电干扰激发函数随导线表面场强的变化关系曲线。可以清楚地看到,几种导线的无线电干扰激发函数随导线表面场强的变化曲线是比较一致的,均随表面场强的增大而单调增大,但场强增大至一定值时无线电干扰趋向于饱和。分析发现,无线电干扰激发函数 Γ 和导线表面电场 E 的负倒数成线性关系,即 $\Gamma \propto (-1/E)$。

7.3.3　子导线直径的影响

图 7-12 和图 7-13 分别是不同子导线直径情况下的 6 分裂和 8 分裂导线无线电干扰激发函数。在图 7-12 和图 7-13 中,从下至上的曲线分别代表 LGJ 300/50、LGJ 400/35、LGJ 500/35 和 LGJ 630/45 子导线情况,其直径分别为 24.2mm、26.8mm、30.0mm 和 33.6mm,为了比较子导线直径的影响,6 分裂导线的分裂间距均为 375mm,8 分裂导线的分裂间距均为 400m。

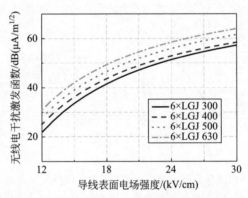

图 7-12　不同子导线情况下 6 分裂导线无线电干扰激发函数(分裂间距 375mm)

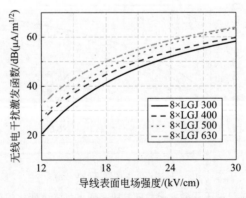

图 7-13　不同子导线情况下 8 分裂导线无线电干扰激发函数(分裂间距 400mm)

从图 7-12 和图 7-13 可以看到,子导线直径对导线交流电晕无线电干扰的影响十分显著,在相同的导线表面场强下,导线电晕无线电干扰激发函数随子导线直径的增大而逐步增大,且增值较大。以 LGJ 300/50 和 LGJ 630/45 导线为例,子导线直径从 24.2mm 增至 33.6mm,当导线表面场强为 18kV/cm 时,6 分裂和 8 分裂导线无线电干扰激发函数的增值分别为 $9.98dB(\mu A/m^{1/2})$ 和 $8.84dB(\mu A/m^{1/2})$。

以上试验结果和电晕放电理论一致:在相同的导线表面电场强度情况下,子导线直径越大,导线表面可能存在的电晕放电点会越多,电晕放电产生的无线电干扰也就越强;另一方面,由 Peek 公式可知,导线的起晕场强随导线直径的增大而减小,因此在相同的导线表面场强下,子导线直径越大,导线越容易起晕,放电强度也越强。但需要注意的是,子导线直径越大,无线电干扰越强的结论是在相同导线表面场强下提出的,并不是在相同施加电压下得出的,更不是指子导线直径增大会对输电工程电磁环境带来负面影响。相反,在实际工程中,增大子导线直径可以明显改善输电线路的电磁环境,这是由于在相同电压作用下,虽然子导线直径的增大会使得导线起晕场强降低一点,但另一方面会使得分裂导线表面场强得到显著降低,从而大大减少了导线表面电晕放电源的数量和强度。

图 7-14 和图 7-15 给出了不同导线表面场强下 6 分裂和 8 分裂导线电晕无线电干扰激发函数随子导线直径的变化关系曲线。在图 7-14 和图 7-15 中,横坐标为子导线直径,由上至下四条曲线分别表示导线表面场强为 24kV/cm、20kV/cm、16kV/cm 和 14kV/cm 时的无线电干扰激发函数。可以看到,无论是 6 分裂还是 8 分裂导线,其无线电干扰激发函数 Γ 与子导线直径 d 之间的关系可近似为线性关系,即 $\Gamma \propto d$。

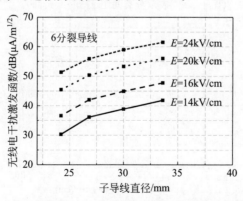

图 7-14　子导线直径对 6 分裂导线无线电干扰激发函数的影响

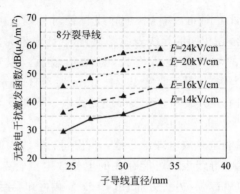

图 7-15　子导线直径对 8 分裂导线电晕无线电干扰激发函数的影响

7.3.4　分裂间距的影响

图 7-16 和图 7-17 分别是不同分裂间距情况下 6 分裂和 8 分裂导线的

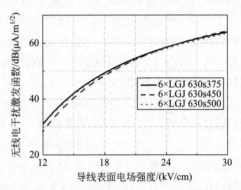

图 7-16　不同分裂间距的 6 分裂导线无线电干扰激发函数

（图上 s375 表示分裂间距 375mm，余同）

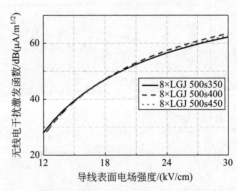

图 7-17　不同分裂间距的 8 分裂无线电干扰激发函数

无线电干扰激发函数,其中,6 分裂导线的分裂间距有 375mm、450mm 和 500mm 三种;8 分裂导线的分裂间距有 350mm、400mm 和 450mm 三种。从图 7-16 和图 7-17 中可发现,对于相同分裂根数和相同子导线的分裂导线,分裂间距对其无线电干扰激发函数的影响是很小的,基本不予考虑。

　　以上现象可以利用电晕放电理论来解释,分裂间距的变化将会引起分裂导线直径的变化,但其对导线起晕场强的影响很小,在相同的导线表面场强下,分裂间距的变化基本不会引起导线表面电晕放电点的增多和放电强度的加强,因此对于相同的分裂数和子导线直径,改变分裂数不会对导线表面电晕放电产生影响。

7.3.5　分裂数的影响

　　图 7-18 比较了 $4\times$LGJ 630/45、$6\times$LGJ 630/45 和 $8\times$LGJ 630/45 三种分裂导线的电晕无线电干扰激发函数,从图 7-18 可见,分裂数对导线电晕无线电干扰的影响十分显著。图 7-19 为不同导线表面场强下无线电干

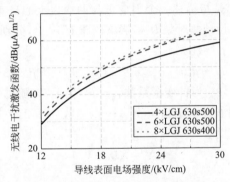

图 7-18　不同分裂数情况下的导线无线电干扰激发函数与场强的关系

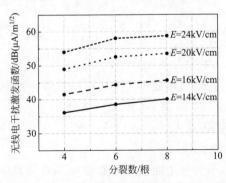

图 7-19　分裂数对无线电干扰激发函数的影响

扰激发函数随导线分裂数的变化关系曲线,其中,横坐标为子导线分裂数,由上至下四条曲线分别表示导线表面场强为 24kV/cm、20kV/cm、16kV/cm 和 14kV/cm 时的无线电干扰激发函数。通过分析发现,无线电干扰激发函数 Γ 与子导线分裂数 n 的对数之间近似呈线性关系,即 $\Gamma \propto \lg n$。

7.3.6　我国特高压输电线路的无线电干扰激发函数

特高压输电线路无线电干扰与导线表面场强、子导线直径、分裂间距和分裂数等多个因素有关,且这些因素的影响并不能利用解析公式得到,只能通过大量的试验数据经分析统计得出经验公式。

回归分析是一种研究变量间关系的统计方法。它不仅提供了建立变量间关系的数学表达式的一般方法,而且可通过分析来判断所建立的经验公式的有效性,并可利用所得到的经验公式去达到预测和控制等目的[30,31]。因此可将回归分析统计方法应用于特高压输电线路可听噪声和无线电干扰的预测。

多元线性回归是指描述一个因变量与两个以上的自变量之间线性关系的一种统计方法。设预测对象为 y,影响因素有 m 个,分别是 $x_1, x_2, x_3, \cdots, x_m$,它们之间有以下线性关系:

$$y = \beta_0 + \beta_1 x_1 + \beta_2 x_2 + \beta_3 x_3 + \cdots + \beta_m x_m + \varepsilon \tag{7-19}$$

其中,$\beta_0, \beta_1, \beta_2, \cdots, \beta_m$ 为自变量系数,$\varepsilon \sim N(0, \sigma^2)$ 为随机误差项。

如有 n 组统计样本 $(y_i; x_{i1}, x_{i2}, \cdots, x_{im})$,$i = 1, 2, \cdots, n$,则多元线性回归模型的矩阵形式为:

$$\boldsymbol{Y} = \boldsymbol{XB} + \boldsymbol{V} \tag{7-20}$$

其中

$$\boldsymbol{Y} = \begin{bmatrix} y_1 \\ y_2 \\ \vdots \\ y_n \end{bmatrix}, \quad \boldsymbol{X} = \begin{bmatrix} 1 & x_{11} & x_{12} & \cdots & x_{1m} \\ 1 & x_{21} & x_{22} & \cdots & x_{2m} \\ \vdots & \vdots & \vdots & & \vdots \\ 1 & x_{n1} & x_{n2} & \cdots & x_{nm} \end{bmatrix}, \quad \boldsymbol{B} = \begin{bmatrix} \beta_0 \\ \beta_1 \\ \vdots \\ \beta_m \end{bmatrix}, \quad \boldsymbol{V} = \begin{bmatrix} \varepsilon_1 \\ \varepsilon_2 \\ \vdots \\ \varepsilon_n \end{bmatrix}$$

为估计参数矩阵 $\boldsymbol{B}$,应用最小二乘法可得其估计值为:

$$\hat{\boldsymbol{B}} = (\boldsymbol{X}^{\mathrm{T}} \boldsymbol{X})^{-1} \boldsymbol{X}^{\mathrm{T}} \boldsymbol{Y} \tag{7-21}$$

其中,$\boldsymbol{X}^{\mathrm{T}}$ 为 $\boldsymbol{X}$ 的转置;$\hat{\boldsymbol{B}} = [b_0 \quad b_1 \quad \cdots \quad b_m]^{\mathrm{T}}$,$b_0, b_1, \cdots, b_m$ 分别为 $\beta_0, \beta_1, \cdots, \beta_m$ 的最小二乘估计。

在实际问题中,事先并不能确定因变量 y 与自变量之间是否确有线性关系,因此在求出线性回归方程后,需进行统计检验来判断其有效性。对于多元线性回归模型,统计检验包括 R 检验、F 检验和 T 检验。

（1）R 检验

R 检验是针对多元线性回归效果的一种统计检验,称为相关系数。相关系数说明影响因素与因变量的相关程度,R 值越接近 1,说明多元回归的效果越好。其计算公式为：

$$R = \sqrt{\sum_{i=1}^{n}(\hat{y}_i - \bar{y})^2 / \sum_{i=1}^{n}(y_i - \bar{y})^2} \tag{7-22}$$

其中,$\hat{y}_i$ 为回归值;$\bar{y}$ 为样本中 y_i 的平均值。

（2）F 检验

F 检验用来检验整个回归方程是否有效,称为回归方程的显著性检验。要检验变量 y 与变量 $x_1, x_2, x_3, \cdots, x_m$ 之间是否有线性关系,本质上是检验假设式(7-23)是否成立：

$$H_0 : \beta_1 = \beta_2 = \beta_3 = \cdots = \beta_m = 0 \tag{7-23}$$

为此构造统计量 F ：

$$F = \frac{\sum_{i=1}^{n}(\hat{y}_i - \bar{y})^2 / m}{\sum_{i=1}^{n}(\hat{y}_i - y_i)^2 / (n - m - 1)} \sim F(m, n - m - 1) \tag{7-24}$$

对于给定的样本,计算统计量 F,若

$$F > F_\alpha(m, n - m - 1) \tag{7-25}$$

则表明在显著性水平 α 下,回归方程具有显著意义,即拒绝接受假设 H_0,认为回归方程有效。

（3）T 检验

T 检验是用来对每个回归系数是否有意义进行的检验,称为回归系数的显著性检验。在多元回归模型中,回归方程显著并不意味着每个自变量 x_1、x_2、x_3、$\cdots$、x_m 对因变量 y 的影响都是显著的,因此需要对每个变量进行考察。检验自变量 x_j 是否显著等价于检验假设：

$$H_0 : \beta_j = 0 \tag{7-26}$$

为此构造统计量 T_j ：

$$T_j = \frac{(b_j - \beta_j) / \sqrt{c_{jj}}}{\sqrt{\sum_{i=1}^{n}(\hat{y}_i - y_i)^2 / (n - m - 1)}} \sim t(n - m - 1) \tag{7-27}$$

对于给定的样本,计算统计量 T_j,若

$$T_j > t_a(n-m-1) \tag{7-28}$$

则表明在显著性水平 α 下，回归系数 β_j 具有显著意义，即拒绝接受假设式(7-26)，认为回归系数 β_j 有效。

基于以上方法，选取导线表面场强 E、子导线直径 d、分裂间距 s 和分裂数 n 四个影响因素进行特高压输电线路无线电干扰的回归分析。根据前面的分析可知无线电干扰激发函数 Γ 与 $1/E$、d 和 $\lg n$ 之间存在线性关系，同时也假定无线电干扰激发函数 Γ 与 s 存在线性关系，建立无线电干扰激发函数的多元线性回归方程：

$$\Gamma = \beta_0 + \beta_1 \times 1/E + \beta_2 d + \beta_3 s + \beta_4 \lg n \tag{7-29}$$

表 7-2 为根据 647 组无线电干扰试验数据样本作多元线性回归分析得到的回归方程系数及其显著性水平分析结果。从表 7-2 可以得到无线电干扰激发函数的回归方程为

$$\Gamma = 53.098 - 672.307/E + 6.208d + 0.058s + 11.089\lg n \tag{7-30}$$

表 7-2 中的 $R=0.969$，近似等于 1，说明该回归方程的逼近效果非常好；统计量 F 的 α 值小于 0.001，说明该回归方程是高度显著的。从表 7-2 中各系数的 α 值可以看出，系数 β_0、β_1、β_2 和 β_4 的 α 值小于 0.01，对因变量有高度显著影响；而系数 β_3 的显著性水平大于 0.10，可以认为对因变量无影响。可见，导线表面场强、子导线直径和分裂数对无线电干扰激发函数有高度显著影响，而分裂间距对无线电干扰激发函数的影响较小，可以忽略。剔除不显著项分裂间距后重新作回归分析得到回归方程：

$$\Gamma = 55.227 - 671.686/E + 6.510d + 10.287\lg n \tag{7-31}$$

表 7-3 为剔除分裂间距因素后得到的无线电干扰激发函数回归方程系数及其显著性水平分析结果，表明回归方程高度显著，且逼近效果好，回归方程各系数也是高度显著，因此通过式(7-31)可以对无线电干扰激发函数进行有效的预测。需要说明的是，式(7-31)为大雨条件下的无线电干扰激发函数预测公式，一般情况下，好天气下的无线电干扰激发函数比大雨条件下要低 $20 \sim 25 \mathrm{dB}(\mu\mathrm{A/m^{1/2}})$。

表 7-2 无线电干扰激发函数回归方程系数及其显著性水平分析结果

检验类型	R 检验	F 检验	T 检验				
统计量	R	F	β_0	β_1	β_2	β_3	β_4
数值	0.969	5079.802	53.098	-672.307	6.208	0.058	11.089
α 值	—	<0.001	<0.001	<0.001	<0.001	0.108	<0.001

表 7-3 无线电干扰激发函数回归方程系数及其显著性水平分析结果(剔除分裂间距后)

检验类型	R 检验	F 检验	T 检验			
统计量	R	F	β_0	β_1	β_2	β_4
数值	0.969	6713.102	55.227	-671.686	6.510	10.287
α 值	—	<0.001	<0.001	<0.001	<0.001	<0.001

7.4 交流线路无线电干扰的海拔修正

气压是影响电晕放电的重要因素,而海拔高度的变化对气压的影响最大。由于我国大量输电线路位于高海拔地区,研究海拔对无线电干扰的影响并提出修正措施具有重要意义。为了获得海拔高度对导线电晕效应的影响规律,特高压工程技术国家工程实验室交流试验基地(武汉)、清华大学和华北电力大学联合利用可移动式电晕笼在武汉(海拔 23m)、西宁(海拔 2250m)、格尔木(海拔 2829m)和纳赤台(海拔 3800m)四个不同海拔点对多种导线电晕产生的无线电干扰开展了深入研究工作,得到了导线电晕效应海拔修正系数,并提出了粗略的海拔修正系数与海拔高度的关系,适用海拔范围延伸至 4000m[33]。可移动式电晕笼采用方形截面,边长在 1.2~2m 之间可调;笼体总长 4m,由一个 3m 的测量段和两个 0.5m 的防护段三段组成。

为了与实际线路保持一致,主要测试导线表面场强在 16~18kV/cm 范围内的无线电干扰。图 7-20(a)和(b)分别为海拔高度对不同试验导线 0.5MHz 和 1MHz 无线电干扰的影响特性曲线,各地区的无线电干扰值是根据 16~18kV/cm 场强所对应的无线电干扰数据统计得到的。显然,导线电晕无线电干扰随海拔高度增大而增大,且增幅十分显著。从武汉至纳赤台,海拔升高 3800m,0.5MHz 无线电干扰最大增幅达到 13dB(μV/m),1MHz 无线电干扰最大增幅也接近 9dB(μV/m)。总体来看,海拔高度对 0.5MHz 无线电干扰的影响要大于对 1MHz 的影响,即在相同的海拔高度变化量下,0.5MHz 无线电干扰增幅要大于 1MHz。

另外,当导线表面场强在 16~18kV/cm 之间时,对于不同试验导线,海拔高度对导线电晕无线电干扰的影响有一定的分散性,但分散性不大,在可接受的范围内。图 7-20 中的折线反映了海拔高度对无线电干扰影响的非线性关系,随着海拔升高,海拔高度对无线电干扰的影响程度逐步减小,

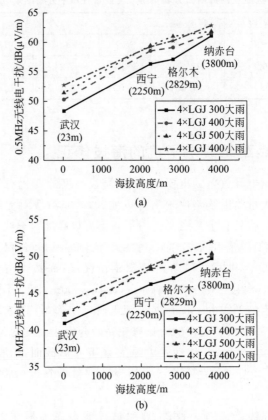

图 7-20　海拔高度对不同试验导线电晕无线电干扰的影响特性

(a) 0.5MHz；(b) 1MHz

即相同的海拔高度变化量引起的无线电干扰变化量逐步减小。

　　将不同导线在武汉试验点得到的无线电干扰统一归零后可得到各个试验地区的无线电干扰海拔修正量，图 7-21 为 0.5MHz 和 1MHz 无线电干扰的海拔修正关系，包括线性修正关系和非线性修正关系。由图 7-21 可知，在线性修正关系下，0.5MHz 和 1MHz 无线电干扰海拔修正系数为 3.13dB(μV/m)/1000m 和 2.24dB(μV/m)/1000m，可见 0.5MHz 和 1MHz 无线电干扰海拔修正系数是不同的，应当分别修正。0.5MHz 无线电干扰线性修正系数与国外试验研究得到的 3.33dB(μV/m)/1000m 海拔修正系数吻合较好，但 1MHz 无线电干扰的海拔修正系数要小一些[34]。

　　图 7-21 的试验结果已显示海拔高度对导线电晕无线电干扰的影响并

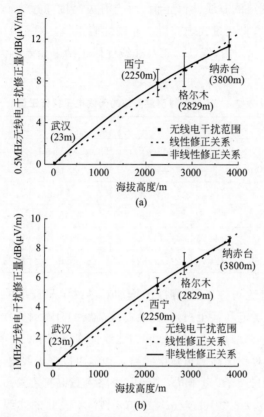

图 7-21　0.5MHz 和 1MHz 无线电干扰海拔修正关系

(a) 0.5MHz；(b) 1MHz

不是线性的,通过分析测试结果可以得出粗略的 0.5MHz 无线电干扰海拔修正系数 k_0(单位: $dB(\mu V/m)$)与海拔高度 H(单位: m)的关系为:

$$k_0 = 21.6 \times (1 - e^{-\frac{H}{5000}}) \tag{7-32}$$

1MHz 无线电干扰海拔修正系数 k_1 与海拔高度 H 的关系为:

$$k_0 = 21.6 \times (1 - e^{-\frac{H}{7600}}) \tag{7-33}$$

式(7-32)和式(7-33)均可适用于海拔 4000m 以内地区的无线电干扰海拔修正。

表 7-4 列出了通过线性、非线性(k_0、k_1)和国外试验结论(3.33dB($\mu V/m$)/1000m)得到的不同海拔高度对应的导线交流无线电干扰海拔修正值。可以看到,当海拔高度低于 3000m 时,0.5MHz 无线电干扰的国外线性修正

值要低于实际测得的非线性修正值,而当海拔高度超过 3000m 时,却恰恰
相反,国外修正值将超过我国获得的非线性修正值。对于 1MHz 无线电干
扰,在海拔 4000m 以内,线性修正与非线性修正结果相差不大,但明显低于
$3.33dB(\mu V/m)/1000m$。

表 7-4 不同海拔高度对应的无线电干扰修正值

海拔高度 /m	0.5MHz 修正值/dB($\mu V/m$)			1MHz 修正值/dB($\mu V/m$)		
	$3.13dB(\mu V/m)/$ 1000m	k_0	$3.33dB(\mu V/m)/$ 1000m	$2.24dB(\mu V/m)/$ 1000m	k_1	$3.33dB(\mu V/m)/$ 1000m
1000	3.13	3.92	3.33	2.24	2.66	3.33
2000	6.26	7.12	6.66	4.48	5.00	6.66
3000	9.39	9.75	9.99	6.72	7.04	9.99
4000	12.52	11.89	13.32	8.96	8.83	13.32

根据放电理论可知,海拔高度的增加对导线电晕放电的影响并不是单
调加强的,会出现饱和甚至拐点,因此海拔高度的升高对无线电干扰的影响
也不会是一直单调增加,会出现饱和的非线性修正关系。

综上所述,对我国高海拔输电线路工程提出以下无线电干扰修正建议:

对于 0.5MHz 无线电干扰,当输电线路海拔高度在 3000m 以下时,采
用线性修正系数 $3.33dB(\mu V/m)/1000m$ 或式(7-32)的非线性修正公式进
行海拔修正;当输电线路海拔超过 3000m 时,建议采用式(7-32)的非线性
修正公式进行海拔修正;

对于 1MHz 无线电干扰,当输电线路海拔高度在 4000m 以下时,建议
采用线性海拔修正系数 $2.24dB(\mu V/m)/1000m$ 或式(7-33)的非线性修正
公式进行无线电干扰海拔修正。

7.5 各国交流线路无线电干扰激发函数和工程应用比较

7.5.1 基于激发函数的交流输电线路无线电干扰预测方法

由电晕笼的单相导线实验获得的无线电干扰激发函数并不能直接用于
三相线路的无线电干扰预测。由于各相导线上的无线电干扰电流之间存在
电磁耦合,每相上的无线电干扰电流均会影响其他两相,因此将电晕笼实验

获得的无线电干扰激发函数转化至实际三相输电线路的无线电干扰要复杂一些。基于激发函数的输电线路无线电干扰计算步骤如下[6]:

(1) 导线表面电场计算

首先,计算各相导线的平均最大表面电场强度 E_m。

(2) 确定无线电干扰激发函数

根据各相导线表面电场 E_m,通过式(7-31)获得相应大雨情况下无线电干扰激发函数 Γ。

(3) 确定线路上离参考点距离为 x 处无线电干扰电流 i。

利用第 1 相导线的无线电干扰激发函数 Γ_1 计算得到导线上离参考点距离为 x 处的电晕无线电干扰电流 i_o:

$$i_o = \frac{1}{2\pi\varepsilon_0} \boldsymbol{C} \cdot \boldsymbol{\Gamma}, \quad \boldsymbol{\Gamma} = \begin{bmatrix} \Gamma_1 \\ 0 \\ 0 \end{bmatrix} \tag{7-34}$$

其中,$\boldsymbol{C}$ 为线路的电容矩阵。

(4) 计算模电流 i_{om}

利用相模变化将电晕电流转化为模电流 i_{om}[32]

$$i_{om} = \boldsymbol{N}^{-1} i_o, \quad m = 1, 2, 3 \tag{7-35}$$

其中,$\boldsymbol{N}$ 为模变化矩阵,由 $\boldsymbol{B} = \boldsymbol{YZ}$ 的特征向量得到,$\boldsymbol{Y}$ 和 $\boldsymbol{Z}$ 分别为线路的并联导纳矩阵和串联阻抗矩阵。

电流注入导线后,由注入点沿导线向两边传播,传至参考点处的电流为:

$$i_m(x) = \frac{1}{2} \exp(-\lambda_m x) i_{om} \tag{7-36}$$

其中,$\lambda_m = \alpha_m + j\beta_m$ 为传播系数。

(5) 确定参考点处的无线电干扰相电流

将计算的模电流反变换成相电流[32]:

$$i(x) = \boldsymbol{N} i_m(x) \tag{7-37}$$

(6) 确定第 1 相导线产生的无线电干扰场强

离参考点的距离为 y 处的电场为:

$$E_1(x, y) = \sqrt{\frac{\mu_0}{\varepsilon_0}} H_1(x, y) = \sqrt{\frac{\mu_0}{\varepsilon_0}} \cdot \frac{1}{2\pi} \sum_j i_j(x) \cdot F_j(y) \tag{7-38}$$

其中,$F_j(y) = z_j / [z_j^2 + (y - y_j)^2] + (z_j + 2P) / [(z_j + 2P)^2 + (y - y_j)^2]$;$P$ 为土壤复深度,详见 8.3.2.3 节;μ_0 为真空磁导率;y_j 和 z_j 如图 7-22 所示。

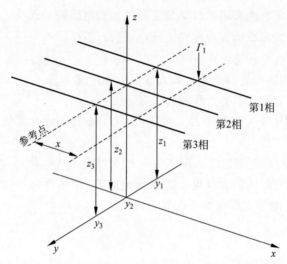

图 7-22　无线电干扰激发函数法三相导线几何位置参数

将式(7-38)沿全线积分得到第 1 相导线在离参考点为 y 处产生的电场：

$$E_1(y)=\sqrt{2\int_0^\infty E_1^2(x,y)\mathrm{d}x}\qquad(7\text{-}39)$$

(7) 确定第 2、3 相导线产生的无线电干扰场强

把 $[0\ \Gamma_2\ 0]^T$ 和 $[0\ 0\ \Gamma_3]^T$ 代入，重复前述(3)至(6)步得到第 2、3 相导线在距参考点为 y 处产生的无线电干扰场强 $E_2(y)$ 和 $E_3(y)$。

(8) 确定三相导线总无线电干扰

将计算得到的三个无线电干扰值从大至小排序：$E_a(y)\geqslant E_b(y)\geqslant E_c(y)$，总无线电干扰值 $E(y)$ 按以下方法得到：

若 $E_a(y)\geqslant E_b(y)+3\mathrm{dB}(\mu\mathrm{V/m})$，$E(y)=E_a(y)$；否则 $E(y)=[E_a(y)+E_b(y)]/2+1.5\mathrm{dB}(\mu\mathrm{V/m})$。

(9) 海拔和雨天修正

最后通过海拔和雨天修正得到最终的无线电干扰结果。

7.5.2　各国无线电干扰激发函数的特高压交流线路计算比较

各国无线电干扰激发函数主要有[1,22-29]：

(1) 美国 BPA

BPA 公司得到的单根导体在大雨条件下无线电干扰激发函数为：

$$\Gamma=37.02+120\lg(E/15)+40\lg(d/4)\qquad(7\text{-}40)$$

式中，E 为导线表面场强，kV/cm；d 为子导线直径，cm。

（2）国际大电网会议 CIGRE

CIGRE 得到的单根导体在大雨条件下无线电干扰激发函数为：

$$\Gamma = -40.69 + 3.5E + 6d \tag{7-41}$$

式中，E 为导线表面场强，kV/cm；d 为子导线直径，cm。

（3）国际无线电干扰委员会 CISPR

CISPR 标准中给出的适合于 4 分裂以上情况的大雨条件下分裂导线无线电干扰激发函数为：

$$\Gamma = 70 - 585/E + 35\lg d - 10\lg n \tag{7-42}$$

式中，E 为导线表面场强，kV/cm；d 为子导线直径，cm；n 为导线分裂数。

（4）美国 EPRI

EPRI 得到的大雨条件下分裂导线无线电干扰激发函数为：

$$\Gamma = 81.1 - 580/E + 38\lg(d/3.8) + K \tag{7-43}$$

式中，E 为导线表面场强，kV/cm；d 为子导线直径，cm；当导线分裂数 $n \leqslant 8$ 时，$K=0$；当 $n>8$ 时，$K=5\mathrm{dB}(\mu\mathrm{A/m^{1/2}})$。

（5）加拿大 IREQ

IREQ 得到的大雨条件下分裂导线无线电干扰激发函数为：

$$\Gamma = -90.25 + 92.42\lg E + 43.03\lg d - K \tag{7-44}$$

式中，E 为导线表面场强，kV/cm；d 为子导线直径，cm；当导线分裂数 $n=1$ 时，$K=0$；当 $n=2$ 时，$K=3.7\mathrm{dB}(\mu\mathrm{A/m^{1/2}})$；当 $n \geqslant 3$ 时，$K=6\mathrm{dB}(\mu\mathrm{A/m^{1/2}})$。

利用上述经验公式对晋东南-南阳-荆门 1000kV 特高压交流试验示范工程边相外水平距离 20m 处的无线电干扰水平进行计算，并与测试结果进行比较。测试地点选在一片开阔平坦的麦田内，海拔高度为 720m。所测位置处相导线结构采用 8×LGJ 500/35 导线、分裂间距取 400mm，三相导线呈三角形排列，边相对地平均高度 27m，中相对地平均高度 46m，边相与中相间水平距离 14m，地线平均高度 60m，两地线之间的水平距离为 22.6m。无线电干扰环形天线中心对地高度 2m，环的径向与输电线路平行放置。

表 7-5 给出了各经验公式的计算值及其与实测值的偏差，其中的计算结果经过了海拔修正，并按照雨天和晴天无线电干扰相差 22.5dB(μV/m) 转化得到。可以发现，按本节、CIGRE、CISPR 和 EPRI 无线电干扰激发函数公式得到的计算值与实测值偏差较小，BPA 公式次之，IREQ 公式偏差最大，已不能满足我国工程设计要求。

表 7-5　按各经验公式得到的 1000kV 特高压交流试验示范工程无线电干扰计算结果

计算方法	无线电干扰水平/dB(μV/m)	偏差/%
BPA 公式	51.68	4.09
CIGRE 公式	49.47	0.36
CISPR 公式	48.99	1.33
EPRI 公式	48.85	1.61
IREQ 公式	43.30	12.79
本节公式	49.61	0.08
实测值	49.65	—

7.6　基于电晕笼的交流线路可听噪声测试方法

交流线路的可听噪声和无线电干扰一样,都可以利用电晕笼开展有效的测试分析[6]。

7.6.1　可听噪声的电晕笼测试方法

在电晕笼试验系统中,测出距分裂导线已知位置处的声压级即可得到导线电晕产生的可听噪声。声压级采用传声器和带有滤波器或波形分析器的噪声分析仪测量,通过噪声分析仪可以得出可听噪声的不同频率分量[6]。传声器应放置在声音场的远场区域,与被测导线之间的距离应大于所测频率声波波长,如在测量 100Hz 交流纯音时,传声器应放在距被测导线 3.4m 以外的地方。图 7-23 给出了特高压交流电晕笼可听噪声测试原理,传声器放置于电晕笼正中央的侧壁上和底部,侧壁上的传声器与分裂导线保持在同一水平高度,底部的传声器在分裂导线的正下方。为了避免风对可听噪声测量的影响,传声器上需加设防风罩。

7.6.2　可听噪声产生功率

交流电晕可听噪声主要是宽频噪声,同时也包含一些工频倍频的纯音分量,需区别分析这两种不同频率的可听噪声[18]。

7.6.2.1　宽频噪声

假设长度为 l 的导线上均匀分布着可听噪声源,单位长噪声功率为

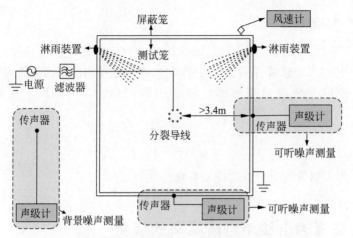

图 7-23　可听噪声的电晕笼测试原理

A_0，测量点离线路两端距离相等，离导线中点距离为 D。对于宽频噪声，可认为导线长度单元 $\mathrm{d}x$ 产生球面声波，按球面波传播机理可得测量点处可听噪声能量为[6]：

$$J = \int_{-l/2}^{l/2} \frac{A_0}{4\pi(D^2+x^2)}\mathrm{d}x + k\int_{-l/2}^{l/2}\frac{A_0}{4\pi(D_i^2+x^2)}\mathrm{d}x$$

$$= \frac{A_0}{2\pi}\left[\frac{1}{D}\arctan\frac{l}{2D} + \frac{k}{D_i}\arctan\frac{l}{2D_i}\right] \tag{7-45}$$

其中，k 为声波的地面反射系数；D_i 为线路镜像与测量点之间的距离。

对于无限长导线，在不考虑地面反射时，利用式(7-45)可得到测量点 D 处可听噪声功率密度为：

$$J = \frac{A_0}{4D} \tag{7-46}$$

在电晕笼试验中，测量得到的量为声压 P，其与声能 J 的关系为：

$$P = \sqrt{\delta c J} \tag{7-47}$$

由式(7-45)和式(7-47)可得单位长导线产生的可听噪声功率 A_0 为：

$$A_0 = \frac{P^2 H}{\delta c} \tag{7-48}$$

其中，δ 为空气密度；c 为声波传播速度；H 为与传声器位置、导线长度相关的几何参数，其表达式为：

$$H = 2\pi\left/\left[\frac{1}{D}\arctan\frac{l}{2r} + \frac{k}{D_i}\arctan\frac{l}{2r_i}\right]\right. \tag{7-49}$$

7.6.2.2　交流纯音

对于导线上产生的频率较低的交流纯音可作上述类似的分析,与宽频噪声不同的是,交流纯音可近似为柱面波,而不是球面波。当导线为无限长或导线长度为传声器至导线距离的很多倍时,H 可采用下述表达式计算[6]:

$$H = 2\pi \Bigg/ \left[\sqrt{\frac{1}{D}} + \sqrt{\frac{k\cos\gamma}{D_i}} \right]^2 \qquad (7\text{-}50)$$

其中,γ 为入射波与反射波之间的夹角。

7.7　交流输电线路可听噪声的预测

很多国家通过电晕笼和试验线段的可听噪声试验得到了输电线路可听噪声预测公式[35-38]。各国可听噪声预测公式是基于自身的导线参数、环境和电压等级而获得的,在各国得到了很好应用。然而这些公式在我国特高压输电工程上的适用性难以确定。为了获得符合我国特高压输电工程实际情况的可听噪声预测公式,我国利用 2.3.3 节中的特高压电晕笼,针对表 7-1 中列出的典型 13 种导线,在开展无线电干扰激发函数的试验的同时也开展了可听噪声测试,并提出了适合我国情况的交流特高压线路可听噪声预测公式。

7.7.1　天气条件的影响

图 7-24 为单位长导线在不同状态下电晕可听噪声产生功率的典型曲线。由图 7-24 可见,不同的导线状态对可听噪声产生功率影响很大,在较低的导线表面电场强度下,可听噪声产生功率由大至小依次为大雨、湿导线和干燥导线情况,且相差较大;随着导线表面场强的增大,干燥导线的可听噪声渐渐逼近大雨和湿导线情况下的可听噪声,甚至在场强达到一定值时,干燥导线可听噪声将超过雨天情况,可听噪声由大至小的顺序发生了逆转,依次是干燥导线、湿导线和大雨情况。

在交流电晕试验中,干燥导线在较低场强时可听噪声产生量不够稳定,而在大雨情况下进行可听噪声试验时,测量仪器显示读数非常稳定,因此在研究导线交流电晕效应时,应重点分析大雨情况下的试验结果。另外,经过多次雨量调节试验发现,当雨量超过 10mm/h 时,雨量大小对导线电晕效应基本没有影响,因此雨量为 10mm/h 时的导线电晕可听噪声是测试的重点。

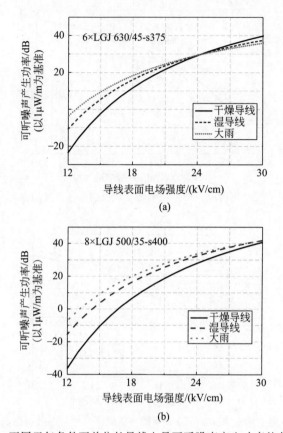

图 7-24　不同天气条件下单位长导线电晕可听噪声产生功率的典型曲线

7.7.2　导线表面场强的影响

　　图 7-25 为 6 种 8 分裂导线（对应表 7-1 中 No.1～6 试验导线）在大雨情况下交流电晕可听噪声产生功率随导线表面场强的变化关系曲线。可以清楚地看到，几种导线的可听噪声产生功率随导线表面场强的变化是比较一致的，可听噪声随表面场强的增大而单调增大，但场强增大至一定值时可听噪声趋向于饱和。分析发现，可听噪声产生功率 A_0 和导线表面电场 E 的负倒数成线性关系，即 $A_0 \propto (-1/E)$。

7.7.3　子导线线径的影响

　　图 7-26 和图 7-27 分别是不同子导线情况下的 6 分裂和 8 分裂导线可

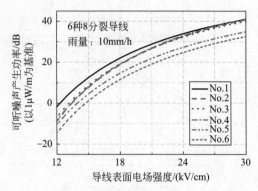

图 7-25　可听噪声产生功率随导线表面电场强度的变化

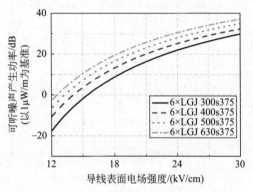

图 7-26　不同子导线情况下 6 分裂导线可听噪声产生功率随场强的变化关系
（分裂间距 375mm）

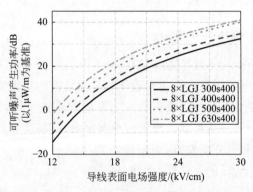

图 7-27　不同子导线情况下 8 分裂导线可听噪声产生功率随场强的变化关系
（分裂间距 400mm）

听噪声产生功率随场强的变化关系。在图 7-26 中,从下至上的曲线分别代表 6×LGJ 300/50、6×LGJ 400/35、6×LGJ 500/35 和 6×LGJ 630/45 分裂导线,其子导线直径分别为 24.2mm、26.8mm、30.0mm 和 33.6mm,为了比较子导线直径的影响,四种 6 分裂导线的分裂间距均为 375mm;在图 7-27 中,从下至上的曲线分别代表 8×LGJ 300/50、8×LGJ 400/35、8×LGJ 500/35 和 8×LGJ 630/45 分裂导线,分裂间距均为 400mm。

从图 7-26 和图 7-27 可以看到,子导线直径对导线交流电晕可听噪声的影响是很可观的,在相同的导线表面场强下,导线电晕可听噪声产生功率随子导线直径的增大而逐步增大,且增值显著。以导线表面场强 18kV/cm 为例,比较 6×LGJ 300/50 和 6×LGJ 630/45 分裂导线试验结果,子导线直径从 24.2mm 增至 33.6mm 时,可听噪声产生功率的增值为 10.64dB;而对于 8×LGJ 300/50 和 8×LGJ 630/45 分裂导线,可听噪声产生功率的增值为 10.40dB。造成以上现象的原因与无线电干扰的类似,详见 7.3.3 节分析。

图 7-28 和图 7-29 给出了不同导线表面场强下导线电晕可听噪声随子导线直径的变化关系。图中,横坐标为子导线直径,由上至下四条曲线分别表示导线表面场强为 24kV/cm、20kV/cm、16kV/cm 和 14kV/cm 时的可听噪声产生功率。分析发现,无论是 6 分裂还是 8 分裂导线,其可听噪声产生功率 A_0 与子导线直径 d 之间的关系近似为线性关系,即 $A_0 \propto d$。

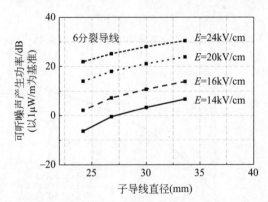

图 7-28　子导线直径对 6 分裂导线电晕可听噪声的影响

7.7.4　分裂间距的影响

图 7-30 和图 7-31 分别是不同分裂间距情况下 6 分裂和 8 分裂导线的

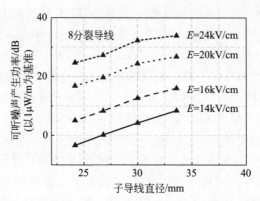

图 7-29 子导线直径对 8 分裂导线电晕可听噪声的影响

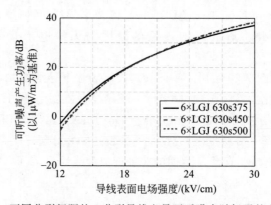

图 7-30 不同分裂间距的 6 分裂导线电晕可听噪声随场强的变化关系

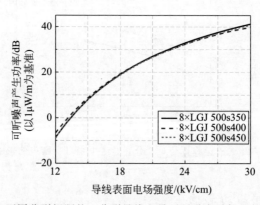

图 7-31 不同分裂间距的 8 分裂导线电晕可听噪声随场强的变化关系

电晕可听噪声产生功率随场强的变化关系,其中,6 分裂导线的分裂间距有三种,分别是 375mm、450mm 和 500mm;8 分裂导线的分裂间距为350mm、400mm 和 450mm。由图可见,对于相同分裂根数的导线,分裂间距对导线电晕可听噪声的影响是很小的,可以不予考虑。造成这一现象的原因与无线电干扰的类似,详见 7.3.4 节分析。

另外,对于多分裂导线,在相同电压作用下,分裂间距的改变对分裂导线表面电场的影响很小。对于表 7-1 所列的 8 分裂导线,No. 2、No. 3 和No. 4 试验导线表面电场相差在 5% 左右;对于 6 分裂导线,No. 7、No. 8 和No. 9 试验导线表面电场相差不到 3%。因此在实际输电线路工程中,从导线电晕效应角度出发,改变分裂间距不能有效改善输电线路的电磁环境。

7.7.5　分裂数的影响

图 7-32 比较了 4×LGJ 630/45、6×LGJ 630/45 和 8×LGJ 630/45 三种分裂导线的电晕可听噪声产生功率随场强的变化关系,虽然三种导线的分裂间距略微不同,但通过上节的分析可知分裂间距对可听噪声基本无影响,因此通过上述三种导线试验结果分析分裂数对可听噪声的影响是有效的。通过图 7-32 可以直观地看到,分裂数对导线电晕可听噪声的影响十分显著。

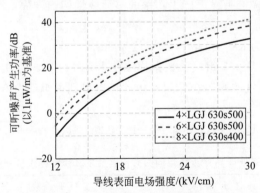

图 7-32　不同分裂数情况下的导线电晕可听噪声随场强的变化关系

图 7-33 为不同导线表面场强下可听噪声随导线分裂数的变化关系曲线。图中,横坐标为子导线分裂数,由上至下四条曲线分别表示导线表面场强为 24kV/cm、20kV/cm、16kV/cm 和 14kV/cm 时的可听噪声产生功率。分析发现,可听噪声产生功率 A_0 与子导线分裂数 n 之间的关系近似为线性关系,即 $A_0 \propto n$。

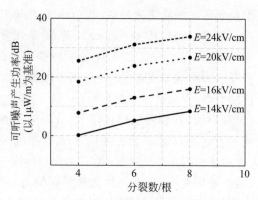

图 7-33　分裂数对导线电晕可听噪声的影响

7.7.6　特高压输电线路可听噪声的预测公式

通过 7.3.6 节的多元回归分析方法可对导线可听噪声产生功率进行分析和预测。选取导线表面场强 E、子导线直径 d、分裂间距 s 和分裂数 n 四个影响因素进行回归分析。根据前面的分析可知可听噪声产生功率 A_0 与 $1/E$、d 和 n 之间存在线性关系，同时也假定可听噪声产生功率 A_0 与 s 存在线性关系，建立可听噪声产生功率的多元线性回归方程：

$$A_0 = \beta_0 + \beta_1 \times 1/E + \beta_2 d + \beta_3 s + \beta_4 n \tag{7-51}$$

其中，E 的单位为 kV/cm；d、s 的单位为 cm。

表 7-6 为根据 562 组试验数据样本作多元线性回归分析得到的回归方程系数及其显著性水平分析结果。由此可以得到可听噪声产生功率的回归方程为：

$$A_0 = 32.122 - 933.948/E + 10.652d - 0.042s + 0.978n \tag{7-52}$$

表 7-6　可听噪声产生功率回归方程系数及其显著性水平分析结果

检验类型	R 检验	F 检验	T 检验				
统计量	R	F	β_0	β_1	β_2	β_3	β_4
数值	0.954	2867.446	32.122	−933.948	10.652	−0.042	0.978
α 值	—	<0.001	<0.001	<0.001	<0.001	0.135	<0.001

表 7-6 中的 R 值接近 1，说明该回归方程的逼近效果非常好；统计量 F 的 α 值小于 0.001，远小于高度显著性水平 0.01，因此该回归方程是高度显著的。从表 7-6 中各系数的 α 值可以看出，系数 β_0、β_1、β_2 和 β_4 的 α 值小于

0.01,对因变量有高度显著影响;而系数 β_3 的显著性水平大于 0.10,可以认为对因变量无影响。可见,导线表面场强、子导线直径和分裂数对可听噪声产生功率有高度显著影响,而分裂间距对可听噪声产生功率的影响较小,可以忽略。剔除不显著项分裂间距后重新作回归分析得到回归方程:

$$A_0 = 30.839 - 933.633/E + 10.4d + 1.022n \tag{7-53}$$

表 7-7 为剔除分裂间距因素后得到的可听噪声产生功率回归方程系数及其显著性水平分析结果。结果表明回归方程高度显著,且逼近效果好,回归方程各系数也是高度显著,因此式(7-53)可以对可听噪声产生功率进行有效的预测。

表 7-7　可听噪声产生功率回归方程系数及其显著性水平分析结果(剔除分裂间距后)

检验类型	R 检验	F 检验	T 检验			
统计量	R	F	β_0	β_1	β_2	β_4
数值	0.954	3814.069	30.839	-933.633	10.4	1.022
α 值	—	<0.001	<0.001	<0.001	<0.001	<0.001

通过式(7-46)~式(7-48)的输电线路可听噪声和可听噪声产生功率之间转化关系,并考虑 A 计权,可得特高压输电线路第 i 相导线可听噪声预测公式为:

$$AN_i = 85.03 - 933.63/E + 10.4d + 1.02n - 10\lg D \tag{7-54}$$

其中,AN_i 单位为 dB(A);D 为第 i 相导线与噪声测量点的距离。

特高压输电线路在测量点处总的可听噪声水平为:

$$AN = 10\lg \sum_{i=1}^{p} 10^{AN_i/10} \tag{7-55}$$

其中,p 为输电线路的相导线数量。

需要指出的是,通过式(7-54)和(7-55)得到的是雨天情况下特高压输电线路在测量点处的可听噪声水平,好天气下的可听噪声水平比雨天情况要低 10~15dB(A)。

7.8　交流线路可听噪声的海拔修正

交流线路的可听噪声和无线电干扰一样,都需要进行海拔修正。在进行 7.4 节的不同海拔无线电干扰测试的同时,还测试了可听噪声[39]。

图 7-34 为海拔高度对不同试验导线电晕可听噪声的影响特性曲线,各地区的可听噪声值是根据 16~18kV/cm 场强所对应的可听噪声数据得到

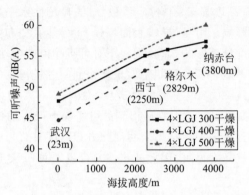

图 7-34 海拔高度对不同试验导线电晕可听噪声的影响特性

的。显然,导线电晕可听噪声随海拔高度增大而增大,且增幅十分显著。从武汉至纳赤台,海拔升高 3800m,可听噪声最大增幅达到 12dB(A)。

仔细分析海拔高度对可听噪声的影响,可以发现图 7-34 中折线所反映的非线性关系。以 4×LGJ300/25 导线为例,武汉至西宁,海拔升高 2250m,可听噪声增大 7.34dB(A),归一化至海拔升高 1000m 的修正值为 3.26dB(A);西宁至纳赤台,海拔升高 1550m,可听噪声增大 2.28dB(A),归一化至海拔升高 1000m 的修正值为 1.47dB(A),明显小于武汉至西宁数据得到的海拔修正值。随着海拔高度的升高,海拔高度对可听噪声的影响程度逐步减小,即相同的海拔高度变化量引起的可听噪声变化量逐步减小。

为了得到可听噪声的海拔修正量,将不同导线的可听噪声试验数据在武汉试验点归零,图 7-35 给出了导线电晕可听噪声的海拔修正关系曲线,包括线性修正关系和非线性修正关系。

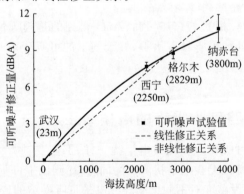

图 7-35 导线电晕可听噪声海拔修正关系

由图 7-35 可见,当海拔高度低于 3000m 时,通过线性修正关系得到的可听噪声修正量与试验值较接近。在线性修正关系下,导线电晕可听噪声海拔修正系数为 3.2dB(A)/1000m,与国外试验研究得到的 1dB(A)/300m 海拔修正系数吻合[34]。但在海拔高度超过 3000m 后,由线性海拔修正系数得到的可听噪声修正量将大大超过可听噪声试验值,因此需考虑非线性修正关系。图 7-34 和图 7-35 的试验结果已显示海拔高度对导线电晕可听噪声的影响并非单调线性增加,通过分析测试结果可以得出粗略的可听噪声海拔修正量 k_{AN}(单位:dB(A))与海拔高度 H(单位:m)的关系:

$$k_{AN} = 15.2 \times (1 - e^{-\frac{H}{3200}}) \tag{7-56}$$

式(7-56)适用于海拔 4000m 以内地区的可听噪声海拔修正。

表 7-8 列出了通过线性和非线性海拔修正关系得到的不同海拔高度对应的导线交流电晕可听噪声海拔修正量。可以看到,当海拔高度低于 3000m 时,通过国外或线性修正关系得到的可听噪声修正量要略低于非线性修正得到的修正量,但相差小于 0.85dB(A);而当海拔高度超过 3000m 时,却恰恰相反,线性修正值将大大超过非线性修正值,如在海拔高度为 4000m 时,两者相差 2dB(A)左右。其主要原因在于国外海拔修正系数 3.33dB(A)/1000m 是通过海拔高度为 3000m 以下地区的试验数据得出的,海拔高度 3000m 以上的试验数据基本空白,因此体现不出海拔修正的饱和状态。海拔高度的增加对导线电晕放电的影响并不是单调加强的,会出现饱和甚至拐点,这一点可以通过放电理论来解释[40]。按照巴申曲线理论,海拔高度的增加会使相对空气密度减小,电子自由行程的增大将导致放电更容易发生。然而,随着海拔高度的进一步增加,虽然电子自由行程增大,但空气中分子密度也在不断减小,电子撞击到分子的概率也随之降低,

表 7-8　不同海拔高度对应的可听噪声修正量

海拔高度/m	国外线性修正/dB(A)	线性修正/dB(A)	非线性修正/dB(A)
1000	3.33	3.20	4.05
2000	6.66	6.40	7.06
3000	9.99	9.60	9.24
4000	13.32	12.80	10.84

放电不一定更容易发生。因此当海拔高度增大至一定值时,其对电晕放电的影响会出现饱和,甚至出现拐点。

我国高压输电线路具有高海拔的特殊性,尤其是青藏地区,一些输电线路海拔高度可达到 4000m 以上,可见,国外通过海拔高度 3000m 以下试验数据得到的电晕效应海拔修正系数已不再适应我国的高海拔工程,需考虑非线性修正关系。

综上所述,对我国高海拔输电线路工程的可听噪声修正提出以下建议:

对于海拔 3000m 以下的输电线路,可采用线性修正系数 3.33dB/1000m 或非线性修正公式(7-56)进行可听噪声海拔修正;

对于海拔高度超过 3000m 的输电线路,不建议采用线性修正系数,应考虑采用非线性修正公式(7-56)对可听噪声进行海拔修正。

7.9 各国交流输电线路可听噪声预测公式和工程应用比较

各国可听噪声预测公式主要有[35-38]:

(1) 美国 BPA

美国邦纳维尔电力局(BPA)提出的可听噪声预测公式适用于计算电压等级为 230~1500kV、导线分裂数 $n \leqslant 16$、子导线直径 $2\text{cm} \leqslant d \leqslant 6.5\text{cm}$ 的输电线路情况。对于每一相,可听噪声预测公式为:

$$AN_i = 120\lg E + K\lg n + 55\lg d - 11.4\lg D + AN_0 \qquad (7-57)$$

式中,E 为导线表面场强,kV/cm;d 为子导线直径,cm;n 为导线分裂数;D 为测量点与导线之间的距离,m。当 $n \geqslant 3$ 时,$K = 26.4$,$AN_0 = -128.4$;当 $n < 3$ 时,$K = 0$,$AN_0 = -115.4$。

(2) 日本 CRIEPI

日本中央电力研究院(CRIEPI)提出的可听噪声预测公式适用于计算电压等级为 500~1500kV、导线分裂数 $4 \leqslant n \leqslant 12$、子导线直径 $2.24\text{cm} \leqslant d \leqslant 5.28\text{cm}$ 的输电线路情况。对于每一相,可听噪声预测公式为:

$$AN_i = -665/E - 10\lg D + AN_0 \qquad (7-58)$$

式中,AN_0 取决于子导线直径 d 和导线分裂数 n,在表 7-9 中给出,其他情况可通过插值得到。

表 7-9　不同的 n 和 d 对应的 AN_0

d/cm	n				
	4	6	8	10	12
2.24	96.4				
2.53	100.0			102.2	100.0
2.85	103.4				
3.42				109.3	
3.84	106.3	108.8	111.3	113.1	110.6
4.62			116.1	116.1	
5.28			118.6	120.1	

（3）法国 EDF

法国电力公司（EDF）提出的可听噪声预测公式适用于计算电压等级为 400～1200kV、导线分裂数 $n \leqslant 6$、子导线直径 $2\text{cm} \leqslant d \leqslant 6\text{cm}$ 的输电线路情况。对于每一相，可听噪声预测公式为：

$$AN_i = 15\lg n + 4.5d - 10\lg D + AN_0 \qquad (7\text{-}59)$$

式中，AN_0 可通过图 7-36 得到。

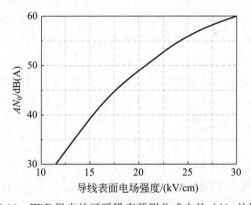

图 7-36　EDF 提出的可听噪声预测公式中的 AN_0 的取值

（4）意大利 ENEL

意大利国家电力公司（ENEL）提出的可听噪声预测公式适用于计算电压等级为 400～1200kV、导线分裂数 $n \leqslant 10$、子导线直径 $2\text{cm} \leqslant d \leqslant 5\text{cm}$ 的输电线路情况。对于每一相，可听噪声预测公式为：

$$AN_i = 85\lg E + 18\lg n + 45\lg d - 10\lg D - 71 + K \qquad (7\text{-}60)$$

式中，K 为调整量，与导线分裂数有关。当 $n=1$ 时，$K=3$；当 $n \geqslant 2$ 时，$K=0$。

（5）德国 FGH

德国电力系统和电力经济研究中心（FGH）提出的可听噪声预测公式适用于计算导线分裂数 $n \leqslant 6$、子导线直径 $2\text{cm} \leqslant d \leqslant 6\text{cm}$ 的输电线路情况。对于每一相，可听噪声预测公式为：

$$AN_i = 2E + 18\lg n + 45\lg d - 10\lg D - 0.3 \qquad (7\text{-}61)$$

（6）美国 GE

美国通用电气公司（GE）提出的可听噪声预测公式适用于计算电压等级为 $230 \sim 1500\text{kV}$、导线分裂数 $n \leqslant 16$、子导线直径 $2\text{cm} \leqslant d \leqslant 6\text{cm}$ 的输电线路情况。对于每一相，可听噪声预测公式为：

$$AN_i = -665/E + 20\lg n + 44\lg d - 10\lg D - 0.02D + AN_0 +$$
$$K_1 + K_2 - \Delta A \qquad (7\text{-}62)$$

式中，AN_0、K_1、K_2、ΔA 的取值为：

当 $n < 3$ 时，$AN_0 = 75.2$；$K_2 = 0$；$\Delta A = 14.2E_c/E - 8.2$。

当 $n \geqslant 3$ 时，$AN_0 = 67.9$；$K_2 = 22.9(n-1)d/B$，B 为子导线分裂直径，cm；$\Delta A = 14.2E_c/E - 10.4 - 8(n-1)d/B$。

当 $n=1$ 时，$K_1 = 7.5$；当 $n=2$ 时，$K_1 = 2.6$；当 $n \geqslant 3$ 时，$K_1 = 0$。

当 $n \leqslant 8$ 时，$E_c = 24.4d^{-0.24}$；当 $n > 8$ 时，$E_c = 24.4d^{-0.24} - 0.25(n-8)$。

（7）加拿大 IREQ

加拿大魁北克水电研究院（IREQ）提出的可听噪声预测公式适用于计算电压等级为 $345 \sim 1500\text{kV}$、导线分裂数 $n \geqslant 2$ 的输电线路情况。对于每一相，可听噪声预测公式为：

$$AN_i = 72\lg E + 22.7\lg n + 45.8\lg d - 11.4\lg D - 57.6 \qquad (7\text{-}63)$$

表 7-10 给出了由各经验公式计算得到的对应 7.5.2 节中的 1000kV 特高压交流试验示范工程边相外 15m 处的可听噪声水平，计算结果已经过式（7-56）的海拔修正，中间列的可听噪声值是按照雨天和晴天可听噪声相差 12.5dB（A）转化得到的。可以看到，由各国经验公式计算得到的可听噪声水平差异较大。对于我国 1000kV 特高压交流试验示范工程，采用本节方法、CRIEPI 和 BPA 可听噪声公式得到的计算值与实测值偏差较小，GE 公式次之，采用 EDF、ENEL、FGH 和 IREQ 公式得到的结果偏差较大，已不能满足我国的工程要求。

表 7-10　由各国公式得到的可听噪声计算结果

计算方法	可听噪声水平/dB(A)	误差/%
BPA 公式	38.93	2.68
CRIEPI 公式	39.94	0.15
EDF 公式	45.22	13.04
ENEL 公式	45.29	13.22
FGH 公式	46.13	15.33
GE 公式	42.11	5.29
IREQ 公式	45.87	14.68
本节方法	40.34	0.86
实测值	40.0	—

参考文献

[1]　International Electrotechnical Commision. CISPR 18-3：1986. Radio interference characteristics of overhead power lines and high-voltage equipment Part 3：Code of practice for minimizing the generation of radio noise[S]. Geneva，Switzerland，1986.

[2]　中华人民共和国电力行业标准. DL/T 691—1999 高压架空送电线路无线电干扰计算方法[S]. 1999.

[3]　唐剑,何金良,杨迎建,等. 特高压电晕笼防护段的设计[J]. 高电压技术,2007, 33(3)：17-20.

[4]　唐剑,杨迎建,何金良,等. 1000kV 级特高压交流电晕笼设计关键问题探讨[J]. 高电压技术,2007,33(4)：1-5.

[5]　关志成,麻敏华,惠建峰,等. 电晕笼设计与应用相关问题探讨[J]. 高电压技术, 2006,32(11)：74-77.

[6]　唐剑. 1000kV 特高压交流输电线路电晕放电的环境效应研究[D]. 北京：清华大学，2009.

[7]　J J. Clade，C H. Gary. Usage and checking of the theoretical relations between fields，currents，and excitation functions in radio frequencies in the case of short test lines[J]. IEEE Trans. PAS，1969，88(10)：1501-1511.

[8] G W. Juette，L E. Zaffanella. Radio noise currents and audible noise on short sections of UHV bundles conductors[J]. IEEE Trans. PAS，1970，89 (5)：902-913.

[9] N G. Trinh，P S. Maruvada，B. Poirier. A comparative study of the corona performance of conductor bundles for 1200kV transmission lines[J]. IEEE Trans. PAS，1974，92(3)：940-949.

[10] Y. Nakano，Y. Sunaga. Availability of corona cage for predicting radio interference generated from HVDC transmission line[J]. IEEE Trans. on Power Delivery，1990，5(3)：1422-1431.

[11] 中华人民共和国国家标准. GB/T 7349—2002 高压架空送电线、变电站无线电干扰测量方法[S]. 2002.

[12] International Electrotechnical Commision. CISPR 18-2：1986. Radio interference characteristics of overhead power lines and high-voltage equipment Part 2：Methods of measurement and procedure for determining limits[S]. Geneva，Switzerland，1986.

[13] International Electrotechnical Commision. CISPR 18-2 Amend. 1：1993. Radio interference characteristics of overhead power lines and high-voltage equipment Part 2：Methods of measurement and procedure for determining limits[S]. Geneva，Switzerland，1993.

[14] International Electrotechnical Commision. CISPR 18-2 Amend. 2：1996. Radio interference characteristics of overhead power lines and high-voltage equipment Part 2：Methods of measurement and procedure for determining limits[S]. Geneva，Switzerland，1996.

[15] IEEE Std 430—2017. IEEE Standard Procedures for the Measurement of Radio Noise from Overhead Power Lines and Substations[S]. 2017.

[16] 王文倬. 基于电晕笼的特高压直流输电线路无线电干扰预测研究[D]. 北京：清华大学，2014.

[17] 陈崇源. 电路理论[M]. 武汉：华中科技大学出版社，2006.

[18] P S. Maruvada. Corona Performance of High-Voltage Transmission Lines[M]. Research Studies Press LTD，2000. 4.

[19] M G. Comber，L E. Zaffanella. The use of single-phase overhead test lines and test cages to evaluate the corona effects of EHV and UHV transmission line[J]. IEEE Trans. PAS，1974，PAS-93 (1)：81-90.

[20] 王晓燕，郇雄，赵建国，等. 交流电晕笼无线电干扰试验修正方法的讨论[J]. 高电压技术，2011(39)，112-117.

[21] J G. Anderson，L E. Zaffanella. Project UHV test line research on the corona performance of a bundle conductor at 1000kV[J]. IEEE Trans. PAS，1972，PAS-91(1)：223-232.

[22] G W. Juette，H. Charbonneau，V L. Chartier，at el. Comparison of radio noise prediction methods with CIGRE/IEEE survey results[J]. IEEE Trans. PAS，1972，91(3)：1029-1042.

[23] W E. Pakala，E R. Taylor. A method for analysis of radio noise on high-voltage transmission lines[J]. IEEE Trans. PAS，1968，87(2)：334-345.

[24] R G. Olsen，S D. Schennum，V L. Chartier. Comparison of several methods for calculating power line electromagnetic interference levels and calibration with long term data[J]. IEEE Trans. on Power Delivery，1992，7(2)：903-913.

[25] R G. Olsen，S D. Schennum. A method for calculating wide band electromagnetic interference from power line corona[J]. IEEE Trans. on Power Delivery，1995，10(3)：1535-1540.

[26] J. Reichman，J R. Leslie. Radio interference studies for extra-high-voltage lines in Ontario[J]. IEEE Trans. PAS，1960，79(3)：153-157.

[27] J. Reichman，J R. Leslie. Radio interference studies for extra-high-voltage lines [J]. IEEE Trans. PAS，1961，80(3)：261-266.

[28] R E. Graham，C R. Bond. Radio influence testing on 70 miles of 345kV horizontal bundle conductor[J]. IEEE Trans. PAS，1961，80(3)：1022-1026.

[29] C R. Bond，W E. Pakala，R E. Graham，J E. Oneil. Experimental comparisons of radio influence fields from short and long transmission lines[J]. IEEE Trans. PAS，1963，82(1)：175-185.

[30] 冯士雍. 回归分析方法[M]. 北京：科学出版社，1985.

[31] H S. James，W W. Mark. 经济计量学[M]. 王庆石，译. 大连：东北财经大学出版社，2005.

[32] 吴维韩，张芳榴. 电力系统过电压数值计算[M]. 北京：科学出版社，1989.

[33] Electric Power Research Institute. Transmission Line Reference Book 345kV and Above / Second edition[M]. Palo Alto. California，1982.

[34] 唐剑，何金良，刘云鹏，等. 海拔对导线交流电晕可听噪声影响的电晕笼试验结果与分析[J]. 电机工程学报，2010，20(4)：105-111.

[35] D E. Perry. An analysis of transmission line audible noise levels based upon field and three phase test line measurements[J]. IEEE Trans. PAS，1972，91(3)：857-865.

[36] R A. Popeck，R F. Knapp. Measurement and analysis of audible noise from operating 765kV transmission lines[J]. IEEE Trans. PAS，1981，100(4)：2138-2148.

[37] N. Kolcio, B J. Ware, R L. Zagier, V L. Chartier. The apple grove 750kV project: statistical analysis of audible noise performance of conductors at 775kV [J]. IEEE Trans. PAS. 1974, 93(3): 831-840.

[38] N. Kolcio, J. Diplacido, F. M. Dietrich. Apple Grove 750kV project-two year statistical analysis of audible noise from conductors at 775kV and ambient noise data[J]. IEEE Trans. PAS, 1977, 96(2): 560-570.

[39] 唐剑,刘云鹏,邬雄,等. 海拔高度对导线交流电晕无线电干扰的影响[J]. 高电压技术,2009, 35(3): 601-606.

[40] 杨津基. 气体放电[M]. 北京:科学出版社,1983.

第8章 直流输电线路的无线电干扰和可听噪声

针对直流输电线路无线电干扰和可听噪声的研究主要以交流线路的研究成果为基础,通过电晕笼、试验线段的试验数据来预测实际直流架空线路的无线电干扰和可听噪声。1971—1975 年,美国邦纳维尔电力局(BPA)和美国电力科学研究院(EPRI)对±600kV 直流输电线路的电磁环境(含无线电干扰和可听噪声)进行了详细的试验研究[1]。随后,美国 EPRI 委托加拿大魁北克水电研究院(IREQ)对±600~±1200kV 直流输电线路的电磁环境问题进行了研究,结合长期的直流电晕笼、双极直流试验线段的研究结果,发表了 ±600 ~ ±1200kV 直流输电线路电晕效应研究报告[2-4]。20 世纪 80 年代末,日本利用特高压直流电晕笼和试验线段开展多种导线的电晕效应试验,并分析了电晕笼用于预测直流线路无线电干扰和可听噪声存在的问题[5-8]。

我国针对特高压直流线路电磁环境问题也开展了研究。2007 年,国家电网公司在北京建立了特高压直流试验基地、直流电晕笼以及试验线段,并开展了低海拔情况下的直流线路电晕特性和电磁环境问题研究[9-12]。2009年,南方电网公司在昆明建立了特高压工程技术国家工程实验室,开始对高海拔地区特高压直流输电线路的电磁环境问题进行研究[13-15]。

直流输电条件下由于空间电荷的作用,使用电晕笼进行无线电干扰和可听噪声测试涉及如何与实际线路等效的问题,导致经济高效的电晕笼测试结果难以应用到实际线路[5]。由此,直流输电线路无线电干扰和可听噪声的预测主要依赖于试验线段和实际线路的长期观测结果,测试周期长,有效数据有限,成为电磁环境研究的难点。目前,各国的直流输电线路无线电干扰和可听噪声的预测主要依赖于经验公式,无法反映无线电干扰和可听噪声的物理机理,其普适性难以确定,需要探索更加合理的预测方法。

8.1　直流线路无线电干扰预测的常见方法

8.1.1　经验公式法

现阶段,直流输电线路无线电干扰预测的主要经验公式有[16-21]:

(1) Hirsch 公式

在对直流输电线路无线电干扰的试验研究中,Hirsch 等人发现,无线电干扰值与导线表面最大电场强度成正比[16]:

$$RI = k(g_{max} - g_0) \tag{8-1}$$

式中,RI 为无线电干扰值,$dB(\mu V/m)$;g_{max} 为分裂导线表面最大电场强度,kV/cm;g_0 为参考电场强度,kV/cm;k 为试验获得的经验系数,平均值为 $k = 2.4$。

此外,Hirsch 等人还发现了测量点与导线之间的距离对无线电干扰的影响[16]:

$$RI = RI_0 - 29.4\lg\frac{D}{D_0} - 20\lg\frac{1+f^2}{1+f_0^2} \tag{8-2}$$

式中,D 为测量点与正极导线之间的距离,m;f 为测量频率,MHz;RI_0、D_0、f_0 为相应的参考值。

(2) Knudsen 公式

瑞典的 Knudsen 等人同样根据试验线段的测量结果拟合得到了直流输电线路无线电干扰的经验预测公式[17]:

$$RI = 25 + 10\lg n + 20\lg r + 1.5(g_{max} - g_0) - 40\lg\frac{D}{D_0} \tag{8-3}$$

式中,n 为导线分裂数;r 为子导线半径,cm;g_0、D_0 为参考值,分别为 $g_0 = 22\delta$ 和 $D_0 = 30m$,其中 δ 为相对空气密度。

(3) BPA 公式

美国 BPA 利用在达拉斯直流试验场测量得到的数据,拟合了双极直流输电线路无线电干扰经验预测公式[18]:

$$RI = 51.7 + 86\lg\frac{g_{max}}{g_0} + 40\lg\frac{d}{d_0} \tag{8-4}$$

式中,d 为子导线直径,cm;g_0、d_0 为参考值,分别为 $g_0 = 25.6kV/cm$ 和 $d_0 = 4.62cm$。

（4）EPRI 公式

美国 EPRI 通过试验研究，得到了计算双极直流线路晴天条件下无线电干扰的经验公式[19]：

$$RI = 214\lg \frac{g_{\max}}{g_0} - 278\left(\lg \frac{g_{\max}}{g_0}\right)^2 + 40\lg r - 27\lg \frac{f}{f_0} - 40\lg \frac{D}{D_0} + 10\lg \frac{\Delta f}{9}$$

(8-5)

式中，Δf 为基准通频带，9kHz；g_0、f_0、D_0 为参考值，分别为 $g_0 = 14\text{kV/cm}$、$f_0 = 0.834\text{MHz}$ 和 $D_0 = 30.5\text{m}$。

（5）CISPR 公式

1982 年，国际无线电干扰委员会（CISPR）提出了适用于双极直流线路的无线电干扰经验公式[20]：

$$RI = 38 + 1.6(g_{\max} - 24) + 46\lg r + 5\lg n + 33\lg \frac{20}{D} + \Delta E_{\mathrm{w}} + \Delta E_{\mathrm{f}}$$

(8-6)

式中，ΔE_{w} 为海拔修正项，以海拔 500m 为基准，每 1000m 增加 3.3dB(μV/m)；ΔE_{f} 为频率修正项：

$$\Delta E_{\mathrm{f}} = 5\{1 - 2[\lg(10f)]^2\}$$

(8-7)

我国电力行业标准推荐采用 CISPR 经验公式计算双极直流送电线路无线电干扰水平[21]。

总体来说，直流导线周围存在的空间电荷会对导线的电晕放电以及电晕电流产生影响，进而影响直流导线的无线电干扰，以上经验公式难以完整描述空间电荷对于无线电干扰产生、传播机制的影响，适用范围难以确定。

8.1.2　直流线路无线电干扰的激发电流法

在 6.2 节可以看到，激发函数法从导线无线电干扰激发电流出发，可以结合传输线理论分析激发电流沿导线的传播过程，进而计算导线周围的无线电干扰。该方法能够反映无线电干扰的物理机理，具有普适性，因而是输电线路无线电干扰分析中应用最为广泛的方法。根据式（6-20），通过 7.2 节的方法测量导线的总电晕激发电流 I_t，可以获得某型导线在某电压等级下的激发函数。

加拿大 IREQ 通过大量试验给出了双极直流输电线路无线电干扰激发函数的经验公式[3]：

$$\Gamma = \Gamma_0 + k_1(g_{\max} - g_0) + k_2\lg \frac{n}{n_0} + 40\lg \frac{d}{d_0}$$

(8-8)

式中，Γ 为无线电干扰激发函数，$dB(\mu A/m^{1/2})$；g_0、n_0、d_0 为参考值，分别为 $g_0=25kV/cm$，$n_0=6$，$d_0=4.064cm$；Γ_0、k_1、k_2 为经验系数，随天气和季节变化。

然而对于直流输电线路，空间电荷会显著影响导线附近电离区的电场，当电极几何结构改变时，即使导线表面标称电场最大值相同，空间电荷分布也不一样，即直流线路的激发函数将与电极的几何结构相关。因此直流线路的激发函数不能再通过导线表面标称电场一致来应用到其他线路和工况下，其适用范围也非常有限[5]。

同时，由于直流导线周围充满空间电荷，电晕笼内的空间电荷分布与直流架空线路相比存在明显差异，因而直接使用电晕笼获得激发函数的方法不能直接应用于直流线路[22]，需要寻找电晕笼中导线直流电晕与直流线路电晕的等效关系，以便利用电晕笼经济高效地获取测试数据。本书 2.4 节给出了直流电晕笼中导线电晕放电与直流输电线路电晕放电的等效条件——两种情况下导线周围的空间电场分布相同。同时还提出了建立相同空间电场分布的方法：在导线周围做一个与电晕笼形状相同的虚拟框，保持电晕笼所加电压与导线和虚拟框之间的电压差相同，则电晕笼中导线的电晕特性与线路的电晕特性相同。基于这一方法，可以通过直流电晕笼试验获得输电线路的无线电干扰激发电流，从而可以预测输电线路的无线电干扰情况。然而这一方法需要借助于导线周围离子流场的计算来确定导线与电晕笼虚拟框之间的电压差，其预测结果受离子流场计算方法的准确度影响较大，有效性有待进一步验证[23]。

8.2 直流电晕电流与无线电干扰激发电流的转换

从第 6 章可知，电晕电流是由一系列电晕放电脉冲电流叠加而成的。按照 Shockley-Ramo 法则[24-25]，电晕电流的稳态平均值从宏观上表征了空间正、负离子的稳态分布情况，主要由低速运动的正、负离子产生；而无线电干扰激发电流实际为电晕电流的无线电频段分量，主要由高速运动的电子产生。根据电荷守恒原理，电子运动产生的高频电流的平均值和正、负离子的稳态平均电流相等。由此可建立直流线路无线电干扰激发电流和电晕电流的稳态平均值以及空间电荷分布之间的关系，从而建立直流电晕笼内导线的无线电干扰激发电流向架空导线转换的方法[26]。

8.2.1　随机高频电晕电流脉冲的构建

为了分析脉冲形式电晕电流的高频分量和平均值之间的关系,首先对随机高频电流脉冲进行人工模拟重构,分析其高频分量的特征。第 6 章已经测得了大量电晕电流脉冲样本,因而可以基于这些样本仿真重构电晕脉冲序列。由于电晕电流脉冲的幅值和间隔时间均具有较强的随机性,需要引入随机过程来仿真重构电晕脉冲序列,

采用双指数函数来拟合电晕电流脉冲,可以得到电流波形 $i(t)$ 为[27]:

$$i(t) = ki_A(e^{-at} - e^{-bt}) \tag{8-9}$$

式中,i_A 为电流幅值,mA;t 为时间,ns。根据 6.1.3 小节的统计结果,正脉冲的上升时间约为 50ns,半波时间约为 160ns,由此可得,$k = 1.9462$,$a = 0.0084$,$b = 0.0391$。

根据 6.1.3 小节的测量分析可知,正电晕脉冲幅值近似服从对数正态分布,则其概率密度函数 $P(i_A)$ 可以写为[28-29]:

$$P(i_A) = \frac{1}{i_A \sigma \sqrt{2\pi}} \exp\left(-\frac{(\ln i_A - \mu)^2}{2\sigma^2}\right) \tag{8-10}$$

其中,μ 为对数正态分布对应的正态分布的期望;σ^2 为对应的正态分布的方差:

$$\begin{cases} \mu = \ln \dfrac{m^2}{\sqrt{m^2 + v}} \\ \sigma = \sqrt{\ln \dfrac{m^2 + v}{m^2}} \end{cases} \tag{8-11}$$

式中,m 为脉冲幅值的平均值;v 为脉冲幅值的方差。根据 6.1.3 小节的统计结果,对于半径为 0.4mm 导线的正电晕电流,两个参数分别为 $m = 17.53\text{mA}$,$v = 16.91\text{mA}^2$。

由 6.1.3 小节的测量可知,正电晕脉冲的间隔时间近似服从指数分布,则其概率密度函数 $P(t_s)$ 可以写为[28]:

$$P(t_s) = \frac{1}{T_s} \exp\left(-\frac{t_s}{T_s}\right) \tag{8-12}$$

式中,t_s 为间隔时间;$T_s = 1/f$ 为平均间隔时间,f 为脉冲重复频率。

根据以上随机性假设,可以分析脉冲幅值和间隔时间的随机特性,并根据以下流程来构建随机正电晕脉冲:

(1) 根据式(8-10)的概率密度分布来生成随机的电流幅值 i_A,该过程

采用了伪随机数生成算法[28]。

（2）将电流幅值 i_A 代入式(8-9)中,获得上升时间为 50ns,半波时间为 160ns,幅值为 i_A 的单次电流脉冲。

（3）根据需要模拟的脉冲电流重复频率 f,得到平均间隔时间 T_s,从而由式(8-12)的概率密度分布来生成随机的脉冲间隔时间 t_s。

（4）在上一个电流脉冲结束后经过 t_s 的时间,重复步骤(1)到步骤(3)来形成新的电流脉冲。

典型的随机正电晕电流脉冲重构结果如图 8-1(a)所示,其中,模拟时间步长为 1ns,总模拟时间为 40ms,脉冲重复频率设置为 1kHz。脉冲重复频率相近时的正电晕电流脉冲测量结果如图 8-1(b)所示,可见模拟电流脉冲和测量结果非常相似。

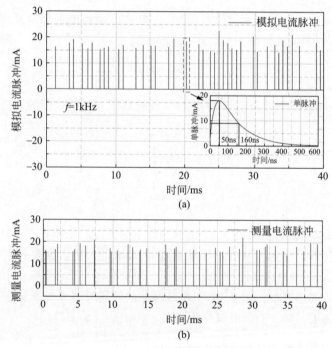

图 8-1   随机正电晕电流脉冲序列的重构
(a) 模拟电流脉冲；(b) 测量电流脉冲

8.2.2   电晕电流与接收机测量结果的转换

电晕电流的无线电干扰分量通常采用接收机来测量。重构获得随机电

晕电流脉冲序列之后,采用以下信号处理方法来模拟接收机的测量过程:

(1) 对电流脉冲序列 $i(t)$ 进行快速傅里叶变换(FFT),进而获得对应于各离散频率点 f_k 的频谱量 $I(f_k)$。

(2) 采用窗口函数对频谱量 $I(f_k)$ 进行滤波。为了接近真实接收机的带通滤波器特性,引入汉宁窗滤波器,如图 8-2 所示,其在中心频率 f_{IF} 处有最大增益 1,且在通带内有 6dB 的衰减,即上、下限截止频率位置的增益为 0.5,通带外增益为 0,其数学表达式为[30]:

$$H(f_k)=\begin{cases}0.5-0.5\cos\left(\dfrac{2\pi\left(f_k-f_L+\dfrac{f_B}{2}\right)}{2f_B}\right), & f_L\leqslant f_k\leqslant f_U\\[3mm] 0, & f_k<f_L \quad \text{或} \quad f_k>f_U\end{cases}$$
(8-13)

式中,$H(f_k)$ 为滤波器特性;$f_L=f_{IF}-f_B/2$ 为下限截止频率;$f_U=f_{IF}+f_B/2$ 为上限截止频率;$f_B=f_U-f_L$。由此可以得到经过滤波后的频谱值:

$$I_f(f_k)=H(f_k)I(f_k)$$
(8-14)

式中,$I_f(f_k)$ 为滤波后的频谱值,f_B 称为带宽。

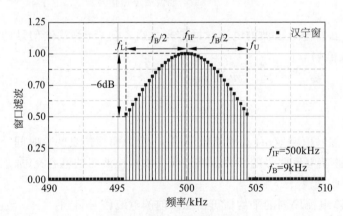

图 8-2　汉宁窗滤波器特性

(3) 在频域内构建新的序列 $X(f_k)$ 为[31]:

$$X(f_k)=\begin{cases}I_f(f_k), & k=0\\ 2I_f(f_k), & k=1,2,\cdots,N/2-1\\ 0, & k=N/2,\cdots,N-1\end{cases}$$
(8-15)

式中,N 为信号离散点个数。对 $X(f_k)$ 进行快速傅里叶反变换(IFFT),从而可以得到一个复数序列 $x(t)$，则经过带通滤波后的电流信号可以求解为：

$$i_f(t) = \text{Re}(x(t)) \tag{8-16}$$

式中，$i_f(t)$ 为带通滤波后的电流信号。典型滤波后的电流信号如图 8-3 所示。电晕电流脉冲经过带通滤波之后，转换为调制电流信号。滤波之后的电流信号幅值要远小于原始电流脉冲幅值，但滤波之后的电流信号持续时间变长。

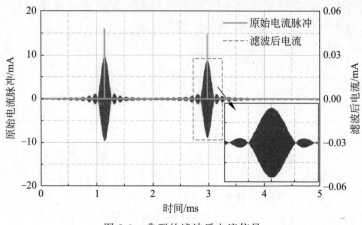

图 8-3　典型的滤波后电流信号

（4）获得经过滤波的电流脉冲信号之后，可以计算滤波信号的峰值响应与有效值响应：

$$I_P = \max(i_f(t)) \tag{8-17}$$

$$I_{RMS} = \sqrt{\frac{1}{T}\int_0^T i_f^2(t)\,dt} \tag{8-18}$$

式中，I_P 为峰值响应；I_{RMS} 为有效值响应；T 为模拟仿真的总时间。需要说明的是，滤波电流信号的准峰值响应与接收机检波器的电容充电、放电参数有关[32]，此处没有详细展开。

此外，电流序列的平均值可由滤波前的电流信号得到：

$$I_0 = \frac{1}{T}\int_0^T i(t)\,dt \tag{8-19}$$

由于模拟电流信号考虑了脉冲幅值和间隔时间两个随机变量，因而每次生成的模拟电流脉冲序列都不尽相同，需要进行多次的仿真计算。在本章中，在不同的脉冲重复频率下，均生成 100 组随机电流脉冲序列，这些脉冲序列具有相同的重复频率，但其幅值和间隔时间随机产生。针对各组电流脉冲序列，分别求取电流平均值、无线电干扰峰值响应和无线电干扰有效值响应。

8.2.3　随机高频电晕电流与无线电干扰激发电流的转换关系

设置电流脉冲重复频率从 0 到 30kHz 变化,仿真计算结果如图 8-4 所示,无线电干扰中心频率取为 $f_{IF}=0.5MHz$,图中还给出了带宽为 $f_B=$ 9kHz(CISPR 推荐[33])和 $f_B=200Hz$ 的峰值响应与有效值响应。由于各重复频率下的每次仿真结果均不同,图中用实线给出了 100 次模拟的平均值,并用阶梯曲线表示了相应量的最大值和最小值。

由图 8-4 可见,电晕电流平均值以及 0.5MHz 分量有效值响应的波动很小,在 100 次仿真中,最大值和最小值偏离平均值不是很明显。0.5MHz 分量峰值响应的随机性较大,但仍然能够看出变化的趋势。由图中结果可以分析得到,电流脉冲的平均值随脉冲重复频率线性增加,而电流脉冲 0.5MHz 分量的有效值响应随脉冲重复频率的均方根值近似线性增加。

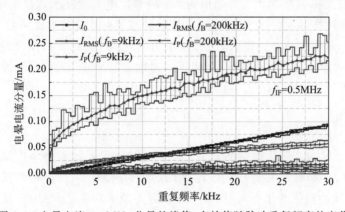

图 8-4　电晕电流 0.5MHz 分量的峰值、有效值随脉冲重复频率的变化

电晕电流在不同中心频率的无线电干扰分量随脉冲重复频率的变化规律如图 8-5 所示,图中给出了中心频率 f_{IF} 为 0.5~10.0MHz 的无线电干扰分量有效值,其计算带宽 f_B 取为 CISPR 推荐的 9kHz。随着中心频率的增加,无线电干扰分量的有效值逐渐减小。无线电干扰各频率分量随脉冲重复频率的均方根值近似成正比增加。

根据以上仿真结果,可以得到以下关系式:

$$I_0 = AI_m f \tag{8-20}$$

$$I_{RMS} = BI_m \sqrt{f} \tag{8-21}$$

式中,I_0 为电流脉冲的平均值;I_{RMS} 为电流脉冲 0.5MHz 分量的有效值;I_m 为电流脉冲幅值的平均值;f 为脉冲重复频率;A、B 为比例系数。系数

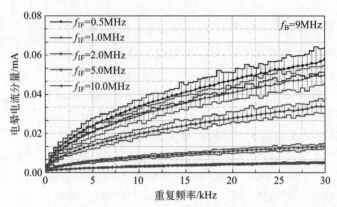

图 8-5　电晕电流各频率分量的有效值随脉冲重复频率的变化

A 的单位为 s,其物理意义为幅值为 1A 的单次电流脉冲所贡献的电荷量,由单个脉冲波形决定,可以通过对电流脉冲波形的积分获得。系数 B 的单位为 $s^{1/2}$,其物理意义为幅值为 1A 的单次电流脉冲的 0.5MHz 分量的有效值,同样由单个脉冲波形决定,可以通过对电流脉冲波形的带通滤波获得。

由式(8-20)和式(8-21)可以推导得到:

$$I_{RMS} = \frac{B}{\sqrt{A}}\sqrt{I_m I_0} = K\sqrt{I_m I_0} \tag{8-22}$$

式中,$K = B/\sqrt{A}$ 为无量纲的系数。式(8-22)反映了无线电干扰激发电流有效值 I_{RMS} 和电晕电流平均值 I_0 之间的转换关系。对于脉冲形式的电晕电流,当脉冲幅值变化不大,且服从正态分布或者对数正态分布,脉冲间隔时间服从指数分布时,式(8-22)是成立的。

8.2.4　正、负极性电流脉冲的无线电干扰激发电流比较

采用式(8-9)的双指数函数来模拟电流脉冲波形。正、负电晕电流脉冲的上升时间、半波时间如表 6-2 所示。由此可以拟合双指数函数的系数,如表 8-1 所示。表 8-1 中的系数对应的时间单位为 ns。

表 8-1　正、负极性电晕电流脉冲波形双指数函数的系数拟合

双指数系数	K	a	b
正脉冲	1.9462	0.0084	0.0391
负脉冲	1.8005	0.0128	0.0690

根据表 8-1 中的双指数函数系数,可以求取式(8-20)和式(8-21)中的系数 A、B,计算结果如表 8-2 所示。设置单次脉冲幅值为 1A,持续总时间为 1s(即脉冲重复频率为 1Hz),对电流波形积分可得系数 A;采用中心频率为 $f_{IF}=0.5MHz$、带宽为 $f_B=9kHz$ 的滤波器对电流波形滤波,然后根据式(8-18)可计算系数 B。除此之外,还可以根据图 8-4 中 I_0 和 I_{RMS} 的计算结果以及式(8-20)和式(8-21)拟合得到系数 A、B。由于电流脉冲具有一定的随机性,推荐采用后一种方法计算系数 A、B。

由表 8-2 可见,由于正脉冲的上升时间和半波时间都比负脉冲的相应值要长,因此,正脉冲的系数 A、B 均比负脉冲的结果略大,由此得到正脉冲的系数 K 也比负脉冲的情况略大。

表 8-2 由双指数波形求取系数 A、B、K

系数	A/s	$B/s^{1/2}$	$K=B/\sqrt{A}$
正脉冲	1.7914×10^{-7}	1.8906×10^{-5}	0.0447
负脉冲	1.1476×10^{-7}	1.2517×10^{-5}	0.0369

根据 6.1 节中的测量结果可知,在实验室缩尺导线条件下,正脉冲幅值平均值约为 17.53mA,负脉冲幅值平均值约为 -1.35mA。在相同导线电压下,正、负极性电晕电流的平均值大致相等,根据式(8-22)和表 8-2 中的系数 K 可以求得,正极性电晕脉冲 0.5MHz 分量的有效值约为负极性结果的 4.37 倍,转换为分贝值将相差 12.81dB。由此可见,在相同导线电压下,正极性电晕脉冲的无线电干扰有效值将远大于负极性的情况,这与其他学者在实际高压直流线路上观测到的结果一致[34]。

8.2.5 转换关系的缩尺模型实验验证

通过缩尺导线实验可以验证电晕电流脉冲的平均值和无线电干扰激发电流有效值之间的关系[26]。

8.2.5.1 实验布置

实验布置情况与 6.1.1 小节中介绍的相近。由于正极性电晕放电是无线电干扰的主要源头,仅对正极时的情况进行测试。实验的布置和电气连接如图 8-6 所示。为了测量电晕电流的无线电频段分量,在导线和电源之间安装了一套耦合回路(见 7.2.2 节)。耦合频率从 0.5~10MHz 分档可调,耦合回路末端阻抗为 50Ω。接收机的输入阻抗也为 50Ω。高频电流测

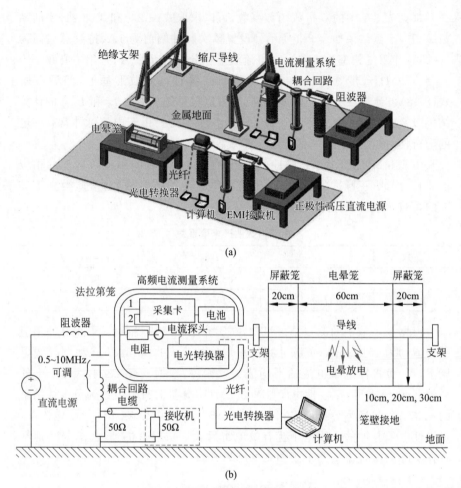

(a)

(b)

图 8-6　实验整体布置与电气连接

(a) 实验布置；(b) 实验电气连接

量系统与 6.1.1 小节一致。阻波器用于阻断来自电源的干扰。电流测量系统后端连接相应的电晕笼和缩尺架空导线。为了分析空间电荷分布对电晕电流的无线电频段分量的影响，实验中电晕笼共有三种尺寸，半径分别为 10cm、20cm 和 30cm，长度为 1m；缩尺架空导线对地高度分别为 20cm、30cm 和 40cm，长度也为 1m。缩尺模型实验平台如图 8-7 所示。利用该系统，既可以在高压侧测量电晕电流的时域波形，也可以通过耦合回路在低压侧测量电晕电流的频域分量。

图 8-7　缩尺模型实验平台

8.2.5.2　接收机检波方式分析

接收机在测量时,检波方式有峰值(P)、准峰值(QP)和有效值(RMS)检波三种,无论采用哪一种,对电晕放电的状态本身没有影响,只是衡量的标准不同[33]。峰值检波器主要检测一段时间内的信号最大值,有效值检波器主要检测一段时间内的信号有效值,准峰值检波器的数值介于峰值和有效值之间,依赖于检波电路的电容充电、放电参数[32]。

根据国外研究机构如 IREQ 等的研究成果,人耳在听无线电频段信号时,对干扰的敏感程度近似和准峰值成比例[35-36]。因此,在开展无线电干扰的研究过程中,推荐采用准峰值作为衡量无线电干扰水平的参考值[9]。然而,采用准峰值来衡量无线电干扰水平有一个明显的问题。由于实际输电线路上电晕放电的产生有很强的随机特征,在分析无线电干扰激发电流的传输过程时,通常只能采用能量谱的方式,即假设电晕电流 0.5MHz 的能量在输电线路上均匀注入,理论上应该用无线电干扰激发电流的能量谱进行传输线分析,也即采用 0.5MHz 分量的有效值进行分析[42]。Maruvada 等人在采用准峰值测量的条件下,开展了大量的实验研究,说明在实际输电线路的电晕放电情况下,准峰值测量结果近似与有效值测量结果成比例,从而可以等效地利用准峰值进行传输线分析[37-38]。Maruvada 等人还认为,直接采用有效值检波器进行测量是最为简捷的解决办法[29]。在本节的测量分析中,将重点分析有效值的情况。此外,测量中选择带宽为 9kHz 和 200Hz,前者为 CISPR 推荐的数值[33]。

8.2.5.3 时域测量结果分析

采用前述缩尺实验平台对半径 $r=0.4\text{mm}$ 的导线进行正极性电晕放电测量实验。为了便于对不同电晕笼和缩尺架空导线的测量结果进行比较,将导线电压折算为导线表面标称电场。当导线表面标称电场相同时,由不同电晕笼和缩尺架空导线测得的典型正电晕电流脉冲如图 8-8 所示。

图 8-8(a)、(b)、(c)为电晕笼中的电晕电流情况,电晕笼半径 R 分别为 10cm、20cm 和 30cm;(d)为缩尺架空导线上的电晕电流情况,缩尺架空导线对地高度为 $h=20\text{cm}$。为了比较,调整电压保持导线表面标称电场为 $E=100\text{kV/cm}$。随着电晕笼尺寸的变化,电晕电流存在显著的不同。电晕笼尺寸越小,则电流脉冲的重复频率越高,而且电晕笼中电流脉冲的重复频率要明显高于缩尺架空导线上的电流脉冲重复频率。

在每个电压等级下,共测量 20 组电流脉冲数据,与 6.1 节中的统计分析方法类似,对每个电流脉冲的特征参数进行统计,图 8-9 给出了电晕笼半径 R 为 10cm、20cm、30cm 以及缩尺架空导线高度 h 为 20cm、30cm、40cm 的统计结果。

由图 8-9(a)可见,在相同导线表面电场条件下,随着电晕笼尺寸的减小以及缩尺架空导线对地高度的降低,电流脉冲的幅值有增大的趋势,但其幅值平均值增大不明显,对于实验中的导线,脉冲幅值的平均值约为 20mA。此外,电晕笼中测量得到的脉冲幅值的最大值明显大于缩尺架空导线上的情况,这是因为电晕笼中的导线更容易出现局部的强电场点,造成局部的强放电,但总体的幅值平均值变化不显著。

由图 8-9(b)和(c)可见,电晕笼半径和缩尺架空导线高度对单个正电晕脉冲的上升时间、半波时间的影响不显著,电晕笼中的统计结果比缩尺架空导线上的统计结果略大,但非常接近。正脉冲的上升时间平均值约为 50ns,半波时间平均值约为 160ns。

总体而言,随着电极结构、导线表面电场的变化,脉冲幅值、上升时间、半波时间的统计平均值均变化不显著。埃及学者 Khalifa 等人的研究表明,电晕放电的单个电流脉冲波形与电压大小和电极结构基本无关,这与本实验的统计结果一致[12]。需要说明的是,电流脉冲幅值与环境温度、湿度、气压以及导线表面状态有较大关联,当环境条件和导线表面状态发生变化时,脉冲幅值的平均值将改变。

由图 8-9(d)可见,电极结构显著影响电流脉冲的重复频率。对电晕笼

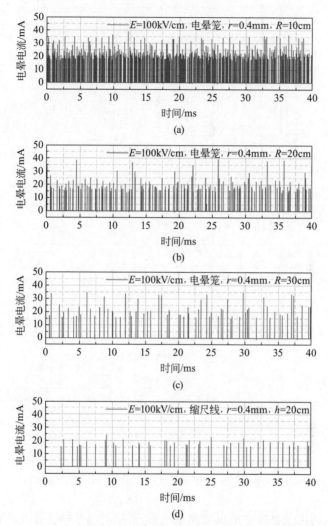

图 8-8　不同尺寸电晕笼和缩尺架空导线的正电晕电流脉冲测量结果
(a) 电晕笼半径 $R=10\mathrm{cm}$；(b) 电晕笼半径 $R=20\mathrm{cm}$；(c) 电晕笼半径 $R=30\mathrm{cm}$；
(d) 缩尺架空导线高度 $h=20\mathrm{cm}$

结构而言,在导线表面标称电场相同时,电晕笼半径越小,脉冲重复频率越高;对于缩尺架空导线而言,导线离地越近,脉冲重复频率越高。此外,电晕笼中的脉冲重复频率显著高于缩尺架空线上的脉冲重复频率。实际上,电极结构的变化主要改变了空间电荷的分布,而空间电荷分布会显著影响电流脉冲的重复频率,进而影响电晕电流的 $0.5\mathrm{MHz}$ 分量值。

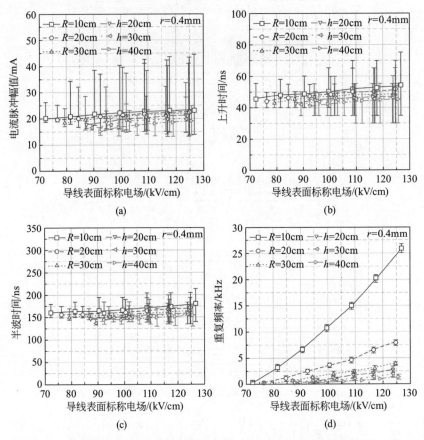

图 8-9　不同尺寸电晕笼及缩尺架空导线情况下的正电晕电流脉冲统计结果
（a）脉冲幅值；（b）上升时间；（c）半波时间；（d）重复频率

　　此外,利用电晕笼中的时域测量结果,可以对电晕电流脉冲的幅值和间隔时间进行概率密度统计。当电晕笼半径为 $R=10\text{cm}$ 时,测量得到的电流脉冲的幅值的概率密度分布如图 8-10 所示。电晕笼中电流脉冲幅值的概率密度测量结果同样近似服从于对数正态分布,这与 6.1 节的测量结果一致。

　　当电晕笼半径为 $R=10\text{cm}$ 时,不同导线表面标称电场下的电流脉冲间隔时间的概率密度分布如图 8-11 所示。电晕笼中电流脉冲间隔时间的概率密度测量结果也近似服从于指数分布,这与第 6 章的测量结果也一致。

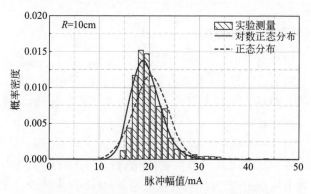

图 8-10　正电晕电流脉冲幅值的概率密度分布

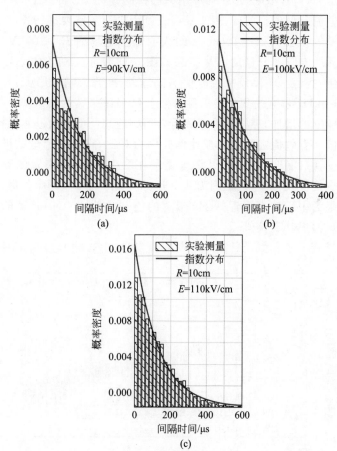

图 8-11　正电晕电流脉冲间隔时间的概率密度分布

(a) $E=90\text{kV/cm}$；(b) $E=100\text{kV/cm}$；(c) $E=110\text{kV/cm}$

8.2.5.4 频域测量结果分析

利用接收机对电晕电流的频域特性进行测量。由于实际测量结果为耦合回路末端电阻上的电压值，需要将其转换为相应的电流结果。耦合回路末端电阻与接收机输入电阻并联之后的电阻为 25Ω。因此，无线电干扰电流的分贝值可以计算如下：

$$I_{dB} = 20\lg I = 20\lg U - 20\lg Z = U_{dB} - 27.96 \tag{8-23}$$

式中，I_{dB} 为无线电干扰电流分贝值，$dB(\mu A)$；I 为无线电干扰电流，μA；U 为无线电干扰电压，μV；Z 为并联测量电阻，25Ω；U_{dB} 为接收机读取的无线电干扰电压分贝值，$dB(\mu V)$。后续结果已根据式(8-23)将测量的电压分贝值转换为电流分贝值。此外，由于导线长度为 1m，不需要进行长度折算。

当电晕笼半径为 $R = 10cm$、导线表面标称电场为 $E = 100kV/cm$ 时，电晕电流无线电频率分量的测量结果如图 8-12 所示。随着中心频率的增加，无线电干扰值呈下降趋势。峰值响应最大、准峰值响应居中、有效值响应最小，且 9kHz 带宽的测量结果显著大于 200Hz 带宽的测量结果。此外，随着中心频率的增加，准峰值响应和有效值响应之间的差值基本保持不变，说明准峰值和有效值之间基本成比例。作为对比，将时域测量结果进行快速傅里叶变换(FFT)，对应的结果也显示在图中。9kHz 带宽的测量结果比傅里叶变换值大很多，这是因为傅里叶变换实际为单点频率的值，而接收机测量结果为中心频率附近 9kHz 带宽的值。此外，200Hz 带宽的测量结果更加接近傅里叶变换值。

当电晕笼半径和缩尺导线对地高度改变时，中心频率为 0.5MHz 的无

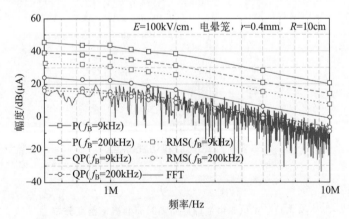

图 8-12 无线电干扰幅频特性

线电干扰有效值随场强的变化如图 8-13 所示。图中结果只给出了测量带宽为 9kHz 的有效值响应。在导线起晕之后,随着导线表面电场的增加,无线电干扰分贝值迅速增大,但逐渐趋于饱和。

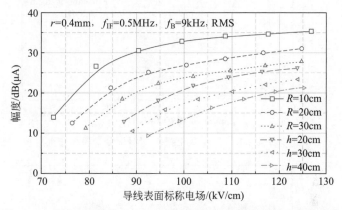

图 8-13　不同电极结构下 0.5MHz 无线电干扰有效值随电场的变化

对于电晕笼结构而言,当导线表面标称电场相同时,电晕笼半径越小,无线电干扰有效值越大;对于缩尺架空导线结构而言,导线对地高度越低,无线电干扰值越大。此外,电晕笼中的无线电干扰有效值要显著大于缩尺架空导线上的测量结果。

根据前述时域的测量统计结果可见,电晕电流单个脉冲波形随电极结构和导线表面标称电场的变化都不明显,导致无线电干扰有效值差异的主要原因是脉冲电流的重复频率不同。

以电流脉冲的重复频率为横坐标、以无线电干扰值为纵坐标绘图,分析脉冲重复频率对无线电干扰值的影响。当电晕笼半径为 $R=10\text{cm}$、中心频率为 $f_{IF}=0.5\text{MHz}$ 时,测量得到的电晕电流无线电干扰分量随脉冲重复频率的变化如图 8-14 所示,其中,0.5MHz 分量的峰值响应和有效值响应已经从分贝值转换为实际电流值。

由图 8-14 可见,电晕电流的平均值 I_0 基本和脉冲重复频率成正比,而电晕电流 0.5MHz 分量的有效值基本和脉冲重复频率的均方根成正比,该结果与 8.2.1 小节中的仿真结果一致。对比图 8-14 和图 8-4 可见,实际测量得到的电晕电流 0.5MHz 分量的有效值和峰值响应与仿真得到的结果非常接近,实际测量结果略大于仿真结果。

在不同电极结构情况下,电晕电流 0.5MHz 分量有效值随脉冲重复频率的变化如图 8-15 所示,其中,测量带宽为 9kHz,且测量分贝值同样转换为实

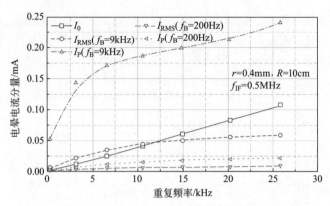

图 8-14 电晕笼半径为 10cm 时电晕电流 0.5MHz 分量随脉冲重复频率的变化

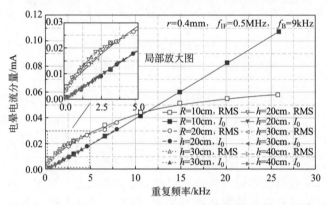

图 8-15 在不同电极结构下 0.5MHz 无线电干扰有效值随脉冲重复频率的变化

际电流值。随着电晕笼半径的增加以及缩尺架空导线对地高度的增加,在相同导线表面标称电场下,电晕电流脉冲的重复频率减小,因而相应曲线仅集中在图中重复频率较低的部分,在图 8-15 中将左下角局部放大,以便于查看。

由图 8-15 可见,在各种电极结构下,电晕电流 0.5MHz 分量有效值随脉冲重复频率的变化曲线基本重合。随着脉冲重复频率的增加,无线电干扰有效值呈幂指数关系增加,相应幂指数约为 0.5。除此之外,电晕电流平均值 I_0 随脉冲重复频率基本呈线性关系增加,且电极结构对线性关系的影响很小。该实验结论同仿真结论一致,验证了式(8-20)和式(8-21)的有效性。

根据前面的分析,单个脉冲波形的统计平均值变化较小,则式(8-20)可以理解为,电晕电流的平均值取决于单位时间内的脉冲个数,其比例系数 A 则取决于单个电流脉冲贡献的电荷量。式(8-21)可以理解为,电晕电流 0.5MHz 分量有效值的平方值与脉冲个数成正比,其比例系数 B^2 取决于单个电流脉冲 0.5MHz 分量所包含的能量。

Maruvada 等人在其研究中也表明,当脉冲形式电晕放电的形态没有发生改变时,电晕电流有效值与重复频率的均方根成正比[34]。当环境气象条件和导线表面状态发生改变时,电晕电流的形态将产生变化,甚至不再为脉冲形式,式(8-20)~式(8-22)的结果可能不再成立。

8.2.6　直流电晕笼中无线电干扰激发电流的转换方法

由于电晕笼建设成本低、试验方便、导线更换容易,采用电晕笼进行导线的无线电干扰测试是最为简单便捷的方式。然而,对于直流电晕笼中测量得到的无线电干扰激发电流,需要建立将其转换到实际架空导线的方法。

由前述分析可知,直流输电线路的无线电干扰激发电流依赖于空间电荷的分布情况,而电晕电流平均值从宏观上反映了空间电荷的稳态分布。因此,式(8-22)间接地建立了无线电干扰激发电流有效值和空间电荷分布之间的关系。利用该式虽然可以估算直流线路的 0.5MHz 无线电干扰有效值,但对于实际直流线路而言,其系数 K 和电流脉冲幅值的平均值 I_{m} 都较难确定。由于缩尺导线表面状态和实际直流线路存在较大差异,不能直接采用缩尺模型实验下得到的 K 值和 I_{m} 值。

虽然缩尺实验的结果不能直接应用于实际直流线路,但缩尺实验反映了电晕放电的基本物理规律。在缩尺实验中,当实验环境相同、导线表面状态一致时,电极结构变化对单个脉冲波形参数的统计平均值影响不显著,电晕笼和架空导线的结构差异主要影响电流脉冲的重复频率。因而可以认为,对于相同的导线,电晕笼中导线的单个电流脉冲波形与架空导线上的单个电流脉冲波形在统计特性上是一致的,也就是说,系数 K 是一致的。由此,可以建立将直流电晕笼中导线的无线电干扰激发电流有效值向实际直流架空线路转换的方法[26]。

8.2.6.1　电晕笼中激发电流的转换

由式(8-22)可知,对于电晕笼中的导线,其 0.5MHz 无线电干扰电流有效值可以采用如下计算公式:

$$I_{\mathrm{RMS,c}} = K_{\mathrm{c}} \sqrt{I_{\mathrm{m,c}} I_{0,\mathrm{c}}} \tag{8-24}$$

式中,$I_{\mathrm{RMS,c}}$、$I_{\mathrm{m,c}}$ 和 $I_{0,\mathrm{c}}$ 分别为电晕笼中导线的 0.5MHz 无线电干扰电流的有效值、电晕电流脉冲幅值的平均值和电晕电流的平均值;K_{c} 为电晕笼内由导线的电晕脉冲波形决定的系数。

对于相同的架空导线,其无线电干扰电流有效值可以类似地表现为:

$$I_{RMS,1} = K_1 \sqrt{I_{m,1} I_{0,1}} \qquad (8-25)$$

式中,$I_{RMS,1}$、$I_{m,1}$ 和 $I_{0,1}$ 分别为实际架空导线上的 0.5MHz 无线电干扰电流的有效值、电晕电流脉冲幅值的平均值以及电晕电流的平均值;K_1 为架空导线的电晕脉冲波形决定的系数。

在环境气象参数一致、导线表面状态相近的前提下,当电晕笼内导线表面标称电场与实际架空导线的情况相同时,假设电晕笼内单个电流脉冲的波形和架空导线上的情况近似相同,则系数 $K_c \approx K_1$,且脉冲幅值的平均值也近似相同,则 $I_{m,c} \approx I_{m,1}$,由此可以推导得出:

$$I_{RMS,1} = \sqrt{\frac{I_{0,1}}{I_{0,c}}} I_{RMS,c} \qquad (8-26)$$

式(8-26)中,$I_{RMS,c}$ 为电晕笼中导线的无线电干扰电流有效值,需要通过电晕笼试验来测量;电晕笼内导线和架空导线电晕电流的平均值 $I_{0,c}$ 和 $I_{0,1}$ 从宏观上反映了电晕笼内导线和架空导线周围空间电荷稳态分布的差异,可以通过目前已经相对成熟的数值计算方法得到。实际上,虽然 $I_{0,1}$ 较难直接测量,但 $I_{0,c}$ 则可以很容易通过电晕笼实验测量获得。

8.2.6.2 转换方法的实验验证

以上转换方法可以通过缩尺导线实验来验证。选择导线半径为 $r = 0.4$mm,电晕笼半径 R 分别为 10cm、20cm 和 30cm,并以对地高度为 $h = 20$cm 的缩尺架空导线作为对比基准,分析小电晕笼中导线的 0.5MHz 无线电干扰电流有效值与缩尺架空导线上的结果之间的折算关系[26]。

传统方法认为激发函数与导线几何结构无关,可以采用几何电容比值将电晕笼中的无线电干扰激发电流转换为架空导线上的值,即

$$I_1 = \frac{C_1}{C_c} I_c \qquad (8-27)$$

其中,C_1 和 C_c 分别为架空导线和电晕笼内导线的单位长度几何电容。对于本节缩尺实验中所采用的结构,可以计算各几何电容值如表 8-3 所示。由表中结果可见,几种电极结构情况下的导线几何电容差别并不大。

表 8-3 不同电极结构下导线的单位长度几何电容($r = 0.4$mm)

电极结构	$R=10$cm	$R=20$cm	$R=30$cm	$h=20$cm
电容值/(pF/m)	10.0617	8.9395	8.3920	8.0437

　　在不同电晕笼尺寸下,电晕笼内测量的电晕电流 0.5MHz 分量有效值与缩尺架空导线相应结果的比较如图 8-16 所示。为了进行对比,保持电晕笼中导线的表面标称电场与缩尺架空导线的情况一致,图中所有数据均为缩尺架空导线上的测量结果与电晕笼中导线测量结果的比值。由图示结果可见,所有比值曲线均小于 1,说明当导线表面标称电场相同时,架空导线上的无线电干扰值小于电晕笼中的测量结果。当导线表面标称电场增大时,测量得到的 0.5MHz 无线电干扰电流有效值的比值有增大的趋势,且当电场较高时,该比值趋于稳定。然而,几何电容比值不受导线表面电场的影响,为常数,这与实际情况不符。

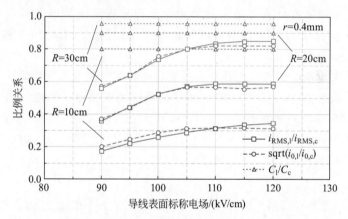

图 8-16　电晕笼导线与缩尺架空导线无线电干扰测量结果的比较
(方形数据点为 0.5MHz 无线电干扰电流有效值测量结果的比值;圆形数据点为式(8-26)中平均电晕电流测量结果的均方根值的比值;三角形数据点为式(8-27)中单位长度几何电容的比值)

　　图 8-16 中几何电容值之比显著大于无线电干扰激发电流有效值之比,这说明采用式(8-27)将电晕笼中的激发电流向架空导线转换时,将会得到明显偏大的结果,这与国外其他学者通过大尺寸电晕笼实验得到的结果一致[40]。造成该现象的原因是,当导线表面标称电场相同时,电晕笼内导线的电晕电流显著大于架空导线的电晕电流。

　　随着电晕笼半径的增大,无线电干扰激发电流之比会更加接近几何电容之比,由式(8-27)带来的误差会减小。在实际工程应用中,如果要采用式(8-27)来预测无线电干扰值,需要采用较大尺寸的直流电晕笼。

　　图 8-16 还表明,无线电干扰激发电流之比与电晕电流平均值的均方根值之比基本一致,说明采用式(8-26)对电晕笼中的激发电流进行折算是合理的。

8.2.6.3 空间电荷分布修正系数

在实际工程应用中,可以采用如下方法将电晕笼中测量得到的无线电干扰激发电流折算为架空输电线路的无线电干扰激发电流[26]:

(1) 首先,开展大尺寸直流电晕笼测量试验,获得与实际架空线路相同型号的分裂导线在不同标称电场下的无线电干扰激发电流。如果还有条件,可以进一步测量电晕笼中的电晕电流平均值。

(2) 在电晕笼测量结果中,选择导线表面标称电场与架空导线相同时的数据,以此为基础折算架空导线的无线电干扰激发电流。

(3) 采用数值计算方法来计算电晕笼内相应电压下的电晕电流平均值。如果步骤(1)中同时测量了电晕笼内的电晕电流平均值,可以和数值计算结果进行比较验证。

(4) 采用数值计算方法计算实际架空线路的电晕电流平均值。

(5) 最后,根据式(8-26)将电晕笼内导线的无线电干扰激发电流折算为实际架空线路的激发电流:

$$I_{dB,l} = 20 \lg I_{RMS,l} = 20 \lg \sqrt{\frac{I_{0,l}}{I_{0,c}}} I_{RMS,c} = 20 \lg I_{RMS,c} + 10 \lg \frac{I_{0,l}}{I_{0,c}}$$

$$= I_{dB,c} + S_q \tag{8-28}$$

式中,$I_{dB,l}$ 为架空线路上的无线电干扰激发电流分贝值;$I_{dB,c}$ 为步骤(1)～(2)测量得到的电晕笼中导线的无线电干扰激发电流分贝值;S_q 为电晕电流平均值之比决定的修正系数:

$$S_q = 10 \lg \frac{I_{0,l}}{I_{0,c}} \tag{8-29}$$

由于电晕电流平均值依赖于空间电荷分布,从而可以将 S_q 定义为"空间电荷分布修正系数"。

此外,对于传统激发函数法,类似地可以推导得到:

$$I_{dB,l} = I_{dB,c} + 20 \lg \frac{C_l}{C_c} = I_{dB,c} + S_c \tag{8-30}$$

式中,定义"几何电容修正系数"S_c 为:

$$S_c = 20 \lg \frac{C_l}{C_c} \tag{8-31}$$

对比式(8-29)和式(8-31)可知,传统激发函数法采用几何电容之比反映电晕笼和架空线路的几何结构差异;而本节的空间电荷分布修正系数采用电晕电流平均值之比来反映几何结构的差异,该修正系数已将空间电荷的影响考虑在内。

需要说明的是,根据本章的推导,式(8-28)只对电晕电流 0.5MHz 分量的有效值成立,理论上,对于准峰值的情况还需要进一步分析。然而,根据 IREQ 的研究结果,在实际输电线路的电晕放电情况下,准峰值测量结果近似与有效值测量结果成比例[29,38]。因此,采用准峰值测量的电晕笼内导线的 0.5MHz 无线电干扰值也可以采用式(8-28)来修正。

8.2.6.4 电晕电流平均值计算

电晕电流的平均值可以在使用第 4 章方法获得空间电荷的稳态分布之后,根据 Shockley-Ramo 法则计算[24-25]:

$$I_0 = \sum_{i=1}^{K} (q_i^+ \boldsymbol{E}_{i0} \cdot \boldsymbol{v}_i^+ - q_i^- \boldsymbol{E}_{i0} \cdot \boldsymbol{v}_i^-) \tag{8-32}$$

式中,I_0 为电晕电流平均值;q_i^+ 和 q_i^- 分别为单元 i 的正、负电荷绝对值;$\boldsymbol{E}_{i0}$ 为导线施加单位电压时在单元 i 位置处的标称电场;$\boldsymbol{v}_i^+$ 和 $\boldsymbol{v}_i^-$ 分别为单元 i 位置的正、负电荷迁移速度,可由迁移率计算(参见 3.5 节)。

例如,采用第 4 章的数值计算方法,针对 8.2.5 小节中的缩尺实验,设置导线半径为 $r = 0.4\text{mm}$,对不同电晕笼半径以及缩尺架空导线高度情况下的空间电荷分布进行仿真计算。

调整导线电压,使得导线表面标称电场最大值为 $E = 100\text{kV/cm}$,不同电极结构下的空间电荷分布如图 8-17 所示。当导线表面标称电场相同时,电极结构的改变会使得空间电荷分布存在明显的不同。对于电晕笼结构而言,电晕笼半径 R 越小,则导线周围的空间电荷密度越大,空间电荷集中在高电场区域运动,将导致电晕电流增大。对于缩尺架空导线而言,导线对地高度 h 越低,则导线周围的空间电荷密度越大,但变化并不是非常显著。此外,电晕笼中导线周围的空间电荷密度明显大于缩尺架空导线的情况,这将使得电晕笼中导线的电晕电流更大。

在不同电极结构下,导线电晕电流平均值的仿真结果和实验测量结果对比如图 8-18 所示。在导线表面标称电场相同的条件下,由于空间电荷分布的不同,电晕电流平均值也明显不同,且电晕笼中的电晕电流平均值显著大于缩尺架空导线上的结果。此外,计算得到的电晕电流平均值与实验测量结果非常接近,验证了平均电晕电流数值计算方法的有效性。

根据实验统计结果,当电极结构变化时,单个电晕电流脉冲的波形参数

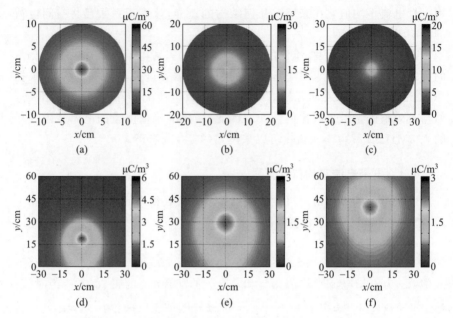

图 8-17 不同电极结构下的空间电荷分布（$E=100\text{kV/cm}$）

(a) $R=10\text{cm}$；(b) $R=20\text{cm}$；(c) $R=30\text{cm}$；(d) $h=20\text{cm}$；(e) $h=30\text{cm}$；(f) $h=40\text{cm}$

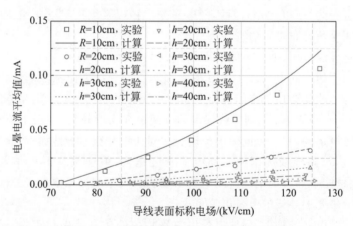

图 8-18 不同电极结构下的电晕电流平均值

基本不变，因此，电晕电流平均值的增加主要是由于脉冲重复频率的增大而导致的。电晕电流平均值与脉冲重复频率的关系如图 8-19 所示。当电极结构改变时，脉冲重复频率的变化曲线基本重合，且为线性增加。由于电晕电流平均值从宏观上反映了空间电荷的稳态分布情况，因此，图 8-19 间接

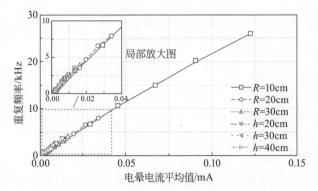

图 8-19 电晕电流平均值与电晕脉冲重复频率的关系

反映了空间电荷分布对脉冲重复频率的影响。

因此,式(8-29)的空间电荷分布修正系数 S_q 又可以写为:

$$S_q = 10\lg \frac{I_{0,1}}{I_{0,c}} = 10\lg \frac{f_1}{f_c} \tag{8-33}$$

式中,f_1 和 f_c 分别为架空导线和电晕笼内导线的电晕脉冲重复频率。当电极几何结构不同时,空间电荷分布的差异主要影响电晕脉冲的重复频率,进而影响无线电干扰激发电流。采用电晕电流平均值来反映空间电荷分布情况对无线电干扰激发电流的影响是合理的。

8.3　直流线路无线电干扰激发电流的传输过程

通过开展大尺寸直流电晕笼的试验,可以获得电晕笼内导线的无线电干扰激发电流。将该电流利用上节中的修正方法转换到直流架空线路后,需进一步分析其沿导线的传输过程,进而预测线路附近的无线电干扰。

8.3.1　空间电荷对传输线参数的影响

在分析无线电干扰激发电流沿交流导线传播的过程中,由于交流导线周围不存在空间电荷区,因而没有考虑空间电荷对传输线参数的影响。对于直流输电线路而言,由于导线周围充满空间电荷,可能会对传输线参数产生影响,需要进行评估。直流导线周围的空间电荷会对导线的电容和对地电导产生影响,对导线本身的电感和纵向电阻的影响可以忽略。

8.3.1.1　空间电荷对单传输线参数的影响

（1）几何电容的计算

在直流导线电晕起始之前，空间不存在电荷，单极直流导线的单位长度对地电导可以忽略，单位长度对地电容即为几何电容。对于多分裂导线，单极直流导线的对地几何电容可以采用等效半径法来计算，也可以采用数值方法计算。

① 等效半径法

设分裂子导线半径为 r，分裂数为 n，分裂半径为 R，则分裂导线的等效半径可以按下式计算[41]：

$$r_{eq} = R(nr/R)^{1/n} \tag{8-34}$$

因此，单极分裂导线的对地几何电容为：

$$C_0 = \frac{2\pi\varepsilon_0}{\ln\dfrac{2h}{r_{eq}}} \tag{8-35}$$

式中，C_0 为单位长度导线对地几何电容；ε_0 为空气介电常数；h 为导线对地高度。

② 数值方法

采用模拟电荷法（见 4.2 节）、逐次镜像法以及有限元法等数值方法可以得到分裂导线表面和周围空间的电场分布，由此可以计算分裂导线的对地几何电容。

在得到导线表面及周围空间的电场分布之后，有两种思路来计算对地电容：

思路一：对分裂子导线表面的电荷密度积分得到导线总电荷，从而获得几何电容值：

$$C_0 = \frac{Q}{U} = \frac{1}{U}\sum_{i=1}^{N}\varepsilon_0 E_i L_i \tag{8-36}$$

式中，Q 为导线表面总电荷；U 为导线电压；E_i 为分裂子导线表面第 i 段的法向电场；L_i 为导线表面第 i 段的长度；N 为分裂子导线表面的总分段数。

思路二：计算空间电场的总能量，进而求得电容值。空间电场总能量为：

$$W = \frac{1}{2}C_0 U^2 = \frac{1}{2}\sum_{j=1}^{M}\varepsilon_0 E_j^2 S_j \tag{8-37}$$

式中，W 为空间电场能量；E_j 为空间节点 j 的标称电场；S_j 为节点 j 的控制面积；M 为计算区域的节点总数。由此可以得到能量等效的几何电容为：

$$C_0 = \frac{1}{U^2} \sum_{j=1}^{M} \varepsilon_0 E_j^2 S_j \qquad (8\text{-}38)$$

采用以上计算方法，对 800kV 单极特高压直流输电线路的几何电容进行计算。导线结构参数如表 8-4 所示，其中，导线平均对地高度采用下式计算：

$$h = H - \frac{2}{3}S \qquad (8\text{-}39)$$

式中，h 为导线平均对地高度；H 为导线挂点高度；S 为导线弧垂。

表 8-4　800kV 特高压直流导线的结构参数

导线型号	导线半径 r/cm	分裂间距 d/cm	挂点高度 H/m	弧垂 S/m	平均高度 h/m
$6 \times 720 \text{mm}^2$	1.8115	45	37	12	29

由此计算得到单极直流导线的对地几何电容如表 8-5 所示。根据式(8-35)、式(8-36)和式(8-38)，三种方法的计算结果非常接近。

表 8-5　不同方法计算得到的单极直流导线对地几何电容

计算方法	等效半径法	导线表面积分	能量方法
几何电容/(pF/m)	10.9023	10.9153	10.8996

（2）电荷电容和对地电导的计算

在导线起晕之后，由于空间电荷的存在，电容值的计算需要考虑空间电荷的影响，此时的电容值将随导线电压而变化。由于电容值实际反映了系统存储电场能量的能力，因此推荐采用能量等效方法来计算电荷电容，主要计算步骤如下[26]：

① 采用第 4 章的数值计算方法得到导线周围的空间电荷分布和电场分布；

② 采用式(8-38)计算能量等效的电荷电容，此时空间节点电场 E_j 为考虑了空间电荷影响的合成电场；

③ 对导线起晕之后的对地电导可以根据电晕电流平均值以及导线电压来计算。

表 8-6 给出了不同导线电压下,计算得到的导线电荷电容和对地电导。表中,$6 \times 720 mm^2$ 导线的起晕场强取为 16.5kV/cm。在导线起晕之后,随着导线电压的增加,考虑空间电荷影响之后的电荷电容有增大的趋势。对于工作电压 800kV 而言,由于此时导线的起晕并不十分强烈,空间电荷量不大,因而空间电荷对导线对地电容的影响很小,相比于几何电容,电荷电容仅增加约 2%。随着导线电压的增大,电晕放电更加剧烈,空间电荷对导线电容的影响程度增大。

表 8-6　不同导线电压下的电荷电容和对地电导

导线电压/kV	700	800	900	1000	1100
电晕电流/$(\mu A/m)$	0	0.0126	0.0807	0.2286	0.4531
几何电容/(pF/m)	10.8996	10.8996	10.8996	10.8996	10.8996
电荷电容/(pF/m)	10.8996	11.1314	11.4660	11.7238	12.1930
电容增大比例/%	0	2.13	5.20	7.56	11.87
对地电导/(S/m)	0	1.58×10^{-14}	8.97×10^{-14}	2.29×10^{-13}	4.12×10^{-13}

在工作电压 800kV 下,正单极直流导线周围的空间电荷分布情况如图 8-20 所示。6 根分裂子导线上均有电荷迁移到周围空间,导线周围的空间电荷密度比较小,其对导线电容的影响不明显,在工程应用中可以忽略。

此外,由表 8-6 计算得到的导线对地电导可见,由导线电晕电流引起的电导也非常小,在传输线分析中同样可以忽略。

本小节分析表明,对于实际直流输电线路,通常导线工作在起晕较弱的阶段,因此空间电荷对导线电容的影响较小,可以忽略;由电晕电流引起的电导也很小,同样可不考虑。

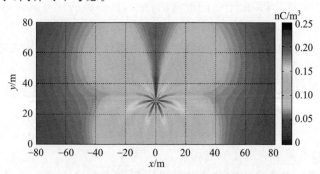

图 8-20　800kV 正单极直流导线周围的空间电荷分布

8.3.1.2　空间电荷对双极直流导线电容的影响

对于双极直流导线,在考虑空间电荷的影响之后,由于离子流场本身的非线性特点,导线电容矩阵的计算将变得较为困难。本小节主要分析空间电荷对双极直流导线电容矩阵的影响。

(1) 几何电容矩阵的计算

首先分析不考虑空间电荷影响时的几何电容矩阵的计算,与单极导线的情况类似,同样可以采用等效半径法和数值计算方法。

① 等效半径法

根据式(8-34)求取各分裂导线的等效半径,而后可以列出导线的电位系数矩阵如下[42]:

$$U = \begin{bmatrix} \dfrac{1}{2\pi\varepsilon_0}\ln\dfrac{2h_1}{r_{eq1}} & \dfrac{1}{2\pi\varepsilon_0}\ln\dfrac{D_{12}}{d_{12}} \\ \dfrac{1}{2\pi\varepsilon_0}\ln\dfrac{D_{21}}{d_{21}} & \dfrac{1}{2\pi\varepsilon_0}\ln\dfrac{2h_2}{r_{eq2}} \end{bmatrix} Q = PQ \tag{8-40}$$

式中,U 为导线电压向量;Q 为导线电荷向量;P 为电位系数矩阵;h_1 和 h_2 分别为双极导线的对地高度;r_{eq1} 和 r_{eq2} 分别为双极导线的等效半径;D_{12} 为导线 1 到导线 2 的对地镜像的距离;d_{12} 为导线 1 到导线 2 的距离;D_{21} 和 d_{21} 的含义类似。导线几何电容矩阵可以根据电位系数矩阵求得:

$$C = P^{-1} \tag{8-41}$$

② 数值方法

采用数值方法计算双极导线周围的电场分布,而后同样可根据两种思路来计算双极导线的几何电容矩阵。

思路一:双极导线的几何电容矩阵可以写为如下形式:

$$\begin{bmatrix} Q^+ \\ Q^- \end{bmatrix} = \begin{bmatrix} C_{11} & C_{12} \\ C_{21} & C_{22} \end{bmatrix} \begin{bmatrix} U^+ \\ U^- \end{bmatrix} \tag{8-42}$$

式中,Q^+ 和 Q^- 分别为正、负极导线的表面电荷;U^+ 和 U^- 分别为正、负极导线的电压。

根据式(8-36)对导线表面电荷积分,进而计算电容参数,计算流程如下:

a. 正极导线加压、负极导线电压置于 0,分别在正极导线表面和负极导线表面积分计算电荷,可以得到电容矩阵的 C_{11} 和 C_{21}。

　　b. 负极导线加压、正极导线电压置于 0,分别在正极导线表面和负极导线表面积分计算电荷,可以得到电容矩阵的 C_{12} 和 C_{22}。

　　思路二:双极导线的空间电场总能量可以计算如下:

$$W = \frac{1}{2} \begin{bmatrix} U^+ & U^- \end{bmatrix} \begin{bmatrix} C_{11} & C_{12} \\ C_{21} & C_{22} \end{bmatrix} \begin{bmatrix} U^+ \\ U^- \end{bmatrix} \tag{8-43}$$

　　根据式(8-38)的能量等效方法计算电容矩阵时,具体流程如下:

　　a. 正极导线加压、负极导线电压置于 0,根据空间电场能量,由式(8-38)可以得到 C_{11}。

　　b. 负极导线加压、正极导线电压置于 0,根据空间电场能量,由式(8-38)可以得到 C_{22}。

　　c. 通常双极直流导线为对称布置,可得 $C_{12}=C_{21}$,双极导线加压,根据空间电场能量,由式(8-43)可以得到:

$$C_{12} = C_{21} = \frac{C_{11} + C_{22}}{2} - \frac{W}{U^2} \tag{8-44}$$

式中,U 为导线电压,正、负极导线电压分别为 $U^+ = U$ 和 $U^- = -U$。

　　采用等效半径法和数值方法的电容矩阵计算结果非常相近,此处不再具体比较。对于 $\pm 800\text{kV}$ 双极特高压直流输电线路,其导线极间距为 $D = 22\text{m}$,其他参数与表 8-4 一致,计算其几何电容系数如表 8-7 所示,表中结果系采用能量等效方式计算得到。

表 8-7　$\pm 800\text{kV}$ 双极特高压直流输电线路几何电容系数

电容系数	C_{11}	C_{12}	C_{21}	C_{22}
几何电容/(pF/m)	11.3752	-2.3343	-2.3343	11.3752

　　(2) 电荷电容矩阵的计算

　　导线起晕之后,考虑空间电荷的影响时,双极导线的电容矩阵较难计算。本节采用能量等效方式对双极导线的电荷电容矩阵进行计算,具体流程如下:

　　① 正极导线加压、负极导线电压置于 0,计算此时的空间正离子分布和电场分布,根据电场总能量(包含空间正离子的影响),由式(8-38)计算得到 C_{11}。

　　② 负极导线加压、正极导线电压置于 0,计算此时的空间负离子分布和电场分布,根据电场总能量(包含空间负离子的影响),由式(8-38)计算得到 C_{22}。

③ 假设正、负离子分布情况近似对称,则 $C_{12} \approx C_{21}$,双极导线加压,计算此时的空间正、负离子分布和电场分布,根据电场总能量(包含空间正、负离子的影响),由式(8-44)计算得到 C_{12} 和 C_{21}。

需要说明的是,双极导线加压时的空间正离子分布与正单极导线加压时的情况不一样,这部分影响通过正、负极导线间的互电容 C_{12} 和 C_{21} 来考虑。在不同导线电压下,计算得到的双极导线电荷电容矩阵值如表 8-8 所示。

表 8-8　不同电压下的双极导线电荷电容矩阵值

导线电压/kV	±700	±800	±900	±1000	±1100
正极电流/(μA/m)	0.1235	1.9224	4.0113	10.0508	17.1254
C_{11}/(pF/m)	11.3752	11.7073	12.1940	12.9631	13.4394
增大比例/%	0	2.92	7.20	13.96	18.15
C_{22}/(pF/m)	11.3752	11.7187	12.2043	13.0150	13.4655
增大比例/%	0	3.02	7.29	14.42	18.38
$C_{12} \approx C_{21}$/(pF/m)	−2.4115	−2.4932	−2.6147	−2.8336	−3.1694
增大比例/%	3.31	6.81	12.01	21.39	35.78

在表 8-8 中,正极电流为双极导线加压时的正极导线电晕电流平均值。当导线电压为 ±700kV 时,由于正、负极导线单极加压时导线均不起晕,因而 C_{11} 和 C_{22} 均为几何电容;在双极导线加压时,导线电晕起始,空间电荷的影响体现在互电容 C_{12} 和 C_{21} 的变化上。随着导线电压的升高,考虑空间电荷影响之后,正、负极导线的自电容 C_{11} 和 C_{22} 均有增大的趋势,且 C_{11} 与 C_{22} 非常接近,负极导线的自电容略大于正极导线。对于正、负极导线的互电容 C_{12} 和 C_{21} 来讲,随着导线电压的增加,互电容的绝对值增大,说明空间电荷的存在增强了正、负极导线之间的耦合。

当导线电压为实际工作电压 ±800kV 时,双极直流导线周围的空间电荷分布情况如图 8-21 所示。对比图 8-20 可见,在双极直流导线加压时,导线周围的空间电荷密度会比单极直流导线加压时的情况明显增大,且空间电荷分布形式与单极导线加压时的情况显著不同。

对于 ±800kV 工作电压,双极导线的起晕程度也并不剧烈。由表 8-8 可见,考虑空间电荷的影响之后,双极直流导线的自电容增加约 3%,互电容绝对值增加约 7%。

在实际工程应用中,当导线起晕状态不严重时,可以忽略空间电荷对导线电容矩阵的影响,从而采用几何电容参数来分析传输过程。然而,如果直

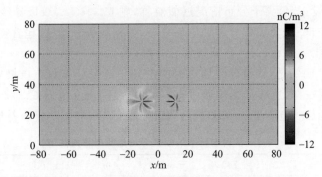

图 8-21　±800kV 双极直流导线周围的空间电荷分布

流导线的起晕程度加剧,空间电荷的存在将更加显著地增大导线电容参数,其对传输过程的影响需要进一步研究。

8.3.2　单极直流线路的激发电流传输过程

激发电流在输电线路的传输过程可采用电报方程来描述[43-44]:

$$\begin{cases} \dfrac{\mathrm{d}U}{\mathrm{d}x} = -ZI \\ \dfrac{\mathrm{d}I}{\mathrm{d}x} = -YU + J \end{cases} \tag{8-45}$$

式中,U 和 I 为导线上的电压、电流;J 为单位长度导线上注入的无线电干扰激发电流,采用特定频率(如 0.5MHz)的电晕电流有效值来表征;Z 为导线的纵向阻抗,根据导线单位长度的电阻和电感计算;Y 为导线的对地导纳,根据导线单位长度的电容计算。

8.3.2.1　传输线参数

导线的阻抗可以分解为:导线和大地均为理想导体时的回路电感、导线内阻抗、大地内阻抗三部分[45]:

$$Z = \mathrm{j}\omega L_c + Z_c + Z_g \tag{8-46}$$

导线和大地均为理想导体时的回路电感 L_c 为:

$$L_c = \frac{\mu_0}{2\pi} \ln \frac{2h}{r} \tag{8-47}$$

式中,h 为导线平均对地高度,r 为导线半径(对于分裂导线,则为等效半径),μ_0 为空气磁导率。

考虑了趋肤效应的导线内阻抗 Z_c 为[45]：

$$Z_c = \frac{1}{2\pi r \sigma \delta_c} + \mathrm{j}\,\frac{1}{2\pi r \sigma \delta_c} \tag{8-48}$$

式中，σ 为导线电导率，δ_c 为趋肤深度，按下式计算：

$$\delta_c = \sqrt{\frac{2}{\omega \mu \sigma}} \tag{8-49}$$

根据复透入深度法，大地的阻抗 Z_g 为：

$$Z_g = \mathrm{j}\omega \frac{\mu_0}{2\pi} \ln \frac{h+p}{h} \tag{8-50}$$

式中，p 为电磁波在土壤中的复透入深度，按下式计算[45]：

$$p = 1/\sqrt{\mathrm{j}\omega\mu_0\sigma_g} \tag{8-51}$$

式中，$\omega = 2\pi f$ 为角频率，f 为计算频率；μ_0 为空气磁导率；σ_g 为土壤电导率。

导纳的计算比较简单，一般情况下忽略传输线的电导，所以导纳为：

$$Y = \mathrm{j}\omega C_c \tag{8-52}$$

导线电容 C_c 可以通过 8.3.1 节方法计算，也可以通过回路电感获得[45]：

$$C_c = \frac{\varepsilon_0 \mu_0}{L_c} \tag{8-53}$$

8.3.2.2　激发电流的转换及传输

得到电晕笼内导线的无线电干扰激发电流后，可以根据式(8-30)将激发电流转换到实际直流架空线路。

激发电流注入无限长导线之后，将分为相等的两部分并沿导线向两端传播，如图 8-22 所示。假设在离观察点 O 的距离为 x 的 X 点有激发电流 J_0 注入导线，根据传输线方程(8-45)，可以求得电流 J_0 传输到观察点 O 位置时的电流 J_x 为：

$$J_x = \frac{1}{2}J_0 \mathrm{e}^{-\gamma x} \tag{8-54}$$

其中，$\gamma = \sqrt{ZY} = \alpha + \mathrm{j}\beta$ 为传输线的传播系数，实部 α 为幅值衰减系数，虚部 β 为相位系数。

由于电晕电流的注入具有较强的随机性，通常假设激发电流的能量沿导线均匀注入。设 X 点注入的电晕电流能量为 $J_0^2\,\mathrm{d}x$，由此得到该电流能

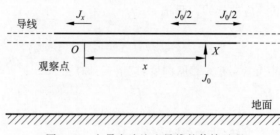

图 8-22 电晕电流注入导线的传输过程

量传输到观察点 O 时为：

$$J_x^2 = \left| \frac{1}{2} e^{-\gamma x} \right|^2 J_0^2 \, dx = \frac{1}{4} e^{-2ax} J_0^2 \, dx \tag{8-55}$$

其中，J_0^2 为单位长度导线注入的激发电流能量；J_x^2 为 X 点注入的激发电流能量传输到观察点 O 之后的值。假设激发电流沿导线均匀注入，对式(8-55)沿全导线积分，可以得到导线上所有点注入的激发电流能量传输到观察点 O 的值为：

$$I^2 = \frac{J_0^2}{4} \int_{-\infty}^{+\infty} e^{-2a|x|} \, dx = \frac{J_0^2}{2} \int_0^{+\infty} e^{-2ax} \, dx = \frac{J_0^2}{4\alpha} \tag{8-56}$$

由式(8-56)可以得到观察点 O 位置的电流有效值为：

$$I = \frac{J_0}{2\sqrt{\alpha}} \tag{8-57}$$

8.3.2.3 激发电流传播产生的无线电干扰

根据式(8-57)得到观察点的电流有效值 I 之后，计算测量点 P 的水平方向磁场强度 H 为[46]：

$$H = \frac{I}{2\pi} K \tag{8-58}$$

其中，K 为导线和测量点之间的几何系数：

$$K = \frac{h_c - h_p}{(h_c - h_p)^2 + D^2} + \frac{h_c + h_p + 2p_d}{(h_c + h_p + 2p_d)^2 + D^2} \tag{8-59}$$

式中，h_c 为导线高度；h_p 为测点高度；D 为导线和测量点对地投影的距离；p_d 为土壤复深度，如图 8-23 所示，可以用下式进行计算[46]：

$$p_d = \sqrt{\frac{2}{\omega \mu_0 \sigma_g}} \tag{8-60}$$

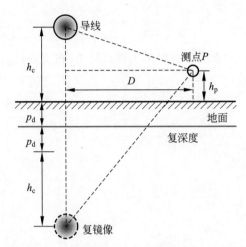

图 8-23　根据土壤复深度计算测量点的水平磁场

其中，$\omega = 2\pi f$ 为角频率，f 为计算频率；μ_0 为空气磁导率；σ_g 为土壤电导率。

　　得到测量点的无线电干扰磁场之后，采用准横电磁波假设，可计算测量点的无线电干扰电场 E 为[46]：

$$E = Z_0 H \approx 60KI \tag{8-61}$$

式中，Z_0 为空气的波阻抗，约为 120π。

8.3.3　双极直流线路的激发电流传输过程

　　双极直流输电线路激发电流传输过程的分析方法与单极直流线路的情况相似。

8.3.3.1　传输线参数

　　双极直流输电线路的传输线模型为[43,44]：

$$\begin{cases} \dfrac{\mathrm{d}U}{\mathrm{d}x} = -ZI \\[2mm] \dfrac{\mathrm{d}I}{\mathrm{d}x} = -YU + J \end{cases} \tag{8-62}$$

式中，U、I 分别为导线上的电压和电流向量；Z、Y 分别为导线单位长阻抗、导纳矩阵，它们皆为 2×2 矩阵。J 是注入的激发电流向量。

　　阻抗矩阵 Z 中的自阻抗与单极线路中阻抗计算方法类似，分解为导线和大地均为理想导体时的电感矩阵、导线内阻抗矩阵、大地的内阻抗矩

阵三部分:

$$Z = j\omega L_c + Z_c + Z_g \tag{8-63}$$

导线和大地均为理想导体时的电感矩阵 L_c 由下式进行计算[42]:

$$L_c = \frac{\mu_0}{2\pi} \begin{bmatrix} \ln\dfrac{2h}{r} & \ln\dfrac{\sqrt{d^2+(2h)^2}}{d} \\ \ln\dfrac{\sqrt{d^2+(2h)^2}}{d} & \ln\dfrac{2h}{r} \end{bmatrix} \tag{8-64}$$

导线内阻抗矩阵为:

$$Z_c = \begin{bmatrix} \dfrac{1}{2\pi r\sigma\delta_c} + j\dfrac{1}{2\pi r\sigma\delta_c} & 0 \\ 0 & \dfrac{1}{2\pi r\sigma\delta_c} + j\dfrac{1}{2\pi r\sigma\delta_c} \end{bmatrix} \tag{8-65}$$

大地的内阻抗 Z_g 为:

$$Z_g = j\omega\frac{\mu_0}{2\pi} \begin{bmatrix} \ln\dfrac{h+p}{h} & \ln\dfrac{\sqrt{d^2+(2h+2p)^2}}{\sqrt{d^2+(2h)^2}} \\ \ln\dfrac{\sqrt{d^2+(2h+2p)^2}}{\sqrt{d^2+(2h)^2}} & \ln\dfrac{h+p}{h} \end{bmatrix} \tag{8-66}$$

导纳矩阵 $Y = j\omega C$,其中电容矩阵 C 由电感矩阵计算:

$$C = \varepsilon_0\mu_0 L_c^{-1} \tag{8-67}$$

在式(8-64)~式(8-67)中,d 为双极直流输电线路的极间距,其余参数均与单极直流输电线路中的相同。

8.3.3.2 激发电流的转换及传输

对于双极直流输电线路,通常认为负极导线的无线电干扰激发电流远小于正极导线,从而忽略负极导线上的激发电流。考虑到两极导线之间的耦合,双极线路的激发电流为:

$$J = \begin{bmatrix} J_1 \\ J_2 \end{bmatrix} = \begin{bmatrix} \dfrac{C_{11}}{C_c} \\ \dfrac{C_{21}}{C_c} \end{bmatrix} I_c = \begin{bmatrix} 1 \\ \dfrac{C_{21}}{C_{11}} \end{bmatrix} \frac{C_{11}}{C_c} I_c \tag{8-68}$$

式中,J_1 为单位长度导线正极导线上的激发电流;J_2 为正极导线激发电流耦合到负极导线上的值,为负值;I_c 为正单极电晕笼中测量得到的单位长度导线的激发电流。

式(8-68)是采用几何电容修正的情况,如果采用本章的空间电荷分布修正,需要调整如下:

$$J = \begin{bmatrix} J_1 \\ J_2 \end{bmatrix} = \begin{bmatrix} 1 \\ \dfrac{C_{21}}{C_{11}} \end{bmatrix} J_1 = \begin{bmatrix} 1 \\ \dfrac{C_{21}}{C_{11}} \end{bmatrix} \sqrt{\dfrac{I_{0,1}}{I_{0,c}}} I_c \qquad (8\text{-}69)$$

式中,$I_{0,1}$ 为正极架空导线上的电晕电流平均值;$I_{0,c}$ 为正单极电晕笼中导线的电晕电流平均值。对比式(8-68)和式(8-69)可知,本章提出的激发电流修正方法与传统激发函数法的主要区别在于,传统方法采用几何电容之比来进行几何结构的修正,而本章采用电晕电流平均值之比来进行几何结构的修正。由于电晕电流平均值从宏观上反映了直流导线周围空间电荷的分布情况,因此,本章的修正方法是考虑了空间电荷影响的。

在获得导线的激发电流之后,可以采用相模变换方法来求解传输过程[47]。对于式(8-62)的电报方程,可以整理得到:

$$\frac{d^2}{dx^2} I = YZI \qquad (8\text{-}70)$$

设矩阵 YZ 的特征值对角矩阵为 λ^2,对应的特征向量矩阵为 S,则有:

$$S^{-1} YZS = \lambda^2 \qquad (8\text{-}71)$$

令模电流 $I^m = S^{-1} I$,则式(8-70)可以转换为:

$$\frac{d^2}{dx^2} I^m = S^{-1} YZSI^m = \lambda^2 I^m \qquad (8\text{-}72)$$

对于式(8-72)的对角矩阵方程,可以求得:

$$I_x^m = \frac{1}{2} \begin{bmatrix} e^{-\lambda_1 x} & 0 \\ 0 & e^{-\lambda_2 x} \end{bmatrix} J^m \qquad (8\text{-}73)$$

在式(8-73)中,根据 $I = SI^m$ 将模电流反变换为相电流:

$$I_x = \frac{1}{2} S \begin{bmatrix} e^{-\lambda_1 x} & 0 \\ 0 & e^{-\lambda_2 x} \end{bmatrix} S^{-1} J \qquad (8\text{-}74)$$

其中,J 可由式(8-69)计算获得。

8.3.3.3　激发电流传播产生的无线电干扰计算

根据式(8-58)~式(8-61),相电流 I_x 在测量点产生的无线电干扰电场为:

$$E_x = 60 K I_x \qquad (8\text{-}75)$$

式中, $\boldsymbol{K}$ 为导线几何系数形成的行向量,其元素与式(8-59)类似:

$$K_i = \frac{h_i - h_p}{(h_i - h_p)^2 + D_i^2} + \frac{h_i + h_p + 2p_d}{(h_i + h_p + 2p_d)^2 + D_i^2} \tag{8-76}$$

式中, K_i 为第 i 极导线的几何系数; h_i 为第 i 极导线的高度; h_p 为测量点高度; D_i 为第 i 极导线和测量点间的对地投影距离; p_d 为土壤复深度,由式(8-60)计算。

将式(8-75)决定的电场的能量值沿全导线积分,可以获得沿全导线注入的所有激发电流在测量点产生的电场能量,从而可以得到[48]:

$$E = \sqrt{2 \int_0^{+\infty} E_x^2 \, \mathrm{d}x} \tag{8-77}$$

根据式(8-77)可以计算导线周围相应测量点的无线电干扰电场值。

8.4　特高压直流线路无线电干扰的预测

总结以上分析,基于电晕笼试验的直流输电线路无线电干扰的预测流程如下:

(1) 根据双极导线几何结构,计算正极导线表面标称电场最大值,以导线表面标称电场相等为原则,确定相应的电晕笼内导线测得的无线电干扰激发电流。

(2) 以导线表面标称电场相等为原则,采用数值方法计算电晕笼内导线在相应表面电场下的电晕电流平均值。

(3) 根据双极导线几何结构,采用数值方法计算正极导线的电晕电流平均值,并计算正极导线的自电容。

(4) 采用空间电荷分布修正系数或者几何电容修正系数将电晕笼内导线的无线电干扰激发电流向双极架空导线转换。

(5) 根据传输线理论分析激发电流在双极导线上的传输规律,并计算导线对外产生的无线电干扰。

本节将电晕笼内导线的激发电流实测结果应用到特高压直流输电线路无线电干扰预测中,并与实际线路的测量结果进行比较,验证直流电晕笼内导线激发电流转换到实际线路的方法。并以此为基础,分析双极特高压直流线路的结构参数对无线电干扰的影响。

8.4.1　特高压直流线路无线电干扰测试

中国电力科学研究院对向家坝至上海 $\pm 800 \mathrm{kV}$ 双极特高压直流输电

线路开展了无线电干扰的现场实测工作,可作为无线电干扰预测的对比基准,对本章的无线电干扰预测方法进行验证。

现场测试地点为湖北省。向家坝至上海±800kV 双极特高压直流输电线路的导线结构参数如表 8-4 所示,导线极间距为 $D=22\text{m}$,图 8-24 给出了测试线路的结构。

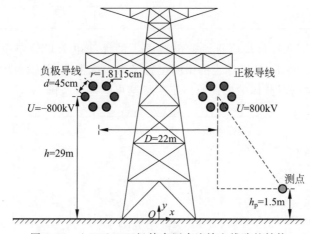

图 8-24　±800kV 双极特高压直流输电线路的结构

特高压直流线路无线电干扰测试现场如图 8-25 所示。根据我国国家

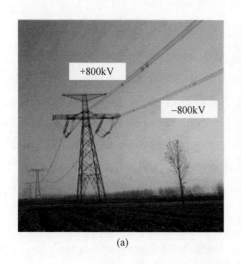

(a)　　　　　　　　　(b)

图 8-25　特高压直流输电线路无线电干扰测试现场

(a) ±800kV 向上线；(b) 无线电干扰测试

标准,采用环形天线测量输电线路挡距中央下方的 0.5MHz 无线电干扰电场值,测量采用准峰值检波器,测量点高度为 $h_p=1.5\text{m}$[49]。现场测试时的环境参数如表 8-9 所示。

表 8-9　±800kV 双极特高压直流输电线路试验的环境参数

温度/℃	湿度/%	风速/(m/s)
28~36	50~70	0~1.5

±800kV 双极特高压直流输电线路下的无线电干扰分布测试结果如图 8-26 所示,将正、负极导线的中间位置设为坐标零点,曲线为测试结果的平均值,并采用误差棒的形式给出了测量结果的变化范围。

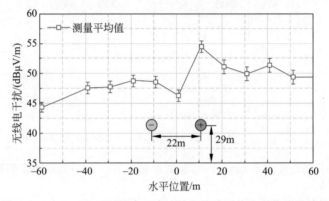

图 8-26　±800kV 双极特高压直流输电线路无线电干扰测试结果

正极导线下方的 0.5MHz 无线电干扰值显著大于负极导线下方的结果,说明双极直流输电线路的无线电干扰主要由正极导线的电晕放电决定。无线电干扰最大值出现在正极导线下方附近,且正、负极导线间存在无线电干扰的局部极小值。

根据特高压直流输电线路无线电干扰的现场测试结果,可以验证由直流电晕笼中测量得到的无线电干扰激发电流来预测实际输电线路无线电干扰的方法。

8.4.2　特高压直流电晕笼无线电干扰测试

借助 2.3.4 节的特高压直流电晕笼,开展直流导线无线电干扰激发电流的测试。试验选用与向家坝至上海±800kV 特高压直流输电线路一致的 $6\times720\text{mm}^2$ 型导线,分裂子导线半径为 $r=1.8115\text{cm}$,分裂间距为

$d=45\text{cm}$。特高压直流电晕笼测试的环境参数如表 8-10 所示。对比表 8-10 和表 8-9 可见,电晕笼测试的环境参数与现场实测时的情况非常接近。

表 8-10　特高压直流电晕笼试验的环境参数

温度/℃	湿度/%	风速/(m/s)
27~34	40~69	0~2.2

直流电晕笼中的无线电干扰电压准峰值测试结果如图 8-27 所示。图中为原始测量结果,没有考虑测量电阻、导线长度、测量回路等修正系数的影响。直流电晕笼中的 $6\times720\text{mm}^2$ 型导线在 400kV 电压附近起晕,对应的起晕场强约为 16.33kV/cm。随着导线电压的升高,无线电干扰电压也迅速增大。

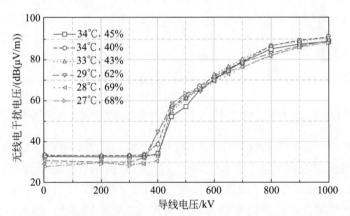

图 8-27　特高压直流电晕笼中导线的无线电干扰电压测试结果

图 8-27 中的无线电干扰电压可以根据下式修正为单位长度导线的无线电干扰激发电流:

$$I_{\text{dB}}=20\lg\frac{U}{Z\sqrt{L}}+G=20\lg U-20\lg Z-10\lg L+G$$
$$=U_{\text{dB}}-Z_{\text{dB}}-L_{\text{dB}}+G \tag{8-78}$$

式中,U_{dB} 为测量的无线电干扰电压分贝值;Z_{dB} 为测量阻抗修正系数;L_{dB} 为导线长度修正系数;G 为测量回路修正系数。各项修正系数计算结果如表 8-11 所示,测量阻抗修正系数为 $Z_{\text{dB}}=20\lg Z$,$Z=25\Omega$;导线长度修正系数为 $L_{\text{dB}}=10\lg L$,$L=90\text{m}$;测量回路修正系数如前所述,为 $G=2.23\text{dB}(\mu\text{A})$。

表 8-11　无线电干扰测试的各项修正系数

测量阻抗修正系数 $Z_{dB}/dB(\mu A)$	导线长度修正系数 $L_{dB}/dB(\mu A)$	测量回路修正系数 $G/dB(\mu A)$
27.96	19.54	2.23

根据表 8-11 中的修正系数,由式(8-78)可以将测量得到的无线电干扰电压转换为单位长度导线的无线电干扰激发电流,结果如图 8-28 所示,该结果为图 8-27 中相应测量结果的平均值。

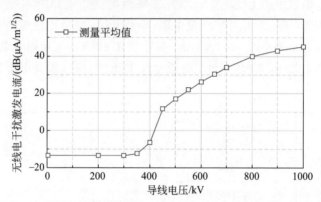

图 8-28　特高压直流电晕笼中导线的无线电干扰激发电流测试结果

根据传统激发函数法,图 8-28 中的无线电干扰激发电流还需要根据几何电容值折算为无线电干扰激发函数。然而,根据本章之前的分析,直流电晕笼中的空间电荷分布与实际直流架空导线的情况存在明显差异,很难从无线电干扰激发电流中提炼出与几何结构无关的激发函数,因而此处没有将图 8-28 中的激发电流折算为激发函数,在后续小节中将进一步讨论。

8.4.3　基于电晕笼的直流线路无线电干扰预测效果

根据特高压直流电晕笼内导线测得的无线电干扰激发电流,可以预测实际特高压直流输电线路的无线电干扰情况。特高压直流电晕笼和双极直流输电线路的相关计算参数如表 8-12 所示,计算中,架空线路和电晕笼的几何结构同 8.4.1 节和 8.4.2 节一致。

当直流电晕笼内导线的电压为 550kV 时,导线表面标称电场最大值与双极直流架空线路的结果相近。直流电晕笼内导线的几何电容采用 8.3.1 节中的数值计算方法得到,双极线路的几何电容为正极导线的自电容 C_{11},如表 8-7 所示。

表 8-12　直流电晕笼和双极直流输电线路的计算参数对比

	导线电压 /kV	标称电场最大值 /(kV/cm)	几何电容 /(pF/m)	电晕电流平均值 /(μA/m)
直流电晕笼	550	22.45	20.51	19.69
双极架空线路	±800	22.47	11.38	1.92

直流电晕笼内导线的电晕电流平均值采用 8.2.6.4 节中的计算方法获得,相应电压情况下电晕笼内的空间电荷分布如图 8-29 所示。

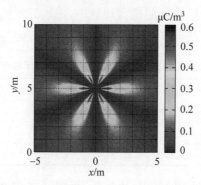

图 8-29　直流电晕内导线电压为 550kV 时的空间电荷分布

对比图 8-29 和图 8-21 可见,当导线表面标称电场相同时,直流电晕笼内导线周围的空间电荷密度显著大于架空导线的情况。因此,电晕笼内导线的电晕电流平均值也明显大于架空导线的相应值。在表 8-12 中,双极线路的电晕电流平均值为正极导线上的相应结果,可在表 8-8 中查找。

由表 8-12 中的结果可见,特高压直流电晕笼内导线的单位长度几何电容约为双极直流输电线路正极导线自电容的 2 倍;在导线表面标称电场相同的情况下,电晕笼内导线的电晕电流平均值远大于实际架空线路的值,约为 10 倍。由此,电晕笼内导线无线电干扰激发电流的几何电容修正系数和空间电荷分布修正系数如表 8-13 所示。电晕笼内导线电压为 550kV 时的无线电干扰激发电流可由图 8-28 查得。几何电容修正系数 S_c 可根据式(8-31)计算得到,空间电荷分布修正系数 S_q 根据式(8-29)计算得到。由计算结果可见,几何电容修正系数和空间电荷分布修正系数均为负值,可以将电晕笼内单位长度导线上较大的无线电干扰激发电流修正为实际架空线路上较小的值。然而,空间电荷分布修正系数的绝对值要比几何电容修正系数大得多。

表 8-13 电晕笼内导线无线电干扰激发电流的修正系数

电晕笼内导线电压/kV	无线电干扰激发电流/dB(μA/m$^{1/2}$)	几何电容修正系数 S_c/dB(μA/m$^{1/2}$)	空间电荷分布修正系数 S_q/dB(μA/m$^{1/2}$)
550	21.62	-5.12	-10.11

修正之后得到的架空线路的无线电干扰激发电流如表 8-14 所示。首先,根据修正系数得到单位长度正极导线上注入的激发电流分贝值;然后,将分贝值换算为实际电流值;最后,根据式(8-68)和式(8-69)计算正极导线激发电流耦合到负极导线上的值。计算中,正极导线的自电容 C_{11} 以及正极导线对负极导线的互电容 C_{21} 可以在表 8-7 中查询。

表 8-14 修正之后的双极特高压直流输电线路的无线电干扰激发电流

无线电干扰激发电流/(dB(μA/m$^{1/2}$)或(μA/m$^{1/2}$))	J_1		J_2	
	分贝值	实际值	分贝值	实际值
几何电容修正	16.50	6.6834	—	-1.3684
空间电荷分布修正	11.51	3.7627	—	-0.7704

将无线电干扰激发电流沿导线注入,根据 8.3 节中的方法可以计算导线的无线电干扰分布情况。采用不同的修正方法计算得到的导线下方无线电干扰分布结果如图 8-30 所示。计算中,土壤电阻率根据现场测试情况,取为 $\rho_0 = 100\Omega \cdot m$。由图 8-30 中的计算结果可见,采用几何电容修正系数(即传统激发函数法)对导线注入的无线电干扰激发电流进行修正时,得到的预测结果明显大于实测结果,最大值相差 5.52dB(μA/m$^{1/2}$)。采用空间

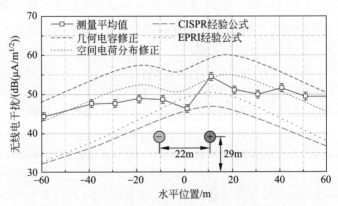

图 8-30 不同修正方法的计算结果与实测结果比较

电荷分布修正系数进行修正时,得到的预测结果与实测值接近,最大值仅相差 $0.53\text{dB}(\mu\text{V/m})$。作为对比,采用 CISPR 经验公式和 EPRI 经验公式的无线电干扰计算结果也绘制在图 8-30 中,CISPR 经验结果由式(8-6)计算,EPRI 经验结果由式(8-5)计算。

由图 8-30 可以看到,经验公式的无线电干扰预测结果明显小于实际测量结果,尤其是采用 CISPR 经验公式计算时,无线电干扰最大值相差 $7.61\text{dB}(\mu\text{V/m})$。采用经验公式进行直流输电线路的结构设计时,可能会导致实际直流输电工程的无线电干扰超标。此外,经验公式的计算结果只在正极导线下方有最大值,不能反映正、负极导线之间的局部极小值,与实测情况不符。

美国 EPRI 在针对特高压直流输电线路的研究中表明,以传统激发函数法为基础(即几何电容修正方法),直流电晕笼中的无线电干扰测量结果比实际架空导线的相应结果大 $8\sim15\text{dB}(\mu\text{V/m})$[22]。EPRI 在开展直流电晕笼试验时,其电晕笼截面积为 $5\text{m}\times5\text{m}$,远小于本章所采用的特高压直流电晕笼的尺寸。根据本章 8.2 节中缩尺模型实验的结果,电晕笼半径越大,采用几何电容修正系数所带来的误差越小。本章中,采用几何电容对特高压直流电晕笼内导线的无线电干扰激发电流进行修正,与实际架空导线测量结果的误差在 $5\text{dB}(\mu\text{V/m})$ 左右。如果采用本章提出的空间电荷分布修正系数,将使得直流电晕笼的预测结果更加接近实测结果。

需要说明的是,由于特高压直流输电线路的现场实测与特高压直流电晕笼试验受到诸多因素的限制,本章中所获得的测试数据并不很多,需要开展更多的现场测试,从而能够对多季节、多环境气候条件下的直流输电线路的无线电干扰情况进行分析,并进一步验证空间电荷分布修正系数的有效性。

8.4.4 特高压直流线路结构对无线电干扰的影响

采用本章提出的无线电干扰预测方法,分析 $\pm800\text{kV}$ 双极特高压直流输电线路的结构参数(主要为平均对地高度和极间距)对无线电干扰的影响。

8.4.4.1 导线对地高度对无线电干扰的影响

选择型号为 $6\times720\text{mm}^2$ 的导线,子导线半径为 $r=1.8115\text{cm}$,分裂间距为 $d=45\text{cm}$,固定导线极间距为 $D=22\text{m}$,分析导线平均对地高度变化对无线电干扰的影响。当导线平均对地高度在 $23\sim35\text{m}$ 范围变化时,电晕笼和架空线路的相应计算参数如表 8-15 所示。

表 8-15　导线平均对地高度变化时的计算参数

导线平均对地高度/m	23	25	27	29	31	33	35
导线表面电场/(kV/cm)	22.63	22.56	22.51	22.47	22.43	22.40	22.38
激发电流/(dB(μA/m$^{1/2}$))	21.98	21.83	21.71	21.62	21.54	21.48	21.43
电晕笼 $I_{0,c}$/(μA/m)	20.50	20.17	19.90	19.69	19.51	19.37	19.24
架空线 $I_{0,1}$/(μA/m)	2.26	2.13	2.02	1.92	1.84	1.76	1.70
正极导线自电容/(pF/m)	11.78	11.62	11.49	11.38	11.27	11.18	11.09
S_q/dB(μA/m$^{1/2}$)	−9.59	−9.76	−9.94	−10.11	−10.26	−10.41	−10.55
S_c/dB(μA/m$^{1/2}$)	−4.82	−4.93	−5.03	−5.12	−5.20	−5.27	−5.34
S_q 修正结果/(dB(μA/m$^{1/2}$))	12.39	12.07	11.78	11.51	11.28	11.07	10.88
S_c 修正结果/(dB(μA/m$^{1/2}$))	17.16	16.90	16.68	16.50	16.34	16.21	16.09

在表 8-15 中,导线表面标称电场最大值由模拟电荷法计算得到;电晕笼中导线的无线电干扰激发电流根据实测结果由电场差值得到;电晕笼内导线的电晕电流平均值 $I_{0,c}$ 和架空正极导线的电晕电流平均值 $I_{0,1}$ 都根据 8.2.6.4 节的计算方法获得;不同对地高度的架空正极导线的自电容根据 8.3 节的计算方法获得;电晕笼内导线的几何电容如表 8-12 所示。由此,可以计算相应的空间电荷分布修正系数 S_q 以及几何电容修正系数 S_c。采用不同修正系数得到的单位长度架空正极导线的激发电流也列在表 8-15 中。

根据传输线方法,计算导线下方测点高度为 $h_p = 1.5\mathrm{m}$ 位置的无线电干扰分布情况。计算中,土壤电阻率取为 $\rho_0 = 100\Omega \cdot \mathrm{m}$。采用空间电荷分布修正系数计算得到的不同高度导线的无线电干扰如图 8-31 所示。由该图可见,随着导线高度的增加,无线电干扰最大值显著减小。

在不同导线平均对地高度情况下,正极导线地面投影外侧 20m 位置的无线电干扰计算结果如表 8-16 所示。根据我国国家标准,好天气下,正极导线地面投影外侧 20m 位置的无线电干扰应小于 58dB(μV/m$^{1/2}$)[50]。采用空间电荷分布修正系数计算时,表中的各导线高度均能满足无线电干扰的要求。如果采用几何电容修正系数(即传统激发函数法),则计算得到的无线电干扰值明显偏大,据此进行导线结构设计将得到明显偏严苛的结果,使得线路建设投资增大。如果采用 CISPR 经验公式或者 EPRI 经验公式进行计算,则得到的无线电干扰明显偏小,采用经验公式进行导线结构设计将得到明显偏宽松的结果,可能导致实际输电线路的无线电干扰超标,给电力部门带来隐患。

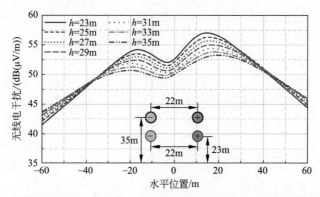

图 8-31　采用空间电荷分布修正系数计算得到的不同高度导线的无线电干扰

表 8-16　正极导线地面投影外侧 **20m** 位置的无线电干扰(不同平均对地高度)

导线平均对地高度/m	23	25	27	29	31	33	35
S_q 计算结果/(dB(μV/m))	53.58	53.49	53.33	53.11	52.85	52.55	52.22
S_c 计算结果/(dB(μV/m))	58.35	58.32	58.23	58.10	57.91	57.69	57.43
CISPR 公式/(dB(μV/m))	46.17	45.36	44.57	43.82	43.09	42.38	41.71
EPRI 公式/(dB(μV/m))	49.51	48.53	47.58	46.66	45.78	44.93	44.10

8.4.4.2　导线极间距对无线电干扰的影响

　　导线结构与前述类似,选择导线平均对地高度为 $h=30\mathrm{m}$,分析导线极间距对无线电干扰的影响。当导线极间距 D 在 $16\sim28\mathrm{m}$ 范围变化时,电晕笼和架空线的相应计算参数如表 8-17 所示。

表 8-17　导线极间距变化时的计算参数

导线平均对地高度/m	16	18	20	22	24	26	28
导线表面电场/(kV/cm)	24.47	23.67	23.01	22.45	21.98	21.57	21.21
激发电流/(dB(μA/m$^{1/2}$))	26.13	24.32	22.83	21.58	20.52	19.60	18.80
电晕笼 $I_{0,c}$/(μA/m)	29.97	25.84	22.44	19.60	17.17	15.08	13.26
架空线 $I_{0,1}$/(μA/m)	7.46	4.61	2.74	1.88	1.20	0.87	0.54
正极导线自电容/(pF/m)	11.65	11.51	11.41	11.32	11.25	11.10	11.05
S_q/dB(μA/m$^{1/2}$)	−6.04	−7.49	−9.14	−10.18	−11.57	−12.38	−13.90
S_c/dB(μA/m$^{1/2}$)	−4.91	−5.01	−5.09	−5.16	−5.21	−5.33	−5.37
S_q 修正结果/(dB(μA/m$^{1/2}$))	20.09	16.83	13.69	11.40	8.95	7.22	4.90
S_c 修正结果/(dB(μA/m$^{1/2}$))	21.21	19.30	17.73	16.42	15.30	14.27	13.43

表 8-17 中各参数的计算方法和表 8-15 类似。当导线极间距减小时，导线表面电场会明显增大，正极架空导线的电晕电流平均值 $I_{0,c}$ 增大，相应场强下，电晕笼内导线的电晕电流平均值 $I_{0,1}$ 也显著增加。

设土壤电阻率为 $\rho_0 = 100\Omega \cdot m$，采用空间电荷分布修正系数计算得到的不同极间距导线的无线电干扰如图 8-32 所示。随着导线极间距的增大，无线电干扰最大值明显减小。

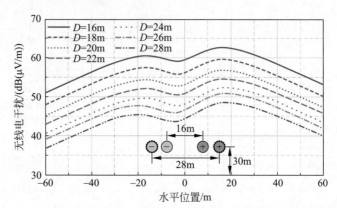

图 8-32　采用空间电荷分布修正系数计算得到的不同极间距导线的无线电干扰

在不同导线极间距情况下，正极导线地面投影外侧 20m 位置的无线电干扰计算结果如表 8-18 所示。采用空间电荷分布修正系数计算时，根据 $55dB(\mu V/m)$ 的无线电干扰限值，导线最小极间距应为 21m，若考虑一定的设计裕度，则导线最小极间距应为 22m。

表 8-18　正极导线地面投影外侧 20m 位置的无线电干扰（不同极间距）

导线极间距/m	16	18	20	22	24	26	28
S_q 计算结果/(dB(μV/m))	61.24	58.19	55.18	52.99	50.59	48.89	46.59
S_c 计算结果/(dB(μV/m))	62.36	60.66	59.23	58.01	56.95	55.94	55.12
CISPR 公式/(dB(μV/m))	46.69	45.40	44.34	43.45	42.69	42.04	41.47
EPRI 公式/(dB(μV/m))	49.57	48.36	47.25	46.22	45.27	44.39	43.59

与导线高度设计的情况类似，采用几何电容修正系数将会得到偏严苛的设计结果；采用 CISPR 经验公式或者 EPRI 经验公式将会得到明显宽松的设计结果。在实际直流输电工程的设计中，不推荐采用这两种经验公式。

需要说明的是，本章在直流输电线路的结构参数选择中，仅考虑了无线电干扰的限值,在实际工程设计中还需要综合考虑地面电场、离子流密度以及可听噪声等参数的限值要求。

8.5　直流线路可听噪声预测的公式法

在现阶段,直流输电线路可听噪声预测主要依赖经验公式,主要有[51]:

(1) 美国邦纳维尔电力局(BPA)公式[51-52]

$$AN = -133.4 + 86\lg g_{max} + 40\lg d_{eq} - 11.4\lg D \qquad (8\text{-}79)$$

式中,AN 为概率 L_{50} 可听噪声值,dB(A); g_{max} 为导线表面最大电场强度,kV/cm; $d_{eq} = 1.32n^{0.64}r$(mm); r 为子导线半径,mm; n 为分裂导线的根数; D 为计算点距正导线的距离,m。该公式为晴天预测结果,适用于 $4 \leqslant n \leqslant 8$、 $r \leqslant 2.5$cm 的直流输电线路。

(2) 美国电力科学研究院(EPRI)公式[53]

$$AN = 23 + 110\lg \frac{g_{max}}{20} + 44\lg \frac{r}{1.9} + 20\lg n - 10\lg \frac{D}{\sqrt{(15 - S/2)^2 + h^2}} + K$$

$$(8\text{-}80)$$

式中, S 为极间距离,m; h 为导线平均高度(规定为对地最小距离＋1/3 弧垂),m; K 为常数,当 $n \geqslant 3$ 时, $K = 0$dB(A);当 $n = 2$ 时, $K = 2.5$dB(A);当 $n = 1$ 时, $K = 7.5$dB(A)。

(3) 德国电力系统和电力经济研究中心(FGH)公式[51]

$$AN = 1.4g_{max} + 10\lg n + 40\lg d - 10\lg D - 1 \qquad (8\text{-}81)$$

该公式为晴天最大值,适用于 $2 \leqslant n \leqslant 5, 1 \leqslant r \leqslant 2$cm 的直流输电线路。

(4) 魁北克水电研究院 (IREQ)公式[51, 54]

$$AN = k(g_{max} - 25) + 10\lg n + 40\lg d - 11.4\lg D + AN_0 \qquad (8\text{-}82)$$

式中, k 和 AN_0 取决于晴天的季节,表 8-19 为一些典型季节下 k 和 AN_0 值。该公式为晴天平均值,适用于 $4 \leqslant n \leqslant 8, r \leqslant 2.5$cm 的直流输电线路。

表 8-19　典型季节下 k 和 AN_0 值

季节	k	AN_0
夏天	1.54	26.5
春、秋	0.84	26.6
冬天	0.51	24

（5）日本中央电力研究院（CRIEPI）公式[51,55]

$$AN = 10 \frac{G_{60}}{G_{60} - G_{50}} \left[1 - \frac{G_{50}}{g_{max}} \right] + 50 - 10\lg D \tag{8-83}$$

式中，G_{60} 和 G_{50} 分别表示 $AN_0 = 60$、$50dB(A)$时导线表面电位梯度，可用下式计算：

$$G_{50} = \left[\frac{\lg n}{106} + \frac{\lg d}{21} + \frac{1}{2S^2} + \frac{1}{113} \right]^{-1}$$

$$G_{60} = \left[\frac{\lg n}{72} + \frac{\lg d}{21} + \frac{1}{2S^2} + \frac{1}{2538} \right]^{-1}$$

公式（8-83）为晴天平均值，适用于 $1 \leqslant n \leqslant 4$、$1.12 \leqslant r \leqslant 2.47cm$、$S \geqslant 8.44m$ 的直流输电线路。

（6）中国电力科学研究院（CEPRI）公式[56]

$$AN = k_0 + k_1 g_{max} + k_2 \lg d + k_3 \lg n - 10\lg D + AN_0 \tag{8-84}$$

式中，k_0、k_1、k_2、k_3 为各分项的系数，k_0 的取值范围是$-80 \sim -20$，k_1 的取值范围是 $1.5 \sim 2.2$，k_2 的取值范围是 $50 \sim 90$，k_3 的取值范围是 $15 \sim 30$；AN_0 为声压级修正系数，$dB(A)$，包括季节影响修正、环境气候影响修正和海拔影响修正，低海拔地区春秋季时取$-3.1 \sim -1.6$，冬季时取$-7.4 \sim -3.7$。该公式为夏季晴天平均值，适用于 $4 \leqslant n \leqslant 8$ 的直流输电线路。

（7）由电晕电流获得可听噪声的方法[57]

借鉴直流电晕电流与无线电干扰激发电流转换方法，中国电力科学研究院进一步提出了一种由电晕电流数据获得可听噪声的方法。他们通过测量电晕电流的时域数据，获取电晕电流的离散频谱，然后求取电晕电流的对数功率谱，即

$$I_c(f)_{dB} = 10\lg I_c(f)^2 + 120 \tag{8-85}$$

式中，$I_c(f)_{dB}$ 为电晕电流对数功率谱在频率 f 处分量值，$dB(pW)$；$I_c(f)$ 为电晕电流频谱在频率 f 处分量的幅值。

进一步可求得可听噪声高频段电晕电流平均对数功率谱密度：

$$PSD_{average} = \frac{\sum_{i=1}^{n} I_c(f_i)_{dB}}{f_n - f_1} \tag{8-86}$$

其中，$PSD_{average}$ 为电晕电流平均对数功率谱密度，$dB(pW)/kHz$；f_1 为计算起始频率，f_n 为计算终止频率，n 为 $f_1 \sim f_n$ 的频率点数；$I_c(f_i)_{dB}$ 为电晕电流对数功率谱在频率 f_i 处分量值，$dB(pW)$。

基于该功率谱密度,可求取线路下方的可听噪声:

$$AN = \begin{cases} b \times PSD_{average} - 11.4 \lg D - a_1, & g_{max} \leqslant E_0 \\ b \times PSD_{average} - 11.4 \lg D - a_2, & g_{max} > E_0 \end{cases} \tag{8-87}$$

其中,E_0 为电晕放电起始场强,kV/cm;b、a_1 和 a_2 均为常数,其中,b 约为 0.9,$a_1 = -0.065 dB(A)$,$a_2 = -7.4 dB(A)$。

与无线电干扰预测的情况类似,由于各机构进行统计实验的导线选型、实验条件等都不一样,以上导出的经验公式差别非常大。这也导致每种经验公式的适用范围都非常有限。采用这样的公式对高压输电线路进行设计时,经常会因公式所满足的条件与实际线路条件的差异而造成设计裕度过大,或设计达不到指标。设计裕度过大会增加线路建设的成本,造成巨大的浪费;而设计达不到指标同样会产生巨大的问题,美国曾有过线路建成后噪声超标最终整条线路拆除的案例。我国的导线选型与地理条件与国外差别很大,这些公式也难以直接应用到我国的可听噪声预测和输电线路设计中。此外,现有的输电线路可听噪声研究均是基于宏观层面,缺乏对可听噪声的产生过程及可听噪声与电晕过程之间的关系的研究,无法反映可听噪声与电晕过程的本征联系。

8.6　直流电晕可听噪声数值仿真模型

基于电晕中电声转换中动量与能量的传递过程以及声波产生的机理[73-78],可以从描述电晕放电过程的流体方程以及泊松方程出发,建立电晕放电产生声波的数值仿真模型和计算方法[64]。

8.6.1　噪声源的组成

在 6.4.1 节提到,带电粒子在电场中加速并在此过程中获得电场的能量,在与中性分子发生弹性碰撞时,带电粒子将部分能量传递给中性分子。由于电晕的脉冲形式,这一能量传递过程中传递功率随时间变化,中性气体中产生随时间变化的压力,即为声波。

带电粒子与中性分子的碰撞运动基本可视为无规律,其从电场吸收的能量也大部分消耗于这种无规则运动。然而总的来说仍然会有部分带电粒子定向漂移运动,漂移速率 v 与电场强度 E 成正比,即

$$v = kE \tag{8-88}$$

式中,k 为电子(离子)迁移率。单位体积的带电粒子吸收能量的平均功率

可表示为：

$$H = eNkE^2 \qquad (8\text{-}89)$$

式中，e 为电子(离子)所带电荷量，N 为电子(离子)密度。

　　在弱电离气体的声波研究中，一般会假设电子、离子与中性分子具有相同的位移幅值和相位，这种假设只在低频下成立。在高频下，不同粒子之间，不论是相位还是幅值，都有明显差别，这一差别将造成电荷分离并产生一个脉动形式的电场随声波传输。高频和低频的区分以气体特征频率 ω_c 作为分界：

$$\omega_c = \Omega_n (N_n/N_i)(T_n/T_e) \qquad (8\text{-}90)$$

式中，Ω_n 为中性分子与带电粒子的碰撞频率，N_n 为中性分子密度，N_i 为离子密度，T_n 为中性分子温度，T_e 为电子温度[60]。在弱电离气体中该特征频率远高于可听噪声频带的最大值，在研究电晕放电可听噪声问题时不需考虑电荷分离引起的等离子体波。

　　电子和离子向中性分子传递能量的速度大致与式(8-89)中从电场吸收能量的速度相同，因此两者对中性分子能量的贡献与各自的迁移率成正比。在电离区，电子的密度与离子的密度相近，而由于电子的低质量，其迁移率远大于离子。在电离区离子对中性分子能量的贡献基本可以忽略。而在电离区之外的离子漂移区，电场强度不再能够维持电子崩的持续发展，电子的密度大大降低；离子在电场力的作用下向电极漂移。该区域内离子密度远高于电子密度，离子对中性分子的能量传递占据主导地位。在分析电晕放电产生的声波时，可将整个放电空间分为两个声源进行处理：电离区和电离区之外的离子漂移区，如图 8-33 所示，以下将分别称之为声源 1 和声源 2。电离区与离子漂移区的边界的判据为气体的电离过程与复合过程达到平衡，即电离系数与复合系数相等[65]。

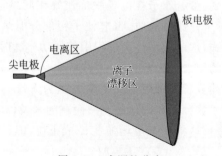

图 8-33　声源的分布

　　电晕放电是一种极不均匀场下的放电,其电离区很小,在处理声源 1 时可忽略电离区的大小将其作为一个点声源进行处理,点声源的位置位于尖电极的顶点处。在求得电离区边界处声压后,空间中其他位置因声源 1 而产生的声压可直接用声音在空气中的传播方程进行求解。

　　电离区之外的离子漂移区电场强度相对较弱,电子密度较低,声源 2 主要来源于离子在电场作用下加速后与中性分子碰撞形成的声波。与声源 1 相比,声源 2 包含的能量很低,幅值也很低。但声源 1 仅在每个脉冲持续的时间内存在,而声源 2 则存在于所有时间段。对于电晕产生的可听噪声而言,声源 1 对整体的声压级起主要决定作用,而声源 2 将形成一个持续存在的背景噪音。

　　与电离区相比,离子漂移区的范围大得多,在处理声源 2 时不能够再将其作为一个点声源进行处理。声源 2 是整个离子漂移区内离子与中性分子相互作用结果的叠加,是一个分布式的声源,空间中其他位置因声源 2 而产生的声压为该分布式声源产生的波动经空间传播的结果。空间中任意一点的声压为声源 1 和声源 2 的作用效果的叠加。

8.6.2　电离区的声源模型

　　无论是在电离区还是在离子漂移区,中性分子的波动都是由电子和离子与中性分子之间的相互作用引起的。中性分子的波动方程如下[59-60]:

$$\frac{\partial \delta}{\partial t} + \rho_0 \, \mathrm{div} \, \boldsymbol{v} = Q \tag{8-91}$$

$$\rho_0 \frac{\partial \boldsymbol{v}}{\partial t} + \nabla p = F \tag{8-92}$$

$$\rho_0 T_0 \frac{\partial s}{\partial t} = H \tag{8-93}$$

$$\delta = \left(\frac{\partial \rho}{\partial P}\right)_s p + \left(\frac{\partial \rho}{\partial S}\right)_p s = (1/c^2)p - (\rho_0/c_p)s \tag{8-94}$$

式中,$\delta = \rho - \rho_0$ 为中性分子的密度扰动量,$p = P - P_0$ 为压强扰动量,$\boldsymbol{v}$ 为中性分子运动速度,$s = S - S_0$ 为熵的扰动量,Q 为单位体积中中性分子的质量变化,F 为单位体积内中性分子获得的动量,H 为获得的能量,c 为声波传播速度,c_p 为气体的等压热容。

　　电晕放电为弱电离过程,带电粒子密度与总的分子密度相比很小,可忽略电离过程与复合过程的不平衡引起的中性分子数量的变化,因此 $Q = 0$。式(8-91)～式(8-94)可简化为:

$$\frac{1}{c^2}\frac{\partial^2 p}{\partial t^2} - \nabla^2 p = \frac{(\gamma-1)}{c^2}\frac{\partial H}{\partial t} - \mathrm{div}F \tag{8-95}$$

式中,γ 为等压比热和等容比热之比。在电晕过程中,电子、负离子和正离子的运动方向相反,因此在与中性分子的相互作用过程中,两者的作用相互削弱,在计算中,上式等号右边的第二项可忽略[59]。

传递到中性分子的能力主要来自于与电子的弹性碰撞。在一般实验室条件下,电离区的电子温度降远远高于中性粒子温度,因此在处理电子和中性粒子的弹性碰撞过程时,可认为中性粒子处于稳定状态。引入一个电子与分子碰撞的平均弹性散射截面对这一过程进行研究,假设电子的平均速度为 v_e,单位体积内电子传递给中性粒子的能量为[59]:

$$H = (4m_e/m_n)(m_e v_e^3/2)N_e N_n \langle\sigma\rangle \tag{8-96}$$

式中,m 为粒子质量,N 为粒子浓度,下标 e 和 n 分别代表电子和中性分子。$\langle\sigma\rangle$ 为电子和中性分子碰撞的平均散射截面积,该截面积反映的是粒子碰撞可能性的大小,为电子平均自由程和空气分子密度的函数。声音传播速度与大气压强、气体密度和中性分子温度(放电过程中认为中性气体温度不变)之间满足:

$$c^2 = \gamma P_0/\rho_0 = \gamma k T_n/m_n \tag{8-97}$$

引入电子温度 $v_e^2 = 3kT_e/m_e$ 的概念并将式(8-96)和式(8-97)代入式(8-95)可得:

$$\frac{1}{c^2}\frac{\partial^2 p}{\partial t^2} - \nabla^2 p = P_0\left(\frac{m_e}{m_n}\right)^{1/2}\frac{1}{c}\frac{\partial}{\partial t}\left[\left(\frac{T_e}{T_n}\right)^{3/2}N_e\langle\sigma'\rangle\right] \tag{8-98}$$

式中,$\langle\sigma'\rangle = 6(\gamma-1)(3/\gamma)^{1/2}\langle\sigma\rangle$。

求解式(8-98)给出的声波方程需要已知电离区的电子密度随时间和空间的变化规律以及电子温度的分布和变化情况。电子密度的分布规律可通过泊松方程和电流连续性方程进行求解[60]:

$$\frac{\partial N_e}{\partial t} = N_e(\alpha-\eta)|V_e| - N_e N_p\beta - \frac{\partial(N_e V_e)}{\partial x} + \frac{\partial^2(DN_e)}{\partial x^2} \tag{8-99}$$

$$\frac{\partial N_n}{\partial t} = N_e\eta|V_e| - N_n N_p\beta - \frac{\partial(N_n V_n)}{\partial x} \tag{8-100}$$

$$\frac{\partial N_p}{\partial t} = N_e\alpha|V_e| - N_e N_p\beta - N_n N_p\beta - \frac{\partial(N_p V_p)}{\partial x} \tag{8-101}$$

$$\nabla^2\varphi = -\frac{e(N_p - N_n - N_e)}{\varepsilon_0} \tag{8-102}$$

式中，N_e、N_p、N_n 分别为电子、正离子和负离子密度，V_e、V_n、V_p 分别为三种粒子的漂移速度，α、η、β 分别为电离系数、吸附系数和复合系数，D 为电子扩散速度，φ 为电位，e 为单位电荷量。

对电流连续方程可通过 Morrow 提出的通量修正传输（FCT）算法进行计算[66]。对泊松方程可通过超松弛迭代算法（SOR）进行计算[67]。不考虑电子的分布在径向的变化，只考虑其密度沿尖电极中心轴的分布变化，将计算简化到一维模型下进行。在温度 20℃，相对湿度 55％，气压 101kPa，导线距板电极 25cm，人工缺陷高度为 2mm，曲率半径为 0.5mm，电极两端施加 45kV 的直流电压的条件下，求得电子密度随时间和空间的变化情况分别如图 8-34 和图 8-35 所示。

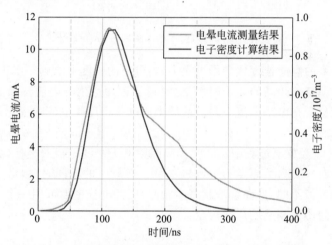

图 8-34　电子密度随时间的变化及与电晕电流的对应关系

图 8-34 为放电过程中电子密度随时间的变化关系以及电子密度与电晕电流的对应关系，在脉冲的大部分时间内，电子密度随时间的变化情况与脉冲电流波形基本一致。电晕电流的主要分量是间隙中电荷运动在电极上引起的感应电流，这一电流的大小可表示为：

$$i_c = \frac{1}{V_0} \iiint \rho \boldsymbol{u} \cdot \boldsymbol{E_L} \mathrm{d}v \tag{8-103}$$

式中，ρ 为电荷密度，$\boldsymbol{u}$ 为电荷的运动速度，$\boldsymbol{E_L}$ 为外加电压在电荷所在位置产生的电场强度，V_0 为外加电压。由于电子的质量远小于正离子和负离子，在放电过程中其运动速度也远大于其他带电粒子，电极上感应出的电晕电流主要由电子的运动产生。在电流的下降沿，电子密度迅速下降，相比之

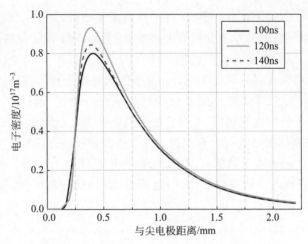

图 8-35　不同时刻电子密度随轴向坐标的变化

下离子密度的衰减速度比电子慢得多,当电子的密度下降到一定程度时,间隙中仍然保持着较高的离子密度,此时离子运动产生的电流逐渐起到主导作用。这也是在电晕电流下降沿的后半段电子密度与电流的变化规律不再同步的原因。

图 8-35 为放电过程中不同时刻间隙中电子密度随轴向坐标(尖电极的中心线方向)的变化,零点为尖电极头部。在放电的不同时刻,电子密度变化曲线的幅值不同,但曲线形状基本相同,因此电子密度可用一个时间函数与一个空间函数相乘的形式表示:

$$N_e = f_1(x) f_2(t) \tag{8-104}$$

在放电过程中,由于电子的运动速度很快,电子之间的碰撞频率很高,能量交换的速度非常迅速,为减少计算的复杂度,认为电离区的电子温度在放电过程中平均分布且不随时间而变化,从而可以得到式(8-95)波动方程右侧的全部波动源项,该波动项只与电子密度随时间和空间的分布有关。根据式(8-104),式(8-95)中声波方程的源项可表示为:

$$A f_1(x) \frac{\mathrm{d} f_2(t)}{\mathrm{d} t} = A f_1(x) f_3(t) \tag{8-105}$$

式中,A 为常系数。

由于仅在一维下进行计算,因此波动方程可简化为关于放电间隙中心轴坐标 x(尖电极顶点为原点)和时间 t 的方程:

$$\frac{1}{c^2} \frac{\partial^2 p}{\partial t^2} - \frac{\partial^2 p}{\partial x^2} = A f_1(x) f_3(t) \tag{8-106}$$

求解方程(8-106)可使用格林函数法进行求解[58]。格林函数法适用于求解点源产生的场的问题。对于本节所面对的问题而言,需要求解的是在电子对中性分子的作用下空气的受迫振动问题。这里的源不是点源,而是随时间和空间变化的函数。为了使用格林函数法进行求解,可将源分解为多个点源的叠加。由于此处的问题为一维问题,因此源可分解为从 0 到 l 沿 x 轴分布的点源之和(l 为电离区边界空间坐标):

$$Af_1(x)f_2(t) = \int_0^l Af_1(x_0)f_3(t)\delta(x-x_0)\mathrm{d}x_0 \tag{8-107}$$

则求解波动方程的问题被分解为求如下方程:

$$\frac{1}{c^2}\frac{\partial^2 G}{\partial t^2} - \nabla^2 G = Af_1(x_0)f_3(t)\delta(x-x_0) \tag{8-108}$$

假设式(8-108)的解为 $G(x,x_0;t)$,则式(8-106)的解为所有点源产生的解之和:

$$p(x,t) = \int_0^l G(x,x_0;t)\mathrm{d}x_0 \tag{8-109}$$

将式(8-109)代入式(8-106)即可证明这一结论的正确性:

$$\frac{1}{c^2}\frac{\partial^2 p}{\partial t^2} - \frac{\partial^2 p}{\partial x^2} = \int_0^l \left(\frac{1}{c^2}\frac{\partial^2 G}{\partial t^2} - \frac{\partial^2 G}{\partial x^2}\right)\mathrm{d}x_0 = \int_0^l Af_1(x_0)f_3(t)\delta(x-x_0)\mathrm{d}x_0$$
$$= Af_1(x)f_3(t) \tag{8-110}$$

于是,式(8-108)的解 $G(x,x_0;t)$ 可表示为:

$$G(x,x_0;t) = \begin{cases} Y\left(x_0, t-\dfrac{x-x_0}{c}\right), & x > x_0 \\[2mm] Y\left(x_0, t+\dfrac{x-x_0}{c}\right), & x < x_0 \end{cases} \tag{8-111}$$

式中,$Y(x_0,z) = \dfrac{c}{2}\displaystyle\int_0^z Af_1(x_0)f_3(\tau)\mathrm{d}\tau$。

放电边界处的声压随时间的变化函数可表示为:

$$p(l,t) = \frac{c}{2}\int_0^l \mathrm{d}x_0 \int_0^{t-(l-x_0)/c} Af_1(x_0)f_3(\tau)\mathrm{d}\tau \tag{8-112}$$

8.6.3　离子漂移区的声源模型

在电晕放电过程中,不管是在脉冲阶段还是在脉冲间歇阶段,空间都存在着电荷,这些空间电荷在外电场的作用下定向移动,在此过程中与中性分子碰撞,将能量和动量传递给中性分子,从而产生声音波动。回到式(8-95)

的声波方程,在考虑电离区产生的噪声时,认为电子与离子传递给中性分子的动量相互抵消,而在离子漂移区由于电子的影响很小,不再能够抵消离子传递给中性分子的动量,等式右边第二项不能忽略。在离子与中性分子碰撞的过程中,可以认为所有中性分子质量相同,并且离子质量也与中性分子相同,每次弹性碰撞离子传递给中性分子的能量为 $m_i v_i^2/2$,其中 m_i 为离子质量,v_i 为离子平均速度;每次碰撞离子传递给中性分子的动量为 $m_i v_i$。单位时间内的碰撞次数为 v_i/l_i,l_i 为离子平均自由程。记离子密度为 N_i,则单位时间内单位体积的离子传递给中性分子的能量和动量分别为:

$$H = \frac{m_i v_i^3 N_i}{2 l_i} \tag{8-113}$$

$$F = \frac{m_i v_i N_i}{l_i} v_i \tag{8-114}$$

将上述两式代入波动方程可得:

$$\frac{1}{c^2} \frac{\partial^2 p}{\partial t^2} - \nabla^2 p = \frac{(\gamma-1)}{c^2} \frac{\partial}{\partial t} \left(\frac{m_i v_i^3 N_i}{2 l_i} \right) - \mathrm{div} \left(\frac{m_i v_i N_i}{l_i} v_i \right) \tag{8-115}$$

假设所有空间电荷都集中于尖电极轴线上,将模型简化为一维,声波方程简化为:

$$\frac{1}{c^2} \frac{\partial^2 p}{\partial t^2} - \frac{\partial^2 p}{\partial x^2} = \frac{(\gamma-1)}{c^2} \frac{\partial}{\partial t} \left(\frac{m_i v_i^3 N_i}{2 l_i} \right) - \frac{\partial}{\partial x} \left(\frac{m_i v_i^2 N_i}{l_i} \right) \tag{8-116}$$

空间电荷的密度分布和电场强度在间隙中的分布可使用第 5 章的算法进行计算,求解式(8-116)的声波方程时可以使用格林函数法。

8.6.4　电晕放电产生的声波在空间中的传播

8.6.4.1　球面波传播方程

将电离区产生的声波等效为从一个点声源发出,点声源的位置为尖电极的顶点。声波从该点声源开始以球面波的形式向外传播,在不考虑地面反射波的情况下,波在各个传播方向上呈各向同性。因此在空间任意位置的波仅与该位置和点源之间的距离有关,与球面角无关。波动方程可描述为:

$$\frac{1}{r^2} \frac{\partial}{\partial r} \left(r^2 \frac{\partial p}{\partial r} \right) = \frac{1}{c^2} \frac{\partial^2 p}{\partial t^2} \tag{8-117}$$

此方程的通解为:

$$p = \frac{1}{r} F(r-ct) + \frac{1}{r} f(r+ct) \tag{8-118}$$

上式中等号右边的两项分别为从球心向外行进的波和向球心汇聚的波。对于简谐振动形式的声波,其解为[68]:

$$p = \frac{\mathrm{j}\omega\rho}{4\pi r}Q\mathrm{e}^{\mathrm{j}\omega t}\mathrm{e}^{-\mathrm{j}kr} \tag{8-119}$$

式中,$Q\mathrm{e}^{\mathrm{j}\omega t}$ 为声源发出的体积速率,其值为球面上的振动速度与表面积的乘积。该式表明,在理想介质中,声压与考察点距声源的距离成反比;声强与声压的平方成正比,与距离平方成反比。

8.6.4.2　大地对声波的反射和折射

声波传播到大地时会发生折反射现象,折射波进入大地,反射波返回空气中,如在测量点处与原有声波相叠加将对测量点处声压产生影响。声波在远离声源时波阵面近似于平面形状,因此在研究声波的折反射问题时可将其作为平面波进行处理。

反射波声强与入射波声强之比 β 为与反射面两侧介质特性阻抗有关的函数。当反射波传播到测量点时,相当于强度变为原来 β 的声波直接传播了 r' 距离,r' 为声源对大地的镜像到测量点的距离。

在 6.4 节的实验中,关注的是声波波形中单个脉冲的测量结果。由于反射波和原波到达测量点的时间不同,在这种分离脉冲的特殊形式下反射波不会对测量结果产生影响。但在考察实际线路产生的可听噪声时,反射波的影响不能忽略。

8.6.4.3　大气的声吸收

声波在理想介质中传播时声压与距离成反比,实际的空气并非理想介质,声波在空气中传播时将有部分能量被大气吸收。大气的吸收与温度、湿度、压力和频率有关。当空气的相对湿度不太小时,可使用式(8-120)近似表达[68]:

$$\begin{cases} a_i = \dfrac{f_i}{500}, & Ht \geqslant 4000 \\[3mm] a_i = \dfrac{f_i}{750}\left[5.5 - \dfrac{H(1.8t + 32)}{1000}\right], & Ht < 4000 \end{cases} \tag{8-120}$$

式中,a_i 为第 i 个 1/3 倍频程中的声衰减(dB/305m),H 为相对湿度(%),t 为温度(℃)。

上式表明,声音在空气中传播时,空气对不同频率声波的吸收效果不同。高频率的声波在大气中传播时因空气吸收而产生的衰减速度更快。6.4 节的测量中测量点距离声源仅 0.5m,在如此短的距离内大气声吸收引起的声波衰减基本可以忽略(可听噪声范围内最大频率 20kHz 的声波经过 0.5m仅衰减 0.02dB)。但在考虑实际输电线路产生的可听噪声问题时,测量点一般距离线路数十米,大气吸收产生的影响无法忽略。

声吸收引起的声衰减速度随频率的变化如图 8-36 所示,从图中可以看出,高频声波信号在大气中传播时受声吸收的影响较小,而低频信号受到的影响比较大,低频信号无法传递到较远处。根据 A 计权网络对声吸收引起的衰减效果取平均值,声衰减的速度大约为 1.13dB/km。

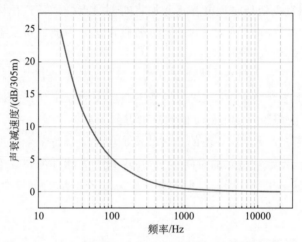

图 8-36 声吸收引起的声衰减速度随频率的变化

8.7 直流电晕可听噪声数值计算及应用

8.7.1 缩尺模型单点电晕源可听噪声计算

在得到声源处的声压后,结合声波在大气中的传播规律即可求出不同位置的声压值。为验证可听噪声模型的准确性和合理性,对 6.4 节的缩尺模型下人工缺陷形成的单点电晕源产生的噪声波形进行计算。计算条件为:外加电压为 45kV,铜棒距离金属板(地面)25cm,人工缺陷为高度2mm、曲率半径 0.5mm 的凸起。

8.7.1.1　时域波形对比

通过式(8-112)可求得电离区产生的声压在放电边界处随时间变化的波形。在 6.4 节的实验条件下,空气比热比约为 1.35,声速取为 340m/s,中性气体温度认为与环境温度相同为 20℃,空气分子的平均相对分子质量取为 29,电子与中性分子质量之比为 1.877×10^{-5},电子平均自由程约为 16.5nm,电子-分子碰撞平均截面积约为 $2.46 \times 10^{-18} \, m^2$。电子平均速度与平均电场强度成正比,此处取为 $1.1 \times 10^6 \, m/s$,电子温度约为 $2.87 \times 10^4 \, K$。根据对电子密度分布的计算,放电边界设于距凸起顶点 7mm 处。根据以上参数以及计算得到的电子密度随时间和空间的变化曲线可求得放电边界处声压随时间的变化曲线,如图 8-37 所示。

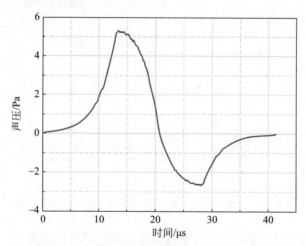

图 8-37　放电边界处声压波形仿真计算结果

在图 8-37 声波的仿真计算结果中,声波上升沿较为平缓,下降沿较快。结合图 8-35 中电子密度随空间坐标的变化可知,电子密度的分布直接影响了声波波形。声波波形为整个区域内驱动源作用的叠加结果,阳极附近的电子密度较高,该位置的驱动源引起的波动幅值也较大。但此处距离放电边界最远,此处的驱动源引起的波动需要经过较长的时间才能传递到放电边界。因此声波波形的上升沿与下降沿的情况与图 8-35 中电子分布情况恰好相反。

根据式(8-119),声压与距声源的距离成反比,将人工缺陷凸起顶点作为声源,不考虑大气吸收,测量点的声压为:

$$p_{\mathrm{m}} = \frac{l}{r} p_{\mathrm{b}} \tag{8-121}$$

式中，l 为放电边界距声源的距离，r 为测量点距声源的距离，p_{b} 为放电边界处声压。

根据式(8-121)可计算得到直流电晕产生的声波传播到测量点的声压波形。计算结果与 6.4 节中测量结果的波形比较如图 8-38 所示。图中仿真波形前半波与后半波形状基本相同，后半波实际上为气体的恢复过程，其波形与前半波相对于过零点近似对称，幅值则由于空气黏滞阻力的影响有所降低。

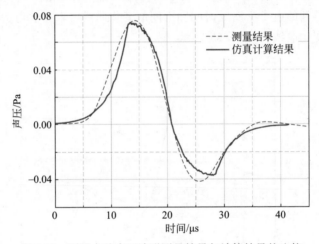

图 8-38   测量点处声压波形测量结果与计算结果的比较

图 8-38 中测量点的声波测量结果与仿真计算结果基本吻合，说明 8.6 节所建立的电晕放电产生声波波动的模型是合理的。

同样的，使用格林函数的方法对式(8-116)的离子漂移区产生的声波进行计算，在电晕放电的一个脉冲间隔周期内板电极上正对放电点处的声压波形如图 8-39 所示。

离子漂移区产生的声波与电离区产生的声波特性有很大差别。电离区的声波主要是中性分子吸收能量产生，不具备明显的方向特征，可以将其作为一个点声源进行近似等效；而离子漂移区产生的声波是在离子的定向运动下产生，具有明显的方向特征。1997 年 Kawamoto 通过 Navier-Stoke 方程对尖板间隙电晕放电的离子漂移进行了研究[69]，在极坐标下建立了离子漂移区声波的二维模型，并引入涡旋函数和流函数对方程进行简化，使用超

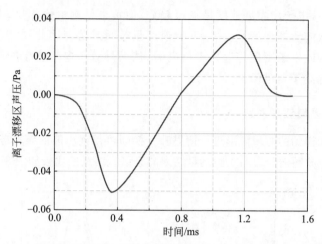

图 8-39　板电极正对放电点处由离子漂移区离子漂移引起的声压波形

松弛迭代的方法对方程进行了求解。Kawamoto 的主要贡献在于他研究了电晕放电过程中的离子漂移产生的声压在板电极不同位置的分布。根据其数值仿真结果,板电极正对放电点处的声压值最大,随着与板电极中心(即正对放电点处)距离的增大,声压值迅速降低;板电极上距中心距离与间隙长度相同的点处的声压值仅为中心处的 1/20。在 6.4 节对可听噪声进行实验测量时,声音传感器放置的位置与放电通道相垂直,与板电极中心的距离很远,因此离子漂移区产生的声波在声音传感器处的值非常小,被背景噪声淹没。

Fitaire 通过实验和理论分析对等离子体的声波进行了研究[70],证明了放电产生的声波与带电粒子与中性分子之间的能量传递速率直接相关。由于离子的迁移率大大小于电子,并且离子漂移区的场强也远低于电离区,因此离子漂移区离子与分子间传递能量的速率远小于电离区的电子传递能量的速率,离子漂移区产生的声波的声压幅值远弱于电离区。比较本节对离子漂移区产生的声波和电离区产生声波的计算结果不难发现,前者的声压幅值与后者相比很小,且具有明显的方向性,对环境的影响很小,实际工程中可以不予考虑。

大量测试发现,同等条件下正电晕产生的可听噪声幅值要远高于负电晕,这可以从声波方程中看出原因。由于离子漂移区产生的声波声压很小,因此只需考虑电离区产生的声波的差别。从式(8-98)的声波方程中可以看出声压与电离区的电子密度和电子温度密切相关。在相同的场强下,正负电晕的电子温度可以认为基本相同。正电晕的电子崩由弱场强区域向强场强区域发展,电子崩发展速度呈加速趋势;而负电晕则恰恰相反,电子崩由强场强区域向弱场强区域发展,发展速度呈减缓趋势。因此同等情况下正电晕电离区的电子密度将远高于负电晕,从而导致正电晕产生的声波的声压幅值也远高于负电晕。

8.7.1.2　频域波形对比

对计算得到的时域波形进行傅里叶变换即可得到声波的频率分布图,仿真得到的声波频谱分布与实验测量结果的频谱包络线的比较如图 8-40 所示。

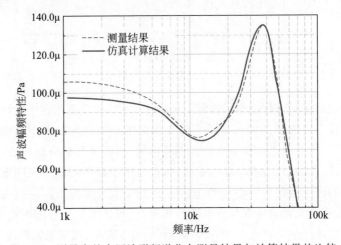

图 8-40　测量点处声压波形频谱分布测量结果与计算结果的比较

从图中两曲线的对比可以看出,仿真计算得到的声波频谱曲线与实验测量得到的声波频谱包络线在 10 kHz 以上的高频部分吻合得非常好,而在低频部分则有一定的差别。造成这一结果的原因可能是,本章的模型对实际的放电过程和声波产生过程作出了一系列假设和简化,这会引起一定的误差;另外,电子密度分布的计算误差同样会被带入到声波的计算结果中。此外,电晕放电过程和电晕产生声波波动的过程都带有一定的随机性,这种随机性对低频部分的计算影响较大。

8.7.2　单点单脉冲模型到多点多脉冲模型的扩展

8.7.2.1　多脉冲模型

通过建立电离区声波方程,可以对脉冲阶段电晕放电引起的声音波动进行仿真计算。在脉冲间隔阶段，电离区域的放电十分微弱，声音波动主要由传导区的离子声波构成。离子声波的强度较弱，基本可以忽略。忽略离子声波后，声压波动在较长时间内的波形将与电晕电流波形十分类似：均由一系列独立脉冲构成，脉冲之间有较长的间隔时间。忽略放电随机性的影响，声压波形相当于单脉冲波形在时间轴上以脉冲间隔时间 T 为周期的延拓，其时域函数可表示为：

$$p(t) = \sum_{n=0}^{\infty} p_s(t - nT) \tag{8-122}$$

式中，$p_s(t)$ 为单脉冲声波的声压，t 为时间，n 为脉冲序号。

时域的周期延拓在频域上的表现为离散采样，其离散间隔为 $1/T$，即为脉冲的重复频率。但由于放电存在一定随机性，脉冲间隔不是稳定的值，而是在一定范围内变化，所以频谱中的峰不是理想的采样函数，而是分散于峰周围的形式。

在工程研究中比较关心的是噪声的声压等级，其与声压的关系为：

$$\mathrm{SPL} = 10\lg(W/W_{\mathrm{ref}}) = 20\lg(p/p_{\mathrm{ref}}) \tag{8-123}$$

式中，W 为声功率，W_{ref} 为参考声功率，p_{ref} 为参考声压。电晕产生的声波的声压是一随时间变化的量，直接用上式计算得到的声压级也是一个随时间变化的量。一般工程中对可听噪声进行考量都是测量或计算一段时间的平均值。平均声压级与声波脉冲的波形、幅值以及脉冲重复频率有关，即

$$\mathrm{SPL} = 10\lg\left(\frac{1}{T}\int_0^T p_s^2(t)\,\mathrm{d}t \Big/ p_{\mathrm{ref}}^2\right) = 20\lg(A_p/p_{\mathrm{ref}}) + 10\lg f + k \tag{8-124}$$

式中，A_p 为声波脉冲的幅值，f 为脉冲重复频率，k 为与声波脉冲波形形状有关的常数。

8.7.2.2　多点放电模型

前面所研究的声源模型都是基于单点电晕放电过程进行的。实际的输电线路中同时存在多个放电点，输电线路产生的声波是所有这些放电点产生的声波的叠加。

6.4 节分析了单点电晕和多点电晕过程中产生的可听噪声与电晕电流的关联特性。由于电晕电流脉冲的持续时间很短，出现不同放电点电流脉冲混叠的情况相对较少，而声波脉冲的持续时间较长，不同放电点脉冲混叠的情况比较明显。在剔除混叠脉冲后，多点电晕可听噪声与电晕电流之间的关联规律与单点电晕基本一致。未发生混叠的声波脉冲的总声功率为单

个脉冲声功率的线性叠加。

对于两声源在同一点的叠加,从数学模型的角度来看,声波方程为线性方程,声波的叠加也应满足线性叠加的规律。假设声压为 p_1 和 p_2 的两个声源在同一点叠加,合成声场声压为 p。p_1 和 p_2 均满足声波方程:

$$\nabla^2 p = \frac{1}{c^2} \frac{\partial^2 p}{\partial t^2}$$ (8-125)

两声源声压之和同样满足声波方程:

$$\nabla^2 (p_1 + p_2) = \frac{1}{c^2} \frac{\partial^2 (p_1 + p_2)}{\partial t^2}$$ (8-126)

声场的合成满足叠加原理。结合本节所面对的问题,两声源的声压叠加时发生波形混叠,合成声场的声功率瞬时值为:

$$W = (p_1 + p_2)^2 = W_1 + W_2 + 2p_1 p_2$$ (8-127)

式中,W_1,W_2 分别为两声源的瞬时声功率。

由于脉冲分布的随机性,假设两声源之间的相位差在一个脉冲持续时间内等概率随机分布,并假设两声源声波脉冲的幅值相等。根据上述得到的声压波形通过数值计算对上式中两声源声压之积的平均值进行求解,最终求解结果为 0。由于相位差的平均分布,不同相位差下两声压之积的值相互抵消,不同相位差的声源合成声场的平均声功率为两声源声功率之和。

通过以上分析可知,多个放电点产生的声功率为各点单独产生的声功率的线性叠加。假设放电点沿导线平均分布,并且单位长度线路声发射功率 W 都相同,测量点距导线的距离为 r,线路无限长,则测量点处的声压级为:

$$\mathrm{SPL} = 10\lg\left(\int_{-\infty}^{\infty} \frac{W \mathrm{d}x}{r^2 + x^2}\right) - 10\lg W_0 = 10\lg\left(\frac{\pi}{r}\right) + 10\lg(W/W_0)$$

(8-128)

从式(8-128)可知,对于无限长导线而言,其在空间中产生的声场的声压级与其单位长度内的声发射功率直接相关。而单位长度内的声发射功率为单位长度内的放电点数与单点电晕的声发射功率之积。此外,在不考虑大气声吸收效应的情况下,无限长导线周围空间的声压级随着距线路的距离 r 以 $-10\lg r$ 的速度衰减。

8.7.2.3　多点多脉冲模型声压级计算

可以使用扩展的多点多脉冲模型对 6.4 节中实验中导线多点电晕产生

的声压波形和声压级进行计算。计算对象为直径为 0.8mm 的导线,导线对地高度为 20cm。环境参数与 6.4 节实验环境相同。

导线长度为 1.2 m,计算中假设放电点沿导线平均分布,共 12 个放电点,每个放电点的脉冲重复频率为总重复频率的 1/12。在计算中引入随机概率分布。根据单点电晕的电流特性的研究,电流的脉冲幅值和脉冲间隔时间均可认为是在一定范围内呈正态分布;同样,声波脉冲与电流脉冲的脉冲幅值之比也呈正态分布;不同放电点的首个脉冲时间在一个平均脉冲间隔时间内平均分布。通过程序产生随机声波脉冲,脉冲的产生时间与脉冲幅值由以上一系列随机数决定,测量点处的声压波形为各放电点产生声压波形传播后的叠加,如图 8-41 所示。可以看出,多点电晕的声压波形模拟结果中出现了前述实验中的多个脉冲互相混叠的情况,此种情况下声波声功率的值依然为多点声功率直接叠加。对多点电晕产生的声压进行多次模拟,可求解其平均声功率及声压级。数值模拟得到的声波的声压级与实验测量得到的声波声压级的对比如图 8-42 所示。

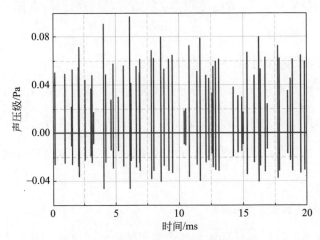

图 8-41　多点电晕产生声波的数值模拟

虽然图 8-41 中模拟得到的多点电晕产生的声波的脉冲幅值的分散性很大,但对一定数量的脉冲的平均声压级进行统计处理后,总体的声压级分散性并不大。对多点电晕产生的可听噪声而言,单个脉冲幅值的随机性并不重要,个体的差异在经过统计处理后不再显现。此外,在电场强度较低的起晕场强附近,数值模拟得到的声压级与实测结果偏差较大。产生这一偏差的原因是数值模拟未考虑背景噪声的影响,在起晕场强附近,电晕产生的

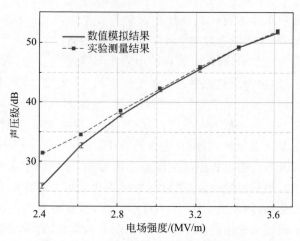

图 8-42　测量点处声压波形频谱分布测量结果与计算结果的比较

声波脉冲数量很少，幅值较低，对时间取平均值后远小于背景噪声的声压级。随着电场强度上升，放电达到稳定状态时，数值模拟的值与实测值吻合得很好。

8.7.3　不同参数对声压的影响

不同参数对声压波形的影响可直接通过对声波方程进行分析得到。在本章对声源模型作出的假设下，驱动源可表示为 $A \dfrac{\partial N_\mathrm{e}}{\partial t}$ 的形式。因此不同参数对声波的影响可从对电子密度的影响以及对声波驱动源的比例系数的影响进行分析。

8.7.3.1　电场对声压的影响

卞星明等通过仿真计算和紫外光成像仪研究了正极性电晕放电过程中电子、离子以及光子密度的空间分布以及其随外加电压的变化情况[71]。其研究表明，光子和电子的密度均是在起晕电压附近时最高，外加电压超过起晕电压后电子密度降低，随后基本不随电压的变化而变化。因此外加电压对声压波形的影响将主要体现在声波驱动源的比例系数部分。声波驱动源的比例系数可表示为：

$$A = 6(\gamma - 1)\sqrt{3/\gamma}\, P_0 \left(\frac{m_\mathrm{e}}{m_\mathrm{n}}\right)^{1/2} \frac{1}{c} \left(\frac{T_\mathrm{e}}{T_\mathrm{n}}\right)^{3/2} \langle \sigma \rangle \tag{8-129}$$

式中,γ 为空气的比热,P_0 为气压,c 为声速,m_e 为电子质量,m_n 为中性分子质量,T_e 为电子温度,T_n 为中性分子温度,$\langle\sigma\rangle$ 为粒子碰撞的平均弹性散射截面积。外加电压仅会对其中的电子温度产生影响。电子温度反映的是电子的平均能量,与电子的平均速度直接相关。而电子的速度 v_e 为电子漂移率与电场强度的乘积,因此声波驱动源比例系数与电场强度之间的关系为:

$$A \propto T_e^{1.5} \propto v_e^3 \propto E^3 \tag{8-130}$$

声波驱动源与电场强度的三次方成正比,仿真计算得到的声压大小也与电场强度的三次方成正比。6.4 节对声压脉冲与电流脉冲幅值关联性的研究结果也验证了这一结果。

通过 6.4 节对缩尺模型导线单点和多点放电的研究可知,单点放电的脉冲重复频率在达到稳态之后基本不随外加电压的变化而变化;而多点电晕随着外加电压和电场强度的增大将产生新的放电点,其脉冲重复频率随着电场强度的增大而增大,增大的速度与导线的表面特征状态有关,此处假设脉冲重复频率与 E^n 成正比。在所有放电点的声发射功率均相同的假设下,放电点的增多表现在电晕产生的可听噪声问题中相当于增加了单位长度导线的声发射功率。

综上所述,根据上一节推导得到的多点电晕的声波模型,电场强度对无限长导线产生的可听噪声的声压级的影响为:

$$\text{SPL} = 20\lg E^3 + 10\lg f + k = (60 + 10n)\lg E + k \tag{8-131}$$

式中,n 为多点电晕脉冲重复频率随电场强度上升的指数值,k 为由其他参数决定而与电场强度无关的常数。在 BPA 提出的公式(8-79)中,电场强度对声压级的影响为 $8\lg E$。

8.7.3.2　电极半径对声压的影响

电极半径对电晕放电产生的可听噪声的影响表现在两个方面,一是在相同的外加电压下不同的电极半径对电场强度有着很大的影响;二是在相同的电场强度下,电极半径影响电场强度的不均匀性,同样对电晕放电的强度和其产生的声波产生影响。前面已经考虑了电场强度对直流电晕可听噪声的影响,此处将在相同电场强度的条件下讨论电极半径对声压的影响。

在相同的平均场强下,电极半径越大,电晕电流值越大。根据实验对声波脉冲与电流脉冲幅值之比的研究,在相同电场强度下,导线半径越大,脉冲幅值之比也越大。综合这两点因素,对于单点电晕源而言,相同电场强度下电晕放电产生的声波脉冲的幅值随电极半径的增大而增大。

此外,由于实际导线的半径较大,放电点除了沿导线轴向分布之外,导线的横截面圆周上同样会存在多个放电点。输电线路的导线半径越大,输电线路单位长度内的放电点也会随之变多。假设输电线路在导线的横截面圆周上平均分布,放电点的数量将与导线半径成正比。综合以上两点考虑,在相同电场强度下,输电线路的可听噪声随导线半径的增大而增大。

8.7.3.3   距导线水平距离的影响

对于实际架空线路而言,工程中最为关注其产生的噪声声压级在地表的分布情况。架空线路产生的可听噪声声压级在导线在地面的投影处取得最大值,并随着与导线的水平距离的增大而衰减。这种衰减一部分原因是声波传播过程中能量的扩散,另一部分原因则是大气声吸收引起的衰减。根据前面对这两个因素的分析,对昆明特高压实验基地 ±800kV 直流试验线段(详见 2.2.6 节)正极导线产生的噪声声压级沿地表的分布进行了计算,导线悬挂点高度为 32.5m,弧垂 13.5m。计算结果如图 8-43 所示,图中另外三条曲线的结果分别为 BPA 的实验结果[52]、EPRI 的实验结果和昆明特高压实验基地试验线段的高海拔长期测量结果。为了方便对比,四条曲线经过调整,声压级的最大值相同,仅考察声压级的横向分布。

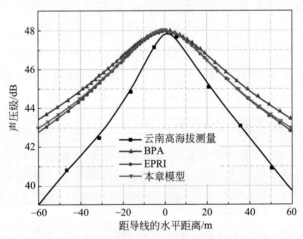

图 8-43   直流输电线路下方地表处声压级分布

从图 8-43 中可以看出,由本章的模型推导得到的声压级在地表的分布情况与 BPA 和 EPRI 的结果十分接近。而云南特高压基地的长期测量结果中声压级沿水平距离的衰减速度远快于其他曲线。造成这一差异的原因在于,本章在推导架空线多点放电的声波模型过程中假设放电点和声发射功率沿导线平均分布,将多点放电的导线作为线声源进行处理。事实上,由于导线弧垂的存在,导线在最低点处放电点分布更加密集,声发射功率也更大。导线并非理想线声源,而是介于点声源和线声源之间的状态,其产生的声压级随水平距离的衰减速度介于点声源的 $-10\lg r$ 和线声源的 $-20\lg r$ 之间。BPA 和 EPRI 在研究这一问题时同样是将导线作为线声源进行处理,因此本章的结论与两者十分接近。为了得到更加准确的输电线路多点放电声波模型,放电点的分布情况随电场强度、弧垂等因素的变化值得进一步深入研究。

参考文献

[1] H. L. Hill, A. S. Capon, O. Ratz, et al. Transmission Line Reference Book HVDC to ±600kV[M]. Palo Alto, California, USA: Electric Power Research Institute, 1976.

[2] P. S. Maruvada, N. G. Trinh, D. Dallaire, et al. Corona performance of a conductor bundle for bipolar HVDC transmission at ±750kV[J]. IEEE Trans. Power App. Syst. , 1977, 96(6): 1872-1881.

[3] P. S. Maruvada. Bipolar HVDC Transmission System Study Between ±600kV and ±1200kV: Corona Studies, Phase I [M]. Palo Alto, California, USA: Electric Power Research Institute, 1979.

[4] P. S. Maruvada. Bipolar HVDC Transmission System Study Between ±600kV and ±1200kV: Corona Studies, Phase II [M]. Palo Alto, California, USA: Electric Power Research Institute, 1982.

[5] Y. Nakano, Y. Sunaga. Availability of corona cage for predicting radio interference generated from HVDC transmission line[J]. IEEE Trans. Power Del. , 1990, 5(3): 1436-1442.

[6] K. Tanabe. Hum noise performance of 6, 8, 10 conductor bundles for 1000kV transmission lines at the Akagi test site: a comparative study with cage data[J]. IEEE Trans. Power Del. , 1991, 6(4): 1799-1804.

[7] Y. Nakano, M. Fukushima. Statistical audible noise performance of Shiobara HVDC test line[J]. IEEE Trans. Power Del. , 1990, 5(1): 290-296.

[8] Y. Nakano, Y. Sunaga. Availability of corona cage for predicting audible noise generated from HVDC transmission line[J]. IEEE Trans. Power Del. , 1989, 4(2): 1422-1431.

[9] 谢莉,陆家榆,张文亮,郭剑. 特高压直流长、短输电线路无线电干扰的转换关系

分析[J]. 中国电机工程学报，2013，33(7)：109-115.

[10] 赵鹏，郭剑，杨勇，等. 风对±800kV 直流输电线路无线电干扰的影响研究[J].
电网技术，2012，36(4)：28-32.

[11] Li Xie，Luxing Zhao，Jiayu Lu，et al. Altitude correction of radio interference of
HVDC transmission lines part Ⅰ：converting method of measured data[J].
IEEE Trans. EMC，2016，59(1)：1-10.

[12] Yingyi Liu，Lijuan Zhou，Yuanqing Liu，et al. Analysis on the spectrum
characteristic of corona Current and its relationship with Radio Interference on
UHVDC transmission line[J]. IEEE Trans. DEI，2016，23(6)：3336-3345.

[13] 南方电网技术研究中心，清华大学. 高海拔±800kV HVDC 电晕特性及其电磁
环境影响研究[R]. 2010.

[14] 饶宏，李锐海，曾嵘，刘磊. 高海拔特高压直流输电工程电磁环境[M]. 北京：中
国电力出版社，2015.

[15] 李敏. 高海拔地区特高压直流输电线路电晕特性及电磁环境的研究[D]. 北京：
清华大学，2011.

[16] F. W. Hirsch，E. Schaffer. Progress report on the HVDC test line of the 400kV-
Forschungsgemeinschaft：corona losses and radio interference[J]. IEEE Trans.
App. Syst.，1969，88(7)：1061-1069.

[17] N. Knudsen，F. Iliceto. Contribution to the electrical design of EHVDC overhead
lines[J]. IEEE Trans. App. Syst.，1974，93(1)：233-239.

[18] International Council on Large Electric systems (CIGRÉ). Addendum to CIGRÉ
Document No. 20[R]. CIGRÉ Brochure No. 61，1996.

[19] L. D. Anzivino，G. Gela，W. W. Guidi，et al. HVDC Transmission Line
Reference Book[M]. Palo Alto，California，USA：Electric Power Research
Institute，1993.

[20] International Electrotechnical Commision. CISPR 18-1：Radio interference
characteristics of overhead power lines and high-voltage equipment Part 1：
Description of phenomena[S]. Geneva，Switzerland，1982.

[21] 中华人民共和国电力行业标准. DL/T 691—1999 高压架空送电线路无线电干
扰计算方法[S]. 1999.

[22] P. S. Maruvada，R. D. Dallaire，P. Heroux，et al. Corona studies for bipolar
HVDC transmission at voltages between ± 600kV and ± 1200kV PART 2：
special bipolar line，bipolar cage and bus studies[J]. IEEE Trans. Power App.
Syst.，1981，100(3)：1462-1471.

[23] Bo Zhang，Wenzhuo Wang，Jinliang He. Theoretical study on radio interference
of HVDC transmission line based on cage tests[J]. IEEE Trans. Power Delivery，
2017，32(4)：1891-1898.

[24] W. Shockley. Currents to conductors induced by a moving point charge[J]. J.

Appl. Phys. , 1938, 9: 635-636.

[25]　S. Ramo. Currents induced by electron motion[J]. Proc. I. R. E. , 1939, 27(9): 584-585.

[26]　尹晗. 直流输电线路高频电晕电流与无线电干扰的转换关系[D]. 北京: 清华大学, 2014

[27]　B. Rakoshdas. Pulse and radio influence voltage of direct voltage corona[J]. IEEE Trans. Power App. Syst. , 1964, 83(5): 483-491.

[28]　王福宝, 闵华玲, 叶润修. 概率论及数理统计[M]. 上海: 同济大学出版社, 1994.

[29]　P. S. Maruvada, N. Hylten-Cavallius, N. T. Chinh. Radio noise meter response to random pulses by computer simulation[J]. IEEE Trans. Power App. Syst. , 1974, 93(3): 905-915.

[30]　Testa, D. Gallo, R. Langella. On the processing of harmonics and interharmonics: using Hanning window in standard framework[J]. IEEE Trans. Power Del. , 2004, 19(1): 28-34.

[31]　胡广书. 数字信号处理[M]. 北京: 清华大学出版社, 2003.

[32]　J. H. Cook. Quasi-peak to RMS voltage conversion [J]. IEEE Trans. Electromagn. Compat. , 1979, 21(1): 9-12.

[33]　International Electrotechnical Commision. CISPR 18-2: 1986. Radio interference characteristics of overhead power lines and high-voltage equipment Part 2: Methods of measurement and procedure for determining limits[S]. Geneva, Switzerland, 1986.

[34]　P. S. Maruvada. Corona Performance of High-Voltage Transmission Lines[M]. London: Research Studies Press, 2000.

[35]　O. Nigol. Analysis of radio noise from high-voltage lines I-meter response to corona pulses[J]. IEEE Trans. Power App. Syst. , 1964, 83(5): 524-533.

[36]　International Council on Large Electric systems (CIGRÉ). Interferences Produced by Corona Effect of Electric Systems: Description of Phenomena, Practical Guide for Calculation[R]. CIGRÉ Brochure No. 20, 1974.

[37]　W. R. Lauber. Quasi-peak voltage derived from amplitude probability distributions[J]. IEEE Trans. Electromagn. Compat. , 1981, 23(2): 98-100.

[38]　P. S. Maruvada, R. D. Dallaire, P. Heroux, et al. Long-term statistical study of the corona electric field and ion-current performance of a ±900kV bipolar HVDC transmission line configuration[J]. IEEE Trans. Power App. Syst. , 1984, 103(1): 76-83.

[39]　M. M. Khalifa, A. A. Kamal, A. G. Zeitoun, et al. Correlation of radio noise and quasi-peak measurements to corona pulse randomness[J]. IEEE Trans. Power App. Syst. , 1969, 88(10): 1512-1521.

[40]　P. S. Maruvada, R. D. Dallaire, P. Heroux, et al. Corona studies for bipolar

HVDC transmission at voltages between ±600kV and ±1200kV PART 2: special bipolar line, bipolar cage and bus studies[J]. IEEE Trans. Power App. Syst., 1981, 100(3): 1462-1471.

[41] IEEE Committee Paper. A survey of methods for calculating transmission line conductor surface voltage gradients[J]. IEEE Trans. Power App. Syst., 1979, 98(6): 1996-2014.

[42] 马信山, 张济世, 王平. 电磁场基础[M]. 北京: 清华大学出版社, 1995.

[43] M. C. Perz. Propagation analysis of HF currents and voltages on lossy power lines[J]. IEEE Trans. Power App. Syst., 1973, 92(6): 2032-2043.

[44] M. C. Perz, M. R. Raghuveer. Generalized derivation of fields, and impedance correction factors of lossy transmission lines Part II: lossy conductors above lossy ground[J]. IEEE Trans. Power App. Syst., 1974, 93(6): 1832-1841.

[45] 吴维韩, 张芳榴等. 电力系统过电压数值计算[M]. 北京: 科学出版社, 1989.

[46] M. R. Moreau, C. H. Gary. Predetermination of the interference level for high voltage transmission lines: II—field calculating method[J]. IEEE Trans. Power App. Syst., 1972, 91(1): 292-43.

[47] 庄池杰, 曾嵘, 龚有军, 等. 交流输电线路的无线电干扰计算方法[J]. 电网技术, 2008, 32(2): 56-60.

[48] G. W. Juette, G. M. Roe. Modal components in multiphase transmission line radio noise analysis[J]. IEEE Trans. Power App. Syst., 1971, 90(2): 808-813.

[49] 中华人民共和国国家标准. GB/T7349—2002 高压架空送电线、变电站无线电干扰测量方法[S]. 2002.

[50] 中华人民共和国国家标准. GB 50790—2013, ±800kV 直流架空输电线路设计规范[S]. 2013

[51] A task force of the corona and field effects subcommittee. A comparison of methods for calculating audible noise of high voltage transmission lines[J]. IEEE Trans. on PAS, 1982, 101(10): 4090-4099.

[52] V. L. Chartier and R. D. Stearns. Formulas for predicting audible noise from overhead high voltage AC and DC lines[J]. IEEE Trans. on PAS, 1981, 100(1): 121-130.

[53] 刘振亚. 特高压直流输电工程电磁环境[M]. 北京: 中国电力出版社, 2009.

[54] N. G. Trinh, P. S. Maruvada. A semi-empirical formula for evaluation of audible noise from line corona[J]. IEEE Canadian and EHV Conference, Montreal, 1972: 166-167.

[55] M. Fukushima, T. Sasano, Y. Sawada. Corona Performances of Conductor bundles measured in corona cages and its application[C]. CIGRE Symposium on Transmission Lines and the Environment. Stockholm, Sweden, 1981: paper 232-01.

[56]　刘元庆,郭剑,陆家榆. 一种高压直流输电线路可听噪声计算方法[P]. 中国专利:201210185387.3,2014-7-23.

[57]　刘元庆,刘颖异,陆家榆,等. 一种由电晕电流数据获得可听噪声的方法[P]. 中国专利:201610770708.4,2019-10-8.

[58]　P. M. Morse, K. U. Ingard. Theoretical Acoustics[M]. New Jersey: Princeton University Press, 1986.

[59]　U. Ingard. Acoustic wave generation and amplification in a plasma[J]. Phys. Rev. , 1966, 145(1): 41-46.

[60]　U. Ingard, M. Schulz. Acoustic wave mode in a weakly ionized gas[J]. Phys. Rev. , 1967, 158(1): 106-112.

[61]　E. Funfer, G. Lehner. Ergebnisse Der Exakien Nautrwissenschaften[M]. Berlin: Springer-Verlag, 1962, 34: 18.

[62]　G. M. Sessler. Propagation of longitudinal waves in a weakly ionized gas[J]. Phys. of Fluids, 1964, 7(1): 90-95.

[63]　N. L. Aleksandrov, A. M. Konchakov, A. I. Napartovich, A. N. Starostion. Novel mechanism of sound amplification in a weakly ionized gas[J]. Sov. Phys. JETP, 1989, 68(5): 933-938.

[64]　李振. 直流电晕可听噪声与电晕过程关联特性[D]. 北京:清华大学,2014

[65]　杨津基. 气体放电[M]. 北京:科学出版社,1983.

[66]　R. Morrow, L. E. Cram. Flux-corrected transport and diffusion on a non-uniform mesh[J]. Jornal of Computational Physics, 1985, 57(1): 129-136.

[67]　J. Li. Numerical investigation of dielectric barrier discharges [D]. USA: Southern Illinois University at Carbondale, 1997.

[68]　马大猷,沈嚎. 声学手册[M]. 北京:科学出版社,2004.

[69]　H. Kawamoto, H. Kawamoto, S. Umezu. Flow distribution and pressure of air due to ionic wind in pin-to-plate corona discharge system [J]. Journal of Electrostatics, 2006, 64(6): 400-407.

[70]　M. Fitaire, T. D. Mantei. Some experimental results on acoustic wave propagation in a plasma[J]. Phys. of Fluids, 1972, 15(3): 464-469.

[71]　X M. Bian, S W. Wan, L. Liu, et al. The role of charged particles in the positive corona-generated photon count in a rod to plane air gap[J]. Applied Physics Letters, 2013, 103(9): 094102.

第9章 交直流输电线路雨天电晕机理及其电磁环境特性

架空输电线路电晕及其电磁环境特性受天气条件的影响很大,其中,降雨是电磁环境预测中需要重点考虑的因素[1]。降雨条件下交流与直流输电线路的电晕及其电磁环境特性差异很大。对于交流线路,雨天的电晕损失、无线电干扰和可听噪声等均显著增加;然而对于直流线路,虽然雨天的电晕损失增加了,但无线电干扰和可听噪声却好于好天气。这一现象长期无法合理解释[2-4]。本章利用高速摄像机观测雨滴滴落、附着、脱离导线时的放电形貌,并结合电晕放电脉冲电流同步监测结果,分析交、直流雨天电晕的具体放电类型及其影响因素,揭示交、直流雨天的电晕放电机理,提出雨天交、直流输电线路可听噪声预测公式的修正方法[5]。

9.1 实验平台及测试方法

清华大学利用电晕脉冲电流-高速摄像同步测量手段,通过对真型导线电晕的实验测试,获得了雨滴滴落、附着、脱离导线时的放电形貌、电流特性等[6-9],为分析交、直流雨天的电晕放电机理提供了基础数据。

9.1.1 电晕脉冲电流-高速摄像同步测量平台

图9-1为电晕脉冲电流-高速摄像同步测试平台[6-7]。储水箱中的水通过滴水器向导线的固定位置滴水,滴水器可以控制滴水的大小和滴落的时间间隔;高压电源给导线加电压使导线上的雨滴产生电晕放电;高速摄像机时刻记录雨滴在下落、附着、脱离导线的连续过程中的形状变化以及放电的时刻、位置、强度等特征;高压端的电晕放电脉冲电流测试系统(详见2.1.2.1节)时刻监测电流波形的变化;高速摄像机和电晕脉冲电流测试系统由计算机同步控制触发,可以实现电晕脉冲电流和高速摄像下水滴放电形态的一一对应,从而为导线周围雨滴在交、直流条件下的电晕放电特征的研究提供有效观测平台。

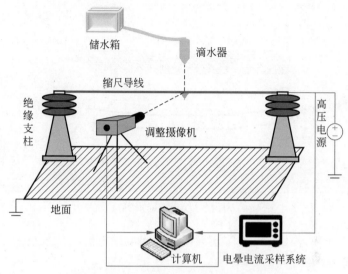

图 9-1　电晕脉冲电流-高速摄像同步测试平台

在清华大学开展的试验中,缩尺模型导线直径为 1cm,对地高度为 15cm,导线两端由绝缘支柱支撑;高速摄像机摄像速率为 1Mf/s,其对地高度与导线高度持平,与导线之间的水平距离为 40cm;滴水控制器在导线上方 40cm 处,控制雨滴的体积为 2.5μL(半径为 0.84mm,与实际情况相近,见图 9-3 和图 9-4)、电导率为 150μS/cm,当时间间隔为 1s 时,模拟降雨率为 2.5μL/s;高频电晕电流测试系统见第 2 章。实验时的环境参数如表 9-1 所示,实验过程中的环境参数基本保持不变。

表 9-1　电晕脉冲电流-高速摄像同步测量实验时的环境参数

压强/kPa	温度/℃	相对湿度/%	风速
101	19～21	30～45	0

9.1.2　真型导线电晕实验平台

清华大学与瑞士苏黎世联邦理工大学合作,在苏黎世联邦理工大学高压实验室搭建了真型导线电晕实验平台,如图 9-2 所示[8,9]。图中,各编号对应的设备名称及作用如下:

① 双分裂架空导线,型号:ACSR265/35,子导线半径 1.12cm,对地高度 $h=2.6$m,分裂间距 0.4m;

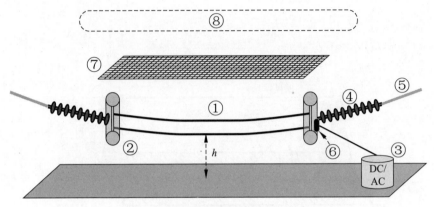

图 9-2　真型导线模拟降雨实验平台

② 均压环,作用:一是防止导线端部和电晕电流测试系统起晕;二是连接导线和绝缘子串;

③ 交、直流高压电源。交流高压电源的输出电压范围为 $0\sim+1200\mathrm{kV}$;直流高压电源的输出电压范围为 $-800\sim+800\mathrm{kV}$;

④ 绝缘子串:起电气隔离的作用;

⑤ 固定绳索:固定绝缘子串和导线;通过调节绳索长度,可调节导线对地高度;

⑥ 高频电晕电流测试系统:测量导线的电晕脉冲电流,与 9.1.1 节相同;

⑦ 金属网格:使雨滴的分布更加均匀,且尺寸分布更加接近于真实降雨的雨滴尺寸分布;

⑧ 模拟降雨器,为一微型滴水器阵列:用于产生模拟降雨。

通过调节模拟降雨器中的水流速度,可使得模拟降雨量从 $0\sim10\mathrm{mm/h}$ 变化。不同降雨量下的水滴尺寸分布如图 9-3 和图 9-4 所示。对比图 9-3 和图 9-4 可以发现,随雨量的增加,雨滴的尺寸略有增大。在小雨量 $(0.5\mathrm{mm/h})$ 时,雨滴的尺寸分布如图 9-3 所示。雨滴的半径分布于 $0\sim2\mathrm{mm}$,以半径为 $0.8\sim1\mathrm{mm}$ 的雨滴居多。模拟降雨的水滴尺寸分布与户外实际降雨的水滴尺寸分布几乎相同。在大雨量 $(10\mathrm{mm/h})$ 时,雨滴的尺寸分布如图 9-4 所示。雨滴的半径分布于 $0\sim3\mathrm{mm}$,以半径为 $0.9\sim1.3\mathrm{mm}$ 的雨滴居多。模拟降雨的水滴尺寸分布与户外实际降雨的水滴尺寸分布也几乎相同。实验时的环境参数如表 9-2 所示,实验过程中的环境参数基本保持不变。

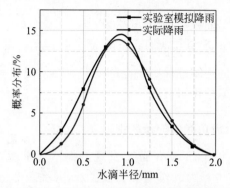

图 9-3　小雨量下模拟降雨和实际降雨的雨滴半径分布

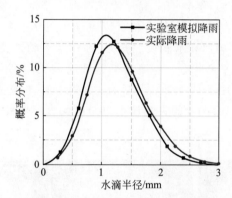

图 9-4　大雨量下模拟降雨和实际降雨的雨滴半径分布

表 9-2　真型导线电晕放电实验时的环境参数

压强/kPa	温度/℃	相对湿度/%	风速
108.9	20	50	0

9.2　降雨条件下的直流电晕特性

本节通过上节搭建的模拟降雨缩尺导线和真型导线电晕实验平台,开展不同雨量、不同场强下的雨天直流电晕试验。通过电晕脉冲电流与高速摄像的同步采集测量,揭示雨天直流电晕放电的产生机理。通过开展模拟降雨条件下真型导线的直流电晕试验,获得整个降雨过程直流电晕特性的变化规律。

9.2.1　降雨对直流电晕的作用机理

利用电晕脉冲电流-高速摄像同步测量平台,可以观测直流下雨滴在下落、附着、脱离导线的连续过程中放电的时刻、位置、强度等特征,从而可以获得降雨对直流电晕的作用机理。

9.2.1.1　水滴在直流电场中的泰勒锥形变

在 20 世纪 60 年代,Taylor 首次发现并揭示了水滴在电场中的形变特征[10-11]。水滴在电场力的作用下会被拉长,并在头部形成锥状尖端,称为 Taylor cone(泰勒锥),如图 9-5 所示[10]。研究发现,当水滴的泰勒锥尖端角度达到一限值时,泰勒锥尖端开始变得极不稳定,有微小水珠开始从尖端喷射。Taylor 研究的是水滴在直流电场下的形变特性,水滴的形变主要取决于外部电场力和水滴表面张力,在达到泰勒锥尖端角度限值前,两者之间处于相对平衡状态。基于泰勒锥理论,人们发明了静电喷枪等已经被广泛应用的实用工具。清华大学通过电晕脉冲电流-高速摄像同步测量平台的研究发现,泰勒锥的尖端放电也是雨天直流导线电晕放电的主要来源[6]。

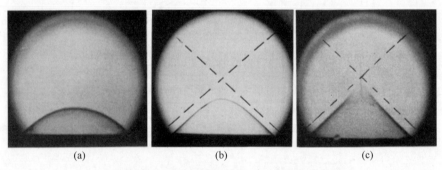

(a)　　　　　　　　　　(b)　　　　　　　　　　(c)

图 9-5　水滴在直流电场中的形变特征[10]

(a) 附着的水滴;(b) 水滴开始拉长;(c) 泰勒锥形成及尖端喷射

9.2.1.2　雨滴在直流电场中的动态特性

当导线施加电压为 35kV,模拟降雨量为 $2.5\mu L/s$ 时,清华大学通过高速摄像机拍摄获得的导线表面水滴在直流电场中的周期性动态过程如图 9-6 所示。整个周期持续约为 60ms,并可分为三个阶段:阶段 I,水滴

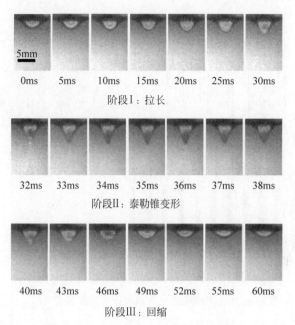

图 9-6 水滴在直流电场中的动态过程图（降雨量 2.5 μL/s）

拉长；阶段Ⅱ，雨滴头部出现泰勒锥变形并放电；阶段Ⅲ，水滴回缩。在阶段Ⅰ中，水滴的初始状态呈半球形，随着时间推移，水滴在电场力和重力的作用下由初始状态被逐渐拉长，但此时头部还较圆滑，尚未出现明显的泰勒锥尖端，并且也没有明显的电晕放电产生，阶段Ⅰ的持续时间约为 30ms。在阶段Ⅱ中，水滴头部稳定地维持在泰勒锥尖端状态，在尖端处有明显的电晕放电产生，并且在一个周期内泰勒锥产生的起始时刻电晕放电强度最高，如图中所示阶段Ⅱ中 32ms 时刻所示。阶段Ⅱ的持续时间为 6~8ms。在阶段Ⅲ中，泰勒锥消失，水滴由拉长状态逐步回复至初始状态，整个过程持续时间约为 20ms。

以图 9-6 中 0 时刻为起始时刻，同步采集得到的脉冲电流波形如图 9-7 所示。电晕电流脉冲波形图中共有 11 簇脉冲序列，每簇脉冲序列对应于一个周期内的泰勒锥尖端电晕放电。以第一簇脉冲序列为例，在阶段Ⅰ和阶段Ⅲ所处的时间段内，均无电晕电流脉冲产生，电晕电流脉冲只出现在阶段Ⅱ的时间段内；阶段Ⅱ中的脉冲序列起始、结束时刻与图 9-6 中的阶段Ⅱ起始、结束时刻一致，且脉冲簇内首个脉冲幅值远高于簇内后续脉冲，与图 9-6 中观察到的周期内泰勒锥产生的起始时刻电晕放电强度最高相吻合。这种

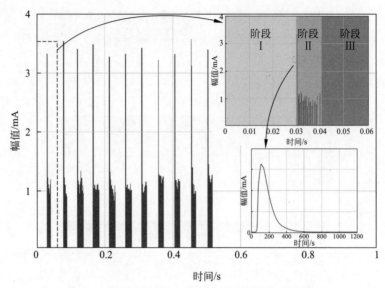

图 9-7　雨天直流电晕电流波形图（降雨量 2.5μL/s）

电晕放电与泰勒锥形变一一对应的实验现象表明导线表面水滴的电晕放电主要来源于水滴泰勒锥尖端的电晕放电。

与图 9-7 相应的脉冲电流波形具体信息如表 9-3 所示。可以发现，11簇脉冲序列的簇内脉冲数量为 24～43，电晕电流脉冲的上升时间为 63～67ns，电晕电流脉冲的平均幅值为 0.83～1.05mA，簇内脉冲时间间隔为0.32～0.41ms，也即簇内脉冲重复频率为 2.44～3.12kHz；相邻簇之间的时间间隔为 31～40ms，也即脉冲簇的重复频率为 25～32.3Hz。

表 9-3　电晕电流的波形特性

	脉冲簇序号										
---	1	2	3	4	5	6	7	8	9	10	11
簇内脉冲数量	24	23	43	39	38	39	35	33	32	31	28
上升时间/ns	65	66	63	65	63	67	65	67	65	66	67
平均幅值/mA	0.91	0.88	0.84	0.85	0.83	0.92	0.84	1.05	0.9	0.92	1.02

	脉冲簇序号										
	1	2	3	4	5	6	7	8	9	10	11
簇内脉冲时间间隔/ms	0.4	0.37	0.32	0.35	0.39	0.37	0.38	0.41	0.4	0.41	0.41
相邻簇间时间间隔/ms	—	40	36	31	32	33	33	32	34	35	38

根据图 9-7 及表 9-3 所提供的信息,可以发现电晕电流脉冲呈现两种周期频率:一种是以 kHz 为数量级,表现为脉冲簇内重复出现的高频电晕电流脉冲;另一种以 10Hz 为数量级,表现为低频脉冲簇序列。这两种不同的周期均起源于导线表面附着水滴的水量供给和消耗之间的不平衡。

低频电晕电流脉冲簇序列的产生机理与水滴总体积的大小密切相关,即与整个水滴区域的水量供给与损失之间的不平衡有关,如图 9-8 所示[12]。其中,R 为水滴尖端的曲率半径,F_{supply} 为水量的供给速率,$F_{emission}$ 为水滴的喷射消耗速率,R_c 为水滴尖端的临界曲率半径。水滴体积在水量不断补充的情况下逐渐增大,同时,在静电场的作用下水滴逐渐拉长,直至曲率半径 R 小于曲率半径临界值 R_c。此时,水滴尖端处的静电压力 P_m 和重力 P_g 之和开始超过导线表面张力 P_c,即

$$P_m + P_g = \frac{1}{2}\varepsilon_0 E^2 + h\rho g > \frac{2\gamma}{R} = P_c \tag{9-1}$$

式中,E 为水滴尖端的电场强度;ε_0 为介电常数;h、ρ、g 分别为水滴长度、

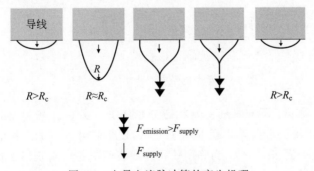

图 9-8　电晕电流脉冲簇的产生机理

水的密度以及重力加速度；γ 为表面张力系数，在室温条件下取值为
0.073N/m。当 P_m 与 P_g 之和大于 P_c 时，水滴尖端开始变得不稳定，泰勒
锥尖端开始形成，并伴随有一系列液体喷射以及相应的电晕放电过程。由
于液体喷射速率 $F_{emission}$ 大于水量的供给速率 F_{supply}[12]，因此水滴体积逐步
减小，并且放电引起空气振动（见 8.6 节）的反作用力也促进了水滴尖端的
收缩，水滴的曲率半径逐渐增大。当曲率半径 R 大于临界值 R_c 时，P_m 与
P_g 之和小于 P_c，泰勒锥尖端难以形成，水滴喷射损失速率重新回到零值。
伴随水量的重新不断供给，整个过程周而复始。

电晕电流脉冲簇中单个电晕电流脉冲的产生则与水滴尖端部分区域的
水量供给和损失之间的不平衡密切相关，其产生机制如图 9-9 所示[12]。初
始状态时，水滴尖端的曲率半径大于临界值，P_m 与 P_g 之和小于 P_c，无泰
勒锥产生也即水滴的喷射损失速率为 0。流入水滴尖端部分的水量使得水
滴尖端的曲率半径逐渐减小，直至曲率半径 R 小于曲率半径临界值 R_c。
此时 P_m 与 P_g 之和大于 P_c，泰勒锥尖端开始形成，并伴随相应的液体喷
射以及电晕放电过程，需要说明的是水滴尖端处的高速液体喷射抵消了
部分静电压力 ΔP_i，如图 9-9 所示。由于液体喷射速率大于尖端部分的
水量供给速率，因此在一次液体喷射后，水滴尖端曲率半径迅速增大至高
于临界值，使得 P_m 与 P_g 之和重新小于 P_c，液体喷射随之停止，水滴恢
复初始状态。之后尖端部分的水量持续供给，将导致新一轮的液体喷射
和电晕放电过程。

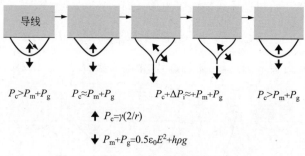

图 9-9 单个电晕电流脉冲的产生机理

表 9-4 展示了不同时刻初始状态的水滴受力分析。在起始时刻，水滴
体积较小，水滴尖端曲率半径 R 相对较大，使得静电压力 P_m 和重力 P_g 之
和小于导线表面张力 P_c。当降雨使得导线表面附着水滴获得水量补充时，
尖端曲率半径减小，静电压力和重力之和大于导线表面张力，此时具备产生

液体喷射条件,并伴随电晕放电产生。随着时间推移,降雨对导线表面附着水滴的水量补充逐渐减少,而多次的液体喷射使得附着水滴的体积明显减小,此时静电压力和重力之和小于导线表面张力,水滴回到初始状态,如时刻 0.6s 所示。

表 9-4　不同时刻初始状态的水滴受力分析

时刻 /s	水滴体积 /μL	尖端曲率半径 R /mm	尖端电场 E /(kV/cm)	P_m /(N/m²)	P_g /(N/m²)	P_c /(N/m²)	$P_m + P_g - P_c$ /(N/m²)
0	28.6	0.78	60.85	163.92	21.09	187.18	−2.17
0.1	29.4	0.72	64.86	186.21	21.49	202.78	4.92
0.3	29.3	0.73	64.17	182.28	21.44	200.01	3.71
0.5	29.1	0.74	63.41	177.99	21.39	197.30	2.08
0.6	28.7	0.77	61.39	166.84	21.16	189.61	−1.61

9.2.1.3　雨量对直流电晕放电的影响

降雨量的增大,可以使得导线表面附着水滴的水量补充增多,因此可以增加电晕电流脉冲簇的数量。但是当降雨量增大到一定程度后,周期性稳定出现的泰勒锥尖端将变得极不稳定[6],如图 9-10 所示。当导线施加电压

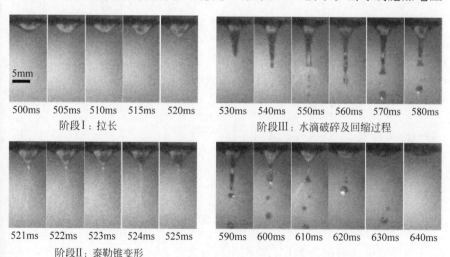

图 9-10　水滴在直流电场中的动态过程(降雨量 10μL/s)

为 35kV，模拟降雨量为 $10\mu L/s$ 时，由于大降雨量对导线表面附着水滴的水量补充过多，附着水滴的体积明显增大，导致水滴在拉长过程中，很容易发生破碎，泰勒锥尖端不能稳定存在。对比图 9-10 和图 9-6，可以发现降雨量增大后的泰勒锥变形持续时间（阶段Ⅱ）大幅缩短，取而代之的是水滴破碎及回缩过程（阶段Ⅲ）的持续时间明显增长。

降雨量为 $10\mu L/s$ 时的电晕电流波形如图 9-11 所示。由于泰勒锥尖端不能稳定存在，周期性出现脉冲簇序列不复存在。此时的电晕电流波形中包含着大量不规则的电晕电流脉冲，其幅值一般远低于泰勒锥尖端所造成的电晕脉冲电流，但重复频率远高于后者。对比高速摄像图像可知，此类不规则电晕电流脉冲来源于水滴破碎时，破碎水滴与附着水滴之间的间隙放电以及不规则破碎水滴表面产生的电晕放电。

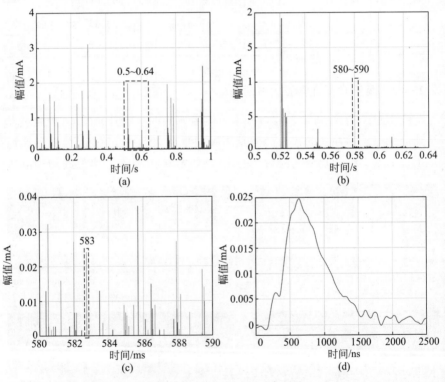

图 9-11　雨天直流电晕电流波形（降雨量 $10\mu L/s$）

当导线施加电压为 35kV，模拟降雨量为 $2.5\sim10\mu L/s$ 时，实验测得的电晕电流波形如图 9-12 所示。降雨量由 $2.5\mu L/s$ 增加至 $5\mu L/s$，电晕电流

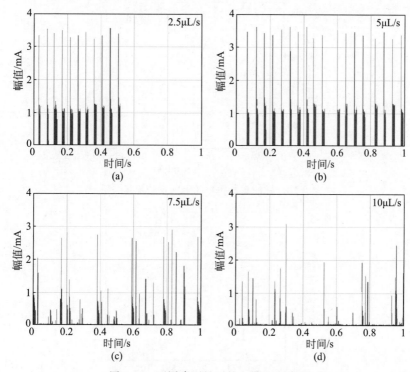

图 9-12   不同降雨量下的电晕电流波形

脉冲簇等比例增加。此时电晕脉冲电流的主要来源仍为泰勒锥尖端放电。当降雨量增加至 $7.5\mu L/s$ 时,电晕电流呈现不规则的电流脉冲,其幅值明显小于前述泰勒锥尖端放电对应的电晕电流脉冲。当降雨量进一步增加至 $10\mu L/s$ 时,电晕电流的不规则性更加突出,且电晕电流的幅值进一步降低。

对图 9-12 中不同降雨量下的电晕电流波形进行统计分析(只统计脉冲幅值在 0.2mA 及以上的电晕电流脉冲),获得电晕电流脉冲重复频率及平均幅值随降雨量的变化关系,如图 9-13 和图 9-14 所示。当降雨量低于 $5\mu L/s$ 时,电晕电流脉冲重复频率随雨量的升高而升高,与此同时,脉冲平均幅值几乎不随雨量变化,幅值稳定在 1.3mA 左右。当降雨量高于 $5\mu L/s$ 时,电晕电流脉冲重复频率随雨量的升高而降低,脉冲平均幅值也随降雨量的升高而降低。

对图 9-12 中的电流波形进行傅里叶变换,并将各频点结果以 1mA 为参考转换为相应分贝值。不同降雨量下电晕电流的频谱特性如图 9-15 所

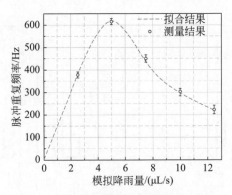

图 9-13　脉冲重复频率随降雨量的变化关系

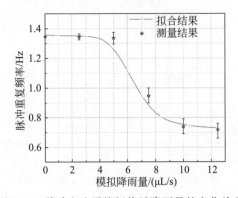

图 9-14　脉冲电流平均幅值随降雨量的变化关系

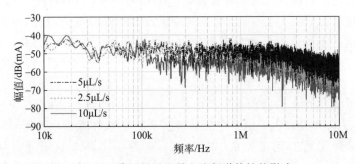

图 9-15　降雨量对电晕电流频谱特性的影响

示。随着频率的升高,电晕电流频谱分量均呈下降趋势,说明其主要能量均集中在低频部分。随着雨量的升高,电晕电流频谱分量呈现先升高后降低的趋势,表现为当降雨量为 $5\mu L/s$ 时,电晕电流频谱分量最大;随着降雨量的进一步升高,电晕电流频谱分量减小。产生这种现象的原因在于,当降雨量升高至越过临界值时,水滴在拉长形成泰勒锥尖端后将会继续被拉长直至水滴破碎,周期性出现的泰勒锥尖端电晕放电开始变得极不稳定,电晕放电的主要来源转变为水滴破碎过程中的不规则电晕放电,其脉冲幅值一般远低于泰勒锥尖端电晕放电的脉冲幅值。

实验测得的电晕平均电流随降雨量、电压的变化关系如图 9-16 所示。与电晕电流频谱分析的实验结果有较大不同,电晕平均电流随降雨量的增加明显增大,并不存在明显拐点,说明虽然雨量增加减少了高幅值电晕脉冲的数量,但电晕平均电流中微小高频次电晕放电的贡献更大。此外,电晕平均电流随电压的升高显著增大,因此,电晕损失随降雨量、电压的升高而增大。

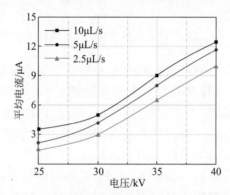

图 9-16　降雨量和电压对电晕平均电流的影响

9.2.2　真型导线模拟降雨的直流电晕测试结果

9.2.1 节的实验获得了单独一滴雨在直流导线上的放电特征和机理。对于降雨条件下实际直流线路的电晕放电特性,需要利用 9.1.2 节的真型导线电晕实验平台,开展进一步研究。进行雨天真型导线电晕实验可以研究降雨不同阶段直流电晕电流、可听噪声、电晕外观特征等变化规律,并可以结合单个雨滴电晕放电的机理来分析真型导线上观测到的现象。

9.2.2.1　降雨起始阶段的直流电晕特性

1. 场强对降雨起始阶段直流电晕特性的影响

当降雨量为 0.5mm/h 时,不同导线表面最大电场强度下降雨起始阶段的 A 计权声压级随降雨时间的变化如图 9-17 所示。需要说明的是降雨从第 10min 开始,测试的前 10min 为干燥新导线的直流电晕放电测试。在

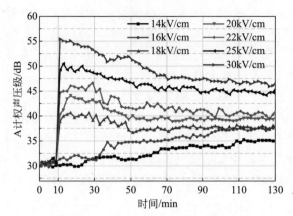

图 9-17　降雨起始阶段 A 计权声压级随降雨时间的变化关系

导线表面场强为 14～30kV/cm 范围内,干燥新导线并未起晕,因此测量得到的是背景噪声的 A 计权声压级,其变化范围为 29～32dB(A)。

在降雨的起始时刻,也即时间 $T=10$min,A 计权声压级的变化呈现出两种截然不同的趋势。第一种趋势为当导线表面场强相对较低时,以 16kV/cm 为例,降雨起始阶段 A 计权声压级随降雨时间的增长而增加,最终达到一稳态值,约为 37.5dB(A)。并且,在降雨开始的前 20min 内($T=$10～30min),可听噪声的 A 计权声压级与背景噪声相差无几,可听噪声的 A 计权声压级的明显上升过程发生于降雨开始 20min 后。第二种为导线表面场强较高时,以 25kV/cm 为例,在降雨的开始时刻($T=10$min),可听噪声的 A 计权声压级几乎达到了峰值,约为 50dB(A),而随降雨时间的推移,导线电晕放电产生可听噪声的 A 计权声压级随之不断下降,最终达到一稳态值,约为 45dB(A)。这种在降雨起始时刻可听噪声的 A 计权声压级便达到峰值的现象我们称之为雨天直流电晕可听噪声的过冲现象,简称可听噪声的过冲现象。

为揭示可听噪声过冲现象的产生机制,下面从雨天直流电晕放电的平均电流、电晕电流脉冲波形特征、电晕长曝光图像以及声波的 1/3 倍频程特性等方面进行分析。

首先是电晕平均电流在降雨起始阶段的变化,如图 9-18 所示。与高场强下降雨起始阶段的可听噪声过冲现象不同,在所有电场强度范围内(14～30kV/cm),电晕平均电流随降雨时间的增长而不断增加,直至达到稳态。但稳态时的电晕平均电流存在巨大差异:当导线表面最大电场强度为

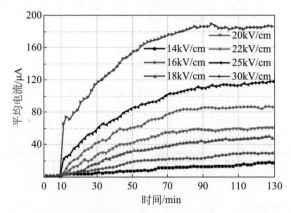

图 9-18　降雨起始阶段电晕平均电流随降雨时间的变化

30kV/cm 时,电晕平均电流的最终稳态值可至 $180\mu A$;而当导线表面最大场强度为 16kV/cm 时,电晕平均电流的最终稳态值只有不到 $30\mu A$。电晕平均电流的巨大差异,说明雨天直流导线周围的空间电荷也相应存在巨大差异。分布于导线周围的空间电荷将削弱导线表面合成场强,从而改变电晕放电特性。

不同电场强度下降雨起始阶段不同时刻的电晕电流波形如图 9-19～图 9-21 所示。以图 9-19 为例,当导线表面标称场强为 16kV/cm 时,在降雨的起始时刻($T=10min$)无明显电晕电流脉冲产生;降雨进行 20min 后($T=30min$),稀疏成簇状的电晕脉冲开始出现,其幅值为 1～2mA;降雨进行 40min 后($T=50min$),簇状脉冲的重复频率明显增加,幅值略有降低,为 0.5～2mA;降雨进行 60min 后($T=70min$),电晕脉冲的重复频率大幅增加,稀疏的簇状脉冲序列被重复频率较高的不规则电晕脉冲所替代,幅值也略有降低;降雨进行 80min 后($T=90min$),电晕脉冲的重复频率进一步增加,而脉冲幅值进一步降低,高幅值脉冲完全消失;降雨进行 100min 后($T=110min$),电晕放电达到稳定状态,电晕电流脉冲幅值与稀疏成簇状的脉冲幅值相比大幅降低,仅有 0.5mA 左右,但脉冲幅值之间的差异很小,同时脉冲重复频率极高。

当导线表面标称场强为 18kV/cm 时,降雨起始阶段不同时刻的电晕电流波形如图 9-20 所示。在降雨的起始时刻($T=10min$),便有明显的电晕电流脉冲产生,呈现幅值高、重复频率极低的特点;降雨进行 20min 后($T=30min$),电晕电流脉冲的幅值下降,但重复频率显著上升;降雨进行 40min

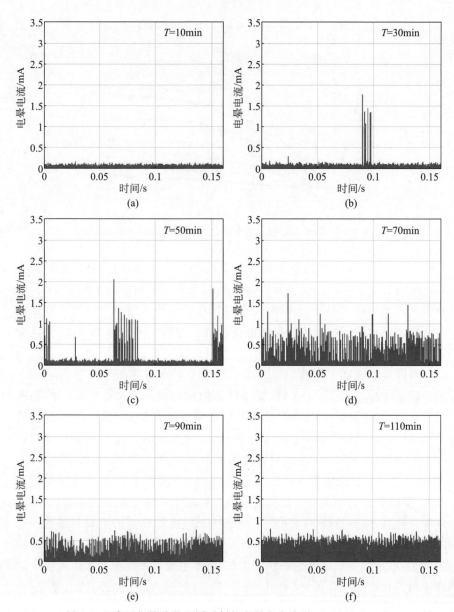

图 9-19　降雨起始阶段不同时刻的电晕电流波形（$E = 16\text{kV/cm}$）

后（$T = 50\text{min}$），电晕电流脉冲的幅值继续下降，幅值约为降雨起始时刻脉冲幅值的 $1/3$，重复频率大幅上升；降雨进行 80min 后（$T = 90\text{min}$），电晕放电达到稳定状态，此时脉冲幅值极低，小于 1mA，同时脉冲幅值之间的差异

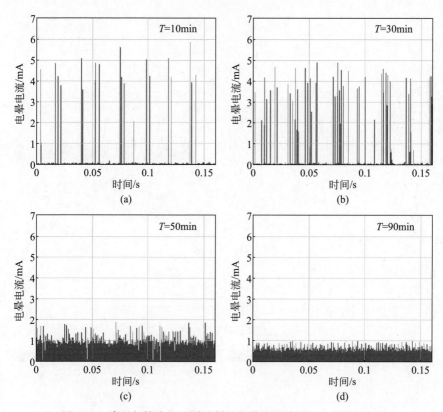

图 9-20　降雨起始阶段不同时刻的电晕电流波形($E=18\text{kV/cm}$)

很小且脉冲重复频率极高。

当导线表面标称场强为 25kV/cm 时,降雨起始阶段不同时刻的电晕电流波形如图 9-21 所示。在整个降雨过程中,电晕脉冲随降雨时间的变化规律与导线表面标称场强为 18kV/cm 时基本类似:随降雨时间的推移,电晕电流脉冲幅值大幅降低,同时脉冲重复频率显著升高。降雨起始时刻($T=10\text{min}$),脉冲幅值为 $15\sim35\text{mA}$;而放电进入稳态后($T=90\text{min}$),脉冲幅值为 $2\sim3\text{mA}$,与降雨起始阶段的脉冲幅值相比大幅降低。

统计图 9-19～图 9-21 中的电晕脉冲波形参数,结果如表 9-5 所示。与前述分析一致,在导线表面电场强度为 $16\sim25\text{kV/cm}$ 的范围内,随降雨时间的推移,电晕电流脉冲幅值大幅降低,而与此同时脉冲重复频率迅速升高。当电场强度为 16kV/cm 时,脉冲平均幅值的初始值为 1.62mA(出现于 $T=30\text{min}$),最终的稳态值为 0.69mA(出现于 $T=110\text{min}$);与此同时,

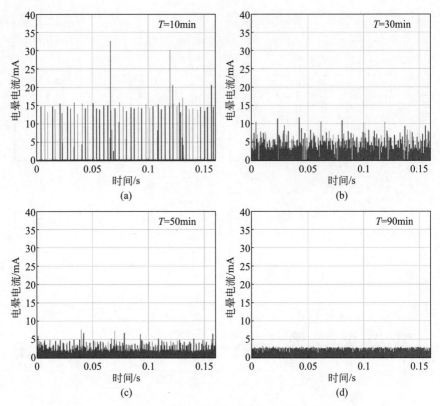

图 9-21　降雨起始阶段不同时刻的电晕电流波形（$E=25\text{kV/cm}$）

脉冲重复频率的初始值为 38Hz，而最终稳态值约为 7kHz。当电场强度为 25kV/cm 时，脉冲平均幅值的初始值为 9.49mA（出现于 $T=10\text{min}$），最终的稳态值为 1.31mA（出现在 $T=110\text{min}$）；而与此同时，脉冲重复频率的初始值为 769Hz，而最终稳态值高达 29kHz。对于可听噪声的 A 计权声压级而言，在低场强情况（$E\leqslant16\text{kV/cm}$）下，随降雨时间的推移，A 计权声压级逐步增加；而在较高场强情况（$E\geqslant18\text{kV/cm}$）下，随降雨时间的推移，A 计权声压级逐步降低。产生这种现象的主要原因在于不同电压等级下电晕放电产生的空间电荷分布不同，因而对电晕放电的整体削弱程度不同。根据图 9-17 测量得到的电晕平均电流结果，可以发现在低场强下，电晕平均电流较小，导线附近的空间电荷也较少，空间电荷对电晕放电的削弱作用也相对较小，因此随降雨时间的推移，虽然导线表面积累的电晕放电点逐步增多，电晕脉冲重复频率大幅上升，但脉冲平均幅值下降的幅度相对较小

(1.62mA→0.69mA);而在高场强下,电晕平均电流较大,导线附近的空间电荷也较多,空间电荷对电晕放电的削弱作用相对较大,因此随降雨时间的推移,导线表面积累的电晕放电点逐步增多,电晕脉冲重复频率大幅上升并伴随脉冲平均幅值的大幅降低(9.49mA→1.31mA)。由此可见,A 计权声压级的大小受脉冲重复频率和脉冲幅值共同影响,低场强下由于脉冲平均幅值较低,A 计权声压级的大小主要受脉冲重复频率的影响;高场强下 A 计权声压级的大小主要受脉冲平均幅值的影响。

表 9-5　降雨起始阶段不同时刻的电晕参数

时刻 T /min	脉冲幅值/mA			重复频率/Hz			A 计权声压级/dB		
	16 kV/cm	18 kV/cm	25 kV/cm	16 kV/cm	18 kV/cm	25 kV/cm	16 kV/cm	18 kV/cm	25 kV/cm
10	0	4.27	9.49	0	131	769	31.3	38.9	49.6
30	1.62	3.02	3.76	38	419	4881	31.9	39.8	48.5
50	1.13	1.15	1.87	294	4144	13900	34.8	37.3	46.5
70	0.83	0.75	1.56	1781	10413	21119	35.1	36.8	45.9
90	0.66	0.70	1.28	3250	14881	29781	35.8	37.5	44.9
110	0.69	0.68	1.31	7056	15075	29150	37.4	37.6	45

　　不同电场强度下降雨起始阶段不同时刻的电晕长曝光图像如图 9-22~图 9-24 所示。当电场强度为 16kV/cm 时,电晕长曝光图像如图 9-22 所示。在降雨的起始时刻($T=10$min),导线表面并无明显电晕放电点,与图 9-19 中起始时刻无电晕电流脉冲相吻合;导线下表面的电晕放电点在 $T=30$min 时刻出现,此时的电晕放电来源于持续降雨使得水滴在导线下表面不断累积,最终水滴体积足够大,泰勒锥放电得以产生。随降雨时间的推移,电晕放电点的数量逐渐增大,直至 $T=110$min 时刻达到稳态。由于场强较低,稳态时的电晕放电点数量仍然较少,稀疏地分布于导线下表面。同理,电晕放电的强度较弱,导线附近的空间电荷密度较小,对电晕放电的削弱作用也较小,因此电晕放电点的形态始终无较大改变。

　　当电场强度为 18kV/cm 和 25kV/cm 时,两者的电晕放电特性随降雨时间的变化规律几乎一致,其电晕长曝光图像分别如图 9-23 和图 9-24 所示。在降雨的起始时刻($T=10$min),导线上表面出现明显的电晕放电点,电晕放电点的数量较少,但亮度较高,此电晕放电的主要来源为雨滴的滴落放电,即当雨滴与导线之间距离极短时,两者之间发生的间隙放电。雨滴的

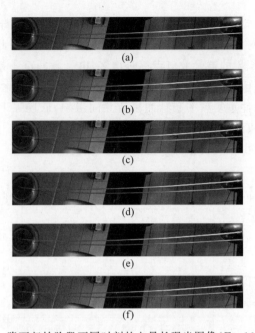

图 9-22　降雨起始阶段不同时刻的电晕长曝光图像($E=16\text{kV/cm}$)

（a）$T=10\text{min}$；（b）$T=30\text{min}$；（c）$T=50\text{min}$；（d）$T=70\text{min}$；（e）$T=90\text{min}$；（f）$T=110\text{min}$

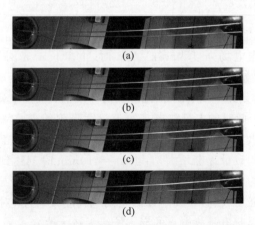

图 9-23　降雨起始阶段不同时刻的电晕长曝光图像($E=18\text{kV/cm}$)

（a）$T=10\text{min}$；（b）$T=30\text{min}$；（c）$T=50\text{min}$；（d）$T=90\text{min}$

滴落放电是雨天直流电晕可听噪声 A 计权声压级过冲现象的重要原因。导线上表面的电晕放电点在 $T=30\text{min}$ 时刻完全消失，取而代之的是导线下表面的电晕放电点，其亮度稍弱；随降雨时间的推移，导线下表面的电晕

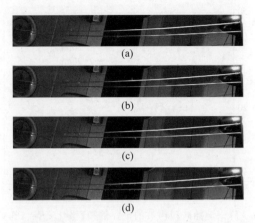

图 9-24 降雨起始阶段不同时刻的电晕长曝光图像($E=25\text{kV/cm}$)

(a) $T=10\text{min}$；(b) $T=30\text{min}$；(c) $T=50\text{min}$；(d) $T=90\text{min}$

放电点数量逐渐增多,直至 $T=90\text{min}$ 时刻达到稳态。稳态时的电晕放电点数量显著高于降雨起始状态,但单个电晕点亮度却弱于降雨起始阶段。结合图 9-18 测量得到的电晕平均电流结果,可以发现随放电点数量的增加,电晕平均电流逐渐增大,导线附近的空间电荷密度不断增加,导线表面合成场强被不断削弱,导致单个电晕放电点放电强度逐渐减弱。这是随降雨时间推移,电晕电流脉冲重复频率快速升高而平均幅值大幅降低的主要原因。

在不同电场强度下降雨起始阶段声波的 1/3 倍频程分析如图 9-25～图 9-27 所示。根据声波的 1/3 倍频程分析结果,可以发现雨天直流电晕放电产生的可听噪声声波能量主要集中在高频段(频率 $f>1\text{kHz}$),中低频段

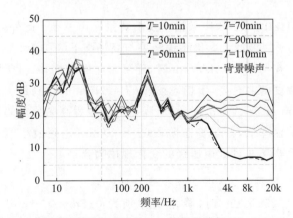

图 9-25 降雨起始阶段声波的 1/3 倍频程分析($E=16\text{kV/cm}$)

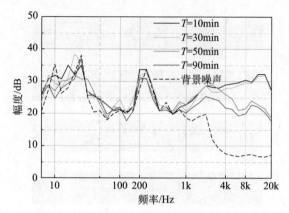

图 9-26　降雨起始阶段声波的 1/3 倍频程分析($E=18\mathrm{kV/cm}$)

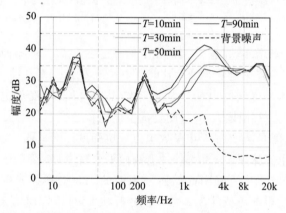

图 9-27　降雨起始阶段声波的 1/3 倍频程分析($E=25\mathrm{kV/cm}$)

（频率 $f < 1\mathrm{kHz}$）的可听噪声频谱主要由背景噪声主导。此外,在低场强下（$E \leqslant 16\mathrm{kV/cm}$）声波的 1/3 倍频程结果与高场强下（$E \geqslant 18\mathrm{kV/cm}$）的结果有明显不同。在场强为 16kV/cm 时,随降雨时间的推移,可听噪声的倍频程高频分量幅度随之升高,于稳态阶段（$T=110\mathrm{min}$）达到最大值。而在场强为 18kV/cm 或 25kV/cm 时,可听噪声的倍频程高频分量幅度随降雨时间的推移而明显降低,并于稳态阶段（$T=90\mathrm{min}$）达到最小值。此结果与表 9-5 中可听噪声 A 计权声压级的变化规律吻合。

2. 雨量对降雨起始阶段直流电晕特性的影响

当场强为 25kV/cm 时,降雨量分别为 0.5mm/h,1mm/h,2mm/h,4mm/h 时的直流电晕 A 计权声压级随降雨时间的变化关系如图 9-28 所示。降雨从第 10 分钟开始,测试的前 10 分钟为干燥新导线的直流电晕放电测试。在导线表面场强为 25kV/cm 时,干燥新导线并未起晕,因此测量得到的是背景噪声的 A 计权声压级,其变化范围为 30~32dB。

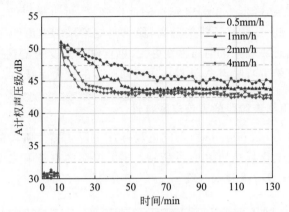

图 9-28　不同雨量下 A 计权声压级随降雨时间的变化关系($E=25kV/cm$)

在降雨的开始时刻($T=10min$),不同雨量下的可听噪声的 A 计权声压级几乎同时达到了峰值。随降雨时间的增加,可听噪声的 A 计权声压级随之下降,并最终趋于稳定。稳态时不同雨量下的可听噪声水平之间存在较大差异:降雨量为 0.5mm/h 时,稳态 A 计权声压级约为 45dB;降雨量为 1mm/h 时,稳态 A 计权声压级约为 44dB;降雨量为 2mm/h 或 4mm/h 时,稳态 A 计权声压级约为 42.5dB。

当场强为 25kV/cm 时,降雨量分别为 0.5mm/h、1mm/h、2mm/h、4mm/h 时的电晕平均电流随降雨时间的变化关系如图 9-29 所示。由前述

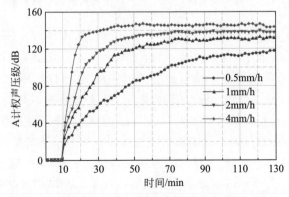

图 9-29　降雨起始阶段电晕平均电流随降雨时间的变化关系($E=25kV/cm$)

分析可知,雨天直流电晕特性随降雨时间的变化规律在很大程度上受导线附近空间电荷的影响。从图 9-29 可以发现,随降雨时间的增加,电晕平均电流均迅速升高,导线附近的空间电荷浓度也随之升高,这反过来削弱了导线表面合成场强,降低了单个电晕点的放电强度,可听噪声的 A 计权声压级随之下降。此外,随降雨量的升高,稳态时电晕平均电流明显升高,这意味着导线表面合成场强被削弱程度更大,单点电晕强度明显减弱,最终导致稳态时直流电晕可听噪声 A 计权声压级随雨量的增大而减小。

9.2.2.2 降雨结束阶段的直流电晕特性

当降雨量为 0.5mm/h 时,不同电场强度下降雨结束阶段的 A 计权声压级随时间的变化规律如图 9-30 所示。需要说明的是降雨在 $T=0$min 时刻马上结束,导线进入脱水阶段。

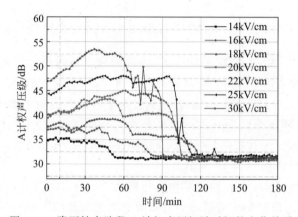

图 9-30　降雨结束阶段 A 计权声压级随时间的变化关系

在降雨结束的起始时刻,也即 $T=0$min 时刻,A 计权声压级的变化也呈现两种截然不同的趋势。第一种为当导线表面场强相对较低时,以 16kV/cm 为例,降雨结束阶段电晕可听噪声的 A 计权声压级随时间的增长而逐步降低,最终达到一稳态值,约为 31dB,与背景噪声相差无几。第二种为当导线表面场强较高时,以 25kV/cm 为例,在降雨结束阶段,可听噪声的 A 计权声压级随时间的推移出现先缓慢升高后迅速降低的趋势,A 计权声压级在 $T=45\sim95$min 时间段内达到峰值,约为 48dB,随后 A 计权声压级迅速降低,在 20min 后降低至背景噪声水平。在降雨结束后的 120min 后,可以发现所有场强下的可听噪声 A 计权声压级均为背景噪声水平

(29～32dB),这与前述结果——"在导线表面场强为 14～30kV/cm 范围内,干燥新导线并未起晕"相一致。

下面从雨天直流电晕放电的平均电流、电晕电流脉冲波形特征、电晕长曝光图像以及声波的 1/3 倍频程特性等方面对降雨结束后的电晕特性进行分析。

首先是电晕平均电流在降雨结束后的变化,如图 9-31 所示。在所有电场强度范围(14～30kV/cm)内,电晕平均电流随时间的推移而不断减小,直至达到 0。但降雨刚刚结束时的电晕平均电流仍存在巨大差异:当导线表面最大电场强度为 30kV/cm 时,电晕平均电流的初始值可高达 $180\mu A$;而当导线表面最大电场强度为 16kV/cm 时,电晕平均电流的初始值仅仅只有约 $30\mu A$。电晕平均电流在降雨刚刚结束时的巨大差异,说明不同场强作用下雨天直流导线周围的空间电荷浓度也存在巨大差异。

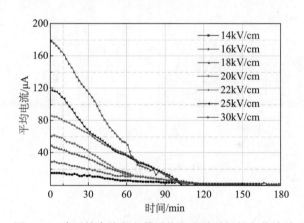

图 9-31 降雨结束阶段电晕平均电流随时间的变化关系

在不同电场强度作用下降雨结束阶段的电晕电流波形如图 9-32～图 9-34 所示。以图 9-32 为例,当导线表面标称场强为 16kV/cm 时,在 $T=0\text{min}$ 时刻,电晕电流脉冲的平均幅值仅为 0.5mA,但重复频率极高;在 $T=15\text{min}$ 时刻,电晕电流脉冲的平均幅值约为 0.8mA,重复频率开始降低;在 $T=30\text{min}$ 时刻,电晕电流脉冲的平均幅值约为 1mA,重复频率进一步降低;在 $T=60\text{min}$ 时刻,重复频率进一步下降,簇状脉冲序列开始出现,脉冲平均幅值也进一步提高;在 $T=90\text{min}$ 时刻,仅存有稀疏的簇状脉冲序列,其幅值范围为 1～3mA;在 $T=120\text{min}$ 时刻,无电晕电流脉冲产生,电晕放电过程结束。

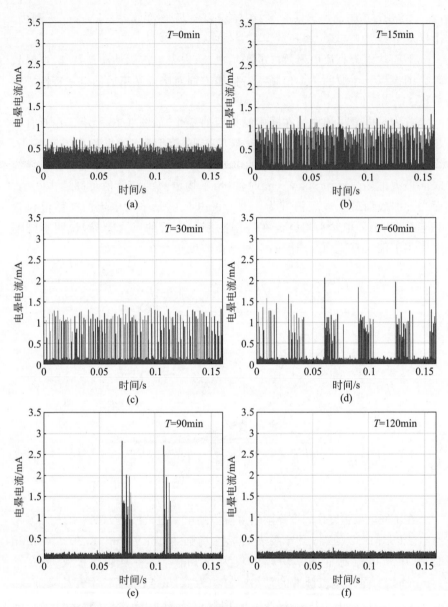

图 9-32　降雨结束阶段不同时刻的电晕电流波形（$E=16\mathrm{kV/cm}$）

　　当导线表面标称场强为 18kV/cm 和 25kV/cm 时，降雨结束阶段不同时刻的电晕电流波形分别如图 9-33 和图 9-34 所示。在整个干燥过程中，电晕脉冲随时间的变化规律与导线表面标称场强为 16kV/cm 时基本类

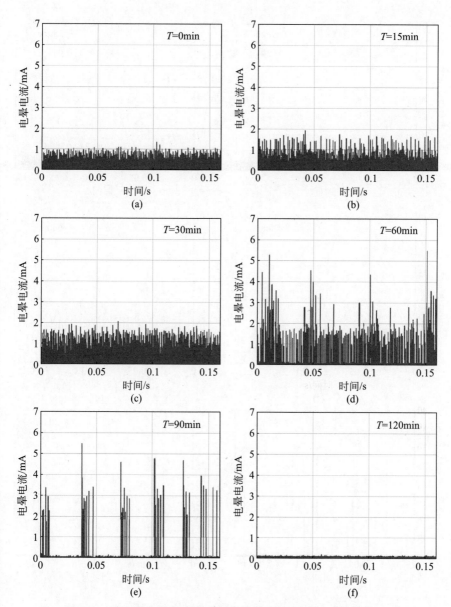

图 9-33　降雨结束阶段不同时刻的电晕电流波形($E=18\text{kV/cm}$)

似:随着降雨时间的推移,脉冲重复频率逐渐降低。同时电晕电流脉冲幅值大幅升高。以 25kV/cm 为例,$T=0\text{min}$ 时刻,脉冲幅值约为 2mA;降雨结束后($T=90\text{min}$),脉冲幅值为 $2\sim30\text{mA}$。

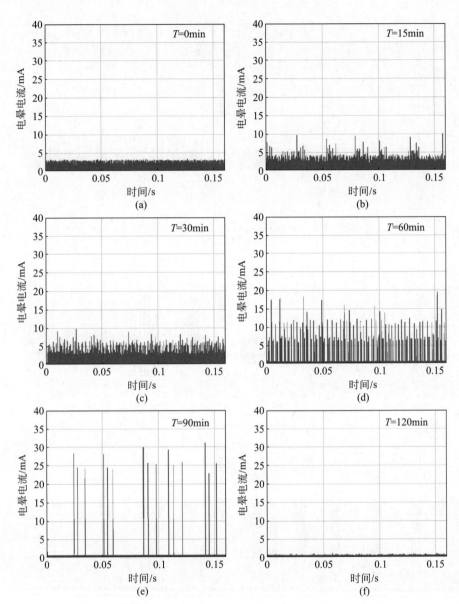

图 9-34　降雨结束阶段不同时刻的电晕电流波形($E=25\text{kV/cm}$)

统计图 9-32～图 9-34 中的电晕脉冲参数,结果如表 9-6 所示。与前述分析一致,在导线表面电场强度为 $16\sim25\text{kV/cm}$ 的范围内,随降雨结束时间的推移,电晕电流脉冲幅值逐步升高,而与此同时脉冲重复频率逐步降低。当电场强度为 16kV/cm 时,脉冲平均幅值初始值为 0.65mA($T=$ 0min),而 $T=90$min 时刻脉冲平均幅值为 1.49mA;与此同时,脉冲重复频率初始值为 7.3kHz,而 $T=90$min 时刻脉冲重复频率仅为 138Hz。当电场强度为 25kV/cm 时,脉冲平均幅值的初始值为 1.35mA($T=0$min),而 $T=90$min 时刻脉冲平均幅值为 12.20mA;与此同时,脉冲重复频率的初始值约为 29.5kHz,而 $T=90$min 时刻脉冲重复频率仅为 206Hz。

表 9-6　降雨结束阶段不同时刻的电晕参数

时刻 T /min	脉冲幅值/mA			重复频率/Hz			A 计权声压级/dB		
	16 kV/cm	18 kV/cm	25 kV/cm	16 kV/cm	18 kV/cm	25 kV/cm	16 kV/cm	18 kV/cm	25 kV/cm
0	0.65	0.71	1.35	7313	14369	29519	37.1	38.3	45.5
15	1.02	0.75	2.00	2650	13313	15531	36.7	37.7	46.6
30	1.25	1.28	3.27	744	5444	5881	36.3	38.4	46.5
60	1.19	1.88	6.29	581	1588	1200	34.4	38.3	47.9
90	1.49	3.06	12.20	138	250	206	31.4	35.6	47.7
120	0	0	0	0	0	0	30.8	30.9	31.0

对于可听噪声的 A 计权声压级而言,在低场强情况($E \leqslant 16$kV/cm)下,随降雨结束时间的推移,A 计权声压级逐渐降低;而在较高场强情况($E \geqslant 18$kV/cm)下,随降雨结束时间的推移,A 计权声压级先升高后降低。此现象产生的主要原因在于不同电场强度下的初始空间电荷分布不同,即降雨刚结束时导线附近空间电荷浓度有较大差异。根据图 9-31 测量得到的电晕平均电流结果可以发现,随降雨结束后时间的推移,电晕平均电流逐渐降低至 0。伴随电晕平均电流的降低,导线周围空间电荷密度逐步下降,导线周围合成场强也因此逐步增大。因此,单个电晕点的电晕强度会逐渐增强,变为电晕电流脉冲幅值的不断增大。同时,电晕放电点数量会随降雨结束后时间的推移而明显减少,导致电晕脉冲重复频率大幅下降。在低场强下,电晕平均电流较小,导线附近的空间电荷量也较少,空间电荷对电晕放电的削弱作用也相对较小,因此整个过程中脉冲平均幅值上升的幅度相对较小(0.65mA→1.49mA);而在高场强下,电晕平均电流较大,导线附近的空间电荷量也较多,空间电荷对电晕放电的削弱作用相对较大,因而整个过程中脉冲平均幅值上升的幅度较大(1.35mA→12.20mA)。在低场强情况下,由于脉冲平均幅值较低,A 计权声压级的大小主要受脉冲重复频率的影

响,因而 A 计权声压级随降雨结束时间的推移而逐步减小;在高场强情况下,A 计权声压级的大小主要受脉冲平均幅值的影响,因而 A 计权声压级随降雨结束时间的推移呈先升高后降低的趋势。

    当电场强度为 25kV/cm 时,降雨结束阶段不同时刻的电晕长曝光图像如图 9-35 所示。在 $T=0$min 时刻,导线表面有大量电晕放电点,由于此时的导线附近空间电荷浓度很高,导线表面合成电场被大幅削弱,导致单个电晕放电点的电晕强度偏弱,因而单个电晕放电点的亮度也较弱。随时间的推移,电晕放电点的数量逐渐减少,而单个放电点的亮度逐步增强,主要原因在于干燥过程中水滴体积不断缩小,满足泰勒锥尖端放电条件的附着水滴数目逐渐减少,导致导线附近空间电荷浓度逐步降低,导线表面合成电场逐渐恢复,因此单个电晕放电点的电晕强度逐渐增强。在 $T=90$min 时刻,导线表面仅剩一个电晕放电点,其亮度显著强于起始时的单个电晕放电点。上述分析即为图 9-34 中 $T=90$min 时刻电晕电流脉冲幅值较之前大

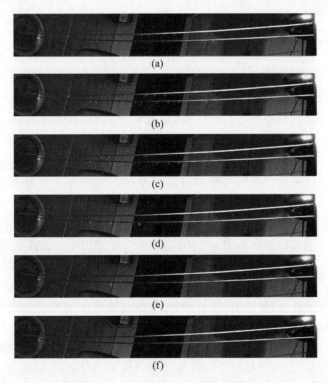

(a)

(b)

(c)

(d)

(e)

(f)

图 9-35   降雨结束阶段不同时刻的电晕长曝光图像($E=25$kV/cm)

(a) $T=0$min;(b) $T=15$min;(c) $T=30$min;(d) $T=60$min;(e) $T=90$min;(f) $T=120$min

幅升高的主要原因。

在不同电场强度下降雨结束阶段声波的 1/3 倍频程分析如图 9-36～图 9-38 所示。根据声波的 1/3 倍频程分析结果，可以发现雨天直流电晕放电产生的可听噪声声波能量主要集中在高频段（频率 $f > 1\text{kHz}$），中低频段（频率 $f < 1\text{kHz}$）的可听噪声频谱主要由背景噪声主导。此外，低场强下（$E \leqslant 16\text{kV/cm}$）声波的 1/3 倍频程结果与高场强下（$E \geqslant 18\text{kV/cm}$）的结果有明显不同。在场强为 16kV/cm 时，随降雨结束时间的推移，可听噪声的倍频程幅度逐渐降低，并最终回归背景噪声值。而在场强为 18kV/cm 或 25kV/cm 时，可听噪声的倍频程幅度随降雨结束时间的推移呈现先升高后降低的趋势，最终也回归背景噪声值。此结果与表 9-6 中降雨结束阶段可听噪声 A 计权声压级的变化规律基本吻合。

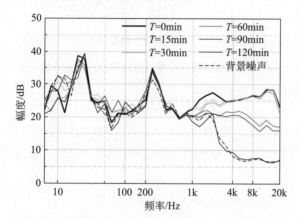

图 9-36　降雨结束阶段声波的 1/3 倍频程分析（$E = 16\text{kV/cm}$）

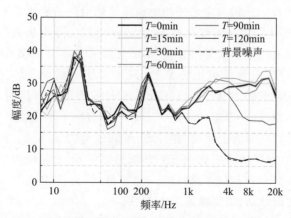

图 9-37　降雨结束阶段声波的 1/3 倍频程分析（$E = 18\text{kV/cm}$）

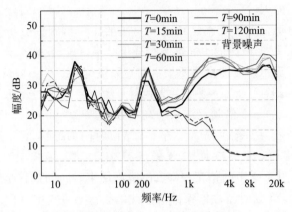

图 9-38　降雨结束阶段声波的 1/3 倍频程分析($E=25\mathrm{kV/cm}$)

9.2.2.3　降雨对干燥导线电晕放电特性的改变

当持续降雨使得导线表面附着水滴时,导线表面的特征状态被改变,导线干燥时的电晕放电特性也随之改变[13]。由于实验室采用的导线为新导线,表面较为光滑,因此,干燥情况下导线的电晕起始场强>30kV/cm。实验发现,当导线表面标称场强为 40kV/cm 时,干燥新导线电晕放电明显。因此,在研究降雨对干燥导线电晕放电特性的影响时,导线表面场强采用 40kV/cm。

1. 降雨起始阶段导线电晕放电特性的改变

当降雨量为 0.5mm/h,导线表面最大标称电场为 40kV/cm 时,降雨起始阶段的 A 计权声压级和电晕平均电流随降雨时间的变化如图 9-39 所示。背景噪声的 A 计权声压级变化范围为 29～32dB。降雨从第 10min 开始,加压的前 10min 为干燥新导线的电晕放电测试。由于导线表面标称场强较高,干燥新导线电晕放电十分剧烈,其可听噪声的 A 计权声压级约为 65dB。在降雨的起始时刻($T=10\mathrm{min}$),A 计权声压级出现明显向下跳变现象,由 65dB 跳变至 62dB。伴随 A 计权声压级向下跳变的是电晕平均电流在降雨起始时刻的向上跳变,由 110μA 跳变至约 200μA。此后,伴随降雨时间的推移,可听噪声的 A 计权声压级逐渐下降,直至降雨 170min($T=180\mathrm{min}$)时,A 计权声压级才维持在一稳定值,约为 52dB。与此同时,电晕平均电流却逐渐增加,最终稳定于 360μA。

为揭示导线电晕可听噪声在雨天和干燥情况下的巨大差异,下面从雨

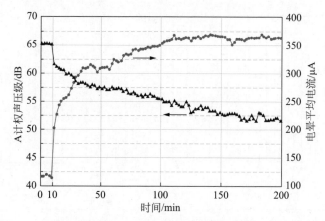

图 9-39　降雨起始阶段 A 计权声压级和电晕平均电流随时间的变化

天直流电晕放电的电流脉冲波形特征、电晕长曝光图像以及声波的 1/3 倍频程特性等方面进行分析。

降雨前及降雨起始阶段不同时刻的电晕电流波形如图 9-40 所示。在降雨之前,电晕电流脉冲幅值极高,约为 140mA,同时电晕电流脉冲的重复频率很低;在降雨的起始时刻($T=10$min),电晕电流脉冲幅值显著降低,最大值不超过 60mA,而电晕电流脉冲的重复频率大幅升高。之后,伴随降雨时间的推移,电晕电流脉冲幅值逐步降低,而电晕电流脉冲的重复频率逐渐升高。在 $T=200$min 时刻,电晕放电已达到稳态,此时脉冲的幅值基本不超过 20mA。

统计图 9-40 中的电晕脉冲参数,结果如表 9-7 所示。与前述分析一致,随降雨时间的推移,电晕电流脉冲幅值大幅降低,而与此同时脉冲重复频率迅速升高。降雨前脉冲平均幅值为 119.82mA,降雨后电晕放电达到稳态时的脉冲平均幅值为 2.52mA($T=200$min);与此同时,前者脉冲重复频率为 203Hz,而后者的值约为 99.7kHz。

表 9-7　降雨起始阶段不同时刻的电晕参数($E=40$kV/cm)

时刻 T/min	脉冲幅值/mA	重复频率/Hz	A 计权声压级/dB
降雨前	119.82	203	65.2
10	19.15	4706	61.9
50	7.81	19706	57.6
100	3.91	43706	55.3
200	2.52	99706	52.2

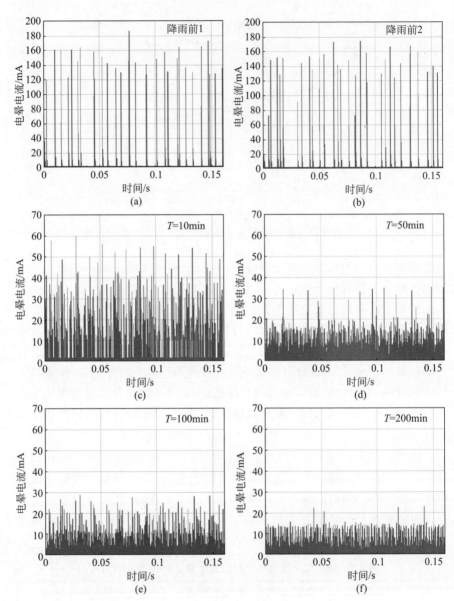

图 9-40　降雨前及降雨起始阶段不同时刻的电晕电流波形($E=40\text{kV/cm}$)

当电场强度为 40kV/cm 时，电晕放电的长曝光图像随降雨时间的变化情况如图 9-41 所示。降雨前，导线表面存在零散分布的强电晕放电点，其电晕放电来源于导线表面的不规则凸起、凹陷或金属毛刺。在降雨的起

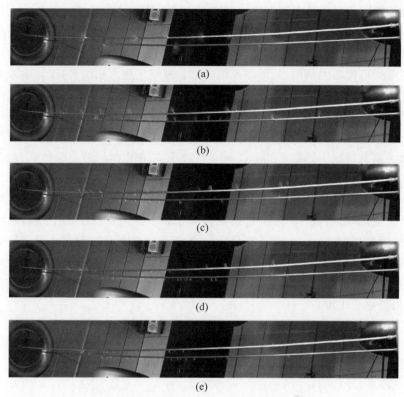

图 9-41　降雨起始阶段不同时刻的电晕长曝光图像（$E=40\text{kV/cm}$）

(a) 降雨前；(b) $T=10\text{min}$；(c) $T=50\text{min}$；(d) $T=100\text{min}$；(e) $T=200\text{min}$

始时刻（$T=10\text{min}$），导线表面电晕放电点迅速增多，与此同时电晕平均电流显著增大，导线附近的空间电荷浓度大幅升高，进而导致导线表面合成电场被大幅削弱，单个电晕放电点的电晕强度降低，单个电晕放电点的亮度较降雨前的单点电晕亮度明显下降。随降雨时间的推移，导线表面的电晕放电点越来越多，电晕平均电流不断增大，导线附近的空间电荷浓度持续升高，而导线表面的合成电场被不断削弱，单个电晕放电点的电晕强度逐渐减弱。最终，降雨情况下的导线电晕放电达到稳态，如图 9-41(e) 所示。稳态时的电晕放电点主要分布于导线下表面，电晕的主要来源为导线下表面附着水滴的泰勒锥电晕放电。

　　比较降雨前干燥与雨天稳态情况下的电晕放电特征，如图 9-41(a) 和 (e) 所示，可以发现两者之间的电晕放电起始位置和强度有明显不同。这种差异的产生原因主要有两点。其一为降雨使得导线表面被水膜覆盖，导线表面不规则凸起也被水膜包裹,导线表面不规则点对电场的畸变在很大程度上被削弱,因此导线表面的标称场强分布趋于均匀。其二为导线表面附着的大量水滴产生了大量电晕放电点,导致电晕平均电流增大和导线周围空间电荷浓度的大幅增加,最终导线表面合成电场被大幅削弱,因此单个水滴电晕放电点的电晕强度远不及降雨前干燥导线表面不规则点的电晕放电强度。综合上述两类因素,干燥情况下的电晕放电以电晕点数量少、单电晕点放电强度高、电流脉冲幅值高、重复频率低、电晕平均电流低为主要特征;而雨天稳态情况下的电晕放电以电晕点数量多、单电晕点放电强度低、电晕电流脉冲幅值低、重复频率高、电晕平均电流高为主要特征。

降雨起始阶段声波的 1/3 倍频程分析如图 9-42 所示。可以发现电晕放电产生的可听噪声声波能量主要集中于频率 $f > 100\mathrm{Hz}$ 的中高频率段内,低频段(频率 $f < 100\mathrm{Hz}$)的可听噪声频谱主要由背景噪声主导。降雨前的干燥导线电晕声波在中高频段下的幅度均高于降雨过程中的电晕放电相应值。并且,随降雨时间的推移,可听噪声在中高频段下的幅度逐步降低,最终趋于稳定。

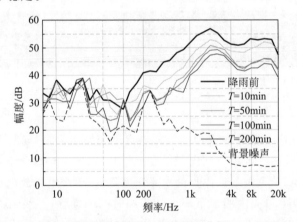

图 9-42　降雨起始阶段声波的 1/3 倍频程分析($E = 40\mathrm{kV/cm}$)

2. 降雨结束阶段导线电晕放电特性的改变

当降雨量为 0.5mm/h,导线表面最大标称电场为 40kV/cm 时,降雨结束阶段的 A 计权声压级和电晕平均电流随时间的变化情况如图 9-43 所示。背景噪声的 A 计权声压级变化范围为 29~32dB。随降雨停止时间的推移,可听噪声的 A 计权声压级呈现逐步增大的趋势并最终趋于稳态值,而电晕平均电流呈现完全相反的趋势——随时间的推移,电晕平均电流逐渐

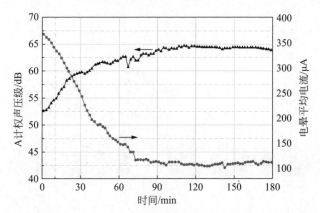

图 9-43　降雨结束阶段 A 计权声压级和电晕平均电流随时间的变化关系

减小并最终趋于稳态值。在降雨结束时刻($T=0\mathrm{min}$)，A 计权声压级仅为 52.5dB，电晕平均电流约为 $370\mu\mathrm{A}$；降雨结束后 120min($T=120\mathrm{min}$)，A 计权声压级恢复至干燥导线电晕放电的水平，约为 65dB，此时的电晕平均电流约为 $100\mu\mathrm{A}$。

　　降雨结束阶段不同时刻的电晕电流波形如图 9-44 所示。在降雨刚结束时刻($T=0\mathrm{min}$)，电晕电流脉冲幅值低，重复频率高。伴随时间的推移，电晕电流脉冲幅值逐步升高，而电晕电流脉冲的重复频率逐渐降低。在 $T=120\mathrm{min}$ 时刻，导线表面附着水滴已被全部清除，电晕放电来源于导线表面的不规则点以及金属毛刺等。统计图 9-44 中的电晕电流脉冲参数，结果如表 9-8 所示。与前述分析一致，随着时间的推移，电晕电流脉冲幅值大幅升高，而与此同时脉冲重复频率迅速降低。降雨结束时刻($T=0\mathrm{min}$)脉冲平均幅值为 2.55mA，$T=120\mathrm{min}$ 时刻，导线表面水滴基本被移除，此时脉冲平均幅值为 115.4mA；与此同时，前者脉冲重复频率约为 91.3kHz，而后者的值为 228Hz。

　　当电场强度为 40kV/cm 时，电晕放电的长曝光图像随降雨结束时间的变化情况如图 9-45 所示。在降雨刚结束时刻($T=0\mathrm{min}$)，电晕放电点众多，且主要分布于导线下表面，电晕的主要来源为导线下表面附着水滴的泰勒锥电晕放电。随着时间推移，导线表面附着水滴被逐渐清除，导线表面的电晕放电点越来越少，电晕平均电流不断减小，导线附近的空间电荷浓度持续降低，导线表面的合成电场逐渐恢复，因而单个电晕放电点的电晕强度逐渐增强。最终，导线表面水滴被完全清除，导线表面覆盖的水膜也不复存在，导线恢复干燥状态，此时的电晕放电由导线干燥情况下电晕放电主导。

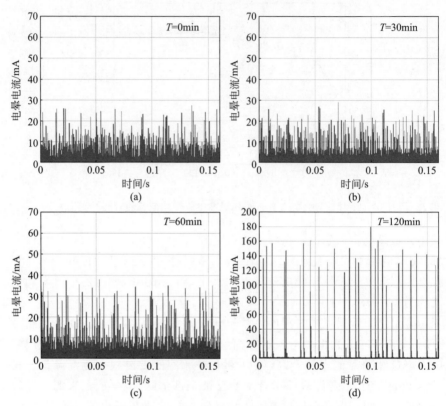

图 9-44　降雨结束阶段不同时刻的电晕电流波形($E=40\text{kV/cm}$)

表 9-8　降雨结束阶段不同时刻的电晕参数($E=40\text{kV/cm}$)

时刻 T/min	脉冲幅值/mA	重复频率/Hz	A 计权声压级/dB
0	2.55	91313	52.5
30	4.86	31563	59.9
60	10.53	16171	62.1
120	115.4	228	64.9

　　降雨结束阶段声波的 1/3 倍频程分析如图 9-46 所示。同样可以发现电晕放电产生的可听噪声能量主要集中于频率 $f>100\text{Hz}$ 的中高频率段内,低频段(频率 $f<100\text{Hz}$)的可听噪声频谱主要由背景噪声主导。在降雨结束后,随时间推移,可听噪声在中高频段下的幅度逐步升高。导线表面水滴及包裹导线的水膜被清除后,导线电晕声波特性再次由干燥电晕决定。

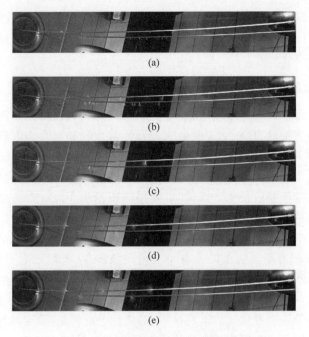

图 9-45　降雨结束阶段不同时刻的电晕放电长曝光图像($E=40\text{kV/cm}$)
（a）$T=0\text{min}$；（b）$T=30\text{min}$；（c）$T=60\text{min}$；（d）$T=90\text{min}$；（e）$T=120\text{min}$

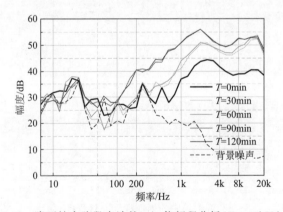

图 9-46　降雨结束阶段声波的 1/3 倍频程分析($E=40\text{kV/cm}$)

9.3　降雨条件下的交流电晕特性

本节分别通过实验室搭建的模拟降雨缩尺导线和真型导线电晕实验平台,开展不同雨量、不同场强下的雨天交流电晕试验。通过电晕脉冲电流与高速摄像的同步采集测量,揭示雨天交流电晕的放电来源及产生机理。通过开展模拟降雨条件下真型导线的交流电晕试验,分析整个降雨过程交流电晕特性的变化规律。

9.3.1　降雨对交流电晕的作用机理

利用电晕脉冲电流-高速摄像同步测量平台,可以获得雨滴形貌在交流电场中的动态特性,建立交流电晕电流脉冲特性和导线表面附着水滴振动规律之间的关系,进而获得降雨对交流电晕的作用机理。

水滴在交流电场中,会随交流电场的周期性改变而产生周期性振动。当导线施加电压有效值为 30kV 时,模拟降雨量为 $10\mu L/s$,通过高速摄像机拍摄获得的导线表面水滴在交流电场中的周期性动态过程如图 9-47 所示。水滴振动周期与交流周期一致,单个周期的持续时间为 20ms。其中,在 $T=26ms$ 时刻有明显的正极性电晕放电现象产生,电晕放电亮度高,且伴随有明显的水滴拉长现象;在 $T=35ms$ 时刻有较为明显的负极性电晕放电现象产生,有轻微的电晕放电光亮,且伴随有明显的水滴拉长现象。借鉴雨天直流电晕泰勒锥尖端放电特征形态,将此处交流正、负半周出现的电晕放电现象分别命名为交流正负半周泰勒锥尖端电晕放电。

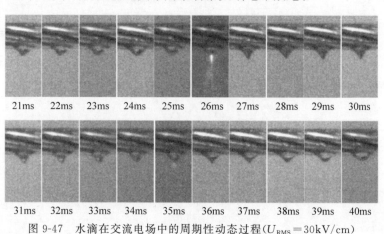

| 21ms | 22ms | 23ms | 24ms | 25ms | 26ms | 27ms | 28ms | 29ms | 30ms |
| 31ms | 32ms | 33ms | 34ms | 35ms | 36ms | 37ms | 38ms | 39ms | 40ms |

图 9-47　水滴在交流电场中的周期性动态过程($U_{RMS}=30kV/cm$)

同步采集得到的雨天泰勒锥尖端交流电晕放电脉冲电流波形如图 9-48 所示。图中总共采集了 25 个交流周期,在某些周期的电压正负极性峰值附近,出现了泰勒锥尖端交流电晕电流脉冲。交流负半周泰勒锥尖端电晕放电出现的几率远高于正半周,但正半周泰勒锥尖端电晕电流脉冲幅值为 $4\sim5mA$,远高于负半周泰勒锥尖端电晕放电电流脉冲幅值(为 $0.2\sim0.3mA$)。

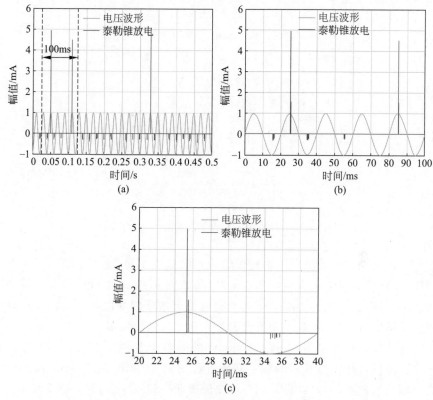

图 9-48　雨天交流电晕放电脉冲电流波形($U_{\text{RMS}}=30\text{kV/cm}$)

图 9-48(c)中的起始时刻与图 9-47 中水滴动态过程的起始时刻相同。可以发现,正半周泰勒锥尖端电晕放电的特征为高脉冲幅值、低重复频率、强电晕亮度以及水滴拉长现象;负半周泰勒锥尖端电晕放电对应的特征为低脉冲幅值、高重复频率、低电晕亮度以及明显的水滴拉长现象。由于交流输电线路无线电干扰和可听噪声水平主要取决于交流正半周的电晕放电强度,后续的研究主要聚焦于雨天交流电压正半周的电晕放电特性。

　　对水滴在交流电场中的周期性动态过程图像进行后处理,获得了水滴长度随电压波形的变化规律,如图 9-49 所示。图 9-49 中的起始时刻与图 9-48(b)中起始时刻相同。从图 9-48(b)中可以发现,正泰勒锥尖端电晕发生于时刻 $T=26\text{ms}$ 以及 $T=85\text{ms}$,与此同时水滴的长度和电压的瞬时值几乎同时达到最大值,如图 9-49 所示。此外,负泰勒锥尖端电晕的发生常常处于电压达到负峰值时刻附近,而此时水滴长度并非最大值。这是由于负电晕的起始场强要低于正电晕,因此负泰勒锥尖端电晕的起始条件显

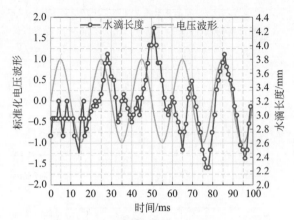

图 9-49　水滴长度随电压波形的变化规律($U_{\text{RMS}}=30\text{kV/cm}$)

著低于正泰勒锥。若负电压达到极值时水滴长度很短,也即水滴处于完全压缩状态,那么也不会有负电晕放电产生,如图 9-48(b)中最后两个交流周期所示。因此,泰勒锥尖端交流电晕放电的起始条件为电压和水滴长度要同时足够大,以保证水滴尖端场强满足泰勒锥的起始判据。

保持模拟降雨量为 $10\mu\text{L/s}$ 不变,升高导线外加电压有效值至 35kV,通过高速摄像机拍摄获得的整个降雨过程如图 9-50 所示。其中水滴的形变过程与之前类似,水滴振动周期与交流周期一致,单个周期的持续时间仍为 20ms。与之前不同的是,正泰勒锥尖端电晕放电消失,同时在电压的正峰值时刻水滴的形变量很小。交流正半周出现的电晕放电为水滴滴落放电和水滴破碎放电,如图 9-50 所示。水滴滴落放电定义为水滴靠近导线表面时导线与水滴之间的间隙放电;水滴破碎放电定义为水滴离开导线表面时导线与水滴之间的间隙放电。这两类放电的起始判据与水滴的大小以及水滴到达和离开导线表面时电压的瞬时值密切相关。

同步采集得到的雨天交流电晕脉冲电流波形如图 9-51 所示。与图 9-48相比,正半周电晕电流脉冲幅值明显升高,且正负半周电晕放电的重复频率均显著提高。更重要的是,电晕放电形式发生了质的变化,正泰勒锥尖端电晕完全被正半周的水滴滴落放电和水滴破碎放电所取代。

随着电压的升高,交流正半周泰勒锥尖端电晕却随之消失,其原因与导线表面附着水滴在交流电场中的振动规律密切有关。对图 9-50 中水滴的形变图像进行后处理,获得了水滴长度随电压波形的变化规律,如图 9-52所示。可以发现水滴长度的变化滞后电压波形一个较大的相位差,这意味

4.40ms　4.45ms　4.50ms　4.55ms　4.60ms　4.70ms

水滴滴落放电

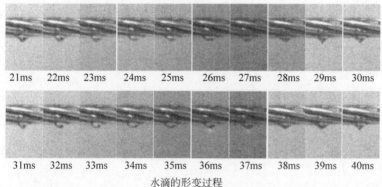

21ms　22ms　23ms　24ms　25ms　26ms　27ms　28ms　29ms　30ms

31ms　32ms　33ms　34ms　35ms　36ms　37ms　38ms　39ms　40ms

水滴的形变过程

74ms　75ms　76ms　80ms　84ms　84.7ms　84.8ms　84.9ms　85ms　86ms　90ms　95ms　100ms

水滴破碎放电

图 9-50　水滴在交流电场中的动态过程($U_{RMS}=35\text{kV/cm}$)

着当电压达到正峰值时,水滴往往处于压缩或初始状态。因此,正泰勒锥尖端电晕的起始场强难以达到,这是随电压升高交流正半周泰勒锥尖端电晕消失的主要原因。此外,负泰勒锥尖端电晕放电的起始场强要明显低于正电晕,虽然在电压达到负峰值时水滴并未完全处于拉长状态,负泰勒锥尖端电晕放电仍会产生,且在电压升高后,负泰勒锥尖端电晕放电更为稳定。

　　保持模拟降雨量 $10\mu\text{L/s}$ 不变,进一步升高导线外加电压有效值至40kV,雨天交流电晕脉冲电流波形如图 9-53 所示。与图 9-51 相比,正半周电晕电流脉冲幅值进一步升高,且正负半周电晕放电的重复频率也显著提高。

　　单个交流周期内导线表面附着水滴的振动过程如图 9-54 所示。这与图 9-50 中展现的变化规律基本一致,附着水滴在交流正半周未出现泰勒锥尖端电晕放电现象,且负半周泰勒锥尖端电晕放电的起始时刻随电压的升高而明显提前。

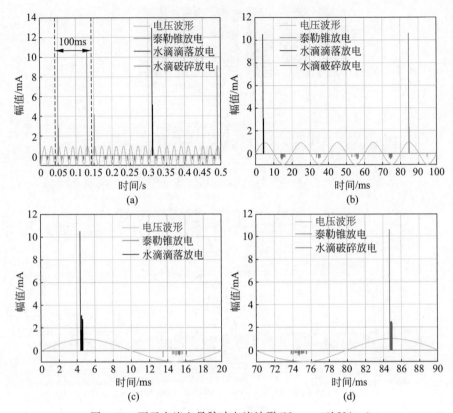

图 9-51　雨天交流电晕脉冲电流波形($U_{RMS}=35kV/cm$)

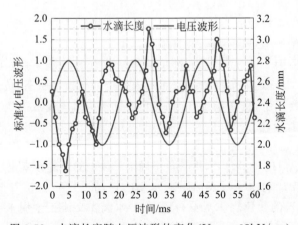

图 9-52　水滴长度随电压波形的变化($U_{RMS}=35kV/cm$)

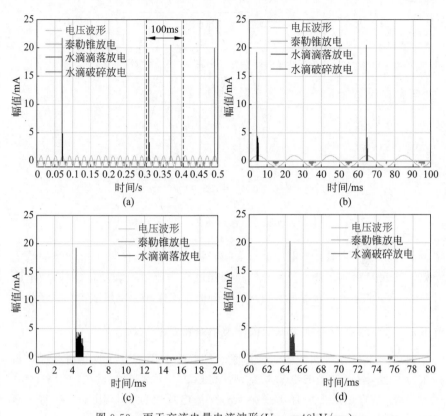

图 9-53　雨天交流电晕电流波形($U_{\mathrm{RMS}}=40\mathrm{kV/cm}$)

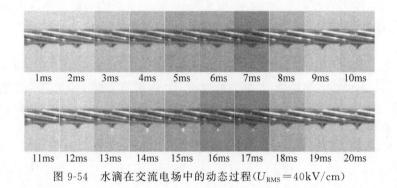

图 9-54　水滴在交流电场中的动态过程($U_{\mathrm{RMS}}=40\mathrm{kV/cm}$)

　　对图 9-54 中水滴的形变过程进行图像后处理,获得了水滴长度随电压波形的变化规律,如图 9-55 所示。可以更明显地发现,水滴长度的变化波形总是滞后电压波形一个较大的相位差,且此相位差与图 9-52 相比更为稳

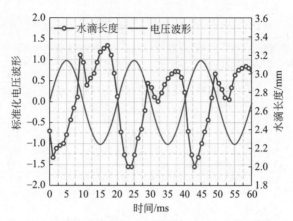

图 9-55　水滴长度随电压波形的变化($U_{RMS}=40\mathrm{kV/cm}$)

定。正是由于水滴振动与电压波形之间相位差的存在,使得正泰勒锥尖端电晕放电的起始判据在整个正半周电压变化过程中难以被满足,因而即使电压升至 40kV,导线表面附着水滴在交流电场的正半周仍无电晕放电现象产生。

9.3.1.1　交流电场中水滴振动模型及电晕特性的机理

　　前述研究已经证实导线表面附着水滴的振动模式受导线外加电压影响很大。并且,附着水滴的电晕放电特性也取决于水滴的振动模式及外加电压。因此,从理论层面解释水滴振动与交流电压之间的作用关系有助于理解雨天交流导线表面附着水滴的电晕放电特性。

　　当导线表面附着水滴置身于交流电场中时,会受到周期性电场力的作用,因此水滴的振动可被看作是受迫振动。为简化研究,将水滴受到的交流电场力 F 看作是谐波力:

$$F = H\cos 2\pi f_p t \tag{9-2}$$

式中,H 为谐波力的幅值,t 为作用时间,f_p 为谐波力的变化频率,此处取值为 100Hz,原因在于交流正负半周会对水滴产生几乎相同的电场力。

　　将交流电场力的表达式代入水滴的振动方程,可得水滴振动常微分方程如下[14]:

$$\frac{\mathrm{d}^2 x}{\mathrm{d}t^2} + 2\beta \frac{\mathrm{d}x}{\mathrm{d}t} + w_0^2 x = h\cos w_p t \tag{9-3}$$

式中,$w_0^2 = k/m$,$\beta = c/(2m)$,$h = H/m$,$w_p = 2\pi f_p$。x 为水滴长度;m 为导线表面附着水滴的质量;比例系数 k 为水滴刚性系数,单位为 N/m;比例系数 c 为水滴振动阻尼系数,单位 N·s/m。

上述微分方程的解可以分解为两部分,即稳态解 x_s 和瞬态解 x_t:

$$x(t) = x_s + x_t = A_p \cos(w_p t - \varphi_0) + A_0 e^{-\beta t} \cos(\sqrt{w_0^2 - \beta^2}\, t - \varphi_0) \quad (9\text{-}4)$$

其中:

$$A_p = \frac{h}{\sqrt{(w_0^2 - w_p^2)^2 + 4\beta^2 w_p^2}}, \quad \varphi_0 = \arctan \frac{2\beta w_p}{w_0^2 - w_p^2} \quad (9\text{-}5)$$

式中,A_0 为初始振幅,仅与水滴的初始状态有关;A_p 为稳态振幅,主要取决于两方面,一方面为水滴的质量及外加交流电场力的大小;另一方面为水滴的自然振动角频率 w_0 与受迫振动角频率 w_p 之间的差值。φ_0 表示水滴振动与外加力之间的相位差,这里可看作水滴振动滞后电压波形的相位差;φ_0 的大小取决于水滴的自然振动角频率 w_0 与受迫振动角频率 w_p 之间的差值,以及水滴的振动阻尼。当水滴的自然振动角频率 w_0 与受迫振动角频率 w_p 相等时,水滴的稳态振幅最大,这种现象称为共振现象,且水滴振动滞后电压波形的相位差为 $\pi/2$。从式(9-4)中还可以发现,外加电场力越大,水滴达到稳态时所用的时间相对越短,这是因为当稳态振幅远大于初始振幅时,瞬态解 x_t 相对于稳态解 x_s 可以忽略。

水滴自然频率的计算表达式为[15-16]:

$$w_0 = 2\pi f_0 = \alpha \pi^2 \left(\frac{n^3 \gamma}{24\rho v} \frac{(\cos^3\theta - 3\cos\theta + 2)}{\theta^3} \right)^{1/2} \quad (9\text{-}6)$$

式中,f_0 为水滴的自然振动频率;γ 为水滴的表面张力系数,在温度为 20℃ 时取值为 0.073 N/m。ρ 和 v 分别为液体的密度以及体积;n 代表水滴的振动模式;α 为相应系数;θ 为附着水滴与导线表面之间的接触角。

根据式(9-6)计算得到不同电压等级下水滴振动的自然频率如表 9-9 所示。由于在施加电压范围内水滴的自然频率 f_0 均小于水滴的受迫振动频率 f_p(100Hz),稳态时水滴振动滞后于电压波形的相位 φ_0 大于 $\pi/2$。由于稳态振幅 A_p 与外加电场力的大小成正比,随电压的升高,水滴所受电场力增大,导致稳态振幅随之增大。从另一种角度来讲,稳态振幅增大意味着水滴振动达到稳态余弦振动所需的时间减少,因此随电压的升高,水滴将更快进入稳态,也即水滴振动的周期性更加明显。对比图 9-49、图 9-52 和图 9-55 可以很明显地发现这一趋势。当施加电压的有效值仅为 30kV 时,水滴振动在 5 个交流周期后仍未达到稳态;当施加电压的有效值升至 40kV 时,水滴振动在 1 个交流周期后已基本达到稳态。这种现象可以用来解释随电压变化正泰勒锥尖端电晕放电的产生与消亡。在低电压条件下,导线表面附着水滴在有新的降雨补充后,会经历一个很长的调整时间才能重新达到稳态,在振动稳态分量和瞬态分量的共同作用下,某些时刻会发生水滴振动与电压波形同时达到峰值的情况,这便是低压下正泰勒锥尖端交流放电发生的基础。而在高电压作用下,水滴振动的稳态分量明显强于瞬态分量,因此在外界扰动的作用下,水滴振动将会很快地进入稳态;这时水滴振动滞后电压波形的相位差大于 $\pi/2$,意味着当电压达到正峰值时,水滴处于初始甚至压缩状态,因此正泰勒锥尖端交流放电难以产生。但随着电压的升高,水滴靠近或离开导线表面时,水滴与导线之间的场强不断增大,水滴滴落放电和破碎放电也由此产生。水滴滴落放电和破碎放电的起始判据将在后续部分介绍。

表 9-9　　不同电压等级下水滴振动的自然频率

电压/kV	水滴体积/μL	水滴振动自然频率 f_0/Hz
30	33	24.8
35	20	31.8
40	13	39.5

9.3.1.2　雨天交流电晕特性随雨量的变化

由于正泰勒锥电晕放电仅发生于电压较低的起晕阶段,随电压升高其不能稳定存在,因此雨天的交流电晕特性主要取决于水滴滴落放电和破碎放电的电晕特性。本小节将重点研究雨量对雨天滴落交流放电和破碎放电的影响。

当导线外加电压有效值为 35kV 时,不同模拟降雨量下的电晕电流如图 9-56～图 9-58 所示。可以看到,正负半周交流电晕脉冲幅值基本保持不

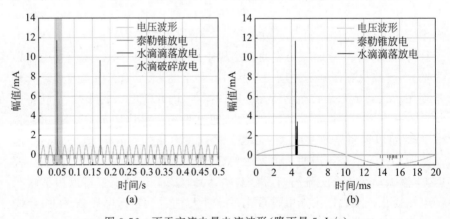

图 9-56　雨天交流电晕电流波形(降雨量 5μL/s)

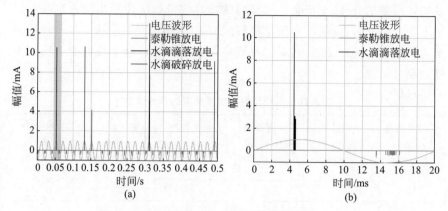

图 9-57　雨天交流电晕电流波形（降雨量 $10\mu L/s$）

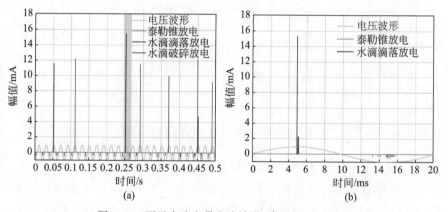

图 9-58　雨天交流电晕电流波形（降雨量 $15\mu L/s$）

变,但随雨量的增加,交流正半周的簇状脉冲序列数目明显增多,即随雨量增加,交流正半周发生滴落放电和破碎放电的概率明显上升。模拟降雨量为 $5\mu L/s$ 时,在 0.5s 的时间段内,出现水滴滴落放电的次数为 1,出现水滴破碎放电的次数也为 1;模拟降雨量为 $10\mu L/s$ 时,在 0.5s 的时间段内,出现水滴滴落放电的次数为 2,出现水滴破碎放电的次数为 3;模拟降雨量为 $15\mu L/s$ 时,在 0.5s 的时间段内,出现水滴滴落放电的次数为 3,出现水滴破碎放电的次数为 4。此外,单个脉冲簇内的脉冲数量随雨量变化未见较大变动。

统计图 9-56～图 9-58 中的电晕电流脉冲信息,结果如表 9-10 所示。随模拟降雨量的升高,交流正半周脉冲簇数量明显升高,且呈现线性增加趋势;而交流正半周簇内的脉冲数量和脉冲平均幅值基本保持不变。此外,随模拟降雨量的升高,交流负半周簇内的脉冲数量和脉冲平均幅值也基本保持不变。由此可以确认,在缩尺模型试验条件下,雨量对交流电晕特性的影响主要表现为随雨量增大,交流水滴滴落和水滴破碎电晕放电的产生几率随之明显增加。

表 9-10　不同雨量下交流电晕的脉冲参数

模拟降雨量 /(μL/s)	正半周脉冲簇数量	正半周簇内脉冲数量	正电晕脉冲平均幅值/mA	负半周簇内脉冲数量	负电晕脉冲平均幅值/mA
5	2	12	3.9	120	0.37
10	5	10	3.7	127	0.35
15	7	11	4.1	112	0.32
20	10	11	3.7	110	0.35

9.3.2　真型导线模拟降雨的交流电晕测试

利用真型导线电晕实验平台,可以通过实验获得整个降雨过程中输电线路交流电晕脉冲电流、可听噪声、电晕外观特征的变化规律。

9.3.2.1　降雨起始阶段的交流电晕特性及其影响因素

1. 降雨起始阶段的交流电晕特性

当导线表面最大场强为 25kV/cm,降雨量为 0.2mm/h 时,降雨起始阶段可听噪声水平随降雨时间的变化趋势如图 9-59 所示。需要说明的是,降

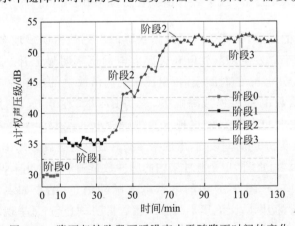

图 9-59　降雨起始阶段可听噪声水平随降雨时间的变化

雨从第 10min 开始,测试的前 10min 为干燥新导线的交流电晕放电测试。在降雨开始前,干燥新导线并未起晕,因此测量得到的是背景噪声的 A 计权声压级,其变化范围为 29～30dB,定义此阶段为阶段 0。在降雨起始时刻 $T=10$min,A 计权声压级跃变至约 35.5dB,并在一段时间内保持稳定,定义为此阶段为阶段 1。在阶段 1 结束后,即时刻 $T=35$min 之后,交流雨天电晕产生的可听噪声 A 计权声压级随降雨时间的增加而不断增加,定义此阶段为阶段 2;最终,雨天交流电晕产生的可听噪声 A 计权声压级达到稳态,其不随降雨时间的增加而改变,A 计权声压级稳定在约 52dB,定义此阶段为阶段 3。

雨天交流电晕产生的可听噪声 A 计权声压级随降雨时间的变化规律与不同时间段内雨天交流电晕特性的变化有关。为揭示雨天交流电晕可听噪声不同阶段(阶段 1～阶段 3)A 计权声压级的变化机制,从雨天降雨起始阶段不同时刻的交流电晕放电紫外光图像和电晕电流波形两方面展开研究。

降雨起始阶段不同时刻的交流电晕放电紫外光图像如图 9-60 所示。在阶段 1 的 $T=21$min 时刻,捕捉到的电晕放电点来源于导线上表面,由于降雨量较小且降雨时间较短,此时水滴还未来得及在导线下表面积累成形,结合前述降雨对交流电晕特性的作用机理,可以发现此时主导电晕放电的

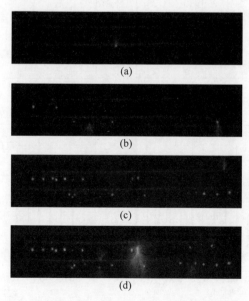

图 9-60　降雨起始阶段不同时刻的电晕放电紫外光图像
(a) $T=21$min;(b) $T=49$min;(c) $T=75$min;(d) $T=111$min

是水滴滴落交流放电。由于降雨量稳定不变,水滴落在导线表面的概率也不会有大的差异,因此,阶段 1 中电晕放电强度基本保持稳定,放电产生的可听噪声 A 计权声压级也无较大变化。随降雨时间的推移,水滴在导线下表面逐渐积聚,最终水滴的体积超过限值,负泰勒锥电晕放电以及正半周水滴破碎放电开始形成。随降雨时间的推移,导线下表面的电晕放电点逐渐增多,如阶段 2 的 $T=49\text{min}$ 时刻,导线下表面出现较多的电晕放电点。因此,阶段 2 中电晕放电强度逐渐增强,放电产生的可听噪声 A 计权声压级也随时间推移不断增加。在阶段 2 的结束时刻 $T=75\text{min}$,导线下表面水滴产生和消失达到动态平衡,之后导线下表面的电晕放电点将基本保持稳定,雨天交流电晕进入稳态阶段,即阶段 3。对比图 9-60 中阶段 2 的结束时刻 $T=75\text{min}$ 以及阶段 3 中 $T=111\text{min}$ 时刻,可发现导线下表面水滴电晕点数目基本一致,此外,两者的可听噪声声压级也基本一致。

图 9-60 中各个阶段对应的交流电晕电流波形如图 9-61 所示。在 $T=$

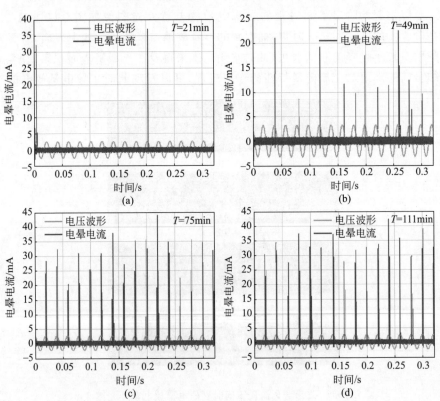

图 9-61　降雨起始阶段的电晕电流波形图

21min 时刻,正电晕脉冲仅有稀疏的两簇,此时的电晕放电主要来源于导线上表面的水滴滴落放电。在 $T=49$min 时刻,正电晕脉冲簇数量显著增加,且随时间的推移,正电晕脉冲簇数量继续增加,直至 $T=75$min 时刻,交流电晕放电达到稳态。对比 $T=75$min 时刻以及 $T=111$min 时刻的电晕电流波形可以发现,在降雨持续 65min 后,交流电晕放电进入稳态阶段,正电晕脉冲簇数量保持稳定。

统计图 9-61 中的电晕脉冲参数随时间的变化规律,结果如表 9-11 所示。与前述分析一致,阶段 1 中的脉冲重复频率较低,阶段 2 中脉冲重复频率逐步升高,阶段 2 的结束时刻电晕放电步入稳态,因此阶段 2 中 c 时刻与阶段 3 中 d 时刻的脉冲重复频率基本相同。此外,随着降雨时间的推移,可听噪声 A 计权声压级总体呈增大趋势,阶段 1 的 A 计权声压级仅为 35.1dB,阶段 3 稳态阶段的声压级增大至 52.6dB。

表 9-11　降雨起始阶段不同时刻的电晕参数($E=25$kV/cm)

	时刻			
	a	b	c	d
脉冲幅值/mA	21.6	16.8	22.2	23.7
重复频率/Hz	14	95	188	193
A 计权声压级/dB	35.1	43.0	51.8	52.6

2. 雨量对降雨起始阶段交流电晕特性的影响

选取降雨量分别为 0.5mm/h、1mm/h、2mm/h,导线表面最大场强为 18.4kV/cm,分析降雨量对降雨起始阶段交流电晕特性的影响。不同降雨量下的可听噪声水平随降雨时间的变化趋势如图 9-62 所示。实验基本设置与之前相同,降雨从第 10min 开始,测试的前 10min 为干燥新导线的交流电晕放电测试。在降雨开始前,干燥新导线并未起晕,因此测量得到的是背景噪声的 A 计权声压级,其变化范围为 29~30dB。

从图 9-62 可以发现不同雨量下,降雨起始阶段可听噪声水平随降雨时间的变化大致都经历阶段 1~阶段 3 三个阶段,但不同雨量下三个阶段的可听噪声 A 计权声压级有较大差距。降雨量为 0.5mm/h 时,阶段 1 的 A 计权声压级约为 30.9dB,阶段 3 即稳态阶段的 A 计权声压级约为 33.5dB;而当降雨量为 2mm/h 时,阶段 1 的 A 计权声压级约为 34.1dB,阶段 3 即稳态阶段的 A 计权声压级约为 38.2dB。由于降雨量不同,导线下表面水滴的积累速率也自然不同。当降雨量为 0.5mm/h 时,导线下表面水滴的积累速率较慢,因此阶段 1 持续的时间较其他情况下更长,约为 20min;而

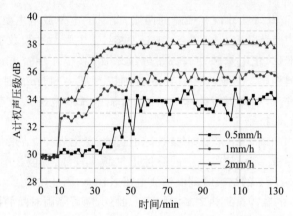

图 9-62　不同雨量下可听噪声水平随降雨时间的变化($E=18.4\mathrm{kV/cm}$)

当降雨量为 2mm/h 时,导线下表面水滴的积累速率较快,因此阶段 1 持续的时间较其他情况下更短,仅有不到 10min。此外,随着降雨量的增大,阶段 3 即稳态阶段可听噪声 A 计权声压级的变动范围更小,意味着雨量增大后,雨天交流电晕放电进入稳态阶段后更加稳定。

当电场强度为 18.4kV/cm 时,不同雨量下降雨起始阶段的电晕电流波形如图 9-63 所示,其相应的电晕参数如表 9-12 所示。随着雨量的增加,阶段 1 的电晕电流脉冲重复频率明显增加,当降雨量由 0.5mm/h 增加至 2mm/h 时,阶段 1 的脉冲重复频率由 11Hz 增加至 39Hz,同时脉冲平均幅值并未有太大变化,导致阶段 1 的 A 计权声压级由 30.9dB 增加至 34.1dB。随着雨量的增加,阶段 3 即稳态阶段的电晕电流脉冲重复频率也明显增加,当降雨量由 0.5mm/h 增加至 2mm/h 时,阶段 3 的脉冲重复频率由 23Hz 增加至 117Hz,同时脉冲平均幅值并未有太大变化,因此阶段 3 的 A 计权声压级由 33.5dB 增加至 38.2dB。此外,由图 9-63 和表 9-12 可以发现,当降雨在 0.5～2mm/h 的范围内,且导线表面最大场强为 18.4kV/cm 时,降雨起始阶段的电晕电流平均幅值总体变化范围较小。

表 9-12　不同雨量下降雨起始阶段的电晕参数($E=18.4\mathrm{kV/cm}$)

	脉冲幅值/mA			重复频率/Hz			A 计权声压级/dB		
	0.5mm/h	1mm/h	2mm/h	0.5mm/h	1mm/h	2mm/h	0.5mm/h	1mm/h	2mm/h
阶段 1	8.4	7.3	10.3	11	26	39	30.9	32.7	34.1
阶段 3	9.2	10.1	9.3	23	58	117	33.5	35.5	38.2

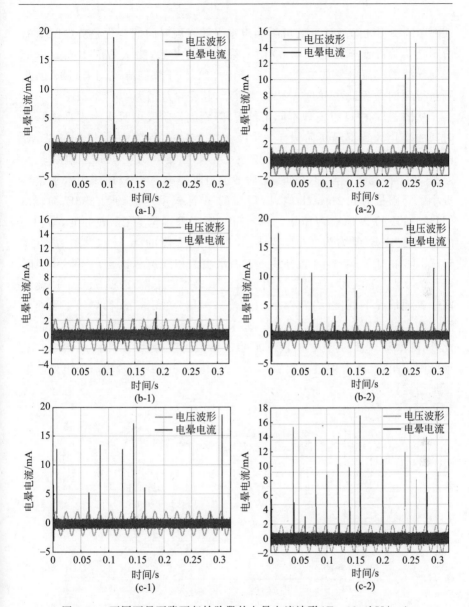

图 9-63　不同雨量下降雨起始阶段的电晕电流波形($E=18.4\text{kV/cm}$)

(a-1) 阶段 1,0.5mm/h；(a-2) 阶段 3,0.5mm/h；(b-1) 阶段 1,1mm/h；(b-2) 阶段 3,1mm/h；

(c-1) 阶段 1,2mm/h；(c-2) 阶段 3,2mm/h

选取降雨量分别为 0.2mm/h、0.5mm/h、1mm/h、2mm/h、4mm/h，导线表面最大场强为 25kV/cm，分析降雨量对雨天降雨起始阶段交流电晕特性的影响。不同降雨量下的可听噪声水平随降雨时间的变化趋势如图 9-64 所示。实验设置与之前相同,降雨从第 10min 开始,测试的前 10min 为干燥新导线的交流电晕放电测试。在降雨开始前,干燥新导线均未起晕,因此测量得到的是背景噪声的 A 计权声压级,其变化范围为 29~30dB。

从图 9-64 中可以发现不同雨量下,降雨起始阶段可听噪声水平随降雨时间的变化大致都经历阶段 1~阶段 3 三个阶段(除降雨量为 4mm/h,阶段 1 持续时间太短),不同雨量下阶段 1 的可听噪声 A 计权声压级有较大差距,但不同雨量下阶段 3 即稳态阶段的可听噪声 A 计权声压级水平差异极小。降雨量为 0.2mm/h 时,阶段 1 的 A 计权声压级约为 35dB,阶段 3 即稳态阶段的 A 计权声压级约为 52dB;而当降雨量为 2mm/h 时,阶段 1 的 A 计权声压级约为 42dB,阶段 3 即稳态阶段的 A 计权声压级约为 51.5dB。由于降雨量不同,导线下表面水滴的积累速率也自然不同。当降雨量为 0.2mm/h 时,导线下表面水滴的积累速率很慢,因此阶段 1 持续时间较其他情况下更长,约为 24min;而当降雨量为 2mm/h 时,导线下表面水滴的积累速率较快,因此阶段 1 持续时间较其他情况下较短,仅有约 3min。此外,随着降雨量的增大,阶段 3 或稳态阶段可听噪声 A 计权声压级的变动范围更小,意味着雨量增大后,雨天交流电晕进入稳态阶段后的电晕放电更加稳定。

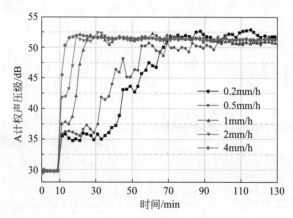

图 9-64 不同雨量下可听噪声水平随降雨时间的变化($E=25\text{kV/cm}$)

当电场强度为 25kV/cm 时,不同雨量下降雨起始阶段的电晕电流波形如图 9-65 所示,其相应的电晕参数如表 9-13 所示。随着雨量的增加,阶段 1 的电晕电流脉冲重复频率明显增加,当降雨量由 0.5mm/h 增加至 2mm/h 时,

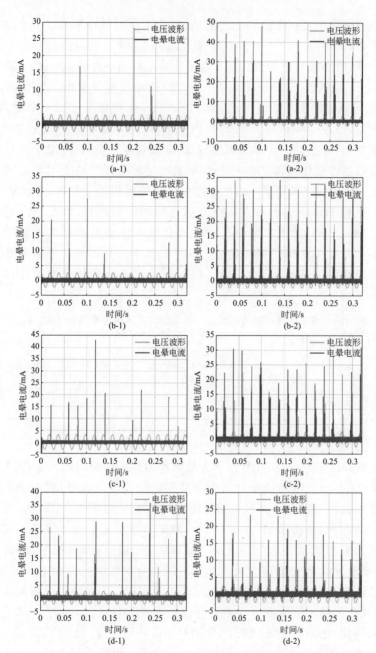

图 9-65　不同雨量下降雨起始阶段的电晕电流波形($E=25\text{kV/cm}$)

(a-1) 阶段 1,0.5mm/h；(a-2) 阶段 3,0.5mm/h；(b-1) 阶段 1,1mm/h；(b-2) 阶段 3,1mm/h；
(c-1) 阶段 1,2mm/h；(c-2) 阶段 3,2mm/h；(d-1) 阶段 1,4mm/h；(d-2) 阶段 3,4mm/h

阶段 1 的脉冲重复频率由 48Hz 增加至 93Hz,同时脉冲平均幅值并未有太大变化,因此阶段 1 的 A 计权声压级由 36.1dB 增加至 42.3dB。随着雨量的增加,阶段 3 或稳态阶段的电晕电流脉冲重复频率也明显增加,当降雨量由 0.5mm/h 增加至 2mm/h 时,阶段 3 的脉冲重复频率由 202Hz 增加至 675Hz,但脉冲的平均幅值明显下降,由 21.1mA 降低至 17.2mA,最终,随雨量增加,阶段 3 可听噪声 A 计权声压级由 51.0dB 略微降低至 50.9dB。对比表 9-13 和表 9-12 中结果可以发现,电场强度升高后,阶段 1 A 计权声压级随雨量的变化规律基本一致,均随着雨量增加而增加;但阶段 3 或稳态阶段 A 计权声压级随雨量的变化有较大不同,在低电场强度下(18.4kV/cm),阶段 3 或稳态阶段 A 计权声压级随雨量的增加而增加,而在较高电场强度下(25kV/cm),阶段 3 或稳态阶段 A 计权声压级随雨量的增加而基本保持不变甚至有略微下降的趋势。这种实验现象与雨天交流电晕导线附近电晕产生的空间电荷密度有关,将在雨天交流电晕的稳态特性部分展开讨论。

表 9-13　不同雨量下降雨起始阶段不同阶段的电晕参数($E = 25\text{kV/cm}$)

	脉冲幅值/mA			重复频率/Hz			A 计权声压级/dB		
	0.5mm/h	1mm/h	2mm/h	0.5mm/h	1mm/h	2mm/h	0.5mm/h	1mm/h	2mm/h
阶段 1	6.7	8.7	13.6	48	76	93	36.1	37.6	42.3
阶段 3	21.1	19.5	17.2	202	351	675	51.0	50.8	50.9

3. 场强对降雨起始阶段交流电晕特性的影响

选取降雨量为 1mm/h,导线表面最大场强分别为 18.4kV/cm、25kV/cm、35.4kV/cm,分析电场强度对雨天降雨起始阶段的交流电晕特性的影响。不同电场强度下可听噪声水平随降雨时间的变化如图 9-66 所示。实验设置与之前相同,降雨从第 10min 开始,测试的前 10min 为干燥新导线的交流电晕放电测试。在电场强度为 18.4kV/cm 或 25kV/cm 时,降雨开始前,干燥新导线均未起晕,因此测量得到的是背景噪声的 A 计权声压级,其变化范围为 29~30dB。但当电场强度为 35.4kV/cm 时,干燥新导线已经起晕,其产生的可听噪声 A 计权声压级约为 65.1dB。

同样地,在不同电场强度下,降雨起始阶段可听噪声水平随降雨时间的变化大致也都经历了阶段 1~阶段 3 三个阶段。但是不同电场强度下三个阶段之间可听噪声 A 计权声压级之间有很大差距,且其变化规律也不一致。在电场强度为 18.4kV/cm 或 25kV/cm 时,A 计权声压级随降雨时间

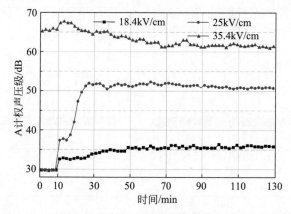

图 9-66　不同电场强度下可听噪声水平随降雨时间的变化

的推移总体呈现逐步上升的趋势。当电场强度为 18.4kV/cm 时,阶段 1 的 A 计权声压级约为 32.7dB,阶段 3 或稳态阶段的 A 计权声压级约为 35.5dB,阶段 1 的持续时间约为 16min。当电场强度为 25kV/cm 时,阶段 1 的 A 计权声压级约为 37.6dB(A),阶段 3 或稳态阶段的 A 计权声压级约为 50.8dB,阶段 1 的持续时间约为 6min。

当电场强度为 35.4kV/cm 时,降雨起始阶段可听噪声水平随降雨时间的变化呈现与之前完全不同的趋势:A 计权声压级随降雨时间的推移总体呈现先上升后逐步下降至稳态的趋势,如图 9-66 所示。其中降雨前(阶段 0)干燥导线电晕放电产生的 A 计权声压级为 65.1dB;降雨一开始,A 计权声压级跃变至 67.5dB,并在数分钟内保持稳定(阶段 1)。之后,随降雨时间的推移,A 计权声压级逐步下降(阶段 2),最终下降至 61.5dB 并保持稳定(阶段 3)。

为进一步分析不同电场强度下可听噪声水平变化的机制,需要对不同场强作用下的交流电晕电流脉冲开展进一步分析。不同电场强度下降雨起始阶段的电晕电流波形如图 9-67 所示,其相应的电晕参数如表 9-14 所示。当电场强度为 18.4kV/cm 或 25kV/cm 时,脉冲幅值和脉冲重复频率均随降雨时间的推移而增大,因此可听噪声也随之增大。而当电场强度为 35.4kV/cm 时,干燥电晕脉冲电流的平均幅值为 47.2mA,叠加阶段 1 水滴滴落放电产生的电晕脉冲电流后,脉冲幅值并未有较大变动(45.9mA),但脉冲重复频率显著上升,由 172Hz 升至 291Hz,可听噪声的 A 计权声压级也由 65.1dB 上升到 67.5dB。随降雨时间的推移,导线下表面的

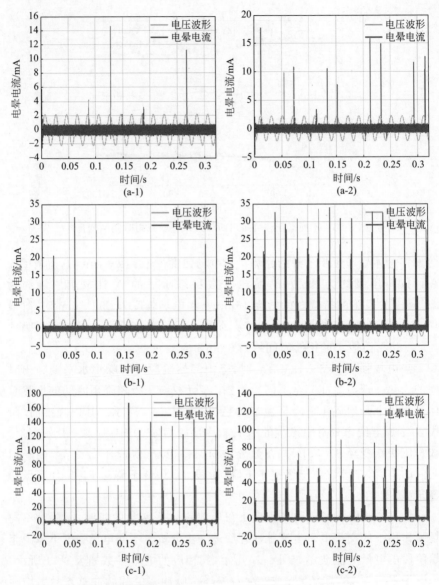

图 9-67　不同电场强度下降雨起始阶段的电晕电流波形

(a-1) 阶段 1，18.4kV/cm；(a-2) 阶段 3，18.4kV/cm；(b-1) 阶段 1，25kV/cm；

(b-2) 阶段 3，25kV/cm；(c-1) 阶段 1，35.4kV/cm；(c-2) 阶段 3，35.4kV/cm

水滴不断积聚，水滴破碎放电逐渐增多，脉冲的重复频率大幅增加，此时导线在交流正半周产生的空间电荷逐渐增多，以至于单个周期内产生的空间电荷会对导线附近电场产生较强的削弱作用,因此脉冲幅值显著下降。如表 9-14 所示,当电场强度为 35.4kV/cm 时,阶段 3 或稳态电晕放电阶段的脉冲重复频率由阶段 1 的 291Hz 显著升高为 2381Hz,与此同时脉冲幅值由阶段 1 的 45.9mA 大幅下降至 21.3mA。

表 9-14　不同场强下降雨起始阶段的电晕参数

	脉冲幅值/mA			重复频率/Hz			A 计权声压级/dB		
	18.4 kV/cm	25 kV/cm	35.4 kV/cm	18.4 kV/cm	25 kV/cm	35.4 kV/cm	18.4 kV/cm	25 kV/cm	35.4 kV/cm
阶段 0	0	0	47.2	0	0	172	29.8	30.0	65.1
阶段 1	7.3	13.7	45.9	26	76	291	32.7	37.6	67.5
阶段 3	10.1	19.5	21.3	58	351	2381	35.5	50.8	61.5

9.3.2.2　雨天交流电晕的稳态特性及其影响因素

9.3.2.1 节分析了雨天交流电晕从降雨起始时刻至均衡状态的电晕特性变化规律及其影响因素,在导线表面电场强度为 18～25kV/cm(工程实际电场范围)时,雨天交流电晕可听噪声水平随降雨时间的推移逐步增加,并在一段时间后达到稳态值。由此可见,在工程实际中更加关心雨天交流电晕达到稳态时的可听噪声水平,因此,本小节将重点研究雨天交流电晕达到均衡状态时的电晕特征及其影响因素。

图 9-68 给出了雨天交流电晕稳态时的可听噪声水平随电场强度和雨量的变化规律。总体而言,可听噪声水平随电场强度的增加而升高,但不同

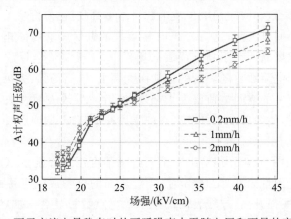

图 9-68　雨天交流电晕稳态时的可听噪声水平随电压和雨量的变化规律

场强下可听噪声水平随雨量的变化规律存在较大差异。当电场强度低于25kV/cm时,可听噪声水平随雨量的增加而增加,当电场强度逐渐逼近25kV/cm时,雨量对可听噪声的影响逐步减小;当电场强度高于25kV/cm时,可听噪声水平随雨量的增加而减小,随电场强度的升高,雨量对可听噪声的削弱影响逐步增强。

为揭示稳态时的交流电晕可听噪声水平随电场强度和雨量的变化机制,下面将从电晕电流脉冲波形特征、声波的1/3倍频程特性、电晕长曝光图像以及紫外光图像等方面进行分析。

图9-69~图9-72分别给出了不同电场强度以及降雨量下的稳态交流电晕电流波形。提取图中的电晕波形参数,结果如表9-15所示。在电场强度为18.4kV/cm时,随雨量的升高,脉冲平均幅值基本不变,而脉冲重复频率大幅上升,因此可听噪声水平随雨量的升高而随之升高。当电场强度为25kV/cm时,随雨量的升高,脉冲平均幅值小幅下降,而脉冲重复频率明显升高,最终可听噪声水平基本不随雨量的变化而变化。当电场强度高于25kV/cm时,例如35.4kV/cm或者43.8kV/cm,随雨量的升高,虽然脉冲重复频率随之显著升高,但脉冲平均幅值大幅下降,最终可听噪声水平随雨量的升高而减小。由此可见,可听噪声水平与电晕电流脉冲幅值和重复频率密切相关,且受脉冲幅值的影响更大。

图9-73~图9-75分别给出了不同电场强度以及降雨量下的电晕长曝光图像。三幅图中共同的趋势为,随电场强度的升高,导线表面的电晕放电点数量随之增多,且单点的电晕放电强度(亮度)也明显增强。此外,随雨量的增加,导线表面的电晕放电点数目显著增加。当电场强度高于25kV/cm时,雨量增加导致导线表面电晕放电数目增多,同时也使得单个电晕放电点的强度(亮度)明显下降,这与表9-15中展现的电晕放电规律相一致。这种现象出现的主要原因在于高导线表面场强下,雨天交流电晕放电单个正半周产生的空间电荷数目随雨量的增加而大幅上升,高场强、大雨量情况下导线附近电晕产生的空间电荷密度大幅增加,会对导线表面合成电场产生较大的削弱作用,使得单个电晕放电点的强度明显减弱,同时脉冲的平均幅值也会大幅下降。

图9-76~图9-78分别给出了不同电场强度以及降雨量下的电晕紫外光图像。在降雨量为0.2mm/h时,导线表面的电晕放电点稀疏地分布于导线表面;随场强升高,导线表面的电晕放电点数目显著增加,且单个电晕放电点的强度也有所提高。在降雨量为2mm/h时,不同电场强度下的电

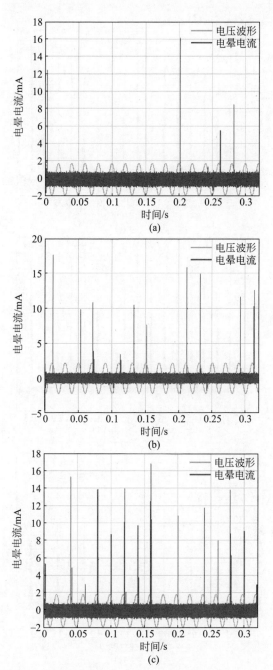

图 9-69　不同降雨量条件下电晕电流波形($E=18.4\text{kV/cm}$)

(a) 0.2mm/h；(b) 1mm/h；(c) 2mm/h

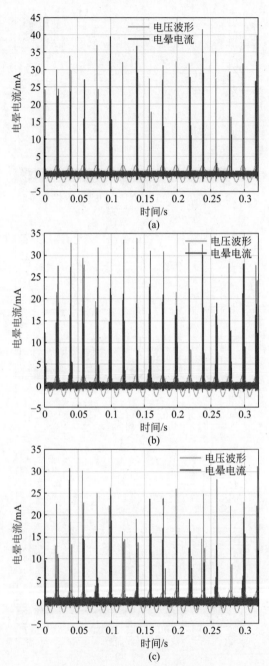

图 9-70　不同降雨量条件下电晕电流波形（$E=25\text{kV/cm}$）

（a）0.2mm/h；（b）1mm/h；（c）2mm/h

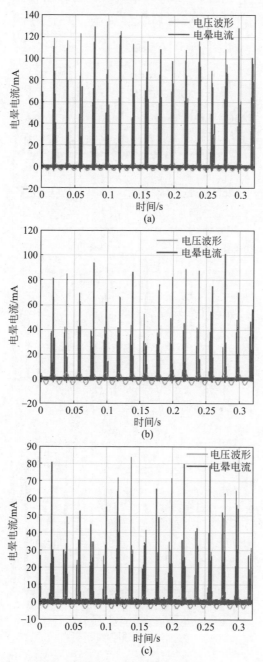

图 9-71　不同降雨量条件下电晕电流波形($E=35.4\text{kV/cm}$)

(a) 0.2mm/h;(b) 1mm/h; (c) 2mm/h

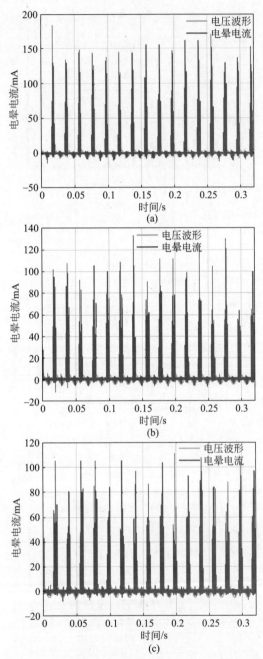

图 9-72 不同降雨量条件下电晕电流波形($E=43.8\text{kV/cm}$)

(a) 0.2mm/h;(b) 1mm/h;(c) 2mm/h

表 9-15 不同场强和不同雨量下稳态时的电晕参数

电场强度 /(kV/cm)	降雨量 /(mm/h)	脉冲幅值 /mA	重复频率 /Hz	A 计权声压级 /dB
18.4	0.2	9.8	18	32.9
	1	10.1	58	35.5
	2	9.3	117	38.2
25	0.2	20.8	179	50.6
	1	19.5	351	50.8
	2	17.2	675	50.9
35.4	0.2	38.5	669	63.3
	1	21.3	2381	61.5
	2	15.9	3757	57.3
43.8	0.2	44.7	1728	71.1
	1	28.2	4478	68.4
	2	21.1	6234	64.3

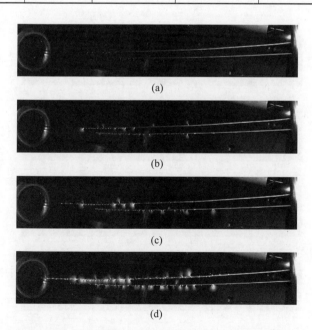

(a)

(b)

(c)

(d)

图 9-73 不同电场强度以及降雨量下的电晕长曝光图像（降雨量为 0.2mm/h）
(a) 18.4kV/cm；(b) 25kV/cm；(c) 35.4kV/cm；(d) 43.8kV/cm

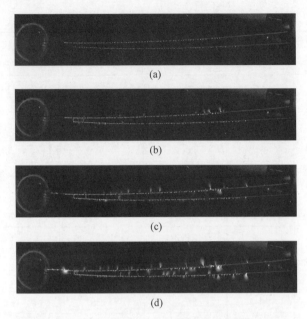

图 9-74　不同电场强度以及降雨量下的电晕长曝光图像(降雨量为 1mm/h)
(a) 18.4kV/cm；(b) 25kV/cm；(c) 35.4kV/cm；(d) 43.8kV/cm

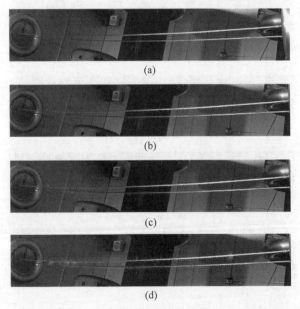

图 9-75　不同电场强度以及降雨量下的电晕长曝光图像(降雨量为 2mm/h)
(a) 18.4kV/cm；(b) 25kV/cm；(c) 35.4kV/cm；(d) 43.8kV/cm

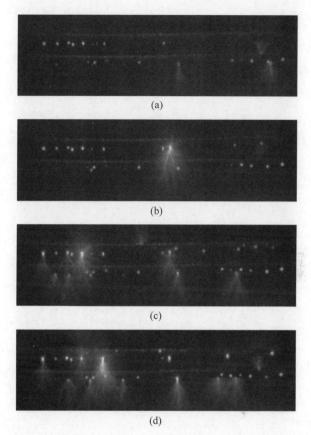

图 9-76　不同电场强度以及降雨量下的电晕紫外光图像(降雨量为 0.2mm/h)

(a) 18.4kV/cm；(b) 25kV/cm；(c) 35.4kV/cm；(d) 43.8kV/cm

晕放电点数目与先前的 0.2mm/h 时相比明显增多,导线表面均匀地分布着众多的电晕放电点,这为前面发现的雨量增加后稳态交流电晕的可听噪声水平更加稳定的实验现象提供了合理解释。此外,雨量增大后,高场强下的单点放电电晕强度也出现了明显下降,这与电晕长曝光图像中所展现的规律相一致。

不同电场强度以及降雨量下的声波 1/3 倍频程分析结果分别如图 9-79～图 9-82 所示。与雨天直流电晕的声波 1/3 倍频程结果进行对比可以发现,雨天交流电晕的声波能量不仅集中在高频段(频率 $f > 1kHz$),在中低频段中的 100Hz 和 200Hz 附近能量也非常集中。根据 Straumann 的研究发现[17-18],交流电晕可听噪声的 100Hz 和 200Hz 分量主要源于电晕产生的空

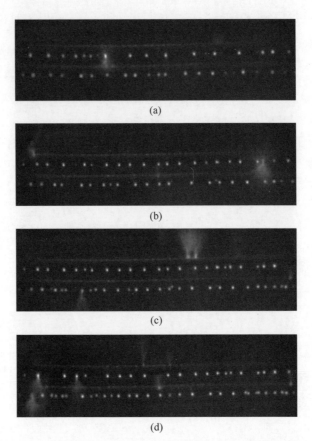

(a)

(b)

(c)

(d)

图 9-77　不同电场强度以及降雨量下的电晕紫外光图像(降雨量为 1mm/h)
(a) 18.4kV/cm；(b) 25kV/cm；(c) 35.4kV/cm；(d) 43.8kV/cm

间电荷的周期性往返运动,因而在场强一定的情况下,导线表面的空间电荷浓度越高,声波中 100Hz 和 200Hz 分量幅值越大。分析图 9-79～图 9-82 中不同电场强度下雨量对声波 100Hz 和 200Hz 分量的影响,可以发现 100Hz 和 200Hz 分量均随降雨量的增大而明显增加,这也从另一方面说明了单个交流周期内导线表面的空间电荷浓度随降雨量的增加而显著升高。

　　声波在高频段(频率 $f>1\text{kHz}$)的能量随降雨量的变化存在两种截然不同的规律。当电场强度较低时,以 $E=18.4\text{kV/cm}$ 为例,声波高频段能量随雨量的升高而升高;而当电场强度较高时,以 $E=35.4\text{kV/cm}$ 为例,声波高频段能量随雨量的升高而降低。结合前述电晕电流脉冲波形的分析结

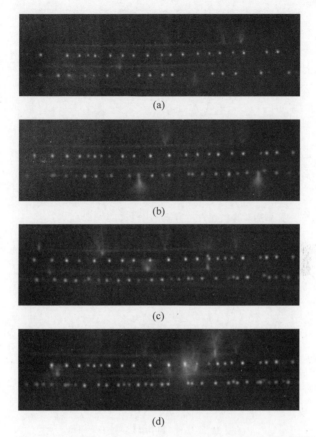

图 9-78　不同电场强度以及降雨量下的电晕紫外光图像（降雨量为 2mm/h）

(a) 18.4kV/cm；(b) 25kV/cm；(c) 35.4kV/cm；(d) 43.8kV/cm

果可以发现，脉冲幅值和重复频率对声波高频段的能量有明显正相关关系。在低电场强度情况下，脉冲幅值随雨量的升高而基本保持不变，但同时脉冲重复频率大幅升高；在高电场强度情况下，脉冲幅值随雨量的升高而大幅降低。这种现象的产生原因在于单个交流正半周内导线附近空间电荷浓度的差异。在低场强情况下，随雨量升高，脉冲重复频率大幅升高，导线附近的空间电荷浓度也必然随之升高。但总体而言，在低场强、大雨量下的空间电荷浓度也并未对导线表面合成场强造成明显的影响，因此单点电晕强度所受影响很小，不同雨量下的脉冲幅值并未有较大差异。而高场强情况下，由于电晕放电本身较为剧烈，大雨量下的高空间电荷浓度对导线表面合成场强产生了较大的削弱作用，故单点电晕强度明显减弱，脉冲幅值也大幅下

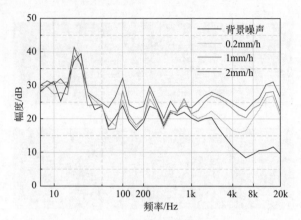

图 9-79　声波的 1/3 倍频程分析($E=18.4\text{kV/cm}$)

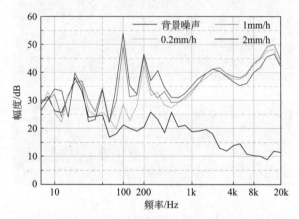

图 9-80　声波的 1/3 倍频程分析($E=25\text{kV/cm}$)

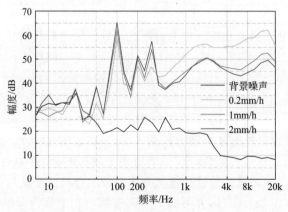

图 9-81　声波的 1/3 倍频程分析($E=35.4\text{kV/cm}$)

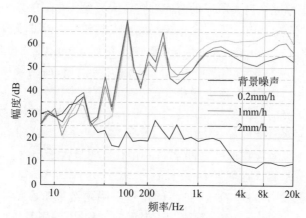

图 9-82　声波的 1/3 倍频程分析 ($E = 43.8 \text{kV/cm}$)

降。因此,高、低场强下电晕强度的差异以及空间电荷浓度的本质差异造成了低场强下可听噪声水平随雨量的升高而升高,而高场强下可听噪声水平随雨量的升高而降低的现象。

9.3.2.3　降雨结束后的交流电晕特性

当电场强度为 25kV/cm 时,不同雨量下降雨结束阶段的可听噪声 A 计权声压级随时间的变化规律如图 9-83 所示。需要说明的是,降雨在 $T = 0\text{min}$ 时刻马上结束,导线相应进入脱水阶段。随着结束时间推移,交流电晕可听噪声 A 计权声压级整体呈现逐步下降至背景噪声水平的趋势,但不同

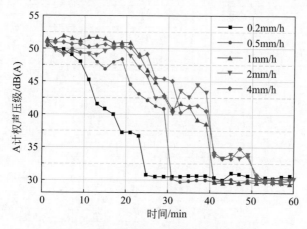

图 9-83　降雨结束后可听噪声水平的变化

雨量下交流电晕完全消失所需的时间存在较大差异。在降雨量为 0.2mm/h 时，交流电晕在约 25min 后完全消失，可听噪声水平也因此下降至背景噪声水平；在降雨量为 0.5mm/h 时，交流电晕在约 30min 后完全消失；在降雨量为 1mm/h 时，交流电晕在约 40min 后完全消失；而当降雨量分别为 2mm/h 和 4mm/h 时，交流电晕均在约 50min 后完全消失。不同雨量下交流电晕消失所需的时间差异来源于不同雨量下稳态交流电晕导线表面及导线股线之间存水量的差异。大雨量下，导线表面附着水滴达到动态平衡时，水滴的附着量以及导线股线之间水滴的存有量明显大于小雨量情况下，因此除去这部分水相应地需要更多时间。

当电场强度为 25kV/cm 时，不同雨量下降雨结束阶段的电晕参数变化规律如表 9-16 所示。随着降雨结束时间的推移，不同雨量下的脉冲重复频率均逐渐减小，除降雨量为 0.2mm/h 外，随着降雨结束时间的推移，不同雨量下的脉冲幅值均逐渐升高。脉冲幅值的升高源于导线表面电晕放电点数目的减少，导致交流正半周电晕产生的空间电荷浓度不断下降，最终促成了单点电晕放电强度的升高。在降雨量为 0.2mm/h 时，导线表面的电晕放电点并不多，交流正半周电晕产生的空间电荷浓度不足以对合成场强产生大的影响，因此随导线表面电晕放电点数目的减少和空间电荷浓度的不断下降，单点电晕放电强度并不会有较大改变。

表 9-16　不同雨量下降雨结束阶段不同时刻的电晕参数

	降雨量 /(mm/h)	时间/min					
		1	11	21	31	41	51
脉冲幅值 /mA	0.2	21.2	21.7	22.3	—	—	—
	0.5	19.8	21.3	22.9	—	—	—
	1	18.7	19.6	23.3	23.9	—	—
	2	17.2	18.3	18.7	20.2	22.7	—
	4	16.8	18.4	18.1	19.6	22.3	—
重复频率 /Hz	0.2	179	65	32	—	—	—
	0.5	244	132	73	—	—	—
	1	376	196	129	51	—	—
	2	612	287	194	76	12	—
	4	686	372	237	143	19	—

续表

	降雨量/(mm/h)	时间/min					
		1	11	21	31	41	51
A 计权声压级/dB	0.2	50.9	45.1	37.3	30.5	30.3	30.1
	0.5	50.4	48.7	44.6	30.1	29.8	30.2
	1	51.2	51.5	50.7	40.7	29.4	29.6
	2	50.3	48.8	48.2	40.2	33.9	30.1
	4	51.0	50.1	50.0	45.1	34.2	30.9

9.4 交、直流输电线路雨天电晕特性差异产生机理及应用

本节首先基于有效电离积分分析水滴滴落放电的起始判据,通过仿真分析空间电荷对水滴滴落放电的影响,揭示交、直流输电线路雨天电晕特性差异产生机理。其次,统计分析不同电晕类型下的电晕电流脉冲和声波脉冲的参数分布特征及关联特性,并分析声波脉冲参数对 A 计权声压级的影响,由此研究实验线段与实际输电线路的可听噪声转换方法,实现交、直流雨天电晕可听噪声实验室测量结果与实际输电线路测量结果之间的转化。最后基于实测得到的整个降雨过程中的交、直流电晕可听噪声水平,研究现有可听噪声预测经验公式的修正方法。

9.4.1 水滴滴落放电的产生机理及影响因素

前述研究发现,雨天交流电晕放电的主要类型为水滴滴落和破碎放电(从本质上来讲,水滴滴落和水滴破碎的放电机理一致,均为水滴与导线之间的间隙放电),而直流降雨虽然在稳态时主要为泰勒锥放电,但在起始阶段存在水滴滴落放电并直接导致可听噪声水平骤增现象。可见研究交、直流水滴滴落放电的产生机制及影响因素对解释交、直流输电线路雨天电晕特性差异有重要意义。

本节将讨论降雨时空间电荷存在条件下对水滴滴落放电的影响,然后基于模拟降雨条件下缩尺模型和真型导线的电晕实测结果,验证有效电离积分阈值作为水滴滴落放电起始判据的有效性。

9.4.1.1　交流水滴滴落放电的起始判据

　　根据缩尺模型实验结果,雨天的主要交流电晕类型为水滴滴落和水滴破碎放电,且两者的起晕电压几乎一致。在导线半径、导线对地高度以及水滴体积分别为 5mm、15cm 以及 2.5μL 时,水滴滴落和水滴破碎的起晕电压有效值均为 32kV(峰值约为 45kV)。此外,水滴滴落和水滴破碎放电的本质均为水滴与导线之间的间隙放电,两者的产生机理基本相同。由于水滴滴落时,水滴的形状较为规则,为球体或椭球体,水滴的体积分布也更容易掌握,因此后续分析着重于研究水滴滴落放电的起始判据。

　　由第 3 章可知,有效电离积分的数值大小通常可以表征电晕放电强弱,积分限值通常也被用于电晕放电的起始判据[19-20],因此本章仍然采用水滴与导线表面之间有效电离积分的阈值作为水滴滴落的电晕起始判据,即

$$\xi = \int_l (\alpha - \eta)\, \mathrm{d}l \geqslant \xi_c \tag{9-7}$$

式中,α 为电子碰撞系数,η 为电子吸附系数,$\alpha - \eta$ 称为有效电离系数,该系数的取值取决于大气条件以及导线附近电场分布。在降雨条件下,可认为空气相对湿度为饱和湿度。l 为从电晕放电点至电离边界处的长度。ξ_c 为有效电离积分的阈值,当水滴下落过程中的有效电离积分值超过 ξ_c 时,水滴滴落放电便可以发生,反之,水滴滴落放电不能发生。下面从实验室缩尺模型模拟降雨试验的交流起晕电压来反推有效电离积分的阈值 ξ_c。

　　从式(9-7)中可以发现有效电离积分取决于两方面,水滴和导线之间的电场强度以及两者之间的距离。因此,虽然水滴在下落的过程中,水滴与导线之间的电场强度越来越大,理论上当水滴与导线之间距离为无穷小时,水滴与导线之间的场强为无穷大,但这并不意味着水滴和导线间一定会有电晕放电产生,因为有效电离积分的值不只取决于电场强度的大小。

　　为获得水滴滴落判据中的有效电离积分阈值 ξ_c,首先计算获得了水滴下落不同时刻的导线周围交流电场分布(不考虑空间电荷的影响)。当导线半径为 5mm,导线对地高度为 15cm,导线外加电压为起晕电压 $U = 32\text{kV}$(有效值),水滴体积为 2.5μL 时,水滴下落不同时刻的导线周围电场分布如图 9-84 所示。随着水滴与导线之间的距离越来越近,水滴下表面的电场强度逐渐升高。当导线与水滴之间的距离为 2mm 时,水滴下表面的电场强度最大值超过 30kV/cm;当导线与水滴之间的距离为 1mm 时,水滴至导

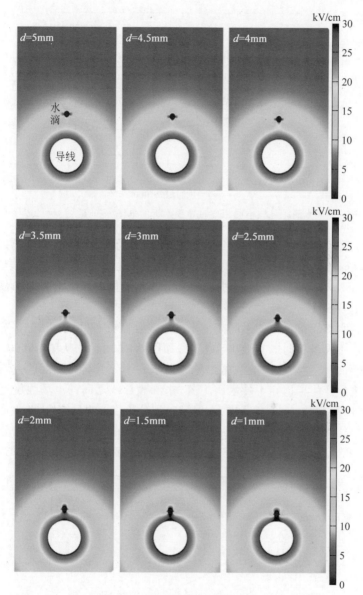

图 9-84 水滴下落时导线附近的电场分布（$U_{有效值}=32\text{kV}$）

线上表面之间的电场强度大幅上升，平均值超过 30kV/cm。

选取水滴和导线之间距离分别为 3mm、2mm、1.5mm 和 1mm 时，水滴和导线之间的电场分布如图 9-85 所示。可以发现水滴在下落并接近导

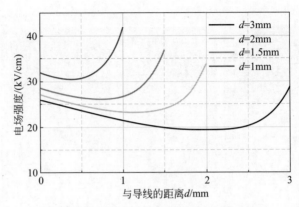

图 9-85　水滴距导线不同距离时导线附近的电场分布($U_{有效值}$＝32kV)

线表面的过程引起了水滴和导线之间电场强度的明显畸变。随水滴下降，水滴下表面的电场强度迅速升高，初始 d＝3mm 时，电场强度约为 30kV/cm；d＝1mm 时，电场强度已经超过 40kV/cm。与此同时导线上表面场强也随之小幅上升。

　　基于水滴滴落距导线不同高度下的电场强度分布，可根据式(9-7)计算水滴下落不同位置时的有效电离积分，如图 9-86 所示。从图中可以看出，伴随水滴的滴落过程，有效电离积分经历了一个先升高后降低的过程。此现象的主要产生原因在于随水滴下落，水滴和导线之间的电场强度逐步增强，有效电离系数 $\alpha-\eta$ 显著增大，但同时积分长度 l 明显缩短，两方面的共同作用使得当水滴距导线上表面的距离为 0.8mm 时，有效电离积分值最大，约为 6.3。由于上述结果是基于实验测得的起晕电压计算得到的，因此

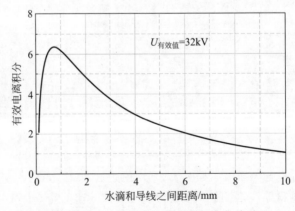

图 9-86　有效电离系数随水滴和导线之间距离的变化关系($U_{有效值}$＝32kV)

有效电离积分的最大值,便为水滴滴落起始判据中有效电离积分的阈值,即 $\xi_c = 6.3$。

当导线半径 0.5mm,水滴体积 2.5μL(水滴半径约为 0.84mm),导线对地高度为 15cm,改变导线施加电压有效值 U 分别为 30、35、40kV 时,计算得到的不同电压下有效电离积分随水滴位置的变化关系如图 9-87 所示。由计算结果可知,在施加电压的范围为 30~40kV 时,水滴下落过程中均存在有效电离积分的极大值,且有效电离积分的极值随电压的升高而显著上升。当 $U = 30$kV 时,有效电离积分的极值约为 5.6,略小于有效电离积分阈值 ξ_c;当 $U = 40$kV 时,有效电离积分的极值约为 9.9,大于有效电离积分阈值 ξ_c。由此可见,用水滴下落过程中有效电离积分值来表征电晕放电的强弱、积分阈值作为水滴滴落放电的判据是符合实验规律的。此外,随施加电压的升高,水滴下落过程中积分极值出现的位置 d 呈现逐渐增大的趋势。

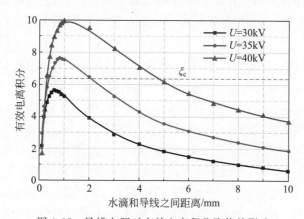

图 9-87　导线电压对有效电离积分取值的影响

当导线半径 0.5mm,导线对地高度为 15cm,导线施加电压有效值 $U = 32$kV(起晕电压)时,改变水滴半径为 0.6mm、0.8mm、1mm 时,计算得到的不同水滴半径下有效电离积分随水滴位置的变化关系如图 9-88 所示。可以看到,随水滴半径的增加,有效电离积分极值随之小幅增加。因此,当导线施加电压为 32kV 时,若水滴半径小于 0.84mm(对应的水滴体积为 2.5μL),则水滴下落过程中不会有滴落电晕产生。

9.4.1.2　直流空间电荷对水滴滴落放电的影响

与雨天交流电晕存在很大不同,在缩尺模型的直流模拟降雨电晕实验

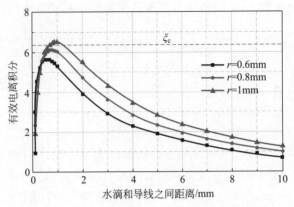

图 9-88 水滴半径对有效电离积分取值的影响

中,当放电达到稳态时,并没有水滴滴落放电产生。研究发现,雨天直流电晕放电进入稳定状态时,导线周围空间电荷的分布对雨天直流电晕特性有很大影响。

直流导线附近空间电荷的存在直接削弱或抑制了水滴滴落时与导线表面之间的滴落放电。原因有两方面:导线表面空间电荷的存在显著削弱了导线与水滴之间的合成电场;水滴下落过程中,会吸附大量的空间电荷,导致水滴和导线之间的合成电场强度进一步下降。

当导线半径为 5mm,导线对地高度为 15cm,水滴体积为 2.5μL,施加直流电压为 45kV 时,水滴下落不同时刻的空间电荷分布如图 9-89(a)所示(计算方法参见文献[7])。在水滴下落过程中,导线周围大量的空间电荷会被吸入水滴中,导致水滴头部的空间电荷浓度比周围的空间电荷浓度要高出一个数量级。此时的水滴与导线之间的合成电场分布如图 9-89(b)所示。对比图 9-89(b)与图 9-85 可发现,水滴吸附空间电荷后,水滴与导线之间的电场分布大幅下降。

选取水滴和导线之间距离分别为 3mm、2mm、1.5mm 和 1mm 时,考虑直流空间电荷的影响时,水滴和导线之间的合成电场分布如图 9-90 所示。尽管水滴的下落仍会畸变水滴与导线间的合成电场,但与交流电晕相比,由于直流空间电荷的存在,水滴和导线之间的合成电场被大幅削弱。

基于水滴滴落距导线不同高度处的合成电场强度分布,根据式(9-7)计算获得了直流电场中水滴下落不同位置时的有效电离积分,并与同样电压下的交流有效电离积分对比,如图 9-91 所示。与交流电晕类似,伴随水滴

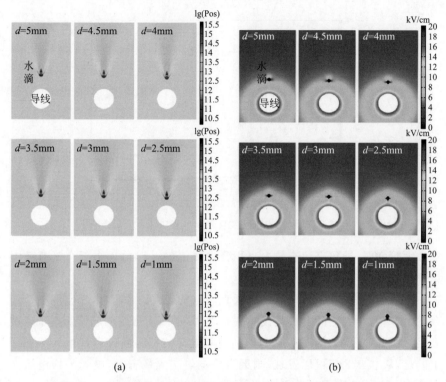

图 9-89　水滴下落时与导线之间的直流空间电荷分布及电场分布
（a）导线附近正离子浓度分布；（b）空间电场分布

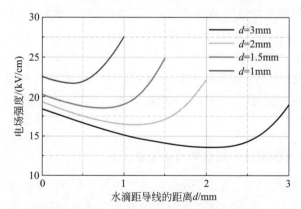

图 9-90　水滴距导线不同距离时导线附近的直流合成电场分布（$U=45\text{kV}$）

的滴落过程，直流有效电离积分经历了一个先升高后降低的过程。但由于直流空间电荷以及水滴对空间电荷的吸附作用，水滴与导线之间的合成电

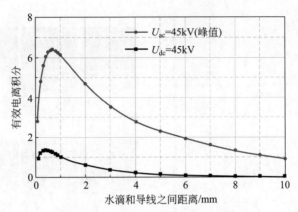

图 9-91　交、直流有效电离积分计算结果对比($U_{dc} = U_{ac} = 45\text{kV}$)

场被大幅削弱,导致直流有效电离积分的峰值($\xi = 1.4$)远小于交流有效电离积分的峰值($\xi_c = 6.3$)。

　　总结前述分析结果可知,当雨天直流电晕达到稳态时,由于空间电荷的存在,水滴与导线之间合成电场被大幅削弱,水滴滴落放电起始判据难以被满足。因此,直流水滴滴落放电受到空间电荷的抑制而难以产生。需要指出的是,从 9.2.2 节可以发现,雨天直流电晕达到稳态时,电晕平均电流大幅升高,然而,在降雨开始之前,电晕平均电流处在较低水平,意味着降雨开始前直流导线附近的空间电荷浓度较低。因此,在降雨刚开始时刻,导线下表面尚未形成泰勒锥电晕放电,空间电荷浓度较低,此时水滴与导线之间的合成电场未受到明显削弱,水滴滴落放电可以产生。这便是直流雨天起始阶段存在水滴滴落放电的主要原因,也是导致雨天直流电晕可听噪声在降雨起始阶段出现骤增现象的根本原因。随降雨时间推移,导线下表面泰勒锥放电点逐渐增多,空间电荷浓度大幅升高,水滴滴落放电最终被抑制。

9.4.1.3　水滴滴落放电起始判据的验证

　　前面基于缩尺导线模型雨天交流电晕的实验结果,计算得到了有效电离积分的阈值 ξ_c。下面将通过真型导线的实验结果,来验证采用有效电离积分阈值 ξ_c 作为水滴滴落放电判据方法的有效性。

　　当降雨量为 2mm/h,导线表面最大场强为 17.9kV/cm 时,交流线路雨天起始阶段开始出现水滴滴落放电现象。基于图 9-3 和图 9-4 所示雨滴尺寸分布,可以确定降雨量为 2mm/h 时,雨滴的最大半径在 2～3mm 之间。据此计算得到的有效电离积分随水滴下落位置的变化情况如图 9-92 所示。与前述分析类似,在不同水滴尺寸下,有效电离积分随雨滴的下落呈现先升高后减小的趋势,且有效电离积分极值随水滴半径的增大而增大。当水滴半径为 2mm 时,计算得到的有效电离系数极值约为 6.3 (ξ_{c1});当水滴半径为 3 mm 时,计算得到的有效电离系数极值约为 6.8 (ξ_{c2})。因此式(9-7)中水滴滴落放电判据中的积分阈值 ξ_c 的取值范围为 [6.3, 6.8]。

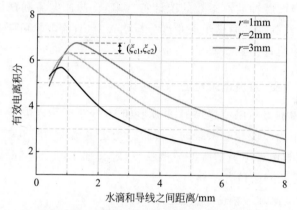

图 9-92　水滴尺寸分布与有效电离积分取值的关系($E = 17.9$kV/cm)

计算不同类型的水滴滴落放电起始时的有效电离积分极值,结果如表 9-17 所示。依据缩尺模型实验结果获得的有效电离积分阈值 ξ_c 为 6.3,依据真型导线雨天交、直流电晕特性计算得到的有效电离积分阈值 ξ_c 范围分别为 [6.3, 6.8] 和 [6.1, 6.5]。不同模型下基于雨天电晕实验结果获得的有效电离积分阈值 ξ_c 基本一致,有效电离积分阈值作为水滴滴落放电判据的有效性得到验证。

表 9-17　不同类型水滴滴落放电有效电离积分极值的对比

	缩尺模型测试	真型导线测试	
	交流	交流	直流
起晕电压/kV(最大值)	45.3	127.4	175.0
起晕场强/(kV/cm)	34	17.9	17.5
有效电离积分阈值 ξ_c	6.3	6.3～6.8	6.1～6.5

9.4.2　雨天交、直流不同电晕类型的电流和可听噪声声波脉冲对比

　　研究不同电晕放电类型下的电晕电流和声波脉冲的统计特性,以及电晕电流和声波脉冲的关联特性,可以为建立声波脉冲仿真序列以及分析不同电晕放电类型的声波特性奠定基础,同时也有助于揭示雨天交、直流电晕可听噪声水平之间巨大差异的原因。

　　借助 9.2 节和 9.3 节测量得到的电晕电流和声波脉冲波形,可以研究电晕电流和声波脉冲波形参数的统计特性,建立脉冲电流和声波间的关联关系,并从声波脉冲的频谱组成角度分析雨天交、直流电晕可听噪声水平巨大差异的产生机理。

9.4.2.1　雨天交、直流电晕电流脉冲对比

　　实验测得的电晕电流典型脉冲波形如图 9-93 所示。电晕电流脉冲具有陡峭的上升沿以及相对平缓的下降沿。为定量比较不同电晕电流脉冲波形的差异,根据电晕电流的脉冲波形特点,定义如下电晕电流脉冲参数(与 6.1.1 节的定义方法稍有差异):

　　① 电晕电流脉冲幅值 I_m,单位 mA;

　　② 电晕电流脉冲上升时间 T_r:脉冲上升部分峰值 10% 处与峰值 90% 处的时间差,单位 ns;

　　③ 电晕电流脉冲半波时间 T_h:脉冲上升部分峰值 50% 处与脉冲下降部分峰值 50% 处的时间差,单位 ns;

　　④ 电晕电流脉冲半波时间 T_l:脉冲上升部分峰值 10% 处与脉冲下降部分峰值 10% 处的时间差,单位 ns。

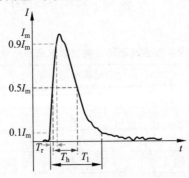

图 9-93　电晕电流典型波形及参数定义

　　不同电晕放电类型和场强下的电晕电流脉冲上升时间的概率密度分布如图 9-94～图 9-97 所示。由图中可以发现,不同电晕放电类型和场强下的

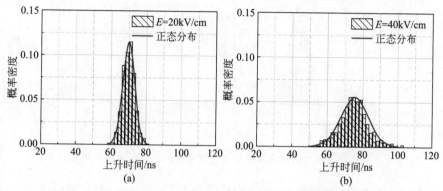

图 9-94　干燥导线直流电晕放电电流脉冲上升时间概率密度分布

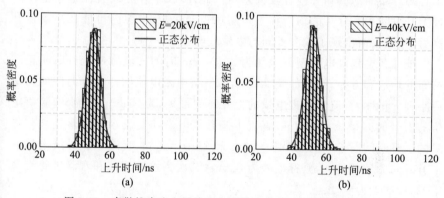

图 9-95　泰勒锥直流电晕放电电流脉冲上升时间概率密度分布

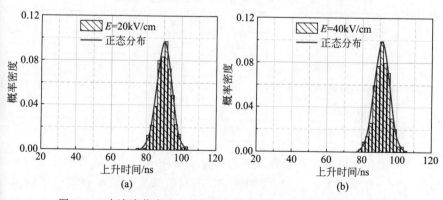

图 9-96　水滴滴落直流电晕放电电流脉冲上升时间概率密度分布

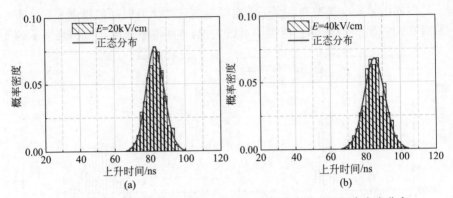

图 9-97　水滴滴落与破碎交流电晕放电电流脉冲上升时间概率密度分布

电晕电流脉冲上升时间的概率密度分布均服从正态分布,但不同电晕类型下正态分布的均值和方差有较大差异。此外,仅干燥导线直流电晕电流脉冲上升时间正态分布的均值和方差随场强变化较大,原因可能在于场强升高后,导线表面出现了较多不同的电晕放电类型。

　　统计各电晕放电类型下电场为 40kV/cm 时的电流脉冲上升时间正态分布的均值和方差,结果如表 9-18 所示。按电晕电流脉冲上升时间的均值由小到大排序,直流泰勒锥电晕的上升时间最短,为 51ns;直流水滴滴落电晕的上升时间最长,为 90ns;直流干燥导线电晕和交流水滴滴落或破碎电晕的上升时间居于中间,分别为 73ns 和 85ns。此外,直流干燥导线电晕的上升时间分散性最大,其标准差为 8.0ns;其次为水滴滴落和水滴破碎交流电晕,标准差为 6.0ns。

表 9-18　不同电晕类型下的电流脉冲基础参数

放电类型	上升时间/ns		半波时间/ns	
	均值	标准差	均值	标准差
直流干燥导线电晕	73	8.0	205	12
直流泰勒锥电晕	51	4.4	153	7.0
直流水滴滴落电晕	90	4.0	219	8.0
交流水滴滴落和破碎电晕	85	6.0	211	9.5

　　不同电晕放电类型和场强下的电晕电流脉冲半波时间的概率密度分布如图 9-98～图 9-101 所示。由图中可知,不同电晕放电类型和场强下的电晕电流脉冲半波时间的概率密度分布也服从正态分布,且不同电晕类型

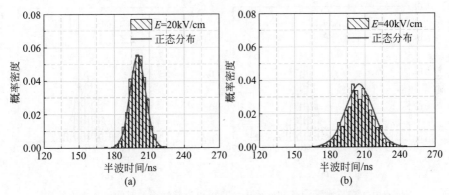

图 9-98　直流干燥导线电晕放电电流脉冲半波时间概率密度分布

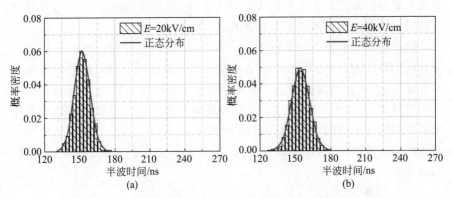

图 9-99　直流泰勒锥电晕放电电流脉冲半波时间概率密度分布

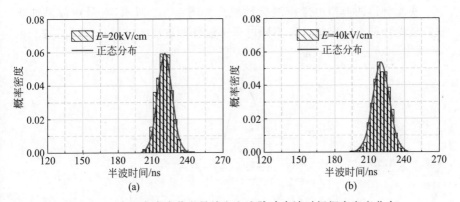

图 9-100　直流水滴滴落电晕放电电流脉冲半波时间概率密度分布

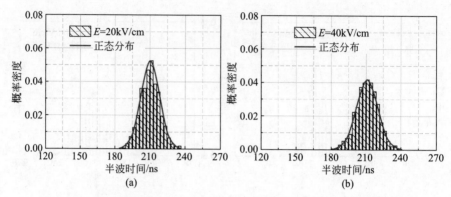

图 9-101 交流水滴滴落和破碎电晕放电电流脉冲半波时间概率密度分布

下的正态分布均值和方差有较大差异。此外,直流干燥导线电晕电流脉冲半波时间的正态分布均值和方差随场强变化较大。

统计各电晕放电类型下电场为 40kV/cm 时的电流脉冲半波时间正态分布的均值和方差,结果如表 9-18 所示。按电晕脉冲半波时间的均值由小到大排序,直流泰勒锥电晕的半波时间最短,为 153ns;直流水滴滴落电晕的半波时间最长,为 219ns;直流干燥导线电晕和交流水滴滴落和破碎电晕的半波时间居于中间,分别为 205ns 和 211ns。此外,直流干燥导线电晕的半波时间分散性最大,其标准差为 12ns;其次为交流水滴滴落和破碎电晕,标准差为 9.5ns。

9.4.2.2 雨天交、直流电晕声波脉冲对比

实验测得的典型电晕声波脉冲波形如图 9-102 所示,电晕声波脉冲具有双极性特征。为定量比较不同电晕声波脉冲波形的差异,文献[21,22]根

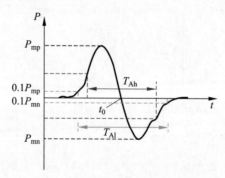

图 9-102 可听噪声典型声波波形及参数定义

据声波脉冲波形的概念和实测得到的电晕声波脉冲波形特点,定义如下电晕声波脉冲参数:

① 声波脉冲正峰值 P_{mp},单位 Pa;

② 声波脉冲负峰值 P_{mn},单位 Pa;

③ 声波脉冲峰峰值 P_m:声波脉冲正峰值与声波脉冲负峰值之和,单位 Pa;

④ 声波脉冲视在半波时间 T_{Ah}:正脉冲上升部分峰值 50% 处与负脉冲下降部分峰值 50% 处的时间差,单位 μs;

⑤ 声波脉冲视在持续时间 T_{Al}:正脉冲上升部分峰值 10% 处与负脉冲下降部分峰值 10% 处的时间差,单位 μs;

⑥ 声波脉冲过零点时刻 t_0,单位 μs。

不同电晕放电类型和场强下的电晕声波脉冲视在半波时间的概率密度分布如图 9-103～图 9-106 所示。由图中可以发现,不同电晕放电类型和不

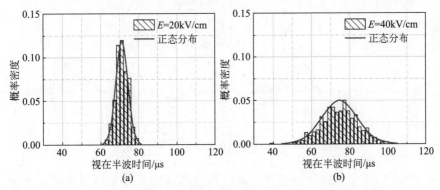

图 9-103　干燥导线直流电晕放电声波脉冲视在半波时间概率密度分布

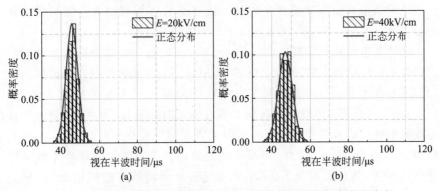

图 9-104　泰勒锥直流电晕放电声波脉冲视在半波时间概率密度分布

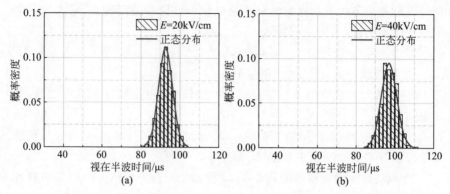

图 9-105　水滴滴落直流电晕放电声波脉冲视在半波时间概率密度分布

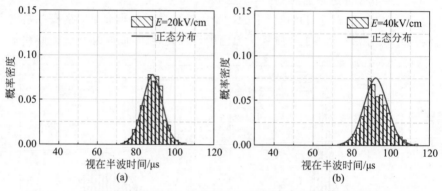

图 9-106　水滴滴落与破碎交流电晕放电声波脉冲视在半波时间概率密度分布

同场强下的电晕声波脉冲视在半波时间的概率密度分布基本服从正态分布,且不同电晕类型下正态分布的均值和方差有较大差异。此外,干燥导线直流电晕放电声波脉冲视在半波时间的正态分布均值和方差随场强变化明显。

统计各电晕放电类型在电场为 40kV/cm 时的声波脉冲视在半波时间正态分布的均值和方差,结果如表 9-19 所示。按声波脉冲视在半波时间的均值由小到大排序,直流泰勒锥电晕的声波脉冲视在半波时间最短,为 47μs;直流水滴滴落电晕的声波脉冲视在半波时间最长,为 97μs;直流干燥导线电晕和交流水滴滴落与破碎电晕的声波脉冲视在半波时间居于中间,分别为 74μs 和 92μs。此外,干燥导线直流电晕的声波脉冲视在半波时间分散性最大,其标准差为 9μs;其次为交流水滴滴落与破碎电晕,标准差为 5.8μs。

表 9-19　不同电晕类型下的声波脉冲基础参数

放电类型	视在半波时间/μs		视在持续时间/μs	
	均值	标准差	均值	标准差
干燥导线直流电晕	74	9	159	17
泰勒锥直流电晕	47	3.5	101	3.3
水滴滴落直流电晕	97	4.2	191	4.5
水滴滴落与破碎交流电晕	92	5.8	185	6

　　不同电晕放电类型和场强下的电晕声波脉冲视在持续时间的概率密度分布如图 9-107～图 9-110 所示。由图中可以发现,不同电晕放电类型和场强下的电晕声波脉冲视在持续时间的概率密度分布也基本服从正态分布,且不同电晕类型下正态分布的均值和方差有较大差异。此外,直流干燥导

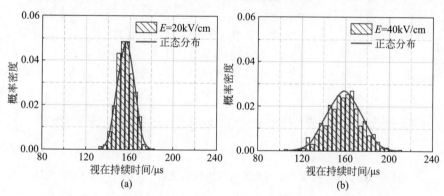

图 9-107　干燥导线直流电晕放电声波脉冲视在持续时间概率密度分布

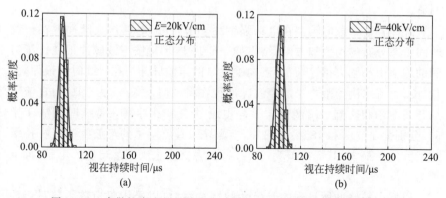

图 9-108　泰勒锥直流电晕放电声波脉冲视在持续时间概率密度分布

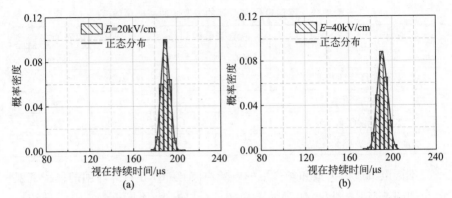

图 9-109 水滴滴落直流电晕放电声波脉冲视在持续时间概率密度分布

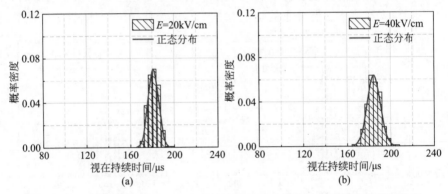

图 9-110 水滴滴落与破碎交流电晕放电声波脉冲视在持续时间概率密度分布

线电晕放电声波脉冲视在持续时间的正态分布均值和方差随场强变化明显。

统计各电晕放电类型在电场强度为 40kV/cm 时的声波脉冲视在持续时间正态分布的均值和方差,结果如表 9-19 所示。按声波脉冲视在持续时间的均值由小到大排序,直流泰勒锥电晕的声波脉冲视在持续时间最短,为 101μs;直流水滴滴落电晕的声波脉冲视在持续时间最长,为 191μs;直流干燥导线电晕和交流水滴滴落与破碎电晕的声波脉冲视在持续时间居于中间,分别为 159μs 和 185μs。此外,干燥导线直流电晕的声波脉冲视在持续时间分散性最大,其标准差为 17μs;其次为交流水滴滴落与破碎电晕,标准差为 6μs。

根据声波脉冲所呈现的双极性脉冲特性,可以采用双指数函数对声波脉冲进行拟合[21-23]:

$$p(t) = \begin{cases} p_1(t) = K_1 p_{mp}(e^{-\alpha_1(-t+t_0)} - e^{-\beta_1(-t+t_0)}), & 0 < t \leqslant t_0 \\ p_2(t) = K_2 p_{mn}(e^{-\alpha_2(t-t_0)} - e^{-\beta_2(t-t_0)}), & t > t_0 \end{cases} \quad (9\text{-}8)$$

式中，K_1、K_2、α_1、α_2、β_1、β_2 均为拟合参数；t_0 为声波脉冲的过零点时刻；P_{mp}，P_{mn} 分别为声波脉冲正峰值和负峰值。

基于声波脉冲时间参数的统计结果，声波正负脉冲峰值单位化的典型声波脉冲如图 9-111 所示，其拟合参数如表 9-20 所示（E4$=10^{-4}$，E5$=10^{-5}$）。

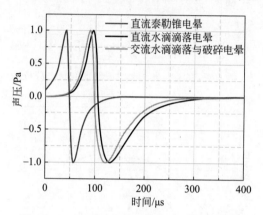

图 9-111　雨天交、直流电晕的典型声波波形

表 9-20　典型声波脉冲的拟合参数

拟合参数	K_1	K_2	α_1	α_2	β_1	β_2
直流泰勒锥电晕	1.69	−2.15	6.07E4	5.67E4	3.79E5	2.21E5
直流水滴滴落电晕	5.87	−2.84	8.53E4	2.31E4	1.36E5	6.27E4
交流水滴滴落与破碎电晕	5.03	−3.01	8.74E4	2.62E4	1.51E5	6.68E4

对图 9-111 中展示的不同电晕类型下的典型声波脉冲波形进行快速傅里叶变换，得到不同声波脉冲的频谱，如图 9-112 所示，由此分析声波脉冲视在半波时间和视在持续时间等参数对声波频谱的影响。其中，直流泰勒锥电晕放电典型声波脉冲的频率中心为 9～10kHz，直流水滴滴落电晕放电典型声波脉冲的频率中心为 2.5～3kHz，交流水滴滴落与破碎电晕放电典型声波脉冲的频率中心为 3～4kHz。

声压的 A 计权权重系数随频率的变化关系如图 9-113 所示。可以发现，声波中 1～5kHz 的频率分量对 A 计权声压级的贡献最大。因此，结合图 9-111 可发现，即使声波脉冲幅值相同，单个直流水滴滴落电晕放电声波

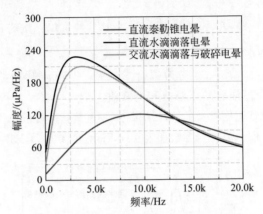

图 9-112　雨天交、直流电晕典型声波波形的频谱分析(k＝10^3)

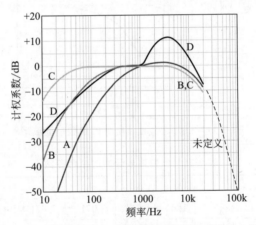

图 9-113　不同类型计权系数随声波频率的变化(k＝10^3)

脉冲的 A 计权声压级要远高于单个直流泰勒锥电晕放电声波脉冲;此外,单个水滴滴落直流电晕放电声波脉冲的 A 计权声压级要略高于单个交流水滴滴落与破碎电晕放电的 A 计权声压级(图中 A 代表 A 计权,B 代表 B 计权……未定义代表"未定义计权")。

9.4.2.3　雨天交、直流电晕脉冲电流和声波脉冲的关联特性

电晕放电产生的声波脉冲本质上来源于粒子的振动,与空间电荷的迁移特性紧密相关,而电晕电流作为表征电晕效应的重要物理量,其特性也直接反映了空间电荷的迁移特性。因此,研究电晕放电产生的声波脉冲和电晕电流脉冲的关联特性,可以揭示空间电荷与声波脉冲的关系。

　　利用真型导线测试平台,同时采集声波脉冲和电晕电流脉冲波形,测量得到的电晕电流与可听噪声的波形如图 9-114 所示。其中,脉冲电流波形呈现双指数脉冲特性;声波脉冲为双极性脉冲,并且可分段表示为双指数函数,这与文献[22]中结果一致;声波脉冲与电晕电流脉冲在时域具有一一对应关系,声波脉冲要明显地滞后于电晕电流脉冲一段时间(Δt),滞后现象主要是因为声波从导线表面传播到测量位置需要一段时间。根据实验布置,导线电晕放电点到测量位置的直线距离约为 4.5m,以实验条件下声波的传播速度为 314m/s 计算,声波的延迟时间理论计算值为 14.3ms。实测得到的声波延迟时间 Δt 为 14.5ms,与理论计算基本一致。

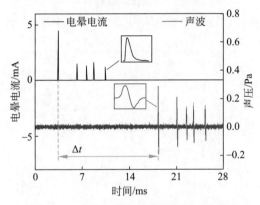

图 9-114　电晕电流与可听噪声的对应关系

　　为了进一步研究可听噪声声波脉冲与电晕电流脉冲之间的关联特性,可以提取声波脉冲的峰峰值,与电晕电流脉冲幅值进行对比。不同电晕类型下的声波脉冲峰峰值与电晕电流脉冲幅值之间的关系如图 9-115～图 9-118 所示。由图中可以发现,声波脉冲峰峰值与电晕电流脉冲幅值之间近似满足线性关系,即随脉冲幅值的增加,声波脉冲峰峰值呈现出线性变化的规律,其关系可表述为:

$$P_m = aI_m + b \tag{9-9}$$

式中,P_m 为可听噪声的峰峰值,单位 Pa;I_m 为电晕电流脉冲幅值,单位 mA;a 和 b 为相应的拟合参数,单位分别为 mPa/mA 以及 Pa。这种线性关系产生的主要原因在于:在电晕发展过程中,若放电强度较高,单次放电产生的空间电荷浓度高,因此空间电荷的积累和迁移会相应地产生幅值较大的电晕电流脉冲,与此同时,空间电荷与中性分子发生碰撞的概率大大增加,空气分子获得能量增加,声波脉冲的峰峰值也随之增大[22]。

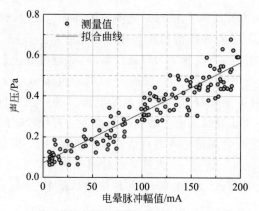

图 9-115 干燥导线直流电晕声波脉冲与电流脉冲的幅值关系

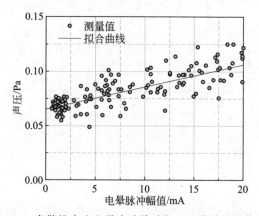

图 9-116 泰勒锥直流电晕声波脉冲与电流脉冲的幅值关系

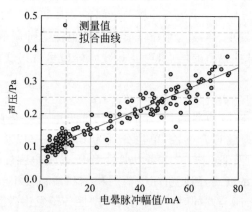

图 9-117 水滴滴落直流电晕声波脉冲与电流脉冲的幅值关系

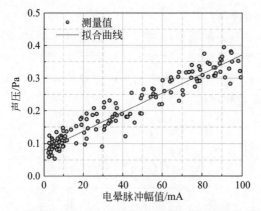

图 9-118 水滴滴落与破碎交流电晕声波脉冲与电流脉冲的幅值关系

基于图 9-115～图 9-118 所给出的不同电晕类型的声波脉冲峰峰值与电晕电流脉冲幅值之间的实测结果,拟合得到了式(9-9)中的线性关系参数,如表 9-21 所示。由于四种电晕类型的电流脉冲波形和声波波形分布特性各不相同,因此,不同电晕类型的声波脉冲峰峰值与电晕电流脉冲幅值之间的线性关系并不完全相同。其中,直流水滴滴落放电声波脉冲峰峰值随电晕电流脉冲幅值的变化最为显著,电晕电流脉冲幅值增加 1 单位(mA),声波脉冲峰峰值增加 3.18mPa;直流泰勒锥放电声波脉冲峰峰值随电晕电流脉冲幅值的变化最不显著,电晕电流脉冲幅值增加 1 单位(mA),声波脉冲峰峰值仅增加 2.06mPa。此外,直流水滴滴落放电与交流水滴滴落与破碎放电的参数 a 较为相近,分别为 3.18mPa/mA 以及 2.91mPa/mA。

表 9-21 声波脉冲峰峰值和电晕电流幅值的关系

放电类型	参数 a/(mPa/mA)	参数 b/Pa
直流干燥导线电晕	2.45	0.0765
直流泰勒锥电晕	2.06	0.0651
直流水滴滴落电晕	3.18	0.0875
交流水滴滴落与破碎电晕	2.91	0.0802

9.4.3 声波脉冲特征参数对 A 计权声压级的影响

由 9.3.2.2 节可知,在单位化声波峰值时不同类型的声波脉冲对 A 计权声压级的贡献存在明显差异,主要原因在于声波脉冲的视在半波及持续时间不同。本小节将基于声波脉冲的分布特性,系统地研究声波特征参数对 A 计权声压级的影响。

　　基于前述声波脉冲的典型波形以及声波脉冲参数的统计特性,本节提出构建电晕可听噪声的时域声波序列的具体方法。声波脉冲序列的构建流程如图 9-119 所示,其中,输入的参数为声波脉冲峰峰值、声波脉冲的视在持续时间、脉冲重复频率等。

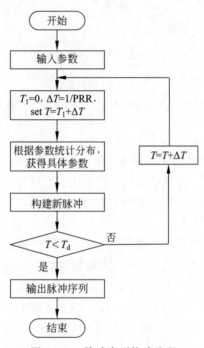

图 9-119　脉冲序列构建流程

　　下面将针对不同的电晕放电类型,采用上述可听噪声声波脉冲序列的构建方法,分析声波脉冲参数对 A 计权声压级的影响。在最开始的分析中,先不考虑脉冲参数的正态分布特性,即先将各个参数的标准差置为 0。

　　首先保持声波脉冲的重复频率(PRR)为 1kHz,改变声波脉冲峰的峰值,研究声波脉冲峰峰值对 A 计权声压级的影响。不同电晕放电类型(声波视在持续时间)的 A 计权声压级随声波脉冲峰峰值的变化关系如图 9-120 所示。由图中结果,拟合声波脉冲峰峰值对 A 计权声压级的影响,可得:

$$\mathrm{SPL_A} = k_1 \lg P_\mathrm{m} + b_1 \tag{9-10}$$

式中,$\mathrm{SPL_A}$ 为 A 计权声压级,单位 dB;P_m 为声波脉冲峰峰值,单位 Pa;k_1、b_1 为相应的拟合系数。

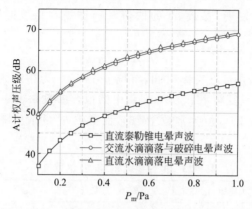

图 9-120　A 计权声压级随声波脉冲峰峰值的变化

在不同的声波视在持续时间下,式(9-10)中的拟合参数如表 9-22 所示。从中可以看出参数 k_1 的取值为常数 20,而参数 b_1 的取值随声波视在持续时间 T_{Al} 的上升而上升。

表 9-22　拟合参数 k_1 和 b_1 的取值

声波视在持续时间	参数 k_1	参数 b_1
101μs(直流泰勒锥电晕)	20.0	57.2
191μs(直流水滴滴落电晕)	20.0	68.9
185μs(交流水滴滴落与破碎电晕)	20.0	69.4

保持声波脉冲峰峰值为 1Pa 不变,改变声波视在持续时间的取值,最终获得参数 b_1 随声波视在持续时间和脉冲重复频率的变化关系如图 9-121

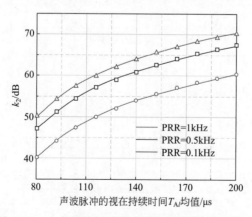

图 9-121　A 计权声压级随声波视在持续时间的变化

所示。通过拟合发现，参数 b_1 的取值随声波视在持续时间的变化符合式(9-11)，即

$$b_1 = k_2 \lg T_{Al} + b_2 \tag{9-11}$$

式中，T_{Al} 为声波的视在持续时间，单位 μs；k_2、b_2 为相应的拟合系数。在不同的声波脉冲重复频率下，式(9-11)中的拟合参数如表 9-23 所示。从中可以看出参数 k_2 的取值为常数 12.64，而参数 b_2 的取值随声波脉冲重复频率的上升而上升。

表 9-23　拟合参数 k_2 和 b_2 的取值

声波脉冲重复频率/kHz	参数 k_2	参数 b_2
0.1	12.64	−3.081
0.5	12.64	3.966
1	12.64	7.127

保持声波脉冲的峰峰值和声波视在持续时间不变，改变声波脉冲的重复频率，获得参数 b_2 随声波脉冲重复频率的变化关系如图 9-122 所示。通过对参数 b_2 和声波脉冲重复频率关系的拟合研究，发现参数 b_2 随声波脉冲重复频率的变化关系为：

$$b_2 = k_3 \lg(\text{PRR}) + b_3 \tag{9-12}$$

式中，PRR 为声波脉冲重复频率，单位 Hz；k_3、b_3 为相应的拟合系数，取值分别为 10 和 −22.87。

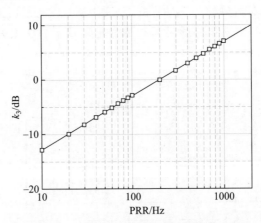

图 9-122　A 计权声压级随声波重复频率的变化

将式(9-11)和式(9-12)代入式(9-10)，最终获得 A 计权声压级与声波

脉冲峰峰值、脉冲视在持续时间以及脉冲重复频率之间的关系为：

$$SPL_A = k_1 \lg P_m + k_2 \lg T_{Al} + k_3 \lg(PRR) + b_3 \tag{9-13}$$

式中，参数 k_1、k_2、k_3、b_3 的取值分别为 20、12.64、10 以及 -22.87。

　　上述研究聚焦的是声波脉冲波形参数的均值对 A 计权声压级的影响，并没有考虑声波脉冲参数正态分布中标准差的影响，下面将具体研究声波脉冲的峰峰值和声波视在持续时间标准差对 A 计权声压级的影响。

　　考虑声波脉冲的峰峰值和声波视在持续时间标准差后，式(9-13)可以改写成：

$$SPL_A = k_1 \lg P_m + k_2 \lg T_{Al} + k_3 \lg(PRR) +$$
$$L_\Delta(\sigma_{P_m}/P_m) + L_\Delta(\sigma_{T_{Al}}/T_{Al}) + b_3 \tag{9-14}$$

式中，σ_{P_m} 为声波脉冲峰峰值的标准差，$\sigma_{T_{Al}}$ 为声波视在持续时间的标准差。$L_\Delta(\sigma_{P_m}/P_m)$ 和 $L_\Delta(\sigma_{T_{Al}}/T_{Al})$ 分别为考虑声波脉冲峰峰值和声波视在持续时间标准差之后的 A 计权声压级的修正。

　　考虑声波脉冲峰峰值和声波视在持续时间标准差的 A 计权声压级修正与两者标准差与均值比值的变化关系分别如图 9-123 和图 9-124 所示。随 σ_{P_m} 的增大，A 计权声压级修正相应增加，原因在于 σ_{P_m} 增大后，声波脉冲序列中会出现部分峰峰值更高的脉冲，而脉冲的峰峰值越高，对 A 计权声压级的贡献就越大。随 $\sigma_{T_{Al}}$ 的增大，A 计权声压级修正也相应增加，原因在于 $\sigma_{T_{Al}}$ 增大后，脉冲序列中出现部分视在可持续时间长的声波脉冲，这类脉冲对 A 计权声压级的贡献更大。

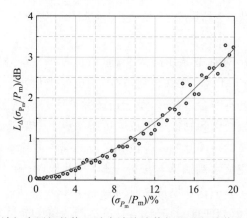

图 9-123　A 计权声压级的修正随声波峰峰值标准差与均值比值的变化关系

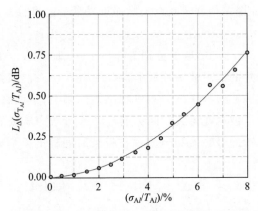

图 9-124　A 计权声压级的修正随声波视在持续时间标准差的变化关系

最终,根据图 9-123 和图 9-124 所展示的结果,拟合 A 计权声压级修正值与 σ_{P_m}/P_m 和 $\sigma_{T_{Al}}/T_{Al}$ 的关系,可以发现 A 计权声压级修正值分别与 σ_{P_m}/P_m 和 $\sigma_{T_{Al}}/T_{Al}$ 的平方成正比,即

$$L_\Delta(\sigma_{P_m}/P_m) = a_P(\sigma_{P_m}/P_m)^2 \tag{9-15}$$

$$L_\Delta(\sigma_{T_{Al}}/T_{Al}) = a_T(\sigma_{T_{Al}}/T_{Al})^2 \tag{9-16}$$

式中,a_P、a_T 分别为相应的拟合参数,其值分别为 0.00856 及 0.0122。

将式(9-15)和式(9-16)代入式(9-14),最终获得完整的 A 计权声压级与声波脉冲峰峰值分布特性、脉冲视在持续时间分布特性以及脉冲重复频率之间的关系为:

$$\mathrm{SPL}_A = k_1\lg P_m + k_2\lg T_{Al} + k_3\lg(\mathrm{PRR}) +$$
$$a_P(\sigma_{P_m}/P_m)^2 + a_T(\sigma_{T_{Al}}/T_{Al})^2 + b_3 \tag{9-17}$$

采用式(9-17)对真型导线雨天交、直流电晕的 A 计权声压级进行计算,结果如图 9-125 所示。可以看到,在不同电晕类型和电场强度下,计算结果与实测结果基本吻合。此外,基于声波脉冲序列的 A 计权声压级计算公式也解释了直流雨天泰勒锥电晕放电可听噪声水平偏低的部分原因。由于直流泰勒锥电晕的声波脉冲峰峰值和声波的视在可持续时间均小于直流水滴滴落电晕和交流水滴滴落与破碎电晕,与此同时,由式(9-17)可知,声波脉冲峰峰值和声波的视在可持续时间与 A 计权声压级存在正相关关系,因此,在同样的声波脉冲重复频率下,直流水滴滴落电晕和交流水滴滴落与破碎电晕的 A 计权声压级要显著高于直流泰勒锥电晕。

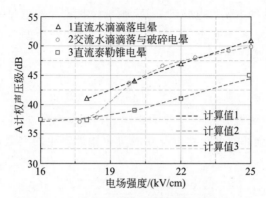

图 9-125　A 计权声压级预测值和实测值的比较

9.4.4　预测结果与传统经验公式的对比和修正

9.4.4.1　实验线段与实际线路可听噪声的转化关系

　　受限于实验时真型试验线段的导线长度以及导线的对地高度,实验室开展的真型导线电晕可听噪声测量结果与实际输电线路的可听噪声水平并不相同。研究试验线段与实际线路可听噪声的转化关系,便可利用试验线段的测量结果来预测实际输电线路的可听噪声水平。本节将推导电晕可听噪声的产生功率与导线长度和测量位置之间的函数关系,并提出试验线段与实际输电线路可听噪声水平之间的转换方法。

　　如图 9-126 所示,若导线上的可听噪声声源是均匀分布的,则可将导线上单位长度为 $\mathrm{d}x$ 的电晕可听噪声声源当做点声源。为简化分析,假设导

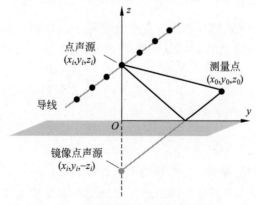

图 9-126　试验线段可听噪声声源分布

线上不同位置处的电晕放电强度一致,则单位长度导线电晕放电产生的声功率为常数,设为 A_r。因此,长度为 dx 的点声源产生的声功率为 $A_r dx$。由可听噪声空间传播特性可知,此点声源在测量位置处所产生的声强为[24]:

$$J_x = \frac{A_r dx}{4\pi R_x^2} \tag{9-18}$$

式中,R_x 是测量位置到点噪声源的距离。由于导线上的各点声源是互不相关的,导线上全部的可听噪声源在测量位置处产生的声强可由式(9-18)积分得到[24]:

$$J = \int_{-L/2}^{L/2} \frac{A_r dx}{4\pi R_x^2} = \int_{-L/2}^{L/2} \frac{A_r dx}{4\pi \left[R^2 + (x - x_0)^2\right]}$$

$$= \frac{A_r}{4\pi R}\left(\arctan \frac{L + 2x_0}{2R} + \arctan \frac{L - 2x_0}{2R}\right) \tag{9-19}$$

式中,R 是测量位置到导线的最短距离;x_0 是测量位置的横坐标;L 是试验导线总长度。若输电线路回数为 n,则式(9-19)可改写为:

$$J = \sum_{i=1}^{n} J_i = \sum_{i=1}^{n} \frac{A_{ri}}{4\pi R_i}\left(\arctan \frac{L + 2x_0}{2R_i} + \arctan \frac{L - 2x_0}{2R_i}\right) \tag{9-20}$$

式中,i 为输电线路分裂导线编号,$i = 1, 2, \cdots, n$ 表示相应的正极导线序号,A_{ri} 为相应的单位正极导线产生的可听噪声声功率,负极导线不做考虑;R_i 为测量位置到导线 i 的最短距离。考虑地面反射后就有:

$$J = \sum_{i=1}^{n} J_i = \sum_{i=1}^{n} \frac{A_{ri}}{4\pi R_i}\left(\arctan \frac{L + 2x_0}{2R_i} + \arctan \frac{L - 2x_0}{2R_i}\right) +$$

$$\sum_{i=1}^{n} \frac{k A_{ri}}{4\pi R_i'}\left(\arctan \frac{L + 2x_0}{2R_i'} + \arctan \frac{L - 2x_0}{2R_i'}\right) \tag{9-21}$$

式中,R_i' 是导线 i 的镜像与测量位置间的距离;k 为地面反射系数。

当线路长度趋于无穷时,式(9-21)可改写成:

$$J_{L\to\infty} = \sum_{i=1}^{n} J_i = \sum_{i=1}^{n} \frac{A_{ri}}{4R_i} + \sum_{i=1}^{n} \frac{k A_{ri}}{4R_i'} \tag{9-22}$$

声强与测量得到的 A 计权声压级之间的转化关系为[24]:

$$J = \frac{P^2}{\delta v} \tag{9-23}$$

式中,δ 为空气密度,单位 g/m^3;v 为声速,单位 m/s;P 为 A 计权声压级。

最终,将试验线段测量获得的声压级转化为实际输电线路声压级的具体转换步骤如下:首先基于试验线段不同测量位置的声压级测试结果,通过式(9-23)转化为相应的声强测试结果;其次通过式(9-21)建立线性方程组并求解获得正极性导线的可听噪声声功率 A_{ri};最后将获得的可听噪声声功率 A_{ri} 代入式(9-22)便可计算得到实际输电线路的声强,并通过式(9-23)转化为相应的实际输电线路声压级结果。

9.4.4.2　交、直流输电线路可听噪声经验公式的修正

由前述实验结果可知,雨天交、直流电晕放电可听噪声水平存在两个明显与以往经验认知不同的实验现象:其一,直流降雨起始时的可听噪声水平存在骤增的过程,也即降雨起始时的直流电晕可听噪声突然上升至一个较高水平,远高于雨天直流电晕放电达到稳态时的可听噪声水平;其二,雨天交流电晕的可听噪声随雨量的变化关系存在饱和效应,即随场强的升高,雨量对交流可听噪声水平的提升作用逐渐减弱,甚至在高场强下雨天交流可听噪声水平反而显著低于晴天的水平。传统的雨天电晕研究并没有深入讨论交、直流雨天电晕的产生机理及整个降雨过程中的电晕特性变化规律,于是,这两个关键实验现象所呈现的实验规律也没有得到应有的重视。因此,交、直流输电线路可听噪声的传统经验公式不能很好地反映不同场强下整个降雨过程中交、直流电晕可听噪声的真实水平。

本节基于前述真型导线交、直流雨天电晕的实测结果,通过试验线段与实际线路可听噪声的转换关系,将试验线段测量结果转化为实际线路的可听噪声水平,并与现有经验公式的预测结果对比,建立交、直流雨天可听噪声经验预测公式的修正关系。

实验室搭建的试验线段为双分裂导线,布置如图 9-127 所示,其中,参

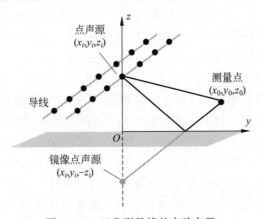

图 9-127　双分裂导线的实验布置

数 x_0、y_0、z_0 的取值分别为 2.6m、4.36m 及 1.5m。两导线之间的水平距离为 0.4m。由于两根导线均为新导线,表面细节特征可认为完全相同,因此,可认为两者电晕产生的声功率大致相同,于是就有:

$$A_{r1} = A_{r2} = A_0 \qquad (9\text{-}24)$$

根据式(9-21),测量位置处的声强可表示为:

$$\begin{cases} J = A_0 H_p \\ H_p = \sum_{i=1}^{2} \frac{1}{4\pi R_i}\Big(\arctan\frac{L+2x_0}{2R_i} + \arctan\frac{L-2x_0}{2R_i}\Big) + \\ \qquad \sum_{i=1}^{2} \frac{k}{4\pi R_i'}\Big(\arctan\frac{L+2x_0}{2R_i'} + \arctan\frac{L-2x_0}{2R_i'}\Big) \end{cases} \qquad (9\text{-}25)$$

式中,H_p 为仅与测量位置及试验线段参数有关的结构参数。由式(9-23),可得测试线路声功率 A_0 计算公式为:

$$A_0 = \frac{P^2}{\delta v H_p} \qquad (9\text{-}26)$$

当输电线路长度趋于无穷时,根据式(9-22)、式(9-23)可得实际输电线路的声压级计算公式为:

$$\begin{cases} P_{L\to\infty} = P\sqrt{\dfrac{D_p}{H_p}} \\ D_p = \sum_{i=1}^{2}\Big(\dfrac{1}{4D_i} + \dfrac{k}{4D_i'}\Big) \end{cases} \qquad (9\text{-}27)$$

式中,D_p 为仅与测量位置及实际线路参数有关的结构参数,D_i 为实际测量位置到导线 i 的垂直距离;D_i' 是导线 i 的镜像与实际测量位置间的距离。

基于式(9-27),将交、直流雨天可听噪声试验线段的测量结果转化为实际输电线路的可听噪声 A 计权声压级水平,并与德国 FGH 公式(详见式(8-81))预测结果对比,如图 9-128~图 9-131 所示。

在不同场强下,直流输电线路的可听噪声 A 计权声压级测量结果和经验公式预测结果如图 9-128 所示。总体而言,经验公式的预测值大于雨天直流稳态泰勒锥电晕产生的可听噪声水平,但明显小于降雨起始阶段由直流雨天水滴滴落电晕产生的可听噪声 A 计权声压级极大值。因此,经验公式的预测值明显低估了直流雨天起始阶段的可听噪声水平,应予以修正。当考虑直流雨天降雨起始阶段水滴滴落放电引起的可听噪声水平骤增现象时,应当对传统经验公式的可听噪声 A 计权声压级预测值修正+1~2dB,适用范围为 18~25kV/cm。需要说明的是,当导线表面电场强度相同时,直流

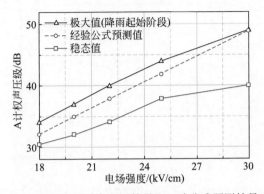

图 9-128　直流可听噪声实测结果和经验公式预测结果对比

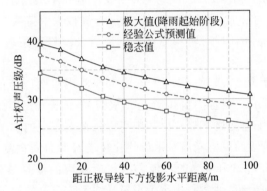

图 9-129　直流可听噪声纵向分布实测结果和预测结果对比

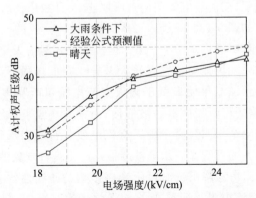

图 9-130　交流可听噪声实测结果和经验公式预测结果对比

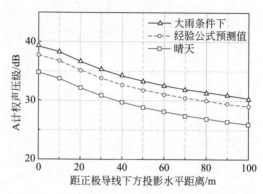

图 9-131　交流可听噪声纵向分布实测结果和预测结果对比($E = 19.8\,kV/cm$)

降雨起始阶段可听噪声的 A 计权声压级极大值并不随雨量变化而有较大变化,但随雨量的增加,可听噪声 A 计权声压级极大值持续时间明显缩短。因此,直流雨天起始阶段可听噪声水平的经验公式修正关系主要适用于小雨情况。

当电场强度为 $20\,kV/cm$ 时,直流输电线路的可听噪声的纵向分布结果如图 9-129 所示。随着测量位置至正极导线正下方投影水平距离的增大,可听噪声水平也随之下降。由图中可以发现在不同的水平距离下,直流雨天降雨起始阶段的可听噪声水平始终比传统经验公式预测结果要高 1~2dB,因此上述针对小雨情况的直流雨天可听噪声的经验修正同样适用于可听噪声的纵向分布。此外,相比于正极导线下方投影处的可听噪声水平,不同情况下水平距离为 100 米处的可听噪声水平均衰减 8~9dB。

在不同场强下,交流输电线路的可听噪声 A 计权声压级测量结果和经验公式预测结果如图 9-130 所示。总体而言,经验公式的预测值大于晴天条件下交流电晕可听噪声水平 2~4dB,但经验公式对雨天交流电晕的可听噪声水平预测效果随场强变化存在较大差异。在低场强下,经验公式对于可听噪声水平的预测结果明显低于雨天交流电晕可听噪声水平的实测结果,实际输电线路的可听噪声水平被低估;而在高场强下,经验公式对于可听噪声水平的预测结果明显高于雨天交流电晕可听噪声水平的实测结果,实际输电线路雨天的可听噪声水平被高估。产生这种现象的主要原因在于传统的经验公式未考虑降雨量对可听噪声影响的非线性效应,即随着场强增加,降雨量对交流电晕可听噪声的增强效果逐步减弱,甚至当场强超过 $25\,kV/cm$ 时,随雨量的上升,交流电晕可听噪声水平反而下降。因此,考虑到降雨量对交流电晕可听噪声水平的非线性影响,对经验公式进行非线性修正是极为必要的。大雨条件下针对交流电晕可听噪声的传统经验公式所做的非线性修正如表9-24所示。可以发现,在低场强下,应对传统的可听噪声经验公式进行正向修正,以弥补经验公式对实际输电线路的可听噪声水平的低估现象;在高场强下,应对传统的可听噪声经验公式进行负向修正,以弥补经验公式对实际输电线路的可听噪声水平的高估现象。

表 9-24　交流雨天电晕可听噪声水平的非线性修正

导线表面最大电场强度/(kV/cm)	经验公式的非线性修正/dB
18	+1.3
20	+1.0
22	−0.8
24	−1.2
25	−1.0

当电场强度为 19.8kV/cm 时,交流输电线路的可听噪声的纵向分布结果如图9-131所示。与直流可听噪声水平结果类似,随测量位置至正极导线下方投影水平距离的增大,交流可听噪声水平也随之下降。由图中可以发现,在不同的水平距离下,当电场强度为 19.8kV/cm 时,交流雨天的可听噪声水平始终比传统经验公式预测结果要高约1dB,因此表9-24针对交流电晕可听噪声的传统经验公式所做的非线性修正同样适用于交流可听噪声的纵向分布。

参考文献

[1]　V. L. Chartier, R. D. Stearns. Formulas for predicting audible noise from overhead high voltage AC and DC lines [J]. IEEE Trans. Power Appar. Syst., 1981, 100(1): 121-130.

[2]　P. S. Maruvada. Corona Performance of High-Voltage Transmission Lines[M]. London: Research Studies Press, 2000.

[3]　M. Pfeiffer, T. Schultz, S. Hedtke, et al. Explaining the impact of conductor surface type on wet weather HVDC corona characteristics[J]. J. Electrost., 2016, 79: 45-55.

[4]　T. Schultz, M. Pfeiffer, C. M. Franck. Optical investigation methods for

determining the impact of rain drops on HVDC corona[J]. J. Electrost. , 2015, 77：13-20.

[5]　徐鹏飞. 降雨对交直流电晕放电特性影响的基础研究 [D]. 北京：清华大学，2018.

[6]　P. Xu，B. Zhang，Z. Wang，et al. Dynamic corona characteristics of water droplets on charged conductor surface[J]. J. Phys. Appl. Phys. , 2017，50(8)：085201.

[7]　P. Xu，B. Zhang，Z. Wang，et al. Dynamic characteristics of corona discharge generated under rainfall condition on AC charged conductors[J]. J. Phys. Appl. Phys. , 2017，50(50)：505206.

[8]　S. Hedtke，P. Xu，M. Pfeiffer，B. Zhang，J. He，C. M. Franck. HVDC corona current characteristics and audible noise during wet weather transitions[J]. IEEE Transactions on Power Delivery，2020，35(2)：1038-1047.

[9]　Pengfei Xu，Sören Hedtke，Bo Zhang，et al. HVAC corona current characteristics and audible noise during rain[J]. IEEE Transactions on Power Delivery，DOI：10. 1109/TPWRD. 2020. 2975803.

[10]　G. Taylor. Disintegration of water drops in an electric field[J]. Proc. R. Soc. Lond. Ser. Math. Phys. Sci. , 1964，280(1382)：383-397.

[11]　G. Taylor. Electrically driven jets[J]. Proc. R. Soc. Lond. Ser A，1969，313(1515)：453-475.

[12]　R. Juraschek，F. W. Röllgen. Pulsation phenomena during electrospray ionization[J]. Int. J. Mass Spectrom，1998，177(1)：1-15.

[13]　陈澜. 降雨对交流长期运行导线电晕特性影响的研究 [D]. 北京：清华大学，2014.

[14]　J. Beroz，A. J. Hart，J. W. M. Bush. The stability limit of electrified droplets[J]. Phys. Rev. Lett，2019，122(24)：244501.

[15]　J. S. Sharp，D. J. Farmer，J. Kelly. Contact angle dependence of the resonant frequency of sessile water droplets[J]. Langmuir，2011，27(15)：9367-9371.

[16]　J. S. Sharp. Resonant properties of sessile droplets：contact angle dependence of the resonant frequency and width in glycerol/water mixtures[J]. Soft Matter，2012，8(2)：399-407.

[17]　U. Straumann. Simulation of the space charge near coronating conductors of ac overhead transmission lines[J]. J. Phys. Appl. Phys. , 2011，44(7)：075502.

[18]　U. Straumann. Mechanism of the tonal emission from AC high voltage overhead transmission lines[J]. J. Phys. Appl. Phys. , 2011，44(7)：075501.

[19]　Z. Li，B. Zhang，J. He. Specific characteristics of negative corona currents generated in short point-plane gap[J]. Phys. Plasmas，2013，20(9)：093507.

[20]　P. Xu，B. Zhang，S. Chen，et al. Influence of humidity on the characteristics of positive corona discharge in air[J]. Phys. Plasmas，2016，23(6)：063511.

[21] 李学宝，崔翔，卢铁兵，等. 正极性单点电晕放电可听噪声时域波形拟合及分析 [J]. 电网技术，2014，38(6)：1542-1548.

[22] 李学宝. 高压直流导线电晕放电的可听噪声时域特性及其计算模型研究[D]. 北京：华北电力大学，2016.

[23] X. Li，X. Cui，T. Lu，et al. Time-domain characteristics of the audible noise generated by single corona source under positive voltage [J]. IEEE Trans. Dielectr. Electr. Insul.，2015，22(2)：870-878.

[24] 谢莉，陆家榆，赵录兴，等. 特高压直流长、短输电线路可听噪声的转换关系研究[J]. 电网技术，2013，37(6)：1526-1530.

索 引